通风与空调工程

杜芳莉　杨　勇　李延强　申慧渊　主编

北京航空航天大学出版社

内 容 简 介

本书系统地介绍了室内污染物及室内空气品质、通风系统及设计、湿空气的焓湿学基础、空调房间负荷计算及风量确定、空调系统方案选择、空气处理设备、空调风系统、空调水系统设计、空调系统的运行调节等专业基础知识。为满足对学生通风与空调工程技术能力培养的要求,第 10 章提供了通风与空调工程综合设计实例以加强实践教学。

本书可作为高等学校建筑环境与能源应用工程专业、制冷空调相关专业、热能动力工程及相近专业培养应用型工程技术人才的教学用书,也可作为相关行业岗位培训的教材及从事供暖、通风与空调系统运行等工作的技术人员的参考书。

图书在版编目(CIP)数据

通风与空调工程 / 杜芳莉等主编. -- 北京 : 北京航空航天大学出版社,2023.10

ISBN 978 - 7 - 5124 - 4123 - 1

Ⅰ.①通… Ⅱ.①杜… Ⅲ.①通风设备-建筑安装-教材②空气调节设备-建筑安装-教材 Ⅳ.①TU83

中国国家版本馆 CIP 数据核字(2023)第 130520 号

通风与空调工程

杜芳莉　杨 勇　李延强　申慧渊　主编
策划编辑　周世婷　　责任编辑　周世婷

*

北京航空航天大学出版社出版发行

北京市海淀区学院路 37 号(邮编 100191)　http://www.buaapress.com.cn
发行部电话:(010)82317024　传真:(010)82328026
读者信箱:goodtextbook@126.com　邮购电话:(010)82316936
北京九州迅驰传媒文化有限公司印装　各地书店经销

*

开本:787×1 092　1/16　印张:22.75　字数:582 千字
2023 年 10 月第 1 版　2023 年 10 月第 1 次印刷
ISBN 978 - 7 - 5124 - 4123 - 1　定价:69.00 元

前　言

随着国民经济的持续快速发展及"双碳"目标的提出,建筑行业作为我国支柱产业之一,其节能技术也得到迅猛发展,降低暖通空调设备能耗是建筑节能的关键所在。通风与空调工程技术的发展与人们的生活水平息息相关,是制冷、空调及相关专业人员必备的一项专门技术,也是一门实践性强的专业课程。本教材的编写按照应用型人才培养要求,以产出为导向,以培养学生实践工程能力为目的,突出通风与空调工程领域专业技术能力的应用。教材内容遵循教学与应用相结合的原则,力求深入浅出,通俗易懂,便于读者掌握专业知识。

本书以通风与空调技术的基本原理及应用为主线,紧密围绕"通风与空调工程"的知识内涵,系统地介绍了室内污染物及室内空气品质、通风系统及、湿空气的焓湿学基础、空调房间的负荷计算及风量确定、空调系统方案选择、空气处理设备、空调风系统、空调水系统设计、空调系统的运行调节等专业基础知识。为满足对学生工程技术能力培养的要求,第10章提供了通风与空调工程综合设计实例以加强实践教学。

通过本课程的学习,学生可系统地掌握通风与空气调节的基本理论,掌握一般民用和工业建筑通风与空调系统设计和运行调节所需要的基本知识,并对通风与空调工程方面的新技术、新工艺和新设备有所了解,为今后走上工程技术岗位打下坚实的基础。

本书主要特点如下:

① 本书编写紧紧围绕应用型特点,注重对学生通风与空调工程基本知识及基本技能的培养。作者以培养学生通风与空调工程基本理论知识、专业技能及动手能力为主线安排本书内容。教材内容清晰地介绍了通风与空调工程的设计方法和步骤、通风与空调工程的实践内容和典型工程应用案例、通风与空调系统的运行管理等内容,充分体现了本门课程的实践性、应用性和开放性要求。

② 本书内容体系合理,与现行最新国家设计规范和标准保持一致。通过引入通风与空调工程相关的建设工程标准、技术规范规程,以强化学生对行业规范及标准的掌握,熟悉行业技术标准和相关法律法规,使学生能在通风与空调工程实践中理解并遵守工程职业道德和行为规范,做到责任担当、贡献国家、服务社会。同时,本教材按照实用性、实践性和先进性的原则对通风与空调工程的基础知识进行科学合理地整合,以通风与空调工程设计及应用为主线,将通风与空调工程中的最新知识及成果与工程典型案例紧密结合在一起,并融入相关的绿色、环保、节能等思政元素,力求充分体现专业教育与思想政治教育同向同行,培养学生的

节能环保意识及工程伦理,激发学生家国情怀和民族担当,引导学生树立正确的人生观、价值观和职业观,提高学生的职业素养。

③ 本书内容精练、实用,能满足通风与空调工程行业对高技术应用型人才培养的需求。本书编写时始终坚持以通风与空调工程行业、产业需求知识为向导,以通风与空调工程技术工作岗位任职要求为依据,精选与工程实际结合紧密的相关内容,并对通风与空调工程的经典理论及系统做了全面介绍和较为深入的分析;本书还对空调热湿处理设备中常用的表面换热器及净化处理设备进行了详细介绍。同时,增加了空调工程中最常用的户式中央空调的设计、安装及选型等知识模块,而对不常用的喷水室及其他热湿处理设备仅做简要叙述。

④ 本书每章开篇均配有教学目标及要求、教学重点与难点、工程案例导入等,帮助学生更好地预习、自学及掌握章节的重、难点;每章最后均配有小结,帮助学生更好地总结、复习,且配置有针对性习题,便于学生自查知识点的掌握情况和将理论应用于实践。这些项目的设置对引导学生自学、启发思维、检验学习效果起到积极作用,同时也为开展翻转课堂及讨论式教学等创造了条件。

⑤ 本教材在内容上体现了"应用"特点,注重学生对通风与空调工程的基本应用能力的训练,并以通风与空调工程实际案例及暖通行业对通风与空调技术要求为导向,紧密围绕"通风与空调工程"的知识内涵,为学生提供通风与空调工程设计及运行管理等方面的必备知识。

本书由西安航空学院杜芳莉、西安市轨道交通集团有限公司杨勇、西安高铁东城建设发展有限公司李延强、西安航空学院申慧渊任主编。西安航空学院杜芳莉编写前言、绪论、第 3 章、第 5 章;西安航空学院申慧渊编写第 1 章,西安航空学院王巧宁编写第 2 章,西安航空学院卢攀编写第 4 章,西安航空学院何文博编写第 6 章,西安轨道交通投资发展有限责任公司李延强编写第 7 章,西安航空学院宋祥龙编写第 8 章,陕西博融达建设工程有限公司邱林政编写第 9 章,西安轨道交通投资发展有限责任公司杨勇编写第 10 章。另外,在本书编写过程中得到了中铁建大桥工程局集团有限公司马星元、张元发等人的大力支持,并参考了国内外一些作者的相关著作,在此表示衷心感谢!

由于编者水平有限,书中如有不妥和错误之处,恳请批评指正。

编　者

2023 年 6 月

目　　录

第0章 绪 论

1. 通风与空气调节的概念与作用

建筑是人们生活与工作的场所。现代人类一生大约有五分之四的时间是在建筑物中度过的。人们已逐渐认识到,建筑环境对人类的寿命、工作效率等起着极为重要的作用。人们对现代建筑的要求,不只有挡风遮雨的功能,而且还应能提供一个温湿度宜人、空气清新、光照柔和、宁静舒适的环境。生产与科学实验对环境提出了更为苛刻的条件,如计量室或标准量具生产环境要求温度恒定(恒温),纺织车间要求湿度恒定(恒湿),有些合成纤维的生产要求环境恒温恒湿,半导体器件、磁头、磁鼓生产要求严格控制环境中的灰尘,抗菌素生产与分装、无菌实验等要求无菌环境等。人类自身对环境的要求和生产、科学实验对环境的要求催生了通风与空气调节技术的出现与发展。建筑内部环境由热湿环境、室内空气品质、室内光环境和声环境所组成。通风与空气调节是控制建筑热湿环境和室内空气品质的技术,同时也包含对系统本身所产生噪声的控制。

通风和空气调节虽然同为建筑环境的控制技术,但根据它们所控制的对象与功能不同,具体如下:

通风(Ventilation)——为改善生产和生活条件,采用自然或机械的方法对某一空间进行换气,以形成安全、卫生等适宜空气环境的技术。通风是用自然或机械的方法向某一房间或空间送入室外空气,或由某一房间或空间排出室内污浊空气的过程,送入的空气可以是处理的,也可以是不经处理的。换句话说,通风是利用室外空气(称新鲜空气或新风)来置换建筑物内的空气(简称室内空气),以改善室内空气品质。通风功能主要有:①提供人呼吸所需要的氧气;②稀释室内污染物或气味;③排除室内工艺过程产生的污染物;④除去室内多余的热量(余热)或湿量(余湿);⑤提供室内燃烧设备燃烧所需的空气。建筑中的通风系统,可能只完成其中的一项或几项任务。利用通风除去室内余热和余湿的功能是有限的,它受室外空气状态的限制。根据服务对象的不同,通风可分为民用建筑通风和工业建筑通风。

① 民用建筑通风是对民用建筑中人员及活动所产生的污染物进行治理而进行的通风。

② 工业建筑通风是对生产过程中的余热、余湿、粉尘和有害气体等进行控制和治理而进行的通风。

空气调节(Air Conditioning)——使房间或封闭空间的空气温度、湿度、洁净度和气体流速等参数,达到给定要求的技术。空气调节可实现对某一房间或空间内的温度、湿度、洁净度和空气流动速度(俗称"四度")等参数进行调节与控制,并提供足够量的新鲜空气。空气调节简称空调,空调可以实现对建筑热湿环境、空气品质全面控制(或是说它是更高级的通风),以保证生产工艺和科学实验过程或人的热舒适的需要,在某些场合也需要对空气的压力、气味、噪声等进行控制。

人们习惯于将满足人体舒适、健康和高效工作的空气调节称为"舒适性空调",它涉及与人类活动密切相关的几乎所有建筑领域;另一类空气调节则以满足某些生产工艺、操作过程或产品储存对空气环境的特定要求为目的,人们称之为"工艺性空调"。工艺性空调的情况是千差万别的,根据不同的使用对象,对某些空气环境参数的调控要求可能远比舒适性空调严格得多。比如,一些精密机械加工、精密仪器制造及电子元器件生产等环境,尤其是生产、科研部门使用的计量室、检验室与控制室这类场所,除要求对室内空气温/湿度给出必要的基数外,还对这些基数规定了严格的波动范围,这类空调称为"恒温恒湿"空调。又如,微电子工业中大规模集成电路生产过程随着芯片集成度的不断提高,即使粒径只有 $0.1~\mu m$ 左右的尘粒也可能在极其致密的电路导线间形成短路或断路,导致产品报废,这时空调的任务则是着力控制空气中悬浮微粒粒径大小与浓度,这就是所谓的"工业洁净"。在医院烧伤病房和某些手术治疗过程以及药品、食品生产过程中,室内空气洁净度的控制则更体现在对微生物粒子的严格限制上,这种空调就是人们常说的"生物洁净"。

空调与通风既有区别又有联系。在工程上,将为保持室内环境有害物浓度在一定卫生要求范围内的技术称为通风。空气调节与通风同样担负着建筑环境保障的职能,但它对室内空气环境品质的调控更为全面,层次更高。在室内空气环境品质控制中,空气温度、湿度、气流速度和洁净度通常被视为空调的基本设置要求,许多场合则可能进一步涉及必要的气压、成分、气味或安静度等环境参数的调控。只有能对空气进行全面处理,即具有对空气进行加热、加湿、冷却、去湿和净化功能的设备才能称为空调。有人说舒适性空调是更高层次的通风,在过渡季或非工作时间里,都应辅以适当的空调系统通风或开启窗户进行机械通风和自然通风。

通风与空气调节作为建筑环境保障技术的重要组成部分,正日益广泛地应用于国民经济与生活的各个领域,它对促进现代工业、农业、国防和科技的发展以及人民物质文化生活水平的提高都有十分重要的作用。

2. 通风与空气调节的主要内容

当通风用于民用建筑或一些轻度污染的工业厂房时,通风系统通常只须将室外新鲜空气送入室内,或将室内污浊空气排向室外,从而借助通风换气保持室内空气环境的清洁、卫生,并在一定程度上改善其温湿度和气流速度等环境参数。当其应用于散发大量热、湿、粉尘和有害气体等的工业厂房时,通风的任务就是针对工业污染物采取捕集、净化等有效的措施,从而使厂房内的污染物浓度达到标准或规范所允许的浓度。

通风系统一般应由进排风装置、风道以及空气净化设备这几个主要部分组成。图 0-1 是通风系统示意图,包括送风系统和排风系统两部分。送风系统主要由空气处理装置、送风机、风管和风口等组成,室外空气通过空气处理装置进行过滤以达到设计参数。排风系统主要由排气口或排气罩、净化处理装置、排风机、风管和风帽等组成,净化处理装置用于除掉空气中的工业有害物质,使气体符合排放标准。

本书主要介绍与空调有关的通风的概念、原理及系统设备,对工业有害物的净化处理方法和设备不做介绍。通风系统一般可按其作用范围分为局部通风和全面通风,按工作动力分为自然通风和机械通风,按介质传输方向分为送(或进)风和排风,还可按其功能分为一般(换气)通风、工业通风、事故通风、消防通风和人防通风等。

在夏季,民用建筑物中的人员、照明灯具、电器和电子设备(如饮水机、电视机、VCD 机、音响、计算机、复印机等)都要向室内散出热量及湿量,由于太阳辐射和室内外的温差而使房间获得热量,如果不把这些室内多余热量和湿量从室内移出,则必然导致室内温度和湿度升高。在冬季,建筑物内将渗入冷风并向室外传出热量,如不向房间补充热量则必然导致室内温度下降。因此,为了维持室内温/湿度,在夏季必须从房间内移出热量和湿量(冷负荷和湿负荷);在

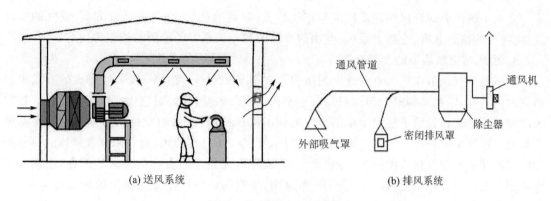

(a) 送风系统　　　　　　　　　　　　　　　(b) 排风系统

图 0 - 1　通风系统示意图

冬季必须向房间供给热量(热负荷)。在民用建筑中,人群不仅是室内的"热、湿源",又是"污染源",他们产生 CO_2、体味,吸烟时散发烟雾;室内的家具、装修材料、设备(如复印机)等也散发出各种污染物,如甲醛、甲苯,甚至放射性物质,从而导致室内空气品质恶化。空气调节的目的就是向室内提供冷量或热量,并稀释室内的污染物,保证室内具有适宜的热舒适条件和良好的空气品质,以满足人们生活、工作、生产与科学实验等活动对环境品质的特定需求。

　　空调系统一般由空气处理设备、冷热介质输配系统(包括风机、水泵、风道、风口与水管等)和空调末端装置组成,完整的空调系统尚应包括冷热源、自动控制系统以及空调房间。图 0 - 2 是一次回风的全空气系统示意图。对建筑室内环境的控制方案是:用室外的空气(新风)来稀释室内的污染物;由送入室内的空气来承担室内的全部冷、热和湿负荷。空气的流程是:室外的新鲜空气和来自空调房间的部分循环空气一并进入空气处理机组,依次经过过滤、冷却、减湿(夏季)或加热、加湿(冬季)等处理,待达到空调房间要求的送风状态点时,再由风机、风管和风口送入空调房间。送入室内的空气经过吸热、吸湿或散热、散湿后再经风机、风管排出,其中部分回风排至室外,部分回风循环使用。

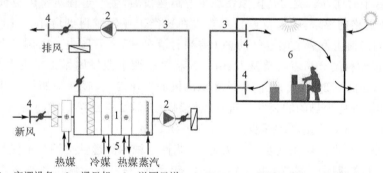

1—空调设备;2—通风机;3—送回风道;4—风口;5—冷热源系统;6—受控房间

图 0 - 2　一次回风系统示意图

　　空调系统形式多样,按空气处理设备的设置情况分类,可分为集中系统、半集中系统和分散系统;按负担室内空调负荷所用的介质分类,可分为全空气系统、空气-水系统、全水系统和冷剂系统;按集中系统处理的空气来源分类,可分为封闭式系统、直流式系统和混合式系统;按介质输配特征分类,可分为定流量系统和变流量系统;按风管中空气流速分类,可分为低速系统和高速系统。

空调系统主要研究房间热湿环境与空气品质、空调的负荷、空气的处理方案、空气的处理设备、空气的输送装置、冷热水系统、空调的冷热源和空调系统的检测与控制等内容。

3. 通风与空气调节的发展概况

通风与空气调节在我国有着悠久的历史。在很早的时候,冬季一般采用烧火的方式来加热室内的空气,以此来御寒。但这只局限于室内温度的改变,只是对室内空气温度这单一参数的调控。夏季从古代的手摇扇手动通风发展到了机械通风,这也给空气调节系统的发展奠定了基础。建筑中的应用从机械通风到多元通风,又转到了自然通风,近年来置换通风的研究及发展同样伴随着空气调节的进步;冷热源方面,制冷起先用于对食物的储藏和保存,逐渐发展应用到了工业上。19世纪第一次工业革命时期,蒸汽锅炉的产生及在西欧的发展与运用,给空气调节工程提供了热源和动力。

最早的通风可以追溯到几千年前,在人类把火引入住宅后,发现需要在屋顶开窗以便于排烟和给火的燃烧提供空气。这种对燃烧的控制需求给空间通风提供了最初的灵感(刺激)。原始的埃及人发现在室内从事石刻的工匠比在室外的工匠更容易患上呼吸系统疾病,因此对粉尘的控制成为通风的第二大任务。大约两千年前,人们发明了手摇扇来使空气流动,帮助人们度过炎热的夏季。这些早期的通风都是未经过处理的,目的只在于满足人最基本的生理需要。

尽管人们早期也创造了通风空调的应用技术,但是现代意义上的采暖通风空调技术的起源于西方。

15世纪末欧洲文艺复兴时期,意大利的利奥纳多·达·芬奇(Leonardo Da Vinci)设计制造出了世界上第一台通风机。随后,蒸汽机的发明又有力地促进了欧、美地区锅炉、换热设备和制冷机制造业的发展。1834年美国人J·波尔金斯(Jacob Perkins)设计制造出最早的以乙醚为工质的蒸汽压缩式制冷机。1844年美国医生J·高里(Jehn Gorrie)用封闭循环的空气制冷机建立起首座用于医疗的"空调站"。很明显,通风机和冷热源设备的问世促使建筑环境技术产生巨大变革,为暖通空调技术的应用与发展提供了重要的设备保障。

19世纪后半时期,欧、美发达国家纺织工业迅速发展,生产过程对室内空气温湿度和洁净度等提出了较严格的要求,暖通空调技术首先在这类工业领域得到应用。1911年,美国开利(Carrier. W. H.)博士发表了湿空气的热力参数计算公式,之后形成了现在广为应用的湿空气焓湿图,成为该学科的开拓者与奠基人,由于开利对空调事业发展做出了巨大贡献,因此被誉为空调之父。20世纪20年代,伴随压缩式制冷机的加速发展,暖通空调技术开始大量应用于以保证室内环境舒适为目的的公共建筑环境控制中。但是直到第二次世界大战以后,随着各国经济的复苏,暖通空调技术才逐步走上蓬勃发展之路。

在我国,空调技术的应用起步并不太迟,工艺性空调和舒适性空调几乎同时出现。现代的通风与空调技术在我国已发展了几十年。1949年之前,只有在大城市的高级建筑物中才有空调的应用。1931年,我国首先在上海的许多纺织厂安装了带喷水室的空调系统,其冷源为深水井。随后,几座高层建筑的大旅馆和几家所谓的"首轮"电影院,先后设置了全空气式空调系统。建于1931年的上海大光明影院是最早应用集中空调系统的建筑物,采用离心式冷水机组,且其设备都是进口的。但到1937年,由于爆发抗日战争,使我国刚起步不久的空调业又停滞不前。1949年新中国成立后,我国通风与空调技术才得到迅速的发展。20世纪50年代,迎来了工业建筑发展的第一次高潮。苏联援建了156项工程,同时带进了苏联的采暖通风与空调技术和设备。这时建设在东北、西北、华北的厂房、工厂辅助建筑,以及污染严重的车间都装有除尘系统、机械排风和进风系统;高温车间的厂房设计考虑了自然通风。工艺性空调也得到了发展,例如大工厂中都建有恒温恒湿的计量室,纺织工厂设有以湿度控制为主的空调系统。这段时期,建立了通风和制冷设备的制造厂,主要是仿制苏联产品,生产所需的采暖通风产品,如暖风机、空气加热器、除尘器、过滤器、通风机、散热器、锅炉、制冷压缩机及辅助设备等。当时基本上没有空调产品和空调专用的制冷设备。

20 世纪 70~80 年代,我国从仿制苏联产品转向自主开发。这时期电子工业发展迅速,从而促进了洁净空调系统的发展,先后建成了十万级、万级、100 级的洁净室;舒适性空调主要应用于高级宾馆、会堂、体育馆、剧场等;采暖通风与空调设备的制造业也有相应的发展;独立开发了我国自行设计的系列产品,如 4-72-11 通风机,SRL 型空气加热器(钢管绕铝片),各种类型除尘器等。在这一时期,我国也开发了一些空调产品,如 JW 型组合式空调机、恒温恒湿式空调机、热泵型恒温恒湿式空调机、除湿机、专为空调用的活塞式冷水机组等。1975 年颁布了《工业企业采暖通风和空气调节设计规范》(TJ 19—1975),结束了采暖通风与空调工程设计无章可循的历史。这一规范也体现了我国专业工作者的一部分研究成果。

20 世纪 80~90 年代是我国空调技术发展最快的时期。自 20 世纪 80 年代以来,世界范围内新技术革命浪潮汹涌而来,计算机与其他高新技术加速应用,第三产业特别是信息产业迅速崛起,促进了通风与空调技术发展。空调已经从原来主要服务对象工业转向民用。从南到北的星级宾馆都装有空调,最差的也装有分体式或窗式空调器。商场、娱乐场所、餐饮店、体育馆、高档办公楼中安装空调已经很普遍了,而且空调器也陆续进入普通家庭。我国 1990 年房间空调器生产量为 24 万台,2003 年增加到 4 993 万台。国际上一些知名品牌通风空调设备公司纷纷到中国开办合资厂或独资厂。国内一些原有的专业生产厂经技术改造、引进技术或先进生产线,已成为行业中大型的骨干企业,同时也涌现了一批新的生产通风空调设备的大型企业。产品的品种、规格与国际同步,大部分产品性能已达到国际同等产品的水平,有的产品生产量已在国际上名列前茅。这个行业中也出现了公认的著名品牌。现在,暖通空调的应用也不再当作某些特定对象享用的"奢侈品",更应视为人类提高生活质量、创造更大价值、谋求更快发展的必需品。它不仅正在日益广泛地为人类提供良好的生产、生活、工作、学习、休憩、购物及文化娱乐等空间,更要为人类从事社交、经贸及高智力劳动等活动提供必要的环境保障。"空调"一词对中国百姓来说也不再陌生。随着高新科技与网络经济、知识经济时代的到来,以舒适、健康、安全、高效率为环境控制目标的智能建筑(Intelligent Building)随之应运而生,在更高的层面上加速了通风与空调技术的进步与发展。

21 世纪中国的通风与空调行业发展的市场潜力很大,预示着行业的发展前景远大。但是,现代空调也面临着两大主要问题即能源问题和环境问题。保护地球资源与环境的可持续发展战略已经成为世界各国的共同纲领。通风与空调是不可再生能源(石油、燃气、煤炭)的消耗大户,使用空调要消耗能量,而空调消耗的电能或热能,大多又来自发电厂、热电站或独立的锅炉房。在我国消耗的能源结构中,主要是煤炭(约占总能耗的 75%),因此通风与空调的发展也意味着不可再生能源的消耗增长。而煤炭燃烧还会产生烟尘、SO_2、NO_2 等,都会对大气环境造成污染。而 CO_2 气体是温室气体,会导致地球变暖,改变地球的生态环境。此外空调冷源使用的氯氟烃(CFC)和氢氯氟烃(HCFC),对地球平流层(离地球 20~25 km)内的臭氧层有所破坏,这也是当前的全球环境问题之一。

空调技术除对室外环境有影响外,还涉及室内环境,即室内空气品质(IAQ)问题。现代建筑的密封性越来越好,使室内污染的浓度上升,给人们带来了"空调病"。在空间内部空气质量方面,由于大量合成材料用于建筑内部装修装饰,同时为了节能而尽量提高建筑物的密闭性,降低新风供给量,造成了空间内部空气质量下降,出现了"令人疲倦和致病"的建筑物(即所谓"病态建筑")。人们长期生活或工作在这种人工控制的环境内,会出现闷气、头疼及昏睡等症状。另外由于科技进步,室内装饰材料与新型建筑材料带来的甲醛、石棉、玻璃纤维、铝等污染物以及空气、水源和空调系统本身的尘埃、微生物、氡等污染物的浓度大大超过了人体所能承受的浓度。这些污染物的综合作用不能简单地根据各种成分的浓度大小而定,从而使得现有空调的设计和维护等方面亟待改进。所以舒适、健康、节能、环保是在采用空调技术时需要综合考虑的重要因素,也是衡量所采用的空调技术是否先进的重要标准之一。对于从事通风与空调行业的人士,无论从事研究、工程设计,还是从事系统管理、设备开发,都应该坚持可持续的发展观,提高节能和环保意识,为提高人民物质文化生活水平和促进国民经济现代化发展做出更大的贡献。

第1章 室内污染物及空气品质

室内通风与空气调节的核心目的是在保证卫生和安全的前提下,将空气处理到适宜的温度、湿度和洁净度。保障室内环境的卫生和安全,需要明确污染物的来源和危害,制定污染物的各种规范,了解污染物的传播机理,最终提出控制污染物的措施。

【教学目标与要求】

(1) 了解室内污染物的来源和危害;
(2) 了解室内污染物的各种规范;
(3) 掌握室内污染物的传播机理;
(4) 掌握控制室内污染物的措施;
(5) 了解室内空气品质的评价、改善措施。

【教学重点与难点】

(1) 了解不同种类污染物的来源,不同污染物各自的物理和化学性质以及对室内人员造成的不同危害;
(2) 室内卫生标准和污染物排放标准的主要内容;
(3) 工业污染物的扩散特性和传播机理;
(4) 工业污染物的综合防治措施;
(5) 提升室内空气品质的措施及原理。

【工程案例导入】

在我国,目前政府和用户所关注的建筑安全问题是如何解决室内空气中各种污染物的超标问题,如何进一步提高室内空气质量。根据日常经验,刚装修完的房间会散发出一定的味道,这种现象经常意味着有气体污染物在室内扩散。现实生活中,污染物的产生和扩散情况会更加复杂。面对复杂多变的建筑污染物,居民首先要确定室内污染物的类别、来源和危害。室内污染物的来源见图 1-1。

对于每一个建筑环境与能源应用工程专业的设计人员、工程师以及普通的居民用户,如何判断室内污染物是否

图 1-1 室内污染物的来源

会对人员造成危害? 如何防控室内气体污染物? 这些问题解决的前提是了解室内污染物的来源及空气品质等概念。

1.1 室内污染物的来源及危害

1.1.1 室内有害污染物的来源及危害

可以按照建筑用途,将室内有害污染物的来源划分为民用建筑污染物来源和工业建筑污染物来源。

1. 民用建筑污染物来源

民用建筑污染物来源主要分为家庭装修污染源和日常生活污染源。

家庭装修污染源的产生是用户使用市场上价格低廉并且热物性能较好的合成材料作为室内装修材料所引发的。这些合成材料通常会挥发出对人体有害的污染物,例如:甲醛、甲苯、氨以及有机挥发物(Volatile Organic Compounds,VOCs)等。

除装修之外,居民在现代化建筑中进行日常生活时,伴随烹饪会产生大量油烟物质。这些烹调产生的油烟包括食用油加热产生的气态物质,以及在食物烹饪过程中高温油促使食物本身发生裂解反应产生的多相混合物,具体包括常见的液态油滴、冷凝态气溶胶颗粒物(Particulate Matter,PM)和半挥发性有机物(Semi-Volatile Organic Compounds,SVOCs)等。研究证实,烹饪过程中可以产生多种羰基化合物,其中甲醛含量较高,占比可以达到60%,会对人体产生终生致癌风险。另外,烹饪油烟(Cooking Oil Fumes,COF)可能引发居民呼吸道疾病和增加女性妊娠风险,厨房产生的多环芳烃污染物(Polycyclic Aromatic Hydrocarbons,PAHs)会损害居民的肾功能等。

另外,在现代化的建筑中,多种电子技术设备、办公电器产品日益普及,比如家用打印机、计算机以及投影仪等。这些电子产品会散发臭氧、有机挥发物和颗粒物等有害物质,造成建筑室内空气品质下降,危害居民的健康。

最后,建筑室内外通风也会将城市郊区工业排放污染物和机动车尾气污染物带入室内。特别是城市大气污染中的有机挥发物(Volatile Organic Compounds,VOCs)、NO_x 和 SO_2 等物质是大气灰霾的前体物,能发生光化学反应形成光化学烟雾,还能与城市大气中的强氧化剂反应生成二次有机气溶胶(Secondary Organic Aerosol,SOA),严重影响城市局部区域的空气质量和城市居民健康。

室内污染物的来源如图 1-2 所示。

2. 工业建筑污染来源

工业建筑污染物来源主要分为粉尘污染源、气体污染源和特定工艺流程中形成的综合性污染源。

工业粉尘污染源主要出现在工业固体物料的破碎、粉状物料混合包装及运输、燃料的燃烧与爆炸,以及工艺加热生成蒸气的氧化凝结过程中,见图 1-3。在工业粉尘污染中,粉尘专门指分散于气体中的细小固体粒子,这个类别的细小粒子通常由矿石物料形成,具有与母料相同的物理和化学性质,但形态极不规则,其粒度可以从 200 μm 延伸至 0.25 μm 以下。通常被关注的工业粉尘按照粒径大小可以被划分为降尘、浮尘和细颗粒物(PM2.5)。在众多粒径的粉尘中,降尘的粒径在 10 μm 以上,属于较大颗粒,其沉降速度快,容易沉降到地面或其他物体表面上。浮尘的粒径在 10 μm 以下,往往悬浮在空气中,其扩散范围广,但是对工作人员的危害较小。PM2.5是对施工人员危害最大的粉尘,其粒径为 2.5 μm,这种粉尘特别容易进入工业区域人员的呼吸道,再通过呼吸道直接到达支气管和肺部,对人体的危害极大。因此,工业通风除尘要特别注意捕集粒径较小的粉尘。

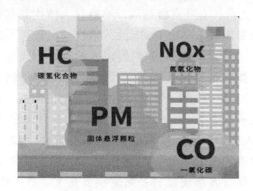

图 1-2　室内污染物的来源

图 1-3　工业粉尘的来源

工业气体污染源主要出现在化工冶炼等工业生产流程中,包括有害气体与蒸气。其中有害气体在常温常压下保持气态,在高压低温情况下才发生液化。工业中将有毒有害气体按其毒性分为刺激性气体和窒息性气体两大类。刺激性气体包括常见的氯、氨和氮化物等,是化学工业常遇到的有毒气体,对工作人员的眼睛和呼吸道黏膜有刺激作用,其不会直接导致工作人员的死亡,但是会影响人体健康,人体长时间吸入会导致死亡。窒息性气体是指能造成人体机体缺氧的有毒气体,一般被划分为单纯窒息性气体、血液窒息性气体和细胞窒息性气体,常见的有甲烷、乙烷和一氧化碳等,对人体的危害大,可以在短时间内使人缺氧窒息。工业气体污染源中还包括蒸气源,其是固体直接升华或液体蒸发所形成的。当工业流程的温度降低时,可恢复成原来的固态或液态。

工业特定工艺流程中形成的综合性污染源主要出现于煤炭等重工业环境中,特别是在煤炭开采流程中。工业生产中有许多伴随着产品的加工过程而向环境散发出不同形态、不同性质的有害物质,如铸造、喷砂过程中飞扬的硅尘,纺织生产中散发的纤维尘,电镀生产中散发的酸、碱、铬雾,熔铜炉散发的氧化锌尘,化工生产中散发的溶剂气体以及热加工生产中散发的热、水蒸气等,均会不同程度地对人体造成危害。因此,了解环境中存在的有害物质的形态、性质及其危害,对空气调节通风工程来说是十分重要的。

上述内容从应用场景角度出发,对室内有害污染物的来源进行分类,进一步论述其对人员的危害。这种划分方法有利于设计师等专业工作人员,提前根据场景进行设计工作。但是,对于普通居民或者用户,已经身处环境之中,其更加关心如何从健康角度出发,分辨有危险的污染物,进一步了解室内有害污染物的来源及危害。

综上所述,从个体健康和安全的角度来对污染物进行分类。据此,理解有害物侵入人体的途径,对普通用户寻找和确定最危险的污染源来说是十分重要的。

有害物质的有害作用在于侵入人体,其途径有下面三条。

1) 通过呼吸道侵入人体。正常的人每天都要呼吸 $10\sim15\ m^3$ 的空气,人体吸入的空气依次经过鼻腔、咽部、喉头、气管和支气管后进入肺泡,最终在肺泡内进行新陈代谢。如果有害的污染物随空气被人体吸入,轻者会使上呼吸道受到刺激而产生不适感,重者则会发生呼吸器官的障碍,使呼吸道和肺发生病变,造成支气管炎、支气管哮喘、肺气肿和肺癌等疾病。特殊情况下,人员突然吸入高浓度的污染物,可能直接造成急性中毒,甚至死亡。据统计,大约有 95% 的工业中毒都是由于工业有害物通过呼吸道入侵从业人员人体所导致的。

2) 通过皮肤和黏膜侵入人体,危害工作人员。有些有害物质能够通过人体皮肤和黏膜侵入人体;有的污染物经过毛囊空间,通过皮脂腺而被人体吸收;有的污染物通过破坏了的皮肤侵入人体;也有的污染物通过汗腺侵入人体。一般可经皮肤和黏膜侵入的有害物质有下面三类:第一类是能溶于脂肪或类脂肪的物质,比如有机铅化合物、有机磷化合物、有机锡化合物、苯的硝基化合物和氨基化合物,特别是苯和醇类化合物等;第二类是能与皮脂的脂酸根相结合的污染物质,比如汞及汞盐类、砷的氧化物及砷盐类等;第三类是具有腐蚀性的污染物质,比如酸、碱和酚类等。这些经过皮肤等吸收进入人体的有害物量的多少,除与脂溶性、水溶性和浓度有关外,还与人员所处的环境温度、相对湿度和劳动强度等因素有关。环境温度高、湿度大并且劳动强度大,则工作人员的发汗量大,这样有害物质就容易黏附在皮肤上而被人体吸收。反之,工作人员的吸收量会减小。因此,改善环境的温度和湿度条件,是减少有害物经皮肤侵入的重要措施。

3) 经过消化道,危害工作人员。在工业生产中,有害物质单纯从消化道侵入人体,进而伤害吸收者的案例为数不多。但是,由呼吸道侵入的毒物,有可能随人体呼吸道的分泌物部分吞咽,进入消化道后被人体吸收。但是,这种通过消化道侵入有害物的危害性比前两条途径侵入的危害性要小得多。

除了从侵入途径来认识污染物的分类,还可以从影响污染物最终对人体的损害角度对污染物进行分类。影响有害物对人体危害程度的因素可概括为如下六类。

第一类是粉尘的粒径。粉尘的粒径是影响颗粒物对人体危害程度的一个重要因素。粉尘的粒径越小,其对人体危害越大。造成这个结果的原因有两方面:一方面,粒径越小的粉尘越容易悬浮于室内空气中,不容易被设备捕集,并且比较容易通过人员的鼻腔和咽喉进入工作人员的气管、支气管甚至肺部。粒径大于 10 μm 的粒子,几乎都可以被鼻腔和咽喉所阻隔,而无法进入肺泡。污染物中对人体健康危害最大的是 10 μm 以下的悬浮颗粒(飘尘),这是因为飘尘经过呼吸道沉积于人体肺泡的沉积率与飘尘的粒径有很大的关系,0.1～10 μm 的粒子有 90% 可以沉积于呼吸道和肺泡上,其中 5 μm 以上的粒子可以被呼吸道阻留,一部分在口和鼻中阻留,也有一部分在气管和支气管中阻留。人体吸入呼吸器官的气溶胶粒子单位质量的表面积越大,其粒子表面活性也越大,这会加剧粒子对人体伤害的生理效应。例如,锌和一些金属本身并没有毒性,但是将其加热形成烟状氧化物时,这些污染物会与人体体内蛋白质作用而引起发烧,发生所谓的"铸造热病"。再者,粉尘的表面可能吸附空气中的有害气体、液体甚至细菌、病毒等微生物,所以也是污染物质传播的媒介物。有时,它还会与空气中的二氧化硫联合作用,加重对人体的危害。

第二类是有害物的成分及物理、化学性质。室内空气中有害物的组成以及毒性的不同对人造成的危害程度也不同。若空气中存在两种及两种以上有害物,污染物对人体健康的影响有的表现为单独作用,有的则表现为相叠加或更强的作用。因此,在现实中,应该慎重考虑它们的联合作用与综合影响。粉尘的化学成分直接影响其对机体的危害性质,特别是粉尘中游离二氧化硅的含量。人员长期大量吸入含结晶型游离二氧化硅的粉尘,会引起"硅肺病"。粉尘中游离二氧化硅的含量越高,引起人体病变的程度越严重,病变的发展速度也越快。但是,直接引起尘肺的粉尘是指那些可以吸入到肺泡内的粉尘,一般称为呼吸性粉尘。因此,可吸入肺泡中的游离二氧化硅是直接危害人体健康的"杀手"。

第三类是有害物的含量。有害物含量越高对室内人员的危害越大。例如,以二氧化碳为例子,当某一空间二氧化碳的体积分数为 2% 时,人会感到呼吸急促轻度头痛。当二氧化碳的体积分数增加到 3% 时,人会感到呼吸困难,同时有耳鸣和血液流动很快的感觉。当二氧化碳的体积分数达到 10% 时,人呼吸将处于停顿状态并且失去知觉。当体积分数高达 20% 以上时,人将会窒息死亡。

第四类是有害物对人体的作用时间。很多有害物的毒性具有蓄积性,只有在体内蓄积达到中毒阈值时,污染物才会对人体产生危害。因此,随着作用时间的延长,毒物的蓄积量将逐步加大,其增大了人体受伤害的风险。从专业的角度来说,有害物在体内的蓄积是受摄入量、有害物的生物半衰期(有害污染物在人体内浓度减低一半所需的时间)和作用时间三个因素影响的。

第五类是劳动场所的微气候条件。在不同的温、湿度和空气流速的条件下,同一污染物浓度的有害物表现出来的毒性也是有所差别的。如果人员所处的微气候温度过高,则会加速易挥发有害物质的蒸发速率,使人呼吸加快,同时其化学活性逐步增强,从而致毒程度也会逐步增强。如果微气候环境温度高、湿度大,工作人员就越容易出汗,一些亲水性的有害物特别容易被人体的汗液吸附,进一步溶解于汗液,加速人员中毒。

第六类是人的个体方面差异的因素。有害物的吸收及危害作用,随人员个体性差异,会表现出明显的不同。个体免疫力强,则危害性弱。在同样条件下接触有害物时,人们的受害症状、中毒和致病程度也往往各不相同,所以有害物对人体的危害还与个人的年龄、性别、思想情绪、健康状况和体质有关。另外,劳动强度不同也会产生明显的区别。重体力劳动时,人对某些有害物所致的缺氧会更加敏感。

除了化学性危害之外,热物理性质也会对人体产生危害。

人体与建筑环境的热交换方式主要有对流、辐射和蒸发三种。这三种方式的换热主要取决于空气温度、湿度、流速和环境平均辐射温度等因素及其组合情况。

首先,根据传热学原理,人体与建筑环境之间的对流换热主要取决于人体的皮肤温度、周围空气温度和流动速度。当周围空气温度低于人体皮肤表面温度时,人体通过对流向周围环境散热,并且空气流动速度越高,这种对流换热的强度越强,人体越感觉到凉爽。反之,当周围环境空气温度高于人体皮肤表面温度时,人体获得热量,并且此时空气流动速度越高,人体会感觉越热。当人体皮肤表面温度等于空气温度时,人体与空气之间对流换热量则为零。

因为空气是辐射透过的介质,所以人体与周围的辐射换热主要取决于周围固体表面温度和人体皮肤表面温度,而与周围环境的空气温度无关。当周围固体表面温度高于人体皮肤表面温度时,人体接受热辐射,反之人体则接受冷辐射。

蒸发散热主要取决于室内空气的流速和相对湿度。当温度一定时,相对湿度越小,空气流速越大,人体汗液的蒸发量会越大。反之,空气的相对湿度越大,流速越小,人体的蒸发量越小。例如,在我国南方地区,往往夏天空气温度高于皮肤表面温度,同时空气相对湿度普遍接近于饱和状态。此时,对流换热对人体的散热非常不利。与此同时,人体又不能通过蒸发完成散热,会造成非常闷热的环境感知,严重时会导致人员中暑。

总之,人体的舒适感与微气象条件直接相关,如果空气温度过高,人体主要依靠汗液的蒸发来维持热平衡,出汗过多会使人体脱水和缺盐,引起人员疾病。因此,不但要消除粉尘和有害气体,以保证一定的空气清洁度。同时,还要消除周围环境的余热和余湿,保证一定的空气流速、温度和相对湿度。

综上所述,室内有害污染物的来源可以按照污染物的传播途径、影响人员的方式和感受形式,形成与气流(或者气流组织)相关的类别。具体地,依据动力源和场景可以分为民用建筑污染物来源(家庭装修污染源和日常生活污染源)和工业建筑污染物来源(粉尘污染源、气体污染源和特定工艺流程中形成的综合性污染源),不同的污染源具有不同的危害特征。

1.1.2 室内卫生标准和污染物排放标准

针对不同的污染源和危害特征,分别有如下卫生标准和污染物排放标准。

1. 民用建筑污染物

针对民用建筑污染物,2022 年 7 月 11 日,国家市场监督管理总局(国家标准化管理委员会)发布中华人民共和国国家标准公告(2022 年第 8 号),其中批准发布 5 项国家标准修改单。《室内空气质量标准》(GB/T 18883—2022)自 2023 年 2 月 1 日起实施,这是《室内空气质量标准》(GB/T 18883—2002)运行 20 年以来的第一次修订。

新版《室内空气质量标准》(GB/T 18883—2022)调整了 5 项指标的限值,包括二氧化氮、甲醛、苯、细菌总数、氡,新增了细颗粒物、三氯乙烯和四氯乙烯三项化学性参数及其限值规定。

2. 工业建筑污染物

针对工业建筑污染物,为了保护工人和居民的安全和健康,要求工业企业的设计符合卫生要求。我国制定了《工业企业设计卫生标准》,最早颁布于 1962 年,之后于 1979 年 11 月 1 日起实行《工业企业设计卫生标准》(TJ 36—1979),2002 年 4 月 8 日国家卫生部发布《工业企业设计卫生标准》(GBZ 1—2002)并于 2002 年 6 月 1 日开始实施,随后国家卫生和计划生育委员会于 2010 年 1 月 22 日发布《工业企业设计卫生标准》(GBZ 1—2010),GBZ 1—2010 代替GBZ 1—2002,GBZ 1—2010 为目前在用的最新版本。

新的标准 GBZ 1—2010 对各工业企业车间空气中有害物的最高容许浓度、空气温度、相对湿度和流速,以及居住区大气中有害物质的最高容许浓度等都做了具体规定。此外,新标准GBZ1—2010 增加了工业工作场所职业危害预防控制的卫生设计原则;同时,也增加了工作场所防尘、防毒的具体卫生设计要求,其中包括除尘、排毒和空气调节设计卫生学要求、毒物自动报警和检测报警装置的设计要求、系统式局部送风时工作地点的温度和平均风速的规定等;调整了防暑和防寒卫生学设计要求,其中包括空气调节厂房内不同湿度下的温度要求,以及冬季工作地点的供暖温度和辅助用室的供暖温度要求等。

在工业生产中,除了对工厂内部产生巨大的污染外,生产过程中产生的有害物质是造成区域大气环境恶化的主要原因。1996 年,我国对 1982 年制定的《大气环境质量标准》(GB 3095—1982)进行修订,颁布《环境空气质量标准》(GB 3095—1996),并从 1996 年 10 月 1 日起全国实施。2012 年再次进行修订并颁布《环境空气质量标准》(GB 3095—2012)。

此外,在不同的行业中,基于行业的自身特点,多项标准也被提出,例如《陶瓷工业污染物排放标准》(GB 25464—2010)、《煤炭工业污染物排放标准》(GB 20426—2006)、《硝酸工业污染物排放标准》(GB 26131—2010)、《铝工业污染物排放标准》(GB 25465—2010)、《稀土工业污染物排放标准》(GB 26451—2011)和《铁矿采选工业污染物排放标准》(GB 28661—2012)

等。因为在中国多个城市陆续出现雾霾现象，同时污染物排放是最直接产生雾霾的因素，所以我国陆续推出与污染物排放有关的标准。比如《炼焦化学工业污染物排放标准》(GB 16171—2012)、《水泥工业大气污染物排放标准》(GB 4915—2013)、《火电厂大气污染物排放标准》(GB 13223—2011)和《工业炉窑大气污染物排放标准》(GB 9078—1996)等。

1.2　工业有害污染物

一方面，按照建筑用途，建筑室内环境可以被划分为民用建筑室内环境（比如住宅、宾馆和办公室室内环境等）和工业建筑室内环境（比如建筑工地、冶金工厂和发电厂室内环境等）。与建筑用途相对应，按照民用和工业建筑的属性，室内有害污染物划分为民用建筑污染物和工业建筑污染物。

另外一方面，城市建筑室内外通风可以将城市郊区工业排放污染物带入民用建筑住宅室内，影响居民健康。这种情况下，工业建筑污染物既是工业建筑污染物来源，也是间接的民用建筑污染物来源。

综上所述，室内污染物的概念包括了特殊的工业建筑室内污染物。同时，工业建筑室内的污染物也会引起民用建筑住宅室内污染物的变化。基于此，下面介绍污染物浓度值较高、产生污染物频繁和污染物毒性较大的工业有害污染物。

1.2.1　工业有害污染物的来源及危害

在工业生产过程中，污染物主要包括粉尘、有害气体和矿井内有害物质。

① 粉尘是主要的有害物形式，对工作环境、室外大气环境和工人健康危害极大。从行业分布角度分析近年职业病病例数，其中前几位重污染行业依次为煤炭、铁道、有色金属和冶金。这些行业是粉尘的重要来源，比如煤炭行业中固体物料的破碎和研磨，形成煤粉状物料后的物料混合、筛分、包装和运输，都会造成严重的颗粒物扩散。除此之外，煤炭可燃物的燃烧与爆炸产生的烟尘，生产过程中化学物质加热产生的蒸气在空气中的氧化和凝结，也会形成多种类的固体微粒。在职业病高发的背景之下，国务院办公厅提出《国家职业病防治规划》，其中对尘肺病做了一项特别的要求，具体要求新发尘肺病病例的年增长率要控制在 5% 以内。

② 在有害气体经常伴随蒸气的产生，出现在化工、造纸、金属冶炼、浇铸和喷漆等工业生产过程中。例如，炼钢厂车间现场，除了粉尘，还存在着一氧化碳、氮氧化物和氟化物等。吹氧炼钢转炉在吹炼期间，产生大量含尘炉气，其温度和气体 CO 含量都很高，遇到空气立即燃烧。在流程中产生的高温烟气直接影响高温状态下粉尘颗粒的迁移，所以在工业生产过程中，有害气体浓度也是一个重要的观测指标。

③ 矿井作为特殊的工业场景，其有害物质需要单独讨论。矿井内空气中除有氧气、氮气和二氧化碳以外，还混有甲烷、一氧化碳和二氧化氮等各种有害气体。其中，二氧化碳主要来自有机物的氧化和人员的呼吸；一氧化碳主要来源于物质的不完全燃烧；氮氧化物主要来自于燃烧、电镀、化工和矿井内的爆破作业；二氧化硫具有强烈的硫磺气味及酸味，主要来源于制酸工艺以及矿井内含硫矿物氧化或燃烧。

在实际工业环境中，空气除了有上述有害气体外，还含一些其他有害物质，比如细微颗粒（统称为矿尘），其会引起矿工尘肺病。

1.2.2　工业有害污染物在车间内的传播机理

工业场景中存在的各种污染物，其中主要包括有害气体和颗粒物。由于工业流程设计，这些污染物都会经过传播扩散，由污染源扩散到工厂周围环境中，再与工作人员发生接触。在这个过程中，大部分有害物质会悬浮在周围空气中，接着才传播到工业场所中，这个过程称为尘化和传播。一般来说，工业有害物在车间内的传播机理有下面三种。

1. 扩散作用

由于有害物浓度差的作用，使污染物从高浓度区域向低浓度区域迁移，这种传播机理称为扩散。一般有害气体从污染源散发到整个工业建筑空间的过程主要依靠这种扩散作用。

2. 空气流动输运作用

在生产加工过程中，空气的高速流动，会形成诱导空气，诱导空气裹挟有害物一起运动，并输运到工业厂房中。在工业场景中，把诱导空气称为一次气流，把由于通风、对流所形成的室内气流称为二次气流。一次气流和二次气流的共同作用，使得有害物实现尘化作用，完成从污染源到工作人员所在地点的大范围迁移，这种基于空气对流传播的有害物输运机理称为空气流动输运作用。

3. 外部机械力作用

在工业机械加工过程中，设备等的运动都会对加工对象形成作用力。在此，将这种作用力、重力和浮力统称为外部机械力。工业污染物由静止状态进入空气中扩散，一般基于外部机械力使颗粒物等污染物直接从动力设备获得能量，进而形成整个传播过程。

在工业生产中，以上三种有害物的传播机理一般是联合发生的，进一步形成有害物在工业建筑中的传播。

1.2.3　工业有害物的综合防治措施

基于工业有害物在厂房和车间内的传播机理，可见工业有害物的综合防治措施中的核心技术是通风技术。通风方法按照空气流动动力的不同，可分为自然通风和机械通风。

1. 自然通风

自然通风指依靠温差形成的热压，使建筑室内外的空气进行交换，从而改善室内的空气环境。具体在工业建筑领域，自然通风是指利用工业建筑物内外空气的密度差引起的热压，或室外受太阳辐射引发的大气运动引起的风压，来引进工业建筑室外新鲜空气，进一步达到通风换气作用的一种通风方式。自然通风不消耗额外的机械动力，同时在适宜的条件下又可以获得巨大的通风换气量，所以自然通风是一种经济的通风方式。自然通风在一般的工业厂房（尤其是高温车间）中有广泛的应用，且能经济有效地满足工业建筑物内工作和暂住人员的室内空气品质要求和生产工艺的一般要求。

从上面的论述可以看出，工业建筑的自然通风可以进一步被详细划分为热压自然通风和风压自然通风。

（1）热压自然通风

① 对于单层的工业建筑，由流体动力学中的静力学基本原理可知：大气压力与距离地面的高程有关，工业建筑测点离地面越高，其压力就越小，由高程引起的上下压力差值等于高差、空气密度和重力加速度的乘积。除此之外，如果空气的温度不一样，还会使空气的密度发生变

化,产生不同的密度,这同样会造成建筑上下压力差值的不同,形成压差,产生流动。

在实际工程中,根据上述原理,针对某一单层工业建筑,在一侧的外墙上开有上下两个窗孔。工业建筑室内温度高于室外温度时,基于热力学关于空气的基本性质有室内空气的密度小于室外空气的密度。因此,室内压力(或者压强)随高度的变化率的绝对值比室外压力随高度的变化率的绝对值小。也就是说工业建筑室内的压力线和工业建筑室外的压力线的斜率不同。随后,开启下部窗孔,不管窗孔两侧是否存在压差,由于空气的流动,下部孔口处内外压力会趋向相等。由于建筑室内外的空气密度不同,这会导致上部孔口处会形成压强差。这时,如果开启上部窗孔,在压差 Δp 的作用下,室内空气会通过上部孔口流向室外,这就是由于室内外空气密度差所形成的压差,即热压。随着工业建筑室内空气向室外排出,室内总的压力水平下降,这时与外墙垂直的上下孔口间的某个位置上,室内压力与室外压力相等。同样,在室内外温度保持不变的条件下,假定外墙上某一个高度上室内外压力相等,该建筑面上所有点的室内外压力相等,也就是说内外压力差为零,这样的水平面叫中和面。在建筑中和面的高度上开孔时,通过该孔口的自然通风风量将为零。实际上,如果建筑空间只有一个窗孔也仍然会形成自然通风,这时工业建筑窗孔的上部排风、下部进风,相当于将两个窗孔连在一起。位于中和面以下的下部孔口也存在压差,在压差的作用下,室外空气会通过孔口流进建筑室内。进一步,根据质量守恒定律分析,由孔口流进室内的空气量等于由孔口流出室内的空气量。

② 对于多层工业建筑,假设工业建筑室内温度高于室外温度,则室外空气从下层房间的外门窗缝隙或开启的洞口进入工业建筑室内,经内门窗缝隙或开启的洞口进入楼内的垂直通道(如工业厂房楼梯间、电梯井或者上下连通的中庭等)向上流动;最后,再经上层的内门窗缝隙、开启的洞口和外墙的窗、阳台门缝排至室外。这就形成了多层建筑物在热压作用下的自然通风,也就是所谓的工业建筑"烟囱效应"。

在多层建筑的自然通风中,其中和面的位置与上、下的流动阻力直接有关,其中包括外门窗和内门窗的阻力。一般情况下,建筑中和面可能在建筑高度的 0.3～0.7 倍的建筑高度之间变化。当上、下空气流通面积基本相等时,中和面基本上在建筑物的中间高度附近。还应该指出,多层工业建筑中的热压是指室外温度与楼梯间等竖井内的温度之间所形成的压强差值。因此,每层楼的局部压差也应该是指建筑室外与楼梯间之间的压力差。由于空气是从室外经外窗或门,再经房门、楼梯间门进入楼梯间。因此,工业建筑室内的压力介于室外压力与楼梯间压力之间。多层建筑"烟囱效应"的强度与建筑高度和室内外温差有关。建筑物越高,"烟囱效应"就越是强烈。但是,工程中也有特例,不是所有多层建筑的"烟囱效应"都大于单层建筑。比如,对于外廊式多层建筑,在建筑内部由于没有竖向的空气流动通道,因此不存在之前提到的自然通风模式,也不形成贯穿整栋建筑的"烟囱效应"。这时,热压作用下的自然通风与单层建筑并没有本质区别。

(2) 风压自然通风

风压自然通风主要形成原理是当建筑室外风流过建筑物时,气流将发生绕流。与此同时,在建筑物附近的平均风速随测定高度的增加而增加。迎风面的风速和风的湍流度对气流的流动状况和建筑物表面及周围的压力分布影响很大。由于气流的撞击作用,迎风面静压力高于大气压力,处于正压状态。一般情况下,当风向与该平面的夹角大于 30°时,会形成正压区。当室外气流发生建筑绕流时,在建筑物的顶部和后侧会形成旋涡。屋顶上部的涡流区称为回流区域,建筑物背风面的涡流区称为回旋气流区。根据流体力学原理,这两个区域的静压力均低于大气压力,形成负压区。回流区域和回旋气流区,统称为空气动力阴影区。空气动力阴影区覆盖着建筑物下风向的各表面,例如,建筑屋顶、两侧外墙和背风面外墙,并延伸一定的水平距离,直至流动基本恢复平行流动,形成建筑后面的尾流。由建筑室外空气流动所造成的建筑物各表面相对未扰动气流的静压力变化,即风作用在建筑物表面所形成的空气静压力变化,称为风压。

工业建筑在风压作用下,具有正值风压的一侧设定为进风,而在负值风压的一侧设定为排风,这就是在风压作用下的自然通风约定。自然通风量与正压侧和负压侧的开口面积、风力大小有关。假设建筑物只在迎风的正压侧有窗,当室外空气进入建筑物后,建筑物内的压力值就会升高,最后与迎风侧的压力一致。然而,如果在正压侧和负压侧都有门窗,就能形成贯通室内的空气流,这种自然通风模式称为"穿堂风"。

风压作用下自然通风量的计算步骤是,首先确定在风压作用下的室内压力,然后计算出在室内外压差作用下的进风量或排风量。

除此之外,现实工程中往往出现的是热压与风压共同作用下的自然通风,可以认为是两者的代数叠加。也就是说,某一建筑物受到风压、热压同时作用时,外围护结构各窗孔的内、外压差就等于风压、热压单独作用时窗孔内外压差之和。假设有一建筑,室内温度高于室外温度。当只有热压作用时,室内外的压力分布和只有风压作用时,迎风侧与背风侧的室外压力的分布进行叠加,这就是考虑了风压和热压共同作用的压力分布。基于上述描述,在热压与风压联合作用下的自然通风中,究竟起主导作用是哪一种作用,是一个需要仔细研究的问题。实测和原理分析表明,对于高层工业建筑,在冬季,即室外温度低时,即使风速很大,上层的迎风面房间仍然是排风的,说明热压起主导作用;而对于低层建筑,因为大气流动边界层的影响使近地面风速降低,建筑周围的风速本来就低,且风速受邻近建筑或者其他障碍物的影响很大,因此,主要也受到热压对建筑的作用。虽然,热压在建筑的自然通风中起主导作用,但风压的作用也不容忽视,所以,采用自然通风的建筑,自然通风量的计算需要同时考虑热压和风压的作用。

综上所述,自然通风不需要额外配置专设的工业动力装置,对于产生大量余热的车间是一种经济而有效的通风方法。其不足之处是无法预先处理自然进入建筑的室外空气。同样,当从室内排出的空气中含有有害粉尘或有毒气体时,也无法进行净化处理。基于这个特征,自然通风技术会污染周围环境,造成环境破坏。另外,自然通风的换气量一般会受室外气象条件的影响,通风效果极其不稳定。

2. 机械通风

与自然通风不同,借助于通风机等设备所产生的动力使空气流动的方法称为机械通风。由于风机的风量和压力可根据工厂的需要来设计和选择,因此这种方法能确保通风量,并且方便控制空气流动方向和气流速度,也方便按所要求的空气参数,对进风和排风状态进行处理。但是,机械通风系统要比自然通风的一次投资和运行管理费用大。

当自然通风不能满足工业建筑内通风或者排烟的要求时,一定要使用机械通风排除污染物。机械通风也称人工通风。大型工业厂房施工期间的通风,一般都采用机械通风。营运通风方式应该根据工业建筑通风条件和工地允许的卫生标准,经过技术经验比较而确定。

机械通风方法按通风系统的作用范围,可以被划分为局部通风和全面通风。局部通风是利用局部气流,使局部工作地点不受有害物的污染,形成良好的空气环境。这种通风方法所需要的风量小,并且效果好,是防止工业有害物污染室内空气和改善作业环境最有效的通风方法,设计时应优先考虑。

（1）局部通风

局部通风又分为两大类：局部排风和局部送风。

1）局部排风

局部排风是在集中产生工业有害物的局部地点，设置捕集装置，将有害物及时排走，以控制有害物向室内扩散。局部排风是最为有效的工业通风方法，它可以用最小的风量，获得最优的通风效果。局部排风就是在有害物产生地点直接把它们捕集起来，经过净化处理，排至室外。其设计思想是有害物在哪一个位置产生，就在该位置处将其排走。局部排风系统由局部排风罩、风管、净化设备、风机和烟囱风管组成。

① 局部排风罩是用来捕集有害物的。局部排风罩的性能对局部排风系统的技术经济指标有直接影响。性能好的局部排风罩（如密闭罩），只需较小的风量就可以获得良好的工作效果。由于生产设备和操作的不同，排风罩的形式多种多样，可以根据排污性能和工业美观，进行设计和选择。

② 风管是用来输送含尘或有害气体，并把通风系统中的各种设备或部件连成一个整体的。为了提高系统的经济性，应合理选定风管。风管通常用表面光滑的材料制作，例如薄钢板、聚氯乙烯板，有时也用混凝土和砖等材料制作。

③ 除尘或净化设备是用来处理有害物质超标的空气的。当排出空气中有害物量超过排放标准时，必须用除尘或净化设备处理，达到排放标准后，排入大气，防止大气污染。

④ 风机的作用是向机械排风系统提供空气流动的动力。为了防止风机的磨损和腐蚀，一般设计把它放在净化设备的后面。

⑤ 排气烟囱的作用是使有害物排入高空稀释扩散，避免在不利地形、气象条件下，有害物对厂区或车间造成二次污染，保护居住区环境卫生。

局部排风系统各个组成部分虽功能不同，但却互相联系，每个组成部分必须设计合理，才能使局部排风系统发挥应有的作用。

2）局部送风

局部工作地点送风的目的是创造局部地带良好的空气环境，也称为岗位吹风。局部送风方式可分为系统式和单体式两种。系统式局部送风是利用通风机和风管直接将工业建筑室外新鲜空气经过处理后具有一定参数的空气送到工作地点。单体式局部送风是借助轴流风扇等设备，直接将室内空气以射流送风方式送入作业地带。对于面积很大，操作人员较少的生产车间，如果采用全面通风的方式改善整个车间的空气环境，是极其困难又不经济的。例如对于某高温车间，没有必要对整个车间进行降温，只须向个别的局部工作地点送风，在局部地点造成良好的空气环境，这种通风方法称为局部送风。其指导思想是哪里需要，就把经过处理的风送到哪里。局部送风系统有系统式和分散式两种。系统式局部送风系统是空气经集中处理后送入局部工作区；分散式局部送风系统一般采用轴流风扇或喷雾风扇使空气在室内循环使用。

（2）全面通风

全面通风的任务是以通风换气的方法改善室内的空气环境。概括地说，是把局部地点或整个房间内的污浊空气排至室外（必要时经过净化处理），把新鲜（或经过处理）空气送入室内。前者称为排风，后者称为送风。由实现通风任务所需要的设备、管道及其部件组成的整体，称为通风系统。全面通风是对整个房间进行通风换气，其基本原理是：用清洁空气稀释室内含有有害物的空气，同时不断地把污染空气排至室外，保证室内空气环境达到卫生标准。全面通风又叫稀释通风。

应当指出,全面通风的效果不但与通风量有关,还与通风气流组织有关。在解决实际问题时,应根据具体情况选择合理的通风方法,有时需要几种方法联合使用才能达到良好效果。例如,用局部通风措施仍不能有效地控制有害物致使部分有害物还散发到车间时,应辅助采用全面通风方式。

全面通风可以稀释室内有害物浓度,同时消除余热和余湿,达到卫生标准和满足生产要求。全面通风可以利用自然通风方法来实现,也可以用机械通风方法来实现。

1.3　室内空气品质

对于民用建筑,居民在建筑室内学习、工作与生活的时间约占 80%。因此,室内环境质量(Indoor Air Quality,IAQ)直接影响居民的身体健康。优良品质的空气可使居民神清气爽,提高工作效率。反之,污染严重的空气危害人体健康,使长期在室内工作的人员出现病态综合症(Sick Building Syndrome,SBS)。综上所述,室内空气品质对人体健康的影响比室外空气更重要。

伴随着我国城市化程度的不断提高,室内空气品质问题备受关注。影响居民建筑室内空气品质主要的因素有:① 建筑气密性与热绝缘性;② 建筑装修材料可能散发的对人体有害的污染物,如甲醛、甲苯、氨以及有机挥发物 VOCs 等;③ 电子电器产品散发出的臭氧、颗粒物和有机挥发物等有害物。

1.3.1　室内空气品质及其评价

室内空气品质对于人员健康十分重要,评价室内空气品质,营造健康宜人的室内环境,在一定时间和空间区域内,将空气中所含的各项污染物的限定值用来作为指示环境健康和适宜居住的重要指标,可以在设计阶段借鉴国内外的相关标准。例如,我国关于室内空气品质的规范《室内空气质量标准》(GB/T 1883—2002/3)和美国采暖制冷与空调工程师学会标准 ASHRAE 62.1—2013 等。

基于各个国家的室内空气品质评价,可以将评价方法分为两种:一种是依据室内空气成分和浓度的客观评价方法;另一种是依据人的感觉的主观评价方法。

建筑室内空气品质的客观评价依赖于仪器测试。我国《室内空气质量标准》(GB/T 18883—2002)规定的测试、监测的参数有可吸入颗粒物、甲醛、一氧化碳、二氧化碳、氮氧化物、苯、氨、氡、TVOC、O_3、细菌总数、甲苯、二甲苯、温度、相对湿度、空气流速、噪声和新风量等 19 项指标。基于检测到的空气污染物的种类和实时浓度,与国标中规定的该种污染物浓度限值相对比,可以评价室内空气品质是否达到标准。

主观评价是考虑到室内空气品质好坏和人们主观感受联系密切,基于居民的主观感受来评价室内空气品质。其中,气味浓度本身就是依赖于嗅觉的一种可测量量,将气味用无味、清洁空气稀释到可感阈值或可识别阈值的稀释倍数来描述。在实际测试中,测试从高稀释倍数开始,最初一般不能判断出有味气体,随着稀释倍数的降低,测试者逐渐判断出有气味的气体。由于不同测试者判断阈值不同,因此可以取大部分人(一般 50%)能够识别出的稀释倍数作为气味浓度的识别阈值。

主、客观评价方法各有优点和局限。客观评价方法是对气体成分和浓度通过仪器测定,再与相关标准进行比较,确定室内空气品质。这种方法便于掌握和理解测试对象,重复性好。但是,因为有害气体种类很多,一些有害成分浓度很低,特定的仪器很难精确测定浓度等物理量,这类方法在有害气体成分复杂或浓度很低的情况下,很难有效应用。同时,这种方法忽略了居民是室内空气品质的评价主体以及感觉存在的个体差异,所以,需要主观评价方法进行补充。主观评价方法强调居民的感觉,但是危害物质的组分并存时,其危害叠加规则没有统一的结论。

综上所述,这两种方法不能互相取代,而应互相补充,以完成对空气品质的全面评价。

1.3.2　改善室内空气品质的技术措施

为了提高民用建筑室内空气品质,同时降低室内污染物浓度达到标准限定值。针对室内空气污染控制,可以通过以下三种途径实现:

① 消除建筑室内的污染源;

② 进行通风稀释,稀释和置换室内高污染物浓度的空气;

③ 进行空气净化,采用净化设备加以处理。

通风稀释是建筑通风目前最重要和有效改善室内空气品质的方法,国内建筑房间大多依靠机械通风来稀释室内污染物,营造健康舒适的室内环境。在实际工程中,可以通过自然通风和机械通风协同改善室内空气品质。

疫情期间,自然通风(比如开窗通风)可以起到很好地优化室内空气品质的作用。但是,通风量不稳定,容易受室外空气质量与气候条件的制约等。当冬季雾霾发生时,必须采用机械通风,营造利于室内污染物去除的手段和方法。机械通风可以通过机械风扇或风机等产生的压差来实现空气流动的通风模式。同时,可以通过净化与热湿处理,将室外空气送入房间,在过程中消除污染、余热和余湿,在居民活动区域形成稳定的速度和温度场。

具体改善室内空气品质的技术措施如下:

(1) 消除建筑室内的污染源

消除室内污染物源是最直接的改善室内空气品质的技术措施。建筑室内空气污染有来自于室外的污染源,大部分是来自室内的污染源。

通常民用的建筑室内环境污染源头主要包括室内装饰装修材料散发、室内通风与净化设施泄漏、室内办公室电器源、家具源和室内生物体的活动源(比如宠物狗和猫)等。

装修过程中使用的建筑材料是目前最大的室内污染源头,整个建筑材料包括前期建筑建设中使用的砖瓦、水泥和混凝土等,以及建筑交付后装修使用的石材等基本建筑材料、人造板材、涂料、油漆和胶黏剂等装饰装修材料。虽然,近些年,建筑市场逐步规范化,但是,受到多种因素的影响,建筑材料污染源依然很难彻底去除。这需要相关部门加强监督和完善市场体制。同时,消费者也要积极注意防范。

在日常生活中,离不开化学品的使用,其中包括清洁剂、除臭剂、杀虫剂以及化妆品等家用化学品。这些化学药品会残留在日常用品表面,甚至直接触及居民。居民在使用时,一定要按照使用说明进行化学品的操作和使用。

当人们长时间居家办公时,办公用品、电气设备以及现代化办公用品(比如复印机、空调和家电)产生的臭氧、电磁辐射等污染,就成为需要考虑的重要室内污染源。对于这部分污染源,需要人们控制使用时长,注意严格按照产品使用说明进行操作。

现代城市居民会养宠物。这些宠物就构成了室内生物体的活动源(比如宠物狗和猫等)。

除此之外,室内人员也算是室内生物,会有室内吸烟等行为,造成室内环境恶化。对于这部分污染源,最重要的是动物产生以及携带的细菌体等生命活动所产生的污染和破坏。如果居住空间狭小,生物体产生的细菌会快速繁殖,直接影响人员健康。对此,需要居民合理规划饲养动物的品种和数量,同时戒除一些不良的饲养和生活习惯。

(2)进行通风稀释,稀释和置换室内高污染物浓度的空气

室内的空气污染物含有大量的甲醛、苯和氨等有害气体,其中对人体健康影响最大的主要包括甲醛、苯、甲醛和二甲苯等有机物。要快速去除这些污染物,最直接的手段就是通风。

目前针对居民住宅主要依靠的自然通风提供新风的技术,其核心目的是稀释目标污染物的浓度。但是,在城市建筑中,受到自然环境和人工环境的直接影响,自然通风存在通风量不稳定,同时受室外空气品质制约等问题的影响。特别是对于北方城市,比如哈尔滨和西安等,当冬季供暖时,为了降低供暖的能耗,建筑的密闭性设计往往要求很高,从而导致室内新风不足,这样会导致室内污染物极其容易超标。

建筑环境与能源应用工程专业的研究者通过对室内的污染物进行的长期监测,总结出最常见的污染物:PM2.5、PM10、一氧化碳、二氧化碳、二氧化硫、氮氧化物和各种独立或者混合的有机物。测试结果表明,冬季室内空气存在严重污染问题,室内污染物的超标倍数可以达到1.5~4倍,这些严寒地区冬季室内的主要污染物所形成的污染,表现在大多数污染物浓度值要高于室外环境中存在的污染物浓度(此时,排除当地出现的灰霾等极端污染气候)。对于冬季严重的室内污染,其中最具有代表性的是居民住宿、大型商场和餐饮三类公共场所。长期研究结果和经验显示,这三类场所中的室内空气 PM2.5 浓度中位数远远超过规范的要求。在雾霾天气,其污染程度会加重。如果相关建筑邻近交通干线,其室内 PM2.5 等污染物的污染水平要远远高于步行街附近的建筑室内环境中的污染物浓度。

对于这些室内污染严重的建筑,一般都设有集中空气空调。集中中央空调对室内 PM2.5 等污染物的控制技术已经很完善成熟。集中空调通风系统可以在一定程度上有效、快速地降低室内 PM2.5 等污染物的污染水平,使其浓度低于自然通风场所。以上表明,当前室内污染问题十分严重,人们需要认真考虑降低室内污染物浓度,提高室内空气品质的措施,其中集中空气空调技术是一种行之有效的技术手段。进一步,对于现代化的中央空调系统或者通风系统,除了去除室内细颗粒和气体污染物,降低室内颗粒和气体污染物浓度之外,还需要考虑如何进一步提高内空气品质,将住宅的中央空调、通风系统的设计与人员舒适性联系起来。例如,新风系统除了通过净化处理模块获得清洁空气,用来稀释室内污染物浓度之外,还需要考虑提供新鲜的空气,保证室内人员呼吸需求和舒适性。

目前,同时考虑去除污染物和优化人员舒适性问题是一个建筑环境与能源应用工程专业前沿的课题。其主要通过室内污染物扩散分布实验监测和 CFD 数值模拟两种方法,进行研究。建筑室内污染物实验监测可以直观反映室内污染物状况,数据真实可靠。但是,与此同时实验存在操作步骤烦琐、操作难度大和成本较高等问题,在某些特殊的建筑环境中,甚至无法进行实验测试(比如明确需要人员长期居住的环境,人员活动会对测试仪器设备提出极高的要求,同时人员活动也不利于安装测试探头)。与污染物的实验监测相比,污染物的数值模拟具有耗时短和成本低等优点。同时,其最大的优势是不受实验条件限制,几乎可以模拟任何复杂室内环境,通过 CFD 数值模拟技术可以获得详细的室内流场和污染物浓度分布数据。特别是,当边界条件设置合理时,大量实践经验表明 CFD 数值模拟方法可准确模拟室内流场及污

染物浓度分布。所以,CFD 数值模拟方法被广泛应用在室内污染物扩散及通风优化设计之中。用数值模拟的方法研究自然通风下的通风速度、房间送风和回风开口个数对住宅室内装修污染物(比如甲醛和二氧化氮)去除的影响,已经成为很成熟的手段。除此之外,采用 CFD 方法还可以研究不同通风方式下室内污染物的浓度分布情况,包括设计和研究个性化送风,降低室内污染物浓度的方法和技术。

综上所述,进行通风稀释来稀释和置换室内高污染物浓度的空气是目前最重要的控制污染物的手段。伴随着 CFD 数值模拟技术的推广,该技术被广泛应用于各种室内污染物扩散分布及通风优化设计研究中,对污染物控制技术产生了巨大的推动作用。

(3) 进行空气净化,采用净化设备加以处理

进行空气净化,除了上述通风技术手段外,现实中最常采用的技术手段就是基于净化设备对污染物加以处理。基于这种技术手段,建筑室内气体污染物治理总体上可以划分为两大类治理技术:回收治理技术和销毁治理技术。

1) 回收治理技术

回收治理技术主要通过改变压力或者温度数值,同时通过选用不同吸附剂进行吸附,以及利用渗透膜等一系列物理方法来收集气体污染物,最终达到治理污染物的目的的技术。在实际工程中,该技术主要采用传统的物理吸附手段,比如活性炭吸附技术、冷凝吸收技术以及膜分离吸收技术等。其中,吸附法是利用吸附剂(活性炭、分子筛试剂、氧化铝及硅胶试剂等),将建筑室内产生的气体污染物吸附在材料上的技术,这是目前气体污染物处理最传统的方法,也是目前技术手段最成熟、应用领域最广泛的方法。但是,当这些吸附试剂达到饱和状态后,使用者就需要立刻更换材料部件。据此可知,由于这些材料试剂的造价较高,使用成本也很高,因此,在建筑领域,无法针对普通民众进行广泛推广。除吸附法外,另外一种方法是吸收法。吸收法是利用冷凝或者膜分离等技术,将具备较强溶解性的液体作为吸收试剂,把建筑室内气体污染物转变为液体。吸收法采用的吸收试剂多是具有高沸点和低蒸汽压力的气体油类物,存在较大的安全隐患和比较大的二次污染等缺陷,目前在建筑环境领域的使用面较窄。

2) 销毁治理技术

销毁治理技术相比传统回收治理技术而言,主要采用化学手段,通过化学反应,将室内有害气体污染物转变成二氧化碳和水等无毒无害的无机化合物,从而达到彻底销毁治理污染物的效果。销毁治理技术包括热力焚烧、光催化、生物氧化、热催化、非热等离子体催化氧化等化学反应技术。这些技术可以彻底、快速地净化气体污染物。

① 热力焚烧法多用于建筑废气的净化,是一种利用热力火焰氧化作用,使空气中有害气体在燃烧中转变为二氧化碳和水等无毒无害的无机化合物的技术。热力焚烧法技术在焚烧时要求使用温度较高(通常要求大于 700 ℃),并且技术复杂,对建筑能源的消耗大,前期造价高,并且需要专业操作,如果操作不慎,很容易产生二次污染。

② 生物氧化法主要利用活性微生物,通过微生物的生命活动获取养分,从而达到氧化分解建筑室内气体污染物的目的。该技术的本质是一种活性微生物的氧化分解技术,利用微生物将气体污染物转化成较为简单的二氧化碳和水等无毒无害的无机化合物或其细胞构成物。该技术与传统净化技术相比较,其运行所需的设备结构简单、造价成本较低并且没有二次污染等。但是,生物氧化法的选取对象较严格,其只对治理低浓度的气体污染物才具有经济性和实用性,并且利用生物氧化降解室内污染物效率低,其降解所需要的时间过长。

③ 热或者光催化氧化法是利用催化的方法,将催化试剂放置在室温状态下,经过室温下的深度氧化,进而达到消除建筑室内污染物的技术。热或者光催化氧化法相比较热力焚烧法,使用到的温度很低,去除污染物效果较高并且极大地节省能耗,避免了对环境的二次污染,是一种环境友好型的建筑室内气体污染物治理技术。通常催化材料按照组分的活性,可划分为贵金属催化材料和金属氧化物催化材料。随着材料技术的进步,催化氧化技术突出了净化效率高、环保节能、价格低廉和产物易控制等优点,当下已经成为治理气体污染物的主流技术之一,并且结合建筑技术(比如光催化结合玻璃幕墙技术)显示出很好的社会经济效益和技术应用前景。

销毁治理技术还包括非热等离子体法。等离子体是一种区别于固态、气态及液态的存在状态,该物质状态是通过汇集正负电子和中性粒子等物质形成的,整体状态呈现出电中性。等离子体中的非热等离子体状态下物质内部系统的正负电子和离子温度不均匀,同时整体温度状态呈现出低温,所以又称为低温等离子体。非热等离子体法是一种利用高压气体放电产生高活性自由基和高电子能,从而将气体污染物转化成二氧化碳和水等无毒无害的无机化合物以及其他副产物的技术。经过大量研究发现,非热等离子体技术在治理气体污染物方面有巨大的开发前景,在室温状态下就能进行氧化气体污染物的反应。同时,其具备经济、安全、容易操作、净化效率高、化学反应速率快和应用广泛的优势。此外,非热等离子体产生的高能电子可以与气体分子(比如污染气体分子)进行碰撞,形成不同的活性组分,最常见的有自由基、激发的原子和离子,这些活性组分可以与污染物分子发生反应,并将其氧化成危害较小的化合物。

本章小结

通过本章的学习,希望同学们理解室内空气调节的核心目的。整个的核心是"以人为本",一定要保证人员的卫生和安全,将空气处理到合适的温度和湿度。

具体来说,大家一起学习了污染物的来源和危害、污染物的各种规范、污染物的传播机理、控制污染物的措施和空气品质的评价措施,形成了系统和科学的空气调节观念,并掌握了如下重点内容:不同种类污染物的来源差异和危害、工业污染物的扩散特性和传播机理、工业污染物的综合防治措施和提升室内空气品质的措施及原理。

习　题

1. 小敏刚刚购置新房,装修完毕后,房间散发出一定的味道,小敏认为室内有气体污染物。小敏应该如何做可以尽快地入住新房?

2. 从影响污染物最终对人体的损害角度对污染物进行分类,影响有害物对人体危害程度的因素可概括为哪几类?

3. 某车间外部温度为 26 ℃,按照设计要求车间内部工作区域的温度 $t_n \leqslant t_w + 5$ ℃。如果车间上部排风温度按照 $t_p = t_w + (t_n - t_w)/m$ 计算,其中 m 为有效热量系数,取 0.4。当车间设备全开时,总余热量为 600 kJ/s,求此时设备需要提供的全面换气量为多少?

4. 简述主观评价方法和客观评价方法(针对室内环境评价)的优缺点。

5. 简述改善室内空气品质的技术措施的三种途径。

第 2 章　通风系统及设计

通风的任务是以通风换气的方法改善室内的空气环境。概括地说,通风是把局部地点或整个房间内的污浊空气排至室外(必要时经过净化处理),把新鲜(或经过处理)空气送入室内。通风方式多种多样,局部通风是工业控制有害物十分有效的通风方式,设计时一般优先考虑。自然通风是一种经济的通风方式,在一般的居住建筑、普通办公楼、工业厂房(尤其是高温车间)中广泛应用。

【教学目标与要求】

(1) 熟悉通风的分类;
(2) 掌握局部排风和局部送风;
(3) 掌握全面通风量的确定方法,掌握空气平衡与热平衡;
(4) 掌握自然通风的原理和设计计算方法;
(5) 掌握通风系统管道的设计方法。

【教学重点与难点】

(1) 空气平衡与热平衡的计算;
(2) 自然通风设计计算;
(3) 通风系统管道局部阻力方法。

【工程案例导入】

通风除尘和空气调节在实际工程中发挥着改善工作环境、保护人们身体健康和提高生产力的重要作用。用通风方法改善生产劳动环境,简单地说,就是把污浊的或不符合卫生标准的室内空气排至室外,把新鲜空气或经过处理的空气送入室内,不断地更换室内空气(见图2-1)。

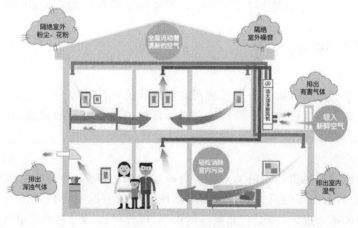

图 2-1　通风示意图

例如,在铸造和石棉生产中产生的矽尘会引起"石棉肺"等职业病,污染物中的二氧化硫不但危害人们的健康,而且还会使机器设备受到腐蚀、减少使用寿命。通风技术,就是专门研究如何战胜车间高温、湿热、消除有毒气体和粉尘的危害,从而保护人民的健康,提高劳动生产率,促进社会经济不断增长的技术。

2.1 通风方式

2.1.1 通风系统的基本概念

通风是为改善生产和生活条件,采用自然或机械的方法,对某一空间进行换气,以形成安全、卫生等适宜空气环境的技术。换句话说,通风是利用室外空气(称新鲜空气或新风)来置换建筑物内的空气(称室内空气)以改善室内空气品质。

通风的主要功能有:提供人呼吸所需要的氧气;稀释室内污染物或气味;排除室内生产过程产生的污染物;除去室内多余的热量(余热)或湿量(余湿);提供室内燃烧设备燃烧所需要的空气。建筑中的通风系统,可能只能完成其中的一项或几项任务,利用通风除去室内余热和余湿的功能是有限的,它受室外空气状态的限制。

通风系统就是实现通风这一功能(包括进风口、排风口、送风管道、风机、降温及采暖、过滤器、控制系统以及其他附属设备在内)的一整套装置。

根据服务对象的不同,通风可以分为民用建筑通风和工业建筑通风。民用建筑通风是对民用建筑中人员活动所产生的污染物进行治理而进行的通风。工业建筑通风是对生产过程中的余热、余湿、粉尘和有害气体等进行控制和治理而进行的通风。

通风作为建筑环境保障技术的重要组成部分,正日益广泛地应用到国民经济与国民生活的各个领域,对促进现代工业、农业、国防和科技的发展以及人民物质生活水平的提高都起着十分重要的作用。

2.1.2 通风系统的分类

按通风系统动力的不同,通风方式可分为自然通风与机械通风两类;按通风系统作用范围的不同,通风方式可分为全面通风与局部通风;按通风系统特征的不同,通风方式可分为送风与排风。

1. 自然通风与机械通风

(1)自然通风

自然通风是指利用建筑物内外空气的密度差引起的热压或室外大气运动引起的风压,引进室外空气达到通风换气作用的一种通风方式。自然通风不消耗机械能,是一种经济的通风方式。2.4节将会详细介绍。

(2)机械通风

机械通风是依靠通风机产生的动力来实现换气的通风方式,是进行有组织通风的主要技术手段。图2-2为某房间的机械送风系统示意图。机械通风由于作用压力的大小可以根据需要选择不同的风机来确定,不受自然条件的限制,因此可以通过管道把空气按要求的送风速度送至指定的任意地点,也可以从任意地点按要求的吸风速度排出被污染的空气。

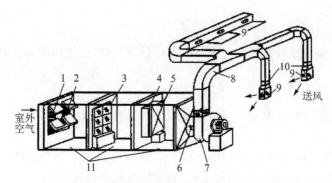

1—百叶窗;2—保温阀;3—过滤器;4—旁通阀;5—空气加热器;
6—起动阀;7—通风机;8—通风管;9—出风口;10—调节阀;11—送风室
图 2－2 机械送风系统示意图

机械通风能适当地组织室内气流的方向,并能根据需要对进风和排风进行各种处理,也便于调节通风量和稳定通风效果。但是,机械通风需要消耗电能,风机和风道等设备还会占用空间,工程设备费和维护费较高,安装管理较为复杂。

2. 全面通风与局部通风

(1) 全面通风

全面通风是在房间内全面进行通风换气的一种通风方式。它一方面用清洁空气稀释室内空气中的有害物浓度,同时不断把污染空气排至室外,使室内空气中有害物浓度不超过卫生标准规定的最高允许浓度。在有条件限制、污染源分散或不确定、室内人员较多且较分散、房间面积较大的情况下,采用局部通风方式难以保证卫生标准时,应采用全面通风。

全面通风可以利用机械通风来实现,也可以利用自然通风来实现。按系统特征不同,全面通风可分为全面送风、全面排风、全面送/排风三类。按作用机理不同,全面通风可分为稀释通风和置换通风两类。

稀释通风又称混合通风,即送入比室内污染物浓度低的空气与室内空气混合,以此降低室内污染物的浓度,达到卫生标准。

在置换通风系统中,新鲜冷空气由房间底部以很低的速度(0.03～0.5 m/s)送入,送风温差仅为 2～4 ℃。送入的新鲜空气因密度大而像水一样弥漫整个房间的底部,热源引起的热对流气流使室内产生垂直的温度梯度,气流缓慢上升,脱离工作区,将余热和污染物推向房间顶部,最后由设在顶棚上或房间顶部的排风口直接排出。

室内空气近似活塞状流动,使污染物随空气流动从房间顶部排出,工作区基本处于送入空气中,即工作区污染物浓度约等于送入空气的浓度,这是置换通风与传统的稀释全面通风的最大区别。显然,置换通风的通风效果比稀释通风好得多。

(2) 局部通风

局部通风就是利用局部气流,使局部地点不受有害物的污染,营造良好的空气环境。

局部通风系统分为局部送风和局部排风两大类。局部排风是将污染物就地捕集、净化后排放至室外。局部送风是将经过处理的、合乎要求的空气送到局部工作地点,以保证局部区域的空气条件。局部通风方式作为保证工作和生活环境空气品质、防止室内环境污染的技术措施应优先考虑。

3．送风与排风

（1）送　风

送风就是向房间内送入新鲜空气或经过净化处理的空气，可以是全面送风，也可以是局部送风。

（2）排　风

排风就是将房间内的污浊空气直接排出或经过处理达到排放标准后排出，可以是全面排风，也可以是局部排风。

实际工程中，常常将各种通风方式联合使用，如全面通风和局部排风联合使用，全面通风和局部送风联合使用，全面通风与局部送风、局部排风联合使用等。

2.1.3　通风系统的组成及主要部件

通风系统的组成一般包括：①进气处理设备，如空气过滤器、热湿处理设备和空气净化设备等；②送风机或排风机；③风道系统，如风管、阀部件、送排风口、排气罩等；④排气处理设备，如除尘器、有害物体净化设备、风帽等。下面对主要部件进行介绍。

1．通风机

通风机是机械通风系统中迫使空气流动的机械，是通风与空调系统的主要设备，根据构造原理分为离心式、轴流式和混流式。轴流式风机的特点是风量大、风压低；离心式风机可以产生较高的风压，混流式风机介于二者之间。在通风除尘系统中，因需要的风压大，大都采用离心式风机，很少用轴流式风机。图 2-3 和图 2-4 所示分别为某品牌的轴流式风机和离心式风机。

图 2-3　轴流式风机　　　　　图 2-4　离心式风机

2．通风管道

（1）通风管

在通风系统中，依靠通风管来送入或抽出空气。通风管的截面有圆形和矩形两种。通风管除直管外，还可由弯头、来回弯、变径弯，三通、四通等管件按工程实际需要组合而成。通风空调工程中常见的风管有普通薄钢板、镀锌薄钢板、不锈钢板、铝板等金属风管，硬聚氯乙烯塑料板、塑料复合钢板（由普通薄钢板表面喷上一层 0.2～0.4 mm 厚的塑料层）和玻璃钢风管等。玻璃钢风管又分为保温和不保温两类，不保温的玻璃钢风管叫作玻璃钢风管，带有保温层（即蜂窝夹层或保温板夹层）的玻璃钢风管叫作夹心结构风管。另外还有砖、混凝土、炉渣石膏板等做成的风管。

（2）各类风口

为了向室内送入或向室外排出空气,在通风管上设置了各种形式的送风口或吸风口,以调节送入或吸出的空气量。风口的类型很多,常用的类型是装有网状和条形格栅的矩形风口。

3. 通风部件

（1）阀　门

阀门是安装于风管上的,用以调节风量和关闭个别支管的通风部件。通风与空调工程常用的阀门有插板阀、蝶阀、多叶调节阀、圆开瓣式启动阀、空气处理室中旁通阀、防火阀和止回阀等。

（2）局部排气罩

局部排气量主要作用是排除设备中发出的余热或污染气体。局部排气罩最常见的形式有伞形排气罩、侧面排气罩和排气柜等,2.2 节将会详细介绍。

（3）空气过滤器

空气过滤器是一种对送入室内的空气进行除尘净化空气的设备,可分为初效过滤器（预过滤器）、中效过滤器、高效过滤器。

（4）除尘器

除尘器是净化空气的一种设备,一般分为旋风式除尘器、湿式除尘器和袋式除尘器等。

（5）风　帽

风帽用于排风系统的末端,它的作用是向室外排除污浊空气。按其形式分为三种:适用于一般机械排风系统的伞形风帽、适用于除尘系统的锥形风帽、适用于自然排风系统的简形风帽。

根据具体通风系统的特点,还有柔性短管、消声器、冷却器、加热器等部件。

2.2　局部排风

2.2.1　局部排风系统的组成

局部排风就是在有害物产生的地点直接把它们捕集起来,经过净化处理,排至室外。局部排风系统的结构如图 2-5 所示。

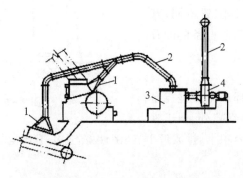

1—局部排风罩;2—风管;3—净化设备;4—风机

图 2-5　局部排风系统示意图

1. 局部排风罩

局部排风罩用来捕集污染物。它的性能对局部排风系统的技术经济指标有直接影响,性能良好的局部排风罩,如密闭罩,只要较小的风量就可以获得良好的工作效果。针对生产设备和工艺操作,可以选择适合的排风罩形式。

2. 风　管

通风系统中输送气体的管道称为风管,它把系统中的各种设备或部件连成一个整体。为了提高系统的经济性,应合理选定风管的截面形状、管中气体流速、管路走向。风管通常用表面光滑的材料制作,如薄钢板、聚氯乙烯板,有时也用混凝土、砖等材料制作。

3. 净化设备

为了防止大气污染,当排出的工业污染物超过排放标准时,必须用净化设备处理,达到再排放标准后排入大气。净化设备分除尘器和污染气体净化装置两类。

4. 风　机

风机向机械排风系统提供空气流动的动力。为了防止风机的磨损和腐蚀,通常把风机放在净化设备的后面。

2.2.2　局部排风罩

局部排风罩是局部排风系统的重要组成部分。通过局部排风罩口的气流运动,可在污染物质散发地点直接捕集污染物或控制其在车间的扩散,保证室内工作区污染物浓度不超过国家卫生标准的要求。设计完善的局部排风罩,用较小的排风量即可获得最佳的控制效果。

按照工作原理不同,局部排风罩可分为以下几种基本形式:① 密闭罩;② 柜式排风罩(通风柜);③ 外部吸气罩(包括上吸式、侧吸式、下吸式用槽边排风罩等);④ 接受式排风罩;⑤ 吹吸式排风罩。

1. 密闭罩

密闭罩的结构如图 2-6 所示,它把污染物源全部密闭在罩内,在罩上设有工作孔,从罩外吸入空气,罩内污染空气由上部排风口排出。设计正确、密闭良好的密封罩,用较小的排风量就能获得良好的效果。

密闭罩的工艺设备及其配置不同,其形式是多样的。按照它和工艺设备的配置关系,可分为以下三类。

(1) 局部密闭罩

如图 2-7 所示,在局部产尘点进行密闭,产尘设备及传动装置留在罩外,便于观

图 2-6　密闭罩

察和检修。局部密闭罩的容积小、排风量少、经济性好,适用于含尘气流速度低、连续扬尘和瞬时增压不大的扬尘点。

(2) 整体密闭罩

如图 2-8 所示,产尘设备大部分或全部密闭,只有传动部分留在罩外。整体密闭罩适用于有振动或含尘气流速度高的设备。

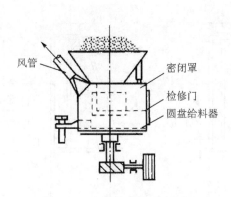

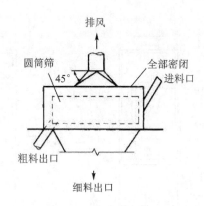

图 2 - 7　圆盘给料器密闭罩　　　　**图 2 - 8　圆筒筛密闭罩**

（3）大容积密闭罩（密闭小室）

图 2 - 9 所示的是振动筛的密闭小室,振动筛、提升机等设备全部密闭在小室内。工人可直接进入小室检修和更换筛网。密闭小室容积大,适用于多点产尘、阵发性产尘、含尘气流速度高和设备检修频繁的场合。它的缺点是占地面积大,材料消耗多。

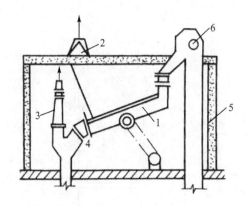

1—振动筛;2—小室排风口;3—排风口;4—卸料口;5—密闭小室;6—提升机

图 2 - 9　振动筛密闭小室

在确定密闭罩的形式时,还应考虑物料温度的影响。因为处理热物料时,罩内会形成热压,而密闭罩的气流运动状况取决于物料运动的机械力和热压两个因素,因此在设计密闭罩时,应充分考虑气流运动特性,合理设计密闭罩。

2. 柜式排风罩(通风柜)

柜式排风罩的结构和密闭罩相似,由于工艺操作需要,排风罩上一般设有可开闭的操作孔和观察孔。为了防止由于罩内机械设备的扰动、化学反应或热源的热压以及室内横向气流的干扰等原因引起的有害物逸出,必须对柜式排风罩进行抽风,使罩内形成负压。

根据排风形式来分,柜式排风罩通常有以下三种形式。

（1）下部排风通风柜

当通风柜内无发热体,且产生的有害气体密度比空气密度大时,可选用下部通风柜,见图 2 - 10。

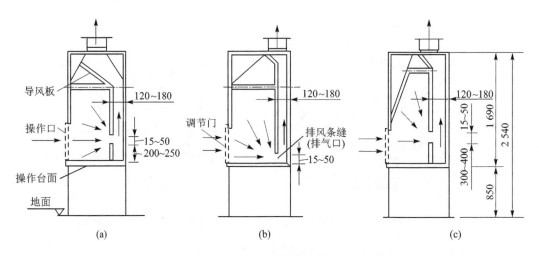

图 2-10 下部排风通风柜

（2）上部排风通风柜

当通风柜内产生的有害气体密度比空气密度小，或通风柜内有发热体时，可选用上部通风柜，见图 2-11。

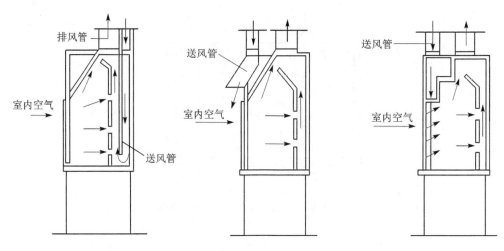

图 2-11 上部排风通风柜

（3）上、下联合排风通风柜

当通风柜内既有发热体，又产生密度大小不等的有害气体时，可选用上、下联合通风柜。上、下联合排风柜具有使用灵活的特点，但结构较复杂。图 2-12(a)所示的通风柜，具有上、下排风口，采用固定导风板，使 1/3 的风量由上部排风口排出，2/3 的通风量由下部排风口排出。图 2-12(b)所示的通风柜，具有固定的导风板，上部设有风量调节板，根据需要可调节上、下比例。图 2-12(c)所示的通风柜，具有固定的导风板，有三条排风狭缝，上、中、下各 1 条，各自设有风量调节板，可按不同的工艺操作情况进行调节，并使操作口风速保持均匀。一般各排风条缝口的最大开启面积相等，且为柜后垂直风道截面积的一半，排风条缝口处的风速一般取 5～7.5 m/s。

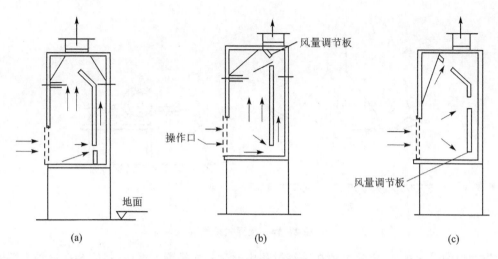

图 2 - 12 上、下联合排风通风柜

3. 外部吸气罩

当有害物源不能密闭或围挡起来时,可以设置外部吸气罩,其原理是利用罩口的吸气作用将距吸气口一定距离的有害物吸入罩内。外部吸气罩结构简单,制造方便,可以分为侧吸式和上吸式两类。图 2 - 13(a) 和 2 - 13(b) 分别为侧吸式和上吸式外部吸气罩示意图。

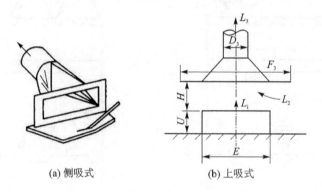

(a) 侧吸式   (b) 上吸式

图 2 - 13 外部吸气罩

4. 接受式排风罩

有些生产过程或设备本身会产生或诱导一定的气流运动,带动污染物一起运动,如高温热源上部的对流气流及砂轮磨削时抛出的磨屑及大颗粒粉尘所诱导的气流等。对于这种情况,应尽可能把排风罩设在污染气流前方,让它直接进入罩内。这类排风罩称为接受式排风罩(简称接受罩),如图 2 - 14 所示。

接受罩在外形上与外部吸气罩完全相同,但二者的作用原理不同。对接受罩而言,罩口外的气流运动是生产过程本身造成的,接受罩只起接受作用。它的排风量取决于接受的污染空气量的大小。接受罩的断面尺寸应不小于罩口处污染气流的尺寸。粒状物料高速运动时所诱导的空气量,由于影响因素较为复杂,通常按经验公式确定。关于热源上部热射流的运动规律和热源上部接受罩的计算方法,这里不做介绍。

图 2 - 15 和图 2 - 16 所示的炼钢电炉上方的屋顶排烟罩是高悬罩应用的典型实例,它通

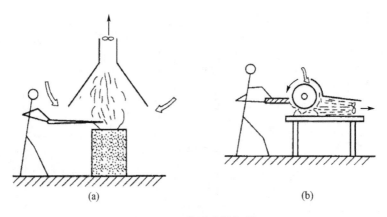

图 2-14 接受式排气罩

常用作电炉的二次排烟,排除电炉在冶炼过程中通过一次排烟方式(直接安装在电炉上部的排烟罩)未能排尽散发于车间上空的烟尘。在电炉顶部行车上空范围内的建筑屋架加装高悬罩可以将电炉所逸散的烟尘捕集 90% 以上。

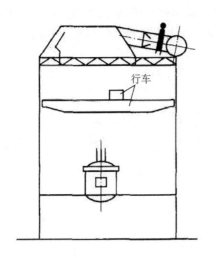

图 2-15 屋顶排烟罩(一)

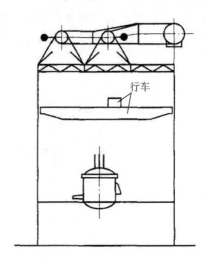

图 2-16 屋顶排烟罩(二)

5.吹吸式排风罩

吹吸式排风罩简称吹吸罩,在设计时需要考虑吸气口外气流衰减速度很快,而吹气气流的气幕作用距离较长的特点,在槽面的一侧设喷口喷出气流,而另一侧为吸气口,吸入喷出的气流以及被气幕卷入的周围空气和槽面污染气体。这种吹吸气流共同作用的排风罩被称为吹吸罩。图 2-17 所示为气幕式吹吸罩的机构形式及其槽面上气流速度分布的情况。由图可以看出,在吹吸气流的共同作用下,气幕能将整个槽面覆盖,从而污染气流不会外逸到室内空气中去。由于吹吸罩具有风量小,控制污染效果好,抗干扰能力强,不影响工艺操作等特点,在工程中得到了广泛的应用。吹吸式排风罩的结构形式除了图 2-17 所示的气幕式外,还有旋风式,见图 2-18。

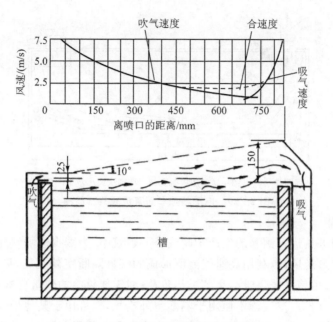

图 2-17　气幕式吹风罩的气流分布

图 2-19 所示是用气幕控制初碎机坑粉尘的情况。当卡车向地坑卸大块物料时,地坑上部无法设置局部排风罩,会扬起大量粉尘。为此可在地坑一侧设吹风口,利用吹吸气流抑制粉尘的飞扬,含尘气流由对面的吸风口吸除,经除尘器后排放。

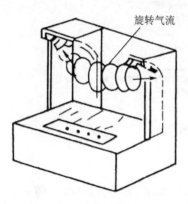

图 2-18　旋风式吹风罩

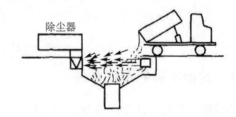

图 2-19　用气幕控制初碎机坑的粉尘

吹吸气流不但可以控制单个设备散发的污染物,还可以对整个车间的污染物进行有效控制。按照传统的设计方法采用车间全面通风时,要用大量室外空气对污染物进行稀释,使整个车间的污染物浓度不超过卫生标准的规定。由于车间污染物和气流分布不均匀,要使整个车间都达到要求是很困难的。图 2-20 所示是在大型电解精炼车间采用吹吸气流控制污染物的实例。在基本射流作用下,污染物被抑制在工人呼吸区以下,最后经屋顶排风机组排除。设在屋顶上的送风小室供给操作人员新鲜空气,在车间中部有局部加压射流,可使整个车间的气流按预定路线流动。这种通风方式也称单向流通风。采用这种通风方式,其污染控制效果好,送、排风量小。

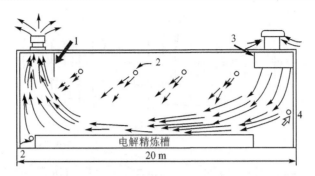

1—屋顶排气机组;2—局部加压射流;3—屋顶送风小室;4—基本射流

图 2-20　电解精炼车间直流式气流简图

6. 大门空气幕

在运输工具或人员进出频繁的生产车间或公共建筑中,为减少或隔绝外界气流的侵入,可在大门上设置条缝形送风口,利用高速气流所形成的气幕隔断室外空气,见图 2-21。它不影响车辆或人的通行,可使采暖建筑减小冬季热负荷;对需要供冷的建筑可减小夏季冷负荷。这种装置称为大门空气幕。空气幕不但用于隔断室外空气,也可用于其他场合,例如在洁净房间防止尘埃进入,在冷库隔断库内外空气流动,在生产车间进行局部隔断,防止污染物的扩散。

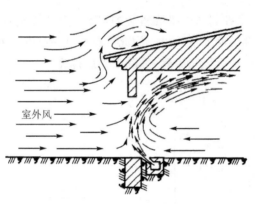

室外风

图 2-21　大门空气幕

2.2.3　局部排风的净化处理

局部排风广泛应用于工业生产中,这些生产过程(如水泥、有色金属冶炼、铸造、油漆等)都会释放大量污染物。有关室内污染物的调查研究表明,室内有毒、有害物质达数千种,常见的也有几十种。如果任意向大气排放,将污染大气,危害人体健康。因此,污染物气体必须经过净化处理,达到排放标准后才允许排入大气。

按照污染物在空气中存在的状态,可以分为粉尘颗粒物和气态污染物两大类。粉尘颗粒物是指悬浮在空气中的固体粒子和液体粒子,包括无机和有机颗粒物、微生物及生物溶胶等,通风排气中粉尘的净化也称为工业除尘;气态污染物是以分子状态存在的污染物,包括无机化合物、有机化合物和放射性物质等,通风排气中有害气体的净化也称为空气过滤。

空气污染物的净化实际上是一个混合物的分离问题,粉尘颗粒物一般都采用物理方法进行分离,分离的依据是气体分子与固体(或液体)粒子在物理性质上的差异,如粒子的密度比气体分子的密度大得多,可利用重力、惯性力、离心力进行分离,这种分离方法统称为机械分离法；粒子的尺寸和质量较气体分子大得多，可采用过滤的方法加以分离；某些粒子易被水湿润，凝结并增大而被捕集，可采用湿式洗涤进行分离；由于某些粒子的荷电性，在高压电厂可以利用静电力（库仑力），可采用静电除尘的方法进行分离。

气态污染物分离方法与上述不同，大多根据物理、化学及物理化学的原理予以分离。分离的依据是根据不同的组分所具有的不同蒸气压、不同溶解度、选择性吸收作用以及某些化学作用。目前，国内外净化气态污染物的方法主要有吸收法、吸附法、燃烧法、冷凝法和催化转化法。

1. 粉尘的净化

有些生产过程如原材料加工、食品生产、水泥等排出的粉尘都是生产的原料或成品，回收这些有用物料，具有很大的经济意义。此时，除尘设备既是环保设备，又是生产设备。

目前常用除尘器的防尘机理主要有以下几个方面：

（1）重　　力

气流中的尘粒可以依靠重力自然沉降，从气流中进行分离。由于尘粒的沉降速度一般较小，故这个机理只适用于粗大的尘粒。

（2）离心力

含尘气流做圆周运动时，由于惯性离心力的作用，尘粒和气流会产生相对运动，使尘粒从气流中分离。它是旋风除尘器工作的主要机理。

（3）惯性碰撞

含尘气流在运动过程中遇到物体阻挡（如挡板、纤维、水滴等）时，气流要改变方向进行绕流，细小的尘粒会随气流一起流动，粗大的尘粒具有较大的惯性，会脱离流线，保持自身的惯性运动，这样尘粒就和物体发生了碰撞（见图 2-22），这种现象称为惯性碰撞。惯性碰撞是过滤式除尘器、湿式除尘器和惯性除尘器的主要除尘机理。

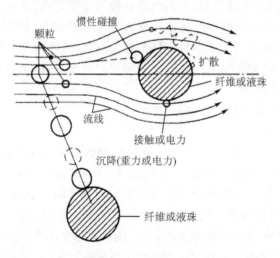

图 2-22　惯性碰撞除尘

（4）接触阻留

细小的尘粒随气流一起绕流时，如果流线紧靠物体（纤维或液滴）表面，有些尘粒因与物体发生接触而被阻留，这种现象称为接触阻留。另外，当尘粒尺寸大于纤维网眼而被阻留时，这种现象称为筛滤作用。粗孔或中孔的泡沫塑料过滤器主要依靠筛滤作用进行除尘。

（5）扩　散

小于 1 μm 的微小粒子在气体分子的撞击下，像气体分子一样做布朗运动。如果尘粒在运动过程中与物体表面接触，就会从气流中分离，这个机理称为扩散。对于 $d_c \leqslant 0.3$ μm 的尘粒，扩散是一个很重要的除尘机理。

（6）静电力扩散

悬浮在气流中的尘粒，如带有一定的电荷，可以通过静电力使它从气流中分离。由于自然状态下，尘核的荷电量很小，因此，要得到较好的除尘效果，必须设置专门的高压电场，使所有的尘粒都带荷电。

（7）凝　聚

凝聚作用不是一种直接的除尘机理。通过超声波、蒸汽凝结、加湿等凝聚作用，可以使微小粒子凝聚增大，然后再用一般的防尘方法去除。

工程上常用的各种除尘器往往不是简单地依靠某一种除尘机理，而是几种除尘机理综合运用。

根据主要除尘机理的不同，目前常用的除尘器可分为以下几类：①重力除尘，如重力沉降室；②惯性除尘，如惯性除尘器；③离心力除尘，如旋风除尘器；④过滤除尘，如袋式除尘器、颗粒层除尘器、纤维过滤器、纸过滤器；⑤洗涤除尘，如自激式除尘器、卧式旋风水膜除尘器；⑥静电除尘，如电除尘器。

2. 有害气体的净化

排入大气的废气必须进行净化处理，达到国家大气污染物排放标准要求后才允许排放。在可能的条件下，还应考虑回收利用，变害为宝。下面主要介绍以下几种气态污染物净化方法：吸收法、吸附法、燃烧法、冷凝法和催化转化法。

（1）吸收法

用适当的液体与污染物气体接触，利用气体在液体中溶解能力的不同，除去其中一种或几种组分的过程称为吸收。吸收操作广泛应用于有害气体的净化，特别是无机气体，如硫氧化物、氮氢化物、硫化氢、氯化氢等。吸收操作能同时进行除尘，适用于处理气体量大的场合。与其他净化方法相比，其费用较低，但缺点是，要对排水进行处理、净化效率难以达到 100%。吸收法分为物理吸收和化学吸收。

下面介绍几种常用的吸收净化设备。

1）喷淋塔

喷淋塔的结构如图 2-23 所示，气体从下部进入，吸收剂从上向下分几层喷淋。喷淋塔上部设有液滴分离器。喷淋的液滴应大小适中，液滴直径过小，容易被气流带走，液滴直径过大，气液的接触面积小、接触时间短，影响吸收速率。气体在吸收塔横断面上的平均流速称为空塔速度，一般为 0.60～1.2 m/s；喷淋塔中的气流阻力为 20～200 Pa，液气比为 0.70～2.7 L/m³。喷淋塔的优点是阻力小、结构简单、塔内无运动部件，但它的吸收效率不高，仅适用于有害气体浓度低、处理气体量不大和同时需要除尘的情况。近年来正在发展大流量高速喷淋，以提高吸收效率。

2）填料塔

填料塔的结构如图 2-24 所示，在喷淋塔内填充适当的填料就变成了填料塔，放置填料后，可以增大气液接触面积。吸收剂自塔顶向下喷淋，沿填料表面下降，润湿填料，气体沿填料的间隙上升，在填料表面气液接触，进行吸收。

填料有很多种形式，一般分为两大类：一类是个体填料，如拉西环、鲍尔环、鞍形环等；另一类是规整填料,如栅板、θ网环、波纹填料等。规整填料与个体填料相比,目前工业中应用较多,其中以波纹填料应用最为广泛。波纹填料由许多与水平方向成 45°(或 60°)倾角的波纹薄板组成,上下两层波纹板相互垂直放置,相邻两板波纹倾斜方向相反,由此组成蜂窝状通道。波纹板表面又有不同花纹、细缝或小孔,以利于表面润湿和液体均匀分布。波纹填料可用金属丝网、金属薄板、塑料或玻璃钢等制造。由于气流通道规则、气液分布均匀,故容许流过的气流速度高、气流流过时压降低,净化效率高。

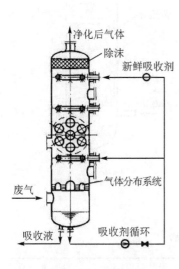

图 2 - 23　喷淋塔

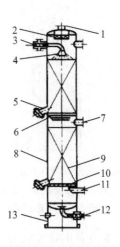

1—气体出口;2—除沫装置;3—液体进口;4—液体分布装置;
5—卸料口;6—液体再分布装置;7—人孔;8—筒体;
9—填料;10—栅板;11—气体进口;12—液体出口;13—裙座

图 2 - 24　填料塔

填料塔结构简单,阻力中等,是目前应用较广的一种吸收设备。它不适用于有害气体与粉尘共存的场合,以免堵塞填料间隙。填料塔直径不宜超过 1 000 mm,直径过大时,液体在径向分布不均匀,影响吸收效率。

3) 湍球塔

湍球塔是一种高效吸收设备,它是填料塔的特殊形式,即让塔内的填料处于运动状态,以强化吸收过程。图 2 - 25 是湍球塔的结构示意图,塔内设有开孔率较大的筛板,筛板上放置一定数量的轻质小球。气流通过筛板时,小球在其中湍动旋转、相互碰撞,吸收剂自上向下喷淋,加湿小球表面,进行吸收。由于气、液、固三相接触,小球表面的液膜能不断更新,增大吸收推动力,提高吸收效率。

湍球塔的特点是风速高、处理能力强、体积小、吸收效率高,缺点是随小球的运动,有一定程度的返混,段数多时阻力较大,另外塑料小球不能承受高温,使用寿命短,须经常更换。

4) 板式塔

板式塔的结构如图 2 - 26 所示。塔内设有几层筛板,气体从下而上经筛孔进入筛板上的液层,通过气体的鼓泡进行吸收。气液在筛板上交叉流动,为了使筛板上的液层厚度保持均匀,提高吸收效率,筛板上设有溢流堰,筛板上液层厚度一般为 30 mm 左右。

板式塔的优点是构造简单、吸收效率高、处理风量大、可使设备小型化。在板式塔中,液相是连续相、气相是分散相,适用于以液膜阻力为主的吸收过程。板式塔不适用于负荷变动大的场合,操作时难以掌握。

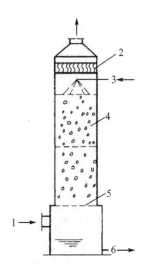

1—有害气体入口;2—液滴分离器;3—吸收剂入口;
4—轻质小球;5—筛板;6—吸收剂出口

图 2－25　湍球塔

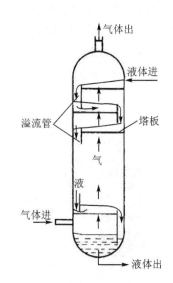

图 2－26　板式塔

几种常用吸收设备的特性比较如表 2－1 所列。

表 2－1　吸收设备的性能比较

吸收设备	特　性	优　点	缺　点
填料塔	空塔气速 0.5～1.5 m/s,液气比 0.5～2.0 L/m³,阻力 500 Pa/m	结构简单,气液接触效果好,阻力较小,便于用耐腐蚀材料制造	气体流速过大时,呈液泛,不能再运转;当烟气中含有颗粒物和吸收液中有沉淀物时,易堵塞
喷雾塔	空塔气速 0.6～1.2 m/s,液气比 0.7～2.7 L/m³,阻力小于 250 Pa	结构简单,造价低,阻力小,适用于含尘气体的吸收净化,操作稳定方便	喷嘴易堵塞,气流分布不易均匀,设备体积庞大,效率低,耗水量及占地面积均较大
文丘里吸收器	候补气速 40～80 m/s,液气比 0.3～1.5 L/m³,阻力 2 000～9 000 Pa	设备小,可以处理大体积量气体,吸收效率高	阻力大
板式塔	空塔气速 1.0～2.5 m/s,液气比 0.5～1.2 L/m³,阻力 980～1 960 Pa/板	处理能力大,压降小,板效率高,制作安装简单,金属耗量少,造价低	负荷范围比较窄,必须维持恒定的操作条件,小孔径的筛孔容易堵塞

（2）吸附法

吸附法是利用多孔性吸附剂对废气中各组分的吸附能力不同,选择性地吸附一种或几种组分,从而达到分离净化的目的。吸附法适用范围很广,可以分离回收绝大多数有机气体和大多数无机气体,尤其在净化有机溶剂蒸气时,具有较高的效率。

常用的吸附剂有活性炭、硅胶、活性氧化铝、分子筛等。硅胶等吸附剂称为亲水性吸附剂,用于吸附水蒸气和气体干燥。活性炭是应用较广泛的一种吸附剂,特别是经浸渍处理后,应用更加广泛。各种吸附剂可去除的有害气体如表 2－2 所列。

表 2 - 2　各种吸附剂可去除的有害气体

吸附剂	可去除的有害气体
活性炭	苯、甲苯、二甲苯、丙酮、乙醇、乙醚、甲醛、苯乙烯、氯乙烯、恶臭物质、硫化氢、氯气、硫氧化物、氮氧化物、氯仿(三氯甲烷)、一氧化碳
浸渍活性炭	烯烃、胺、酸雾、碱雾、硫醇、二氧化硫、氟化氢、氯化氢、氨气、汞、甲醛
活性氧化铝	硫化氢、二氧化硫、氟化氢、烃类
浸渍活性氧化铝	甲醛、氯化氢、酸雾、汞
硅胶	氮氧化物、二氧化硫、乙炔
分子筛	氮氧化物、二氧化硫、硫化氢、氯仿、烃类

下面介绍几种常用的吸附净化设备。

1) 固定床吸附装置

处理通风排气用的吸附装置大多采用固定的吸附层(固定床)，其结构如图 2 - 27 所示，吸附层穿透后要更换吸附剂。如果有害气体浓度较低，而且挥发性不大，可不考虑吸附剂再生，在保证安全的情况下把吸附剂和吸附质一起丢弃。

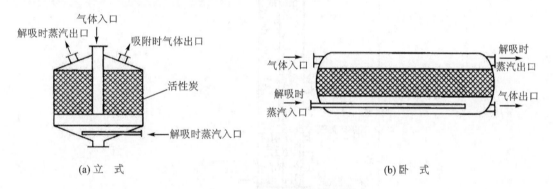

(a) 立　式　　　　　　　　　　　　　　　(b) 卧　式

图 2 - 27　固定床吸附装置

对工艺要求连续工作的，应设两台吸附器，一台工作，一台再生。图 2 - 28 所示是某厂的喷漆废气吸附工艺流程。喷漆间废气经洗涤和过滤去除漆雾；烘干间废气则经过滤器去除油烟，再经冷却器预冷却。然后两部分合并送入吸附器，第一台吸附饱和后，另一台继续工作。该吸附器则通入蒸汽进行解吸，解吸的有机溶剂蒸气和水蒸气进入冷凝器 6 冷凝，再在油水分离器 7 中回收有机溶剂。

2) 流化床吸附器

流化床吸附器基本流程如图 2 - 29 所示。吸附剂在多层流化床吸附器中，借助被净化气体的较大的气流速度，使其悬浮呈流态化状态。流化床吸附器的优点是吸附剂与气体接触好，适合于治理连续排放且气量较大的污染源。但由于其流速高，会使吸附剂和容器磨损严重，并且排出的气体中常含有吸附剂粉末，须在其后加除尘设备将吸附剂粉末分离。

(3) 燃烧法

燃烧法是利用废气中某些污染物可以氧化燃烧的特性，将其燃烧变成无害物的方法。燃烧净化仅能处理那些可燃的或在高温下能分解的气态污染物，其化学作用主要是燃烧氧化，个

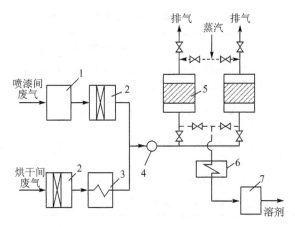

1—洗涤器；2—过滤器；3—冷却器；4—风机；5—吸附器；6—冷凝器；7—油水分离器

图 2-28　喷漆废气吸附工艺流程

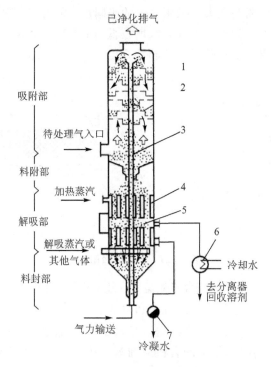

1—壳体；2—网板；3—气力输送管；4—预热器；5—解析部；6—冷凝器；7—疏水器

图 2-29　流化床基本流程图

别情况下是热分解。燃烧法可分为直接燃烧和催化燃烧两种。直接燃烧就是利用可燃的气态污染物作燃料来燃烧的方法；催化燃烧则是利用催化剂的作用，使可燃的气态污染物在一定温度下氧化分解的净化方法。燃烧法主要用于净化有机气体及恶臭物质。

（4）冷凝法

冷凝法是利用物质在不同温度下具有不同饱和蒸气压的性质，通过冷却使处于蒸气状态的污染物质冷凝成液体，从而达到分离净化目的。这种方法的净化效率低，一般多用于回收体积分数在 0.1% 以上的有机蒸气，或用于预先回收某些可利用的纯物质，有时也用作吸附、燃烧等净化流程的预处理,以减轻操作负荷或除去影响操作、腐蚀设备的有害组分。冷凝法的常用设备为接触式冷凝器、表面冷凝器等。

（5）催化转化法

催化转化法是利用催化剂的催化作用将废气中的气态污染物转化成无害的或比原状态更易去除的化合物,以达到分离净化气体的目的。根据在催化转化过程中所发生的反应,催化转化法可分为催化氧化法和催化还原法两类。

2.3　全面通风

全面通风也称稀释通风,主要是对整个房间进行通风换气,将新鲜的空气送入室内,以改变室内的温、湿度,稀释有害物的浓度,并不断把污浊空气排至室外,使室内空气中的有害物浓度符合卫生标准的要求。当房间内不能采用局部通风或局部通风不能达到要求时,应采用全面通风。

要使全面通风达到良好的通风效果,不仅需要有足够的通风量,还要对气流进行合理的组织。图 2-30 中,"×"表示有害物源,"○"表示室内人员的工作位置,箭头表示送、排风方向。方案 1 是将室外空气首先送到工作位置,再经有害物源排至室外。这样,工作地点的空气可保持新鲜。方案 2 是室外空气先送至有害物源,再流到工作位置,这样,工作区的空气会受到污染。由此可见,要使全面通风效果良好,不仅需要足够的通风量,还要对气流进行合理组织。

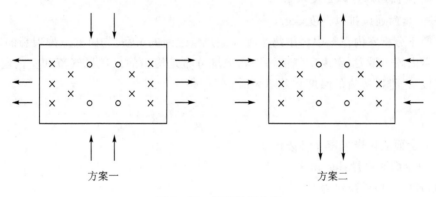

方案一　　　　　　　　　　　　　　方案二

图 2-30　气流组织方案

2.3.1　全面通风量的确定

确定全面通风换气量可以采用的基本原理为:风量平衡原理和污染物质量平衡原理,即总进入质量与总排出质量相等;热平衡原理,即总进入能量、总排出能量、蓄能或散能的能量平衡。风量平衡因进排风空气温度不同,注意采用质量风量表示;当温差相差不大时,可以采用体积风量表示。对于热平衡,气相要严格按进、排气体的焓值进行核算,当气相中的水蒸气未产生相变,可以采用表达显热的气相温度来表示。

对体积为 V_f 的房间进行全面通风时(污染源每秒钟散发的污染物量为 x,通风系统开动前室内空气中污染物浓度为 y),如果采用全面通风稀释室内空气中的污染物,那么在任何一个微小的时间间隔内,室内得到的污染物量(即污染物源散发的污染物量和送风空气带入的污染物量)与从室内排出的污染物量(排出空气带走的污染物量)之差应等于整个房间内增加(或

减少)的污染物量,即

$$L_j y_0 d\tau + x d\tau - L_p y d\tau = V_f dy \tag{2-1}$$

式中,L_j——全面通风进风量,m^3/s;

　　y_0——送风空气中污染物浓度,g/m^3;

　　x——污染物散发量,g/s;

　　L_p——全面通风排风量,m^3/s;

　　y——在某一时刻室内空气中污染物浓度,g/m^3;

　　V_f——房间体积,m^3;

　　$d\tau$——某一段无限小的时间间隔,s;

　　dy——在 $d\tau$ 时间内房间内浓度的增量,g/m^3。

式(2-1)称为全面通风的基本微分方程式,它反映了任何瞬间室内空气中污染物浓度 y 与全面通风量 L 之间的关系。

根据风质量平衡原理,进、排风空气质量相等,而进、排风之间存在温差造成进、排风密度不同,使得进排风体积风量有差异,即

$$L_j = \frac{G}{\rho_j}; \quad L_p = \frac{G}{\rho_p}$$

式中,G——全面通风风量,kg/s;

　　ρ_j——全面通风进风密度,kg/m^3;

　　ρ_p——全面通风排风密度,kg/m^3。

为了便于分析室内空气中污染物浓度与通风量之间的关系,先研究一种理想的情况,假设污染物在室内均匀散发(室内空气中污染物浓度分布是均匀的)、送风气流和室内空气的混合在瞬间完成、送排风气流的温度相差不大时,有

$$L_j = L_p = \frac{G}{\rho} = L$$

式中,ρ——全面通风进风密度,kg/m^3;

　　L——全面通风量,kg/m。

进而,式(2-1)可简化为

$$L y_0 d\tau + x d\tau - L y d\tau = V_f dy \tag{2-2}$$

对式(2-2)进行变换,有

$$\frac{d\tau}{V_f} = \frac{dy}{L y_0 + x - L y}$$

$$\frac{d\tau}{V_f} = -\frac{1}{L} \cdot \frac{d(L y_0 + x - L y)}{L y_0 + x - L y}$$

如果在时间 τ 内,室内空气中污染物浓度从 y_1 变化到 y_2,那么

$$\int_0^\tau \frac{d\tau}{V_f} = -\frac{1}{L} \int_{y_1}^{y_2} \frac{d(L y_0 + x - L y)}{L y_0 + x - L y}$$

$$\frac{\tau L}{V_f} = \ln \frac{L y_1 - x - L y_0}{L y_2 - x - L y_0}$$

即

$$\frac{Ly_1 - x - Ly_0}{Ly_2 - x - Ly_0} = \exp\left(\frac{\tau L}{V_f}\right) \tag{2-3}$$

当 $\dfrac{\tau L}{V_f} < 1$ 时，级数 $\exp\left(\dfrac{\tau L}{V_f}\right)$ 收敛，方程式(2-3)可以用展开的近似方法求解。如近似地取级数的前两项，则得

$$\frac{Ly_1 - x - Ly_0}{Ly_2 - x - Ly_0} = 1 + \frac{\tau L}{V_f}$$

$$L = \frac{x}{y_2 - y_0} - \frac{V_f}{\tau} \cdot \frac{y_2 - y_1}{y_2 - y_0} \qquad \text{m}^3/\text{s} \tag{2-4}$$

利用式(2-4)求出的全面通风量是在给出某个规定的时间 τ、车间环境空气中限定的污染物浓度值 y_2 时的计算结果，因此式(2-4)称为不稳定状态下的全面通风量计算式。

对式(2-3)进行变换，可求得当全面通风量 L 一定时，任意时刻室内的污染物浓度 y_2：

$$y_2 = y_0 + \frac{x}{L} \qquad \text{g/m}^3 \tag{2-5}$$

根据式(2-5)可得室内污染物 y_2 处于稳定状态时所需的全面通风量：

$$L = \frac{kx}{y_2 - y_0} \qquad \text{m}^3/\text{s} \tag{2-6}$$

式中，k——安全系数，其为考虑多方面的因素的通风量倍数。

室内污染物的分布及通风气流是难以均匀的，混合过程也难以瞬间完成，即使室内平均污染物浓度值符合卫生标准要求，污染物源附近空气中的污染物浓度值仍然会比室内平均值高。所以，考虑污染物的毒性、污染源的分布及其散发的不均匀性、室内气流组织及通风的有效性等，精心设计的小型实验室能使 $k=1$，一般通风房间，可查询有关暖通空调设计手册选用。

【例 2-1】　某居住区房间内同时散发苯和甲醛，散发量分别为 5 mg/s、0.6 mg/s，求所需的全面通风量。

解　由附录 A 查得苯和甲醛的最高允许浓度分别为苯 $y_{p1} = 2.4$ mg/m³，甲醛 $y_{p2} = 0.05$ mg/m³。送风中不含有这两种有机溶剂蒸气，故 $y_{s1} = y_{s2} = 0$。取安全系数 $k=6$，则

稀释苯所需的全面通风量为

$$L_1 = \frac{kx_1}{y_{p1} - y_{s1}} = \frac{6 \times 5}{2.4 - 0} \text{ m}^3/\text{s} = 12.5 \text{ m}^3/\text{s}$$

稀释甲醛所需的全面通风量为

$$L_2 = \frac{kx_2}{y_{p2} - y_{s2}} = \frac{6 \times 0.6}{0.05 - 0} \text{ m}^3/\text{s} = 72 \text{ m}^3/\text{s}$$

数种有机溶剂的蒸气混合存在时，全面通风量为各自所需之和，即

$$L = L_1 + L_2 = (12.5 + 72)\text{m}^3/\text{s} = 84.5 \text{ m}^3/\text{s}$$

2.3.2　全面通风气流组织

全面通风效果不仅取决于通风量的大小，还与通风气流的组织有关。所谓气流组织就是合理地布置送/排风口位置、分配风量以及选用风口形式，以便用最小的通风量达到最佳通风效果。

图 2-31 是某油漆车间的全面通风实例图，采用图 2-31(a)所示的通风方式，工人和工件

都处在涡流区内,工人可能因污染物受害。如改用图 2-31(b)所示的通风方式,室外空气流经工作区,再由排风口排出,通风效果可大为改善。图 2-32 为某焊接车间通风方案图,图(a)在厂房上部焊接烟带区设置轴流排风机,无法有效排除烟尘,改用图(b)所示的诱导排风方式后,车间内工作环境空气质量明显得到改善。从上面的分析可以看出,全面通风效果与车间的气流组织密切相关。一般通风房间的气流组织有多种方式,设计时要根据污染物源位置、工人操作位置、污染物性质及浓度分布等具体情况,按下述原则确定:

① 排风口尽量靠近污染源或污染物浓度高的区域,把污染物迅速从室内排出。

② 送风口应尽量接近操作地点,送入通风房间的清洁空气,要先经过操作地点,再经污染区排至室外。

③ 在整个通风房间内,尽量使送风气流均匀分布,减少涡流,避免污染物在局部地区的积聚。

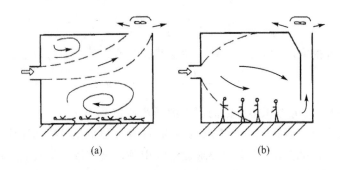

(a)   (b)

图 2-31　某油漆车间气流组织实例

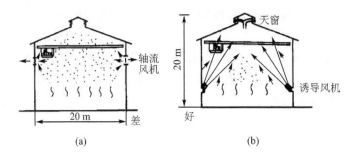

(a)   (b)

图 2-32　某焊接车间气流组织实例

当车间内同时散发热量和污染气体时,如车间内设有工业炉、加热的工业槽及浇注的铸模等设备,在热设备上方常形成上升气流。这种情况下,一般采用图 2-33 所示的下送上排通风方式,清洁空气从车间下部进入,在工作区散开,然后带着污染气体或吸收的余热从上部排风口排出。

为了把污染物从室内迅速排出,排风口应尽量设在污染物浓度高的区域。因此,了解车间内的污染气体浓度分布,是设计全面通风时必须注意的一个问题。污染气体在

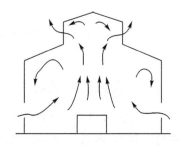

图 2-33　热车间的气流组织

车间内的浓度分布,不仅与污染气体本身的密度有关,还与污染气体与室内空气混合后的混合气体密度有关。当车间内散发的污染气体密度较大时,静态污染气体会沉积在下部,排风口会因此设在车间下部。但这种做法还不够全面,由于车间内污染气体浓度一般不会太高,由此引起的空气密度增值一般不会超过 $0.40\ \mathrm{g/m^3}$。但是,空气温度变化 $1.0\ ℃$ 所引起的气体密度变化值为 $4.0\ \mathrm{g/m^3}$。由此可见,只要室内空气温度分布有极小的不均匀,污染气体就会随室内空气一起运动。因此,污染气体本身的密度大小对其浓度分布的影响相对较小,只有当室内没有对流气流时,密度较大的污染气体才会沉积在车间下部。另外,有些比较轻的挥发物,如汽油、醚等,也会由于蒸发吸热,使周围空气冷却,与周围空气一起有沉积。

根据采暖通风与空气调节设计规范的规定,机械送风系统的送风方式应符合下列要求:

① 放散热或同时放散热、湿和污染气体的生产厂房及辅助建筑物,当采用上部或上、下部同时全面排风时,宜送至作业地带;

② 放散粉尘或密度比空气大的气体或蒸气,而不同时放散热的生产厂房及辅助建筑,当从下部地带排风时,宜送至上部地带;

③ 当固定工作地点靠近污染物放散源,且不可能安装有效的局部排风装置时,应直接向工作地点送风。

设计规范还规定,采用全面通风消除余热、余湿或其他污染物质时,应分别从室内温度最高、含湿量或污染物质浓度最大的区域排风,并且排风量分配应符合下列要求:

① 当污染气体和蒸气密度比空气小,或在相反情况下,但车间内有稳定的上升气流时,宜从房间上部地带排出所需风量的 2/3,从下部地带排出 1/3;

② 当污染气体和蒸气密度比空气大,车间内不会形成稳定的上升气流时,宜从房间上部地带排出所需风量的 1/3,从下部地带排出 2/3;

③ 房间上部地带排出风量不应小于每小时一次换气;

④ 从房间下部地带排出的风量,包括距地面 2.0 m 以内的局部排风量。

2.3.3 空气平衡与热平衡

1. 空气平衡

在通风房间中,不论采用何种通风方式,单位时间内进入室内的空气量应与同一时间内排出的空气量保持相等,即通风房间的空气量要保持平衡,这就是一般说的空气平衡或风量平衡。

如前所述,通风方式按工作动力可分为机械通风和自然通风两类。因此,风量平衡的数学表达式为

$$G_{zj} + G_{jj} = G_{zp} + G_{jp} \tag{2-7}$$

式中,G_{zj}——自然进风量,$\mathrm{kg/m}$;

G_{jj}——机械进风量,$\mathrm{kg/m}$;

G_{zp}——自然排风量,$\mathrm{kg/m}$;

G_{jp}——机械排风量,$\mathrm{kg/m}$。

在不设有组织自然通风的房间中,当机械进、排风量相等($G_{jj}=G_{jp}$)时,室内压力等于室外大气压力,室内外压差为零。当机械进风量大于机械排风量($G_{jj}>G_{jp}$)时,室内压力高于室外压力,处于正压状态。反之,室内压力低于室外压力,处于负压状态。由于通风房间不是非常

严密的,当处于正压状态时,室内空气会通过房间不严密的缝隙或窗户、门洞渗到室外,这部分空气量称为无组织排风;当室内处于负压状态时,室外空气会渗入室内,这部分空气量称为无组织进风。在工程设计中,为了使相邻房间不受污染,常有意识地利用无组织进风和无组织排风,让清洁度要求高的房间保持正压,产生污染物的房间保持负压。冬季房间内的无组织进风量不宜过大,如果室内负压过大,会导致表2-3所列的不良后果。

表2-3 室内负压引起的危害

负压/Pa	风速/(m·s^{-1})	危害
2.45～4.9	2～2.9	使操作者有吹风感
2.45～12.26	2～4.5	自然通风的抽力下降
4.9～12.25	2.9～4.5	燃烧炉出现逆火
7.35～12.25	3.5～6.4	轴流式排风扇工作困难
12.25～49	4.5～9	大门难以启闭
12.25～61.25	6.4～10	局部排风系统能力下降

2. 热平衡

要使通风房间温度保持不变,必须使室内的总得热量等于总失热量,保持室内热量平衡,即热平衡。对于采用机械通风,又使用再循环空气补偿部分热损失的车间,热平衡的表达式为

$$\sum Q_b + cL_p\rho_n t_n = \sum Q_f + cL_{jj}\rho_{jj}t_{jj} + cL_{zj}\rho_w t_w + cL_{hx}\rho_n(t_s - t_n) \qquad (2-8)$$

式中,$\sum Q_b$——围护结构、材料吸热的总失热量,kW;

$\sum Q_f$——生产设备、产品及采暖散热设备的总放热量,kW;

L_p——局部和全面排风风量,m^3/s;

L_{jj}——机械进风量,m^3/s;

L_{zj}——自然进风量,m^3/s;

L_{hx}——再循环空气量,m^3/s;

ρ_n——室内空气密度,kg/m^3;

ρ_w——室外空气密度,kg/m^3;

t_n——室内排出空气温度,℃;

t_w——室外空气计算温度,℃(在冬季,对于局部排风及稀释污染气体的全面通风,采用冬季采暖室外计算温度。对于消除余热、余湿及稀释低毒性污染物质的全面通风,采用冬季通风室外计算温度。冬季通风室外计算温度是指历年最冷月平均温度的平均值);

t_{jj}——机械进风温度,℃;

t_s——再循环送风温度,℃;

c——空气的质量比热,其值为1.01 kJ/(kg·℃)。

式(2-8)是通风房间热平衡方程式的一般形式。为了节省能耗,在保证通风效果的前提下,设计通风系统采取以下技术措施:

① 设计局部排风系统,特别是排风量大的系统,不能片面追求大风量,通过采取局部排风罩的结构、完善系统设计等措施,在保证通风效果的前提下,尽可能减少排风量,从而减少车间的进风量和排热损失。在我国北方寒冷地区更要注意这一点。

② 排风再循环使用。局部排风系统排出的空气在净化后,如能达到规定的卫生要求,考虑再循环使用。但是,有些场所禁止使用循环空气,可参照《建筑设计防火规范》执行。

③ 冬季机械进风系统应采用较高的送风温度,直接吹向工作地点的空气温度,不低于人体表面温度(约 34 ℃),最好在 37~50 ℃范围内,以避免操作人员有吹风感。同时,适当利用部分无组织进风,以减小机械进风量。

④ 将室外空气直接送到局部排风罩或其附近,补充局部排风系统排出的风量。

【例 2 - 2】 已知某车间内生产设备散热量 $Q_1 = 70$ kW,维护结构失热量 $Q_2 = 78$ kW,车间上部天窗排风量 $L_{zp} = 2.4$ m³/s,局部机械排风量 $L_{jp} = 3.2$ m³/s,自然进风量 $L_{zj} = 1$ m³/s,车间工作区温度为 22 ℃,自然通风排风温度为 25 ℃,外界空气温度 $t_w = -12$ ℃,上部天窗中心高 16 m(见图 2 - 34)。求:(1)机械进风量 G_{jj};(2)机械送风温度 t_{jj};(3)加热机械进风所需的热量 Q_3。

解 列空气平衡和热平衡方程

$$G_{zj} + G_{jj} = G_{zp} + G_{jp}$$

$$Q_1 + ct_w G_{zj} + ct_{jj} G_{jj} = Q_2 + ct_{zp} G_{zp} + ct_n G_{jp}$$

根据 $t_n = 22$ ℃,$t_w = -12$ ℃,$t_{zp} = 25$ ℃,查得 $\rho_n = 1.197$ kg/m³,$\rho_w = 1.353$ kg/m³,$\rho_{zp} = 1.185$ kg/m³。

故

$$G_{jj} = G_{zp} + G_{jp} - G_{zj} = (2.4 \times 1.185 + 3.24 \times 1.197 - 1 \times 1.353) \text{ kg/s} = 5.32 \text{ kg/s}$$

$$t_{jj} = \frac{78 + 1.01 \times 25 \times 2.4 \times 1.185 + 1.01 \times 22 \times 3.2 \times 1.197 - 70 - 1.01 \times (-12) \times 1 \times 1.353}{1.01} \times 5.32 \text{ ℃}$$

$$= 33.75 \text{ ℃}$$

$$Q_3 = cG_{jj}(t_{jj} - t_w) = 1.01 \times 5.32 \times [33.75 - (-12)] \text{ kW} = 245.8 \text{ kW}$$

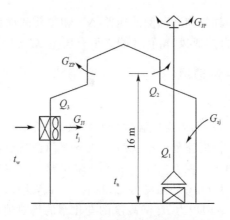

图 2 - 34 某车间通风系统示意

2.4 自然通风

自然通风是指利用建筑物内外空气的密度差引起的热压或室外大气运动引起的风压,来引进室外新鲜空气,达到通风换气的一种通风方式。

2.4.1 自然通风的作用原理

自然通风是一种经济的通风方式,它在一般的居住建筑、普通办公楼、工业厂房(尤其是高温车间)中有广泛的应用,且能经济有效地满足建筑物内人员的室内空气品质要求和生产工艺的一般要求。其工作原理如下:

如果建筑物外墙上的窗孔两侧存在压差 ΔP,空气就会流过该窗孔,空气流过窗孔时的阻力就等于 ΔP:

$$\Delta P = \xi \frac{\rho v^2}{2} \qquad (2-9)$$

式中,ΔP——窗孔两侧的压力差,Pa;

$\quad v$——空气流过窗孔时的流速,m/s;

$\quad \rho$——通过窗孔空气的密度,kg/m³;

$\quad \xi$——窗孔的局部阻力系数。

式(2-9)也可改写为

$$v = \sqrt{\frac{2\Delta P}{\xi \rho}} = \mu \sqrt{\frac{2\Delta P}{\rho}} \qquad (2-10)$$

式中,μ——窗孔的流量系数,$\mu = \sqrt{\frac{1}{\xi}}$,$\mu$ 值的大小与窗孔的构造有关,一般小于1。

通过窗孔的空气量按下式计算:

$$q_m = q_v \rho = vF\rho = \mu F \sqrt{2\Delta p \rho} \qquad (2-11)$$

式中,q_m——通过窗孔的空气量,kg/s;

$\quad q_v$——通过窗孔的空气流量,m³/s;

$\quad F$——窗孔的面积,m²。

由式(2-11)可以看出,如果窗孔两侧的压差 ΔP 和窗孔的面积 F 已知,就可以求得通过该孔的空气量 q_m。要实现自然通风,窗孔两侧必须有压差 ΔP。

2.4.2 热压作用下的自然通风

1. 单层建筑

由于房间内热源的存在,房间内空气温度比室外温度高、密度小,产生了一种上升的力,空气上升后从上部窗孔排出。同时室外冷空气就会从下部门窗或缝隙进入室内,形成一种由于室内外温度差引起的自然通风。图 2-35 所示为一单层建筑,分别在一侧的墙上开有上下两个窗孔 B、A,建筑室内温度为 t_i,室外温度为 t_o,且有 $t_i > t_o$,这样就有室内空气的密度 ρ_i 小于室外空气的密度 ρ_o。因此,室内压力 P_i 随高度的变化率的绝对值比室外压力 P_o 随高度的变化率的绝对值小,即 $|\Delta P_i| / H < |\Delta P_o| / H$,也就是说图 2-35 中的压力线 $a_i b_i (P_i)$ 和压力线 $a_o b_o (P_o)$ 的斜率不同。

图 2-35 中如果首先关闭上部窗孔 B,而仅开启下部窗孔 A,不管窗孔 A 两侧是否存在压差,由于空气的流动,下部孔口 A 处外压力会趋向相等,即图 2-35 中 a_i、a_o 两点将重合。由于室内外空气密度不同会导致上部孔口 B 处的 $P_{iB} > P_{oB}$。压差 ΔP_B 可用下式计算:

$$\Delta P_B = P_{iB} - P_{oB} = H(\rho_o - \rho_i)g$$

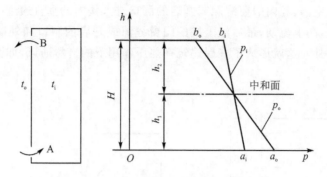

图 2 - 35　单层建筑热压作用下的自然通风

这时,如果开启上部窗孔 B,在压差 ΔP_B 作用下,室内空气会通过上部孔口 B 流向室外。这种由于室内外空气密度差所形成的压差 $H(\rho_o - \rho_i)g$ 称为热压 ΔP_t。

随着房间内的空气向室外排出,室内总的压力水平下降,则压力线 $a_i b_i$ 会向左平行移动到图 2 - 35 中 $a_i b_i$ 的位置,这时就会在与外墙垂直的上下孔口间的某个位置上室内与室外压力相等。同样,在室内外温度保持不变的条件下,假定外墙上任一高度上室内外压力相等,该面上所有点的室内外压力相等,也就是说内外压力差为零,这样的水平面叫中和面。显然,在中和面的高度上开孔时,通过该孔口的自然通风量将为零。

图 2 - 35 中,下部孔口 A 处也存在压差 ΔP_A,在该压差的作用下,室外空气会通过孔口 A 流进室内。根据能量守恒定律,由孔口 A 流进室内的空气中 $q_{m,A}$ 应该等于由孔口 B 流出室内的空气量 $q_{m,B}$。

由孔口流量的计算式(2 - 11)可以得到

$$q_{m,A} = \mu_A F_A \sqrt{2\Delta p_A \rho_o}, \quad q_{m,B} = \mu_B F_B \sqrt{2\Delta p_B \rho_i} \tag{2-12}$$

式中,F_A、F_B——下部和上部孔口的面积,m^2;

　　μ_A、μ_B——下部和上部孔口的流量系数;

　　Δp_A、Δp_B——下部和上部孔口的内外压力差,Pa;

　　ρ_i、ρ_o——室内外空气的密度,kg/m^3。

孔口处内外压力差正比于孔口离中和面的距离和室内外空气的密度差。利用理想气体状态方程,将空气密度差用室内外的热力学温度表示,有

$$\Delta P_A = h_1(\rho_o - \rho_i)g = K_s h_1 \left(\frac{1}{T_o} - \frac{1}{T_i}\right) \tag{2-13}$$

$$\Delta P_B = h_2(\rho_o - \rho_i)g = K_s h_2 \left(\frac{1}{T_o} - \frac{1}{T_i}\right) \tag{2-14}$$

式中,K_s——与当地大气压力有关的参数,标准大气压时,$K_s = 3\ 460$ Pa. K/m;

　　h_1、h_2——下部和上部孔口中心与中和面的高差,m;

　　T_i、T_o——室内外空气的热力学温度,K。

由式(2 - 13)和式(2 - 14)不难看到,ΔP_A 和 ΔP_B 与中和面的位置有着密切的关系,它们随着中和面的位置变化而此消彼长。

2. 多层建筑

如果是一个多层建筑,仍设室内温度高于室外温度,则室外空气从下层房间的外门窗缝隙

或开启的洞口进入室内,经内门窗缝隙或开启的洞口进入楼内的垂直通道(如楼梯间、电梯井、上下连通的中庭等)向上流动,最后经上层的门窗缝隙或开启的洞口和外墙的窗、阳台门缝或开启的洞口排至室外。这就形成了多层建筑在热压作用下的自然通风,如图 2 - 36 所示,也就是所谓的"烟囱效应"。

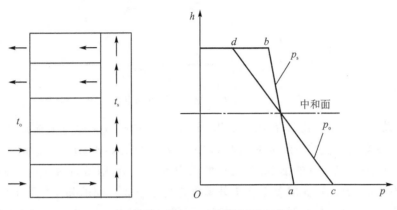

t_s—楼梯间温度; p_s—楼梯间内的压力线

图 2 - 36 多层建筑在热压作用下的自然通风

在多层建筑的自然通风中,其中和面的位置与上、下的流动阻力(包括外门窗和内门窗的阻力)有关,一般情况下,中和面可能在建筑高度$(0.3\sim0.7)H$ 范围内变化。当上、下空气流动面积基本相等时,中和面基本上在建筑物的中间高度附近。

多层建筑"烟囱效应"的强度与建筑高度和室内外温差有关。建筑物愈高,"烟囱效应"就愈强烈。但也有特例,如果多层建筑在建筑内部没有竖向的空气流动通道,因此就无法形成贯穿整栋建筑的"烟囱效应",这时热压作用下的自然通风与单层建筑并没有本质区别。

2.4.3 风压作用下的自然通风

图 2 - 37 为利用风压进行自然通风的示意图。室外气流吹过建筑物时,气流将发生绕流,经过一段距离后才恢复平行流动。建筑物附近的平均风速是随建筑物高度的增加而增加的。迎风面的风速和风的紊流度会强烈影响气流的流动状况和建筑物表面及周围的压力分布。由图 2 - 37 可以看出,由于气流的撞击作用,在迎风面形成一个滞流区,该处的静压力高于大气压力,处于正压状态。在正压区,气流呈循环流动,在地面附近气流方向与主导风向相反,形成涡流。室外气流绕流时,在建筑物的顶部和后侧形成弯曲循环气流。屋顶上部的涡流区称为回流空腔,建筑物背风面的涡流区称为回旋气流区。这两个区域的静压力均低于大气压力,一般把这个区域称为建筑物气流负压区。气流负压区覆盖着建筑物下风向各表面(如屋顶、两侧外墙和背风面外墙),并延伸一定距离,直至尾流。

建筑四周由风力产生的空气静压力变化可由下式计算:

$$\Delta P_w = K \frac{v_w^2}{2}\rho_o \tag{2-15}$$

式中,ΔP_w——风压,Pa;

K——空气动力系数;

v_w——未受扰动来流的风速,m/s;

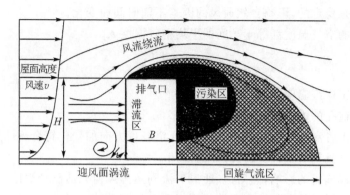

图 2 - 37　风压作用下的自然通风

$\rho_{\circ}$——室外空气密度,kg/m³。

空气动力系数 K 主要与未受扰动来流的角度有关,在较复杂情况下需要风洞实验来确定不同位置的值。空气动力系数可正可负,K 为正时表示该处的压力比大气压增加了 ΔP_{w};反之,负值表示该处的压力比大气压力减少了 ΔP_{w}。

建筑在风压作用下,具有正值风压的一侧为进风,而在负值风压的一侧为排风,这就是在风压作用下的自然通风。自然通风量与正压侧和负压侧的开口面积、风力大小有关。如果在正压侧和负压侧都有门窗,就能形成贯通室内的空气流,这种自然通风模式称为穿堂风。

风压作用下自然通风量的计算步骤是:先确定在风压作用下的室内压力,再计算出在室内外压差作用下的进风量和排风量。在压差作用下通过孔口的通风量可用式(2-11)计算。

2.4.4　自然通风的设计计算

某一建筑物受到风压、热压同时作用时,外围护结构各窗孔的内、外压差就等于风压、热压单独作用时窗孔内外压差之和。那么,在热压与风压联合作用下的自然通风究竟谁起主导作用呢? 实测和原理分析表明:对于高层建筑,在冬季(室外温度低),即使风速很大,上层的迎风面房间仍然是排风的,这说明热压起了主导作用;而低层建筑,风速本来就低一点,且风速受邻近建筑(或其他障碍物)的影响很大,因此,也影响了风压对建筑的作用。虽然热压在建筑的自然通风中起主导作用,但风压的作用不容忽视,采用自然通风的建筑,自然通风量的计算应同时考虑热压和风压的作用。

工业厂房自然通风计算包括两类问题:一类是设计计算,即根据已确定的工艺条件和要求的工作区温度计算必须的全面换气量,确定进排风窗孔位置和窗孔面积;另一类是校核计算,即在工艺、土建、窗孔位置和面积确定的条件下,计算能达到的最大自然通风量,校核工作区温度是否满足卫生标准的要求。

应当指出,车间内部的温度分布和气流分布对自然通风有较大影响。热车间内部的温度和气流分布是比较复杂的,例如热源上部的热射流和各种局部气流都会影响热车间的温度分布,其中以热射流的影响为最大。具体地说,影响热车间自然通风的主要因素有厂房形式、工艺设备布置、设备散热量等。要对这些因素进行详细的研究,必须进行模型试验,或在类似的厂房进行实地观测。目前采用的自然通风计算方法是在简化条件下进行的,这些简化的条件是:

① 通风过程是稳定的,影响自然通风的因素不随时间而变化。

② 整个车间的空气温度都等于车间的平均空气温度 t_{np}:

$$t_{np} = \frac{t_n + t_p}{2} \qquad (2-16)$$

式中,t_n——室内工作区温度,℃;

　　t_p——上部窗孔的排风温度,℃。

③ 同一平面上各点的静压均保持相等,静压沿高度方向的变化符合流体静力学法则。

④ 车间内空气流动时,不受任何障碍的阻挡。

⑤ 不考虑局部气流的影响,热射流、通风气流到达排风窗孔前已经消散。

⑥ 用封闭模型得出的空气动力系数适用于有空气流动的孔口。

设计计算步骤如下:

① 计算全面换气量:

$$G = \frac{Q}{c(t_p - t_j)} \quad (\text{kg/s}) \qquad (2-17)$$

式中,Q——车间的总余热量,kJ/s;

　　t_p——车间上部的排风温度,℃;

　　t_j——车间的进风温度,℃;

　　c——空气比热,其值为 1.01 kJ/(kg·℃)

房间的排风温度,一般按下式计算:

$$t_p = t_w + \frac{t_n - t_w}{m} \qquad (2-18)$$

式中,t_n——室内工作区温度,℃;

　　m——有效热量系数。

有效热量系数表明实际进入室内工作区并影响该处温度的热量与房间总余热量的比值。它的大小主要取决于热源的集中程度和热源布置情况。

② 确定窗孔的位置,分配各窗孔的进排风量。

③ 计算各窗孔的内外压差和窗孔面积。

仅有热压作用时,先假定中和面位置或某一窗孔的余压,然后根据式(2-11)或式(2-12)计算各窗孔的内外压差。根据式(2-10)可分别写出进、排风窗孔面积的计算公式。

进风窗孔面积:

$$F_A = \frac{G_A}{\mu_A \sqrt{2 \mid \Delta P_A \mid \rho_w}} = \frac{G_A}{\mu_A \sqrt{2h_1 g(\rho_w - \rho_{np})\rho_w}} \qquad (2-19)$$

排风窗孔面积:

$$F_B = \frac{G_B}{\mu_B \sqrt{2 \mid \Delta P_B \mid \rho_p}} = \frac{G_B}{\mu_B \sqrt{2h_2 g(\rho_w - \rho_{np})\rho_p}} \qquad (2-20)$$

式中,ΔP_A、ΔP_B——窗孔 A、B 的内外压差,Pa;

　　G_A、G_B——窗孔 A、B 的流量,kg/s;

　　μ_A、μ_B——窗孔 A、B 的流量系数;

　　ρ_w——室外空气的密度,kg/m³;

ρ_p——上部排风温度下的空气密度,kg/m³;

ρ_{np}——室内平均温度下的空气密度,kg/m³;

h_1、h_2——中和面至窗孔 A、B 的距离,m。

应当指出,开始假定的中和面位置不同,最后所计算出的进、排风窗孔面积也将有所不同。如中和面位置选择较低,则上部排风孔口的内外压差较大,所需排风窗孔面积就较小。一般情况下,因天窗构造复杂,造价高,天窗的大小对建筑结构影响较大,除采光要求外,希望尽量减少排风天窗的面积,所以,在自然通风计算中,中和面的位置不宜选择过高。

【例 2-3】 已知某房间的余热量 $Q=300$ kW,$m=0.6$,室外空气温度 $t_w=30$ ℃,室内工作区温度 $t_n=38$ ℃。某房间通风示意图见图 2-38,$\mu_1=\mu_3=0.5$,$\mu_2=\mu_4=0.55$,若不考虑风压作用,计算所需的各窗孔面积。

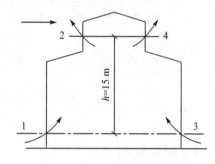

图 2-38　某房间通风示意图

解　(1) 计算消除余热所需的全面透风量。

排风温度:

$$t_p = t_w + \frac{t_n - t_w}{m} = \left(30 + \frac{38-30}{0.6}\right) \text{℃} = 43.3 \text{℃}$$

室内空气平均温度:

$$t_{pj} = \frac{t_n + t_p}{2} = \frac{38 + 43.3}{2} \text{℃} = 40.65 \text{℃}$$

全面换气量:

$$G = \frac{Q}{c(t_p - t_w)} = \frac{300}{1.01 \times (43.3 - 30)} \text{ kg/s} = 22.33 \text{ kg/s}$$

(2) 确定窗孔位置及中和面位置,分配各窗孔进、排风量。进、排风窗孔位置见图 2-38,设中和面位置在 $\frac{1}{3}h$ 处,即

$$h_1 = \frac{1}{3}h = \frac{1}{3} \times 15 \text{ m} = 5 \text{ m}$$

$$h_2 = \frac{2}{3}h = \frac{2}{3} \times 15 \text{ m} = 10 \text{ m}$$

(3) 查取物性参数,若根据空气温度估算空气密度,则因为 $t_p=43.3$ ℃,$t_{pj}=40.65$ ℃,$t_w=30$ ℃,所以

$$\rho_p \approx \frac{353}{T_p} = \frac{353}{273 + 43.3} \text{ kg/m}^3 = 1.12 \text{ kg/m}^3$$

$$\rho_{pj} \approx \frac{353}{T_{pj}} = \frac{353}{273 + 40.65} \text{ kg/m}^3 = 1.13 \text{ kg/m}^3$$

$$\rho_w \approx \frac{353}{T_w} = \frac{353}{273 + 30} \text{ kg/m}^3 = 1.17 \text{ kg/m}^3$$

(4) 计算各窗孔的内外压差:

$$\Delta P_1 = \Delta P_3 = -h_1 g(\rho_w - \rho_{pj}) = -5 \times 9.81 \times (1.17 - 1.13) \text{ Pa} = -1.962 \text{ Pa}$$

$$\Delta P_2 = \Delta P_4 = h_2 g(\rho_w - \rho_{pj}) = 10 \times 9.81 \times (1.17 - 1.13) \text{ Pa} = 3.924 \text{ Pa}$$

（5）分配各窗孔的进、排风量，计算各窗孔的面积。

根据空气平衡方程式

$$G_1 + G_2 = G_3 + G_4$$

令

$$G_1 = G_2, \qquad G_3 = G_4$$

则

$$F_1 = F_3 = \frac{G_1}{\mu_1 \sqrt{2|\Delta P_1|\rho_w}} = \frac{G/2}{\mu_1 \sqrt{2|\Delta P_1|\rho_w}} = \frac{22.33/2}{0.5 \sqrt{2 \times 1.962 \times 1.17}} \text{m}^2 = 10.42 \text{ m}^2$$

$$F_2 = F_4 = \frac{G_2}{\mu_2 \sqrt{2|\Delta P_2|\rho_p}} = \frac{G/2}{\mu_2 \sqrt{2|\Delta P_2|\rho_p}} = \frac{22.33/2}{0.55 \sqrt{2 \times 3.924 \times 1.12}} \text{m}^2 = 6.85 \text{ m}^2$$

2.5 通风系统的管路设计

2.5.1 风系统阻力

当空气在管道内流动时，必然要损耗一定的能量来克服风管中的各种阻力。一种是由于空气本身的黏滞性及其与管壁间的摩擦而产生的阻力，称为摩擦阻力或沿程阻力，克服摩擦阻力而引起的能量损失称为沿程阻力损失；另一种是空气流经风管中的管件及设备时，由于流速的大小和方向变化而产生涡流造成的比较集中的能量损失，称为局部阻力，克服局部阻力而引起的能量损失称为局部阻力损失。

1. 沿程阻力

空气在任意横断面形状不变的管道中流动时，根据流体力学原理，沿程损失可按下式计算：

$$\Delta P_m = \lambda \cdot \frac{1}{4R_s} \cdot \frac{\rho v^2}{2} l \tag{2-21}$$

式中，ΔP_m——风道的沿程损失，Pa；

λ——摩擦阻力系数；

v——风道内空气的平均流速，m/s；

ρ——空气的密度，kg/m³；

l——风道的长度，m；

R_s——风道的水力半径，m，且有

$$R_s = \frac{F}{P} \tag{2-22}$$

F——管道中充满流体部分的横断面积，m²；

P——湿周，在通风系统中即为风管周长，m。

单位管长的摩擦阻力，也称比摩阻，计算式为

$$R_m = \lambda \cdot \frac{1}{4R_s} \cdot \frac{\rho v^2}{2} \quad \text{Pa/m} \tag{2-23}$$

对于圆形风管

$$R_s = \frac{F}{P} = \frac{\frac{\pi}{4}D^2}{\pi D} = \frac{D}{4} \qquad\qquad (2-24)$$

式中,D——风管的直径,m。

圆形风管的沿程损失和单位长度沿程损失分别为

$$\Delta P_m = \lambda \cdot \frac{1}{D} \cdot \frac{\rho v^2}{2} l \qquad (\text{Pa}) \qquad\qquad (2-25)$$

$$R_m = \lambda \cdot \frac{1}{4R_s} \cdot \frac{\rho v^2}{2} \qquad (\text{Pa/m}) \qquad\qquad (2-26)$$

摩擦阻力系数 λ 与风管管壁的粗糙度和管内空气的流动状态有关。在通风空调系统中,薄钢板风管的空气流动状态大多属于紊流光滑区到粗糙区之间的过渡区。通常,高速风管的流动状态也处于过渡区。只有流速很高、表面粗糙的砖、混凝土上风管流动状态才属于粗糙区。计算过渡区摩擦阻力系数的公式很多,下面的公式适用范围较广,在目前得到较广泛的采用。

$$\frac{1}{\sqrt{\lambda}} = -2\lg\left(\frac{K}{3.71D} + \frac{2.51}{Re\sqrt{\lambda}}\right) \qquad\qquad (2-27)$$

式中,K——风道内壁的当量绝对粗糙度,mm;

　　Re—雷诺数。

在通风设计管道中,为了简化计算,可根据式(2-26)和式(2-27)绘制的线算图或计算表进行计算,附录 B 为圆形风管单位长度摩擦阻力线算图,附录 C-1、附录 C-2 分别为圆形风管(镀锌钢板)和矩形风管计算表。编制条件是:大气压力为 101.3 kPa、温度为 20 ℃、相对湿度为 60% 的标准空气,密度为 1.2 kg/m³,运动黏度为 15.06×10^{-6} m²/s,管壁粗糙度 $K = 0.15$ mm。只要知道风量、管径、比摩阻、流速四个参数中的任意两个,即可确定其余参数。当实际使用条件与上述条件不相同时,应进行修正。

① 绝对粗糙度的修正:

$$R'_m = \varepsilon_k R_m \qquad\qquad (2-28)$$

式中,R'_m——实际使用条件下的单位长度摩擦阻力,Pa/m;

　　R_m——从线算图或计算表中查得的单位长度摩擦阻力,Pa/m;

　　ε_k——粗糙度修正系数。

$$\varepsilon_k = (Kv)^{0.25}$$

式中,v——管内空气流速,实际使用条件下的单位长度摩擦阻力,m/s。

通风空调工程中常采用不同材料制成的风管,各种材料的粗糙度见表 2-4。

表 2-4　各种材料的粗糙度

管道材料	K/mm	管道材料	K/mm
薄钢板和镀锌薄钢板	0.15~0.18	胶合板	1.0
塑料板	0.01~0.05	砖管道	3~6
矿渣石膏板	1.0	混凝土管道	1~3
矿渣混凝土板	1.5	木板	0.2~1.0

② 大气压力和温度的修正：

$$R'_m = \varepsilon_t \varepsilon_B R_m \qquad (2-29)$$

式中，ε_t——温度修正系数；

ε_B——大气压力修正系数。

$$\varepsilon_t = \left(\frac{273+20}{273+t}\right)^{0.825} \qquad (2-30)$$

$$\varepsilon_B = \left(\frac{B}{101.3}\right)^{0.9} \qquad (2-31)$$

式中，t——实际的空气温度，℃；

B——实际的大气压力，kPa。

ε_t 和 ε_B 也可直接由图 2-39 查得。

对于矩形风管：

风管阻力损失的计算图表是根据圆形风管绘制的。当风管截面为矩形时，首先要把矩形风管折算成相当于圆形风管的当量直径，再按当量直径求得比摩阻 R_m。

当量直径就是与矩形风管有相同单位长度摩擦阻力的圆形风管直径，它分为流速当量直径和流量当量直径两种。

① 流速当量直径。如果某一圆形风管中的空气流速与矩形风管的空气流速相等，且两风管的比摩阻 R_m 值相等，此时圆形风管的直径就称为矩形风管的流速当量直径，以 D_v 表示：

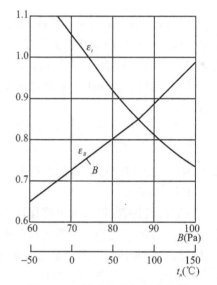

图 2-39 温度与大气压力曲线

$$D_v = \frac{2ab}{a+b} \qquad (2-32)$$

② 量当量直径。如果某一圆形风管中的空气流量与矩形风管的空气流量相等，且两风管的比摩阻 R_m 值相等，此时圆形风管的直径就称为矩形风管的流量当量直径，以 D_L 表示。

$$D_L = 1.265\left(\frac{a^3 b^3}{a+b}\right)^{\frac{1}{5}} \qquad (2-33)$$

应当指出，当采用流速当量直径时，必须根据矩形风管内的空气流速去查比摩阻；采用流量当量直径时，必须根据空气流量去查比摩阻。无论用哪个数据去查，得出的结论理论上应该是相同的。

2. 局部阻力

造成局部阻力的原因主要有流体的流动方向改变、流量改变、断面尺寸发生变化、通过的管件设备等。局部阻力按下式计算：

$$\Delta P_j = \xi \frac{\rho v^2}{2} \qquad (2-34)$$

式中，ΔP_j——局部阻力损失，Pa；

ξ——局部阻力系数。

各种构件的局部阻力系数通常用试验的方法来确定,附录 D 中列出了部分管件的局部阻力系数。在计算局部阻力时,一定要注意 ξ 值对应的空气流速。

在通风系统中,局部阻力所造成的能量损失占很大的比例,甚至是主要的能量损失,所以在设计和施工时应尽量减小局部阻力,减少能量损失。通常采用以下措施来减小局部阻力:

① 布置管道时,应力求管线短且直,减少弯头。圆形风管弯头的曲率半径一般应大于管径的 1～2 倍,如图 2-40 所示。矩形风管弯头的长宽比愈大,阻力愈小,应优先采用,如图 2-41 所示。

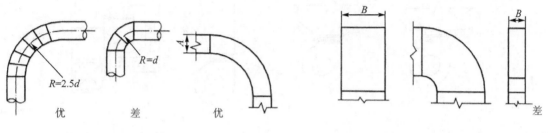

图 2-40　圆形风管弯头　　　　　　　　图 2-41　矩形风管弯头

必要时可在弯头内部设置导流叶片,如图 2-42 所示,以减小阻力。应尽量采用转角小的弯头,用弧弯代替直角弯。

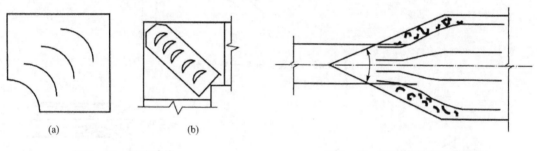

图 2-42　导流叶片　　　　　　　　图 2-43　渐扩管内的空气流动

② 避免风管断面的突然变化,管道变径时,尽量利用渐扩、渐缩代替突扩、突缩。中心角最好在 8°～10°,不超过 45°,如图 2-43 所示。

③ 管道和风机的连接要尽量避免在接管处产生局部涡流,如图 2-44 所示。

④ 三通的局部阻力大小与断面形状、两支管夹角、支管与总管的截面比有关,为减小三通的局部阻力,应尽量使支管与干管连接的夹角不超过 30°,如图 2-45 所示。当合流三通内直管的气流速度大于支管的气流速度时,会发生直管气流引射支管气流的作用,有时支管的局部阻力出现负值,同样直管的局部阻力也会出现负值,但不可能同时出现负值。为避免引射时的能量损失,减小局部阻力,应使 $v_1 \approx v_2 \approx v_3$,即 $F_1 + F_2 = F_3$,如图 2-46 所示。

⑤ 气流流出时将流出前的能量全部损失掉,损失值等于出口动压,因此可采用渐扩管(扩压管)来降低出口动压损失。如图 2-47 所示,空气进入风管会产生涡流而造成局部阻力,可采取措施减少涡流,降低其局部阻力。

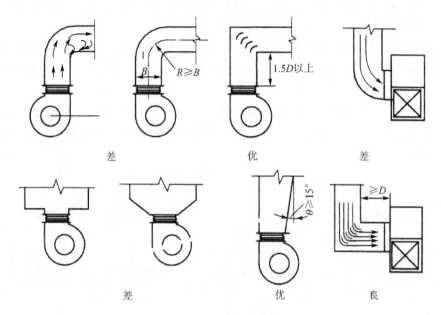

图 2-44　风机进出口的管道连接

图 2-45　三通支管与干管的连接

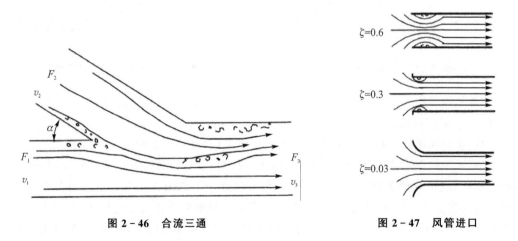

图 2-46　合流三通

图 2-47　风管进口

3. 总损失

　　根据流体力学可知,流体在管道内流动,必然要克服阻力产生的能量损失。空气在管道内流动有两种形式的阻力和损失、即沿程阻力与沿程损失、局部阻力与局部损失。总损失即为沿程损失与局部损失之和。

$$\Delta P = \Delta P_m + \Delta P_j \qquad (2-35)$$

式中，ΔP——管段总损失，Pa。

2.5.2　通风管道的水力计算

风管的水力计算是通风系统设计计算的主要部分。它是在系统形式、设备布置，风管材料、各个送排风点的位置和风量已经确定的前提下进行的。

水力计算的主要任务是确定系统中各个管段的断面尺寸，计算阻力损失，选择风机。有时是在风机的风量和风压确定的条件下来确定风管的断面尺寸。

风管水力计算方法主要有以下三种：

① 假定流速法。即先按技术经济要求选定风管的流速，再根据风量来确定风管的断面尺寸和压力损失，目前常用此法进行水力计算。

② 压损平均法。即将已知总作用压头按干管长度平均分配给每一管段，再根据每一管段的风量确定风管断面尺寸。如果风管系统所用的风机压头已定，或对分支管路进行阻力平衡计算，此法较为方便。

③ 静压复得法。即利用风管分支处复得的静压来克服该管段的阻力，根据这一原则确定风管的断面尺寸。此法适用于高速空调系统的水力计算。

下面以假定流速法为例，说明风管水力计算的步骤：

① 确定通风系统方案，绘制管路系统轴测示意图。

② 在轴测图中对各管段进行编号，标注长度和风量。通常把流量和断面尺寸不变的管段划分为一个计算管段。

③ 选定合理的气流速度。风管内的空气流速对系统有很大的影响。流速低、阻力小、动力消耗少、运行费用低，但是风管断面尺寸大、耗材料多、建造费用大。反之，流速高、风管断面尺寸小、建造费用低，但阻力大，运行费用会增加，另外还会加剧管道与设备的磨损。因此，必须经过技术经济分析来确定合理的气流速度，表 2-5 列出了不同情况下风管内空气流速范围。

表 2-5　一般通风系统中常用的空气流速

建筑物类别	管道系统部位	风速/(m·s⁻¹)		靠近风机处的极限流速/(m·s⁻¹)
		自然通风	机械通风	
民用建筑及工业辅助建筑	吸入空气的百叶窗	0~1.0	2~4	10~12
	吸风道	1~2	2~6	
	支管及垂直风道	0.5~1.5	2~5	
	水平总风道	0.5~1.0	5~8	
	接近地面的进风口	0.2~0.5	0.2~0.5	
	接近顶棚的进风口	0.5~1.0	1~2	
	接近顶棚的排风口	0.5~1.0	1~2	
	排风塔	1~1.5	3~6	

建筑物类别	管道系统部位	风速/(m·s^{-1})				靠近风机处的极限流速/(m·s^{-1})	
		自然通风		机械通风			
	材料	总管	支管	室内进风口	室内回风口	新鲜空气入口	
工业建筑	薄钢板	6~14	2~8	1.5~3.5	2.5~3.5	5.5~6.5	
	砖、矿渣、石棉水泥、矿渣混凝土	4~12	2~6	1.5~3.0	2.0~3.0	5.0~6.0	

④ 计算最不利环路。最不利环路是长度最大的管路,也就是阻力最大的环路。由风量和流速确定最不利环路各管段风管断面尺寸,计算沿程阻力、局部阻力和总阻力。计算时应首先计算最不利环路,确定风管断面尺寸时,应尽量采用通风管道的统一规格,见附录 E。

⑤ 计算其余并联环路。为保证系统能按要求的流量进行分配,并联环路的阻力必须平衡。因受到风管断面尺寸的限制,对除尘系统各并联环路间的压损差不宜超过 10%,其他通风系统不宜超过 15%。若超过时可通过调整管径或采用阀门来进行调节。需要指出的是,在设计阶段不把阻力平衡的问题解决,而一味地依靠阀门开度的调节,对多支管的系统平衡来说是很困难的,须反复调整测试。有时甚至无法达到预期风量分配,或出现再生噪声等问题。因此,一方面加强风管布置方案的合理性,减少阻力平衡的工作量,另一方面要重视在设计阶段阻力平衡问题的解决。

⑥ 选择风机。考虑到设备、风管的漏风和阻力损失计算的不精确,应该对理论计算的数值进行适当的附加,用附加后的风量和阻力来选择风机。

风量附加系数:一般送排风系统为 1.1,除尘系统为 1.1~1.5。

风压附加系数:一般送排风系统为 1.1~1.5,除尘系统为 1.15~1.2。

【例 2-4】 如图 2-48 所示的机械排风系统,全部采用钢板制作的圆形风管,输送含有有害气体的空气($\rho=1.2$ m^3/kg),气体温度为常温,圆形伞形罩的扩张角为 60°,合流三通分支管夹角为 30°,带扩压管的伞形风帽 $h/D_0=0.5$,当地大气压力为 92 kPa 时,对该系统进行水力计算。

解 (1)对管段进行编号,标注长度和风量,如图 2-48 所示。

(2)确定各管段气流速度,查表 2-5 有:工业建筑机械通风对于干管 $v=6$~14 m/s;对于支管 $v=2$~8 m/s。

(3)确定最不利环路,本系统①~⑤为最不利环路。

(4)根据各管段风量及流速,确定各管段的管径及比摩阻,计算沿程损失,应首先计算最不利环路,然后计算其余分支环路。

如管段①,根据 $L=1\ 200$ m^3/h,$v=6$~14 m/s。

查附录 B 可得出管径 $D=220$ mm,$v=9$ m/s,$R_m=4.5$ Pa/m。

查图 2-39 有 $\varepsilon_B=0.91$,则有 $R'_m=0.91\times4.5=4.1$ Pa/m。

该管段沿程阻力为 $\Delta P_m=R'_m l=4.1\times13=53.3$ Pa。

也可查附录 C-1 确定管径后,利用内插法求出 v、R_m。

同理可查出其余管段的管径、实际流速、比摩阻,计算出沿程损失,具体结果见表 2-6。

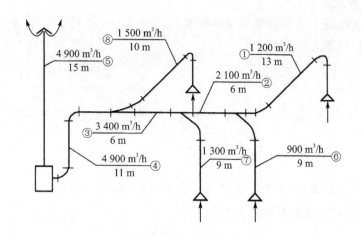

图 2 - 48　机械排风系统图

表 2 - 6　通风管道水力计算表

参　　数	管道编号							
	最不利环路					分支环路		
	①	②	③	④	⑤	⑥	⑦	⑧
流量 $L/(\mathrm{m^3 \cdot h^{-1}})$	1 200	2 100	3 400	4 900	4 900	900	1 300	1 500
管段长度 l/m	13	6	6	11	15	9	9	10
管径 D/mm	220	280	360	400	400	200	250	280
流速 $v/(\mathrm{m \cdot s^{-1}})$	9	9.6	9.4	10.6	10.6	8	7.4	7
比摩阻 $R_m/$ $(\mathrm{Pa \cdot m^{-1}})$	4.5	3.9	2.7	3	3	4.1	2.8	2.1
比摩阻修正系数 ε_B	0.91	0.91	0.91	0.91	0.91	0.91	0.91	0.91
实际比摩阻 $R'_m/(\mathrm{Pa \cdot m^{-1}})$	4.1	3.55	2.46	2.73	2.73	3.73	2.5	1.91

参　　数	管道编号							
	最不利环路					分支环路		
	①	②	③	④	⑤	⑥	⑦	⑧
动压/Pa	48.6	55.3	53	67.4	67.4	38.4	32.9	29.4
局部阻力系数 ξ	1.15	0.81	1.08	0.3	0.6	0.03	0.38	1.6
沿程损失 $\Delta P_m/\mathrm{Pa}$	53.3	21.3	14.76	30.03	40.95	33.57	22.9	19.11
局部损失 $\Delta P_j/\mathrm{Pa}$	55.89	44.79	57.24	20.22	40.44	1.2	6.76	19.1
管段总损失 $\Delta P/\mathrm{Pa}$	109.2	66.1	72.0	50.3	81.4	35.1	29.69	38.2
备　　注	与①平衡	与①+②平衡	与①+②+③平衡					

(5) 计算各管段局部损失。

如管段①,查附录 D 有圆形伞形罩扩张角 60°、$\xi=0.09$,90°弯头 2 个、$\xi=0.15\times2=0.3$,合流三通直管段,见图 2-48。

$$\frac{L_2}{L_3}=\frac{900}{2\ 100}=0.43 \qquad\qquad \frac{F_2}{F_3}=\left(\frac{200}{280}\right)^2=0.51$$

$$F_1=\frac{\pi}{4}(0.22)^2=0.038 \qquad\qquad F_2=\frac{\pi}{4}(0.2)^2=0.031$$

$$F_3=\frac{\pi}{4}(0.28)^2=0.062 \qquad\qquad F_1+F_2\approx F_3$$

$\alpha=30°$,查附录 D 得 $\xi=0.76$,$\sum\xi=0.09+0.3+0.76=1.15$。

其余各管段的局部阻力系数见表 2-7。

$$\Delta P_j=\sum\xi\frac{\rho v^2}{2}=1.15\times\frac{1.2\times9^2}{2}\ \text{Pa}=55.89\ \text{Pa}$$

同理可得出其余管段的局部损失,具体结果见表 2-7。

(6) 计算各管段的总损失,其结果见表 2-7。

(7) 检查并联管路管道阻力损失的不平衡率。

1) 管段⑥和管段①。

不平衡率:

$$\frac{\Delta P_1-\Delta P_6}{\Delta P_1}\times100\%=\frac{109.2-35.1}{109.2}\times100\%=67.9\%>15\%$$

调整管径:

$$D'=D\left(\frac{\Delta P}{\Delta P'}\right)^{0.225}=200\left(\frac{35.1}{109.2}\right)^{0.225}=155\ \text{mm}$$

取 $D'=160$ mm,查附录 B 得 $D=160$ mm,$u=8$m/s,$R_m=7$ Pa/m,$R'_m=\varepsilon_B R_m=0.91\times7=6.37$ Pa/m;$F_1+F_2=0.058$ m^2;$F_3=0.062$ m^2;$F_1+F_2\approx F_3$。

查附录 D 知,合流三通分支管阻力系数约为 -0.21,$\sum\xi=0.03$。

$$\Delta P=58.48\ \text{Pa},$$

不平衡率为 $\dfrac{\Delta P_1-\Delta P_6}{\Delta P_1}=\dfrac{109.2-58.48}{109.2}=46.4\%>15\%$,即将管段⑥调至 $D_6=160$ mm,不平衡仍然超过 15%,因此采用 $D_6=200$ mm,采用阀门调节。

2) 管段⑦与管段①+②。

不平衡率:

$$\frac{(\Delta P_1+\Delta P_2)-\Delta P_7}{\Delta P_{1-2}}=\frac{175.3-29.69}{175.3}=83\%>15\%$$

若将管段⑦调至 $D_7=180$ mm,不平衡率仍然超过 15%,因此采用 $D_7=250$m,用阀门调节。

3) 管段⑧与管段①+②+③。

不平衡率:

$$\frac{(\Delta P_1+\Delta P_2+\Delta P_3)-\Delta P_8}{\Delta P_1+\Delta P_2+\Delta P_3}=\frac{247.3-38.2}{247.3}=84.7\%>15\%$$

若将管段⑧调至 $D_8 = 200$ mm，不平衡率仍然超过 15%，因此采用 $D_8 = 250$ m，用阀门调节。

表 2-7　各管段局部损失系数统计表

管段编号	局部阻力名称、数量	ξ	管段编号	局部阻力名称、数量	ξ
①	圆形伞形罩(扩张角 60°)1 个	0.09	⑥	圆形伞形罩(扩张角 60°)1 个	0.09
	90°弯头($r/d = 2.0$)2 个	0.15×2		90°弯头($r/d = 2.0$)1 个	0.15×1
	合流三通直管段	0.76		合流三通分支段	−0.21
	合　计	$\sum\xi = 1.15$		合　计	$\sum\xi = 0.03$
②	合流三通直管段	0.81	⑦	圆形伞形罩(扩张角 60°)1 个	0.09
③	合流三通直管段	1.08		90°弯头($r/d = 2.0$)1 个	0.15×1
④	90°弯头($r/d = 2.0$)2 个	0.15×2		合流三通分支段	0.14
	风机入口变径(忽略)	0.0		合　计	$\sum\xi = 0.38$
	合　计	$\sum\xi = 0.3$	⑧	圆形伞形罩(扩张角 60°)1 个	0.09
⑤	风机入口变径(忽略)	0.0		90°弯头($r/d = 2.0$)1 个	0.15×1
	带扩散管伞形风帽($h/D_0 = 0.5$)1 个	0.6×1		合流三通分支段	1.26
				60°弯头($r/d = 2.0$)1 个	0.12
	合　计	$\sum\xi = 0.6$		合　计	$\sum\xi = 1.6$

(8) 计算系统总阻力。

$$P = \sum (\Delta P_m + \Delta P_j)_{1\sim5} = 379 \text{ Pa}$$

(9) 选择风机。

风机风量 $L_f = K_L \cdot L = (1.1 \times 4\,900)\,\text{m}^3/\text{h} = 5\,390 \text{ m}^3/\text{h}$；

风机风压 $P_f = K_f P = (1.15 \times 379)\,\text{Pa} = 436 \text{ Pa}$，可根据 L_f、P_f 查风机样本选择风机。

2.5.3　风系统设计中的若干注意问题

1. 系统划分

由于建筑物内不同地点有不同的送排风要求，或面积较大、送排风点较多，无论是通风还是空调，都需分设多个系统。通风系统的划分应该根据建筑物的性质、使用特点、负荷变化、参数要求等，通过技术经济比较确定。应本着运行维护方便、经济可靠为主要原则，通常系统既不宜过大，也不宜过小、过细，系统划分的原则是：

① 空气处理要求相同、室内参数要求相同的，可划为同一系统。

② 对下列情况应单独设置排风系统：

a. 两种或两种以上的有害物质混合后能引起燃烧或爆炸。

b. 两种有害物质混合后能形成毒害更大或腐蚀性的混合物或化合物。

c. 两种有害物质混合后易使蒸气凝结并积聚粉尘。

d. 放散剧毒物质的房间和设备。

e. 储存易燃易爆物质的单独房间或有防火防爆要求的单独房间。

③ 如排风量大的排风点位于风机附近，不宜和远处排风量小的排风点合为同一系统。

2. 风管的布置

风管布置直接关系到通风、空调系统的总体布置,它与工艺、土建、电气、给水排水等专业关系密切,应相互配合、协调一致。

① 风管上应设置必要的调节和测量装置(如阀门、压力表、温度计、风量测定孔和采样孔等)或预留安装测量装置的接口。调节和测量装置应设在便于操作和观察的地点。

② 风管的布置应力求顺直,避免复杂的局部管件。弯头、三通等管件要安排得当,与风管的连接要合理,以减小阻力和降低噪声。

③ 根据需要,风管可以采用明装和暗装,安装不影响美观,但是投资较高。

④ 与风机或振动设备连接的管道,应装设如帆布、橡胶制作的软接头,以减少风机或振动设备对管道的影响。

⑤ 风管穿墙时要采用软材料(如石棉绳)填充。

3. 风管的形状和材料

(1) 形　状

风管断面形状有圆形和矩形两种。两者相比,在相同断面积时圆形风管的阻力小、材料省、强度也大;圆形风管直径较小时比较容易制造,保温也方便。但是圆形风管管件的放样、制作较矩形风管困难,布置时不易与建筑、结构配合,明装时不易布置得美观。

当风管中流速较高,风管直径较小时,一般采用圆形风管;当风管断面尺寸大时,为了充分利用建筑空间,通常采用矩形风管。一般民用建筑空调系统都采用矩形风管。采用矩形风管时,长、短边之比宜小于4。

考虑到最大限度地利用板材,加强建筑安装的工厂化生产,在设计、施工中应尽量按附录E通风管道统一规格选用。

(2) 材　料

风管材料要求坚固耐用、表面光滑、耐腐性能好、易于加工制造和安装、内表面不易产生脱落。风管材料应根据使用要求和就地取材的原则选用。

薄钢板是最常用的材料,有普通薄钢板和镀锌薄钢板两种。它们的优点是易于工业化加工制作、安装方便、能承受较高温度。镀锌钢板具有一定的防腐性能,适用于空气湿度较高或室内潮湿的通风、空调系统、有净化要求的空调系统。一般通风系统采用厚度为 $0.5\sim 1.5$ mm 的钢板。

硬聚氯乙烯塑料板适用于有腐蚀作用的通风、空调系统。它表面光滑、制作方便,这种材料不耐高温,也不耐寒,只适用于 $-10\sim 60$ ℃,在辐射热作用下容易脆裂。

以砖、混凝土等材料制作的风管,主要用于需要与建筑、结构配合的场合。它节省钢材,结合装饰,经久耐用,但阻力较大。在体育馆、影剧院等公共建筑的空调工程中,常利用建筑空间组合成通风管道。这种管道的断面较大,因此可降低流体流速、减小流体阻力;还可以在风管内壁衬贴吸声材料,降低噪声。

4. 风管的保温

若风管在输送空气过程中冷、热量损耗大,又要求空气温度保持恒定,或者要防止风管穿越房间时对室内空气参数产生影响及低温风管表面结露,那么就需要对风管进行保温。

(1) 保温材料

保温材料主要有软木、聚苯乙烯泡沫塑料、超细玻璃棉、玻璃纤维保温板、聚氨酯泡沫塑料和蛭石板等,它们的热导率大都在 0.12 W/(m·℃)以内。通过管壁保温层的传热系数一般控制在 1.84 W/(m·℃)以内。

(2)保温层结构

保温层结构可参阅有关的国家标准图。通常保温结构有四层:

① 防腐层。涂防腐油漆或沥青。

② 保温层。填贴保温材料。

③ 防潮层。放置包油毛毡、塑料布或刷沥青,用以防止潮湿空气或水分侵入保温层内,从而破坏保温层或在内部结露。

④ 保护层。室内管道可用玻璃布、塑料布或木板、胶合板做成,室外管道应用钢丝网水泥或薄钢板做保护层。

本章小结

本章主要介绍了建筑通风系统的有关知识。首先从不同的角度,对通风进行了分类。随后对各类通风方式进行了详细介绍,并重点介绍了局部排风、全面通风和自然通风。关于局部排风,介绍了局部排风系统的组成、局部排风罩和污染物的净化处理;关于全面通风,详细讲解了全面通风量的确定方法,以及热平衡和空气平衡的意义和平衡方程,要求学生能根据一些已知条件,计算全面通风量;关于自然通风,介绍了自然通风的作用原理和设计计算,要求学生能根据一些已知条件,设置窗孔的位置和面积。最后介绍了通风系统的阻力和水力计算方法。

习 题

1. 自然通风与机械通风相比有何优缺点?

2. 什么是中和面?其位置如何确定?

3. 局部排风系统一般由哪些组成部分?

4. 什么是全面通风?全面通风的效果与什么有关?

5. 在确定全面通风量时,有时按分别稀释各有害物所需的空气量之和计算,有时则取其中的最大值计算,为什么?

6. 地下工程某房间的体积 $V_f = 250$ m³,设置通风量为 0.05 m³/s 的全面通风系统,在 180 人进入房间后,立即开动风机送入室外空气。试求该房间的 CO_2 浓度达到 5.9 g/m³ 所需的时间。

7. 通风设计如果不考虑空气平衡和热平衡,会出现什么现象?

8. 如图 2-49 所示的车间内,生产设备总散热量 $Q_1 = 350$ kW,维护结构失热量 $Q_2 = 450$ kW,上部天窗排风量 $q_{V,zp} = 2.8$ m³/s,从工作区排走的风量 $q_{V,jp} = 4.25$ m³/s,自然进风量 $q_{V,zj} = 1.32$ m³/s,车间工作区温度 $t_n = 18$ ℃,室外空气温度 $t_w = -12$ ℃,室内的温度梯度为 0.3 ℃/m,天窗中心高 10 m。试计算:机械送风量 $q_{m,jj}$、送风温度 t_j 和进风所需的热量 Q_3。

9. 有一薄钢板矩形风管,断面尺寸为 500 mm × 320 mm,流量 $Q_V = 0.75$ m³/s(2 700 m³/h),求单位长度摩擦阻力。

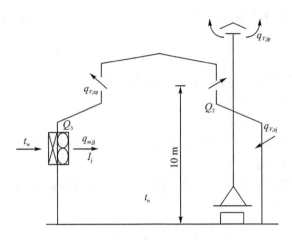

图 2－49　车间通风示意图

10. 如图 2－50 所示的某公共民用建筑的机械送风系统,风机出口后采用矩形风管,风机入口前采用圆形风管,风管材料为薄钢板,输送空气温度为常温,密度为 $1.2\ m^3/kg$,采用 $\alpha=60°$的调节式送风口(简易叶片)向室内送风,新风入口使用 $45°$固定金属百叶窗。当地大气压力为 $92\ kPa$,对该系统进行水力计算。

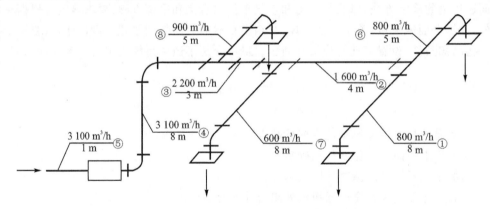

图 2－50　某公共民用建筑的机械送风系统

第3章 湿空气的焓湿学基础

湿空气既是需要利用空调技术对特定空间空气环境进行调节和控制的主体,又是空调工程中需要根据不同要求进行热湿处理的对象。因此,全面、深入地了解湿空气的组成及其物理性质,熟悉描述湿空气状态的各种参数及其相互间的关系,能熟练运用焓湿图是学习和掌握空调技术的重要基础。

【教学目标与要求】

(1) 了解湿空气的组成及描述湿空气状态的各种参数;
(2) 掌握焓湿图的组成;
(3) 灵活应用焓湿图确定空气的状态点;
(4) 掌握空气变化过程在焓湿图上的表示。

【教学重点与难点】

(1) 描述湿空气的特殊状态参数,如含湿量、相对湿度、焓、湿球温度和露点温度的物理意义;
(2) 焓湿图的组成及绘制方法;
(3) 空气各种处理过程在焓湿图上的表示;
(4) 两种不同状态空气混合过程在焓湿图上的表示。

【工程案例导入】

结露现象在日常生活中非常普遍。不管是严寒的北方地区,还是湿冷的南方地区,结露现象会出现在大家的眼镜片上,还会出现在窗玻璃或冷水管的外壁上,如图3-1所示。不知道大家有没有仔细思考过,物体的表面为什么会结露? 一般在什么情况下会发生结露现象? 这就要用本章所研究的湿空气的物理性质来解释了。

图 3-1 结露现象

3.1　湿空气的热工性质

3.1.1　湿空气的组成及物理性质

在空气调节过程中,研究与改造的对象是空气,携带冷热量的载体往往也是空气。因而,首先需要对空气的组成及物理性质有所了解。众所周知,地球大气层从地面到外空可分为若干层,最靠近地面的这一层,是人类赖以生存的空气环境,通常称为"空气",也就是空调工程所要研究、处理和调控的对象。

1. 湿空气的组成

自然界的空气都是"湿空气",干空气实际上是一个抽象概念,在自然界中并不存在。湿空气是指干空气和水蒸气的混合气体,凡含有水蒸气的空气均可称为湿空气,即

湿空气＝干空气＋水蒸气

这是因为空气在处理的过程中,空气中的水蒸气含量变化较大,而干空气的成分和数量却保持了相对的稳定,是由氮、氧、氩、二氧化碳、氖和其他一些微量气体所组成的混合气体。大量的测定结果表明,干空气的组成比例是比较稳定的,见表3-1。虽然在某些局部范围内,可能因为某些因素(如人的呼吸使氧气减少,二氧化碳的含量增加;或在生产过程中,产生了某些有害气体污染了空气),使空气的组成比例有所改变,但这种改变对空气的热工特性影响很小,可以不予考虑。因此,在研究干空气物理性质时,允许将干空气作为一个整体来对待,以便分析讨论。

表 3-1　干空气的组成成分

成分气体(分子式)		成分体积百分比/(%)	分子量
氮(N_2)		78.084	28.013
氧(O_2)		20.947 6	31.998 8
氩(Ar)		0.934	39.934
二氧化碳(CO_2)		0.031 4	44.009 95
氖(Ne)		0.001 818	21.183
氦(He)		0.000 524	4.002 6
氪(Kr)		0.000 114	83.80
氙(Xe)		0.000 008 7	131.30
氢(H_2)		0.000 05	2.015 94
甲烷(CH_4)		0.000 15	16.043 03
氧化氮(N_2O)		0.000 05	44.012 8
臭氧(O_3)	夏	0～0.000 007	47.998 2
	冬	0～0.000 002	47.998 2
二氧化硫(SO_2)		0～0.000 1	64.082 8
二氧化氮(NO_2)		0～0.000 002	46.005 5
氨(NH_4)		0～微量	17.030 61
一氧化碳(CO)		0～微量	28.010 55
碘(I_2)		0～0.000 001	253.808 8
氡(Rn)		6×10^{-13}	

2. 物理性质

在湿空气中,水蒸气如果按体积比,几乎可以忽略不计。但按质量比,常温下大约占空气总质量的 0.01%~0.4%,且水蒸气所占的百分比是不稳定的,常常随着海拔高度、地区、季节、气候、湿源等各种条件的变化而变化。相对来说,湿空气中的水蒸气的含量虽然很少,但却常随着自然环境、气象条件的变化和水蒸气的来源情况而改变。众所周知,空气中水蒸气含量的变化会对空气的干燥和潮湿程度产生重要影响,从而对人的舒适感及健康、产品产量和质量、生产工艺过程、设备状况、处理空气的能耗等造成极大的影响。

例如,在南方多雨地区,空气就比较潮湿,湿衣服不容易干;同时由于空气湿度太大,人们会感到身上的汗难以蒸发,影响人体的舒适感。而在北方的兰州、乌鲁木齐等地区,由于空气干燥,在与南方多雨地区同样的湿度下,人会舒适得多;关节炎病人对过于潮湿的气候非常敏感,甚至可以"预报"阴雨天气;而咽喉炎病人在干燥环境里病情会加重。

空气中水蒸气含量的多少,除了对人们的日常生活有影响外,对产品质量、工艺过程和设备维护等都有直接影响,这是不容忽视的,也是十分重要的。例如,对于纺织行业,在纺织车间,相对湿度小时,纺线变粗变脆,容易产生飞花和断头;但是如果空气太潮湿,纺线会黏结,不好加工;对于精密机械和电子行业,尤其是集成电路制造和精密电子机械产品的生产,空气的潮湿程度直接影响产品质量和成品率。

另外,空气中水蒸气还会影响处理空气的能耗,在空调工程中,经常会要求对空气进行加热和冷却处理。例如,同样是将 30 ℃的空气降温到 20 ℃,空气中水蒸气的含量不同,所需要的冷量也是不同的。所以,从空气调节的角度来看,空气的潮湿程度是空调工程技术人员十分关心的问题。

工程热力学中把常温常压下的干空气视为理想气体,即假设气体分子之间是一些弹性的、不占有空间的质点,分子间没有相互作用力。通风与空调工程中所涉及湿空气的压力和温度都可以看作属于这个范畴。常温常压下的干空气可视为理想气体;同时,湿空气中水蒸气含量一般很少,只有几克到几十克,而且处于过热状态,压力小、比容大,也可近似看作为理想气体。因此由干空气和水蒸气组成的湿空气也可视为理想气体,可用理想气体状态方程来表示,即

$$PV = mRT \qquad\qquad (3-1)$$

式中,P——湿空气的总压力,Pa;

$\quad V$——湿空气的总体积,m^3;

$\quad m$——湿空气的总质量,kg;

$\quad T$——湿空气的热力学温标,K;

$\quad R$——湿空气的气体常数,J/(kg·K),取决于气体的性质,其中干空气和水蒸气的气体常数分别为 $R_g = 287$ J/(kg·K),$R_q = 461$ J/(kg·K)。

3.1.2　湿空气的状态参数

湿空气的物理性质除了与它的组成成分有关外,为便于对其进行处理和调控,还需要有对空气进行定量分析和描述的相关物理量,一般称为空气的状态参数。状态参数通常是指识别某一个或某一类客观事物的数值特征或数量特征的度量,可以说每一个客观的物体都有其特定的"状态参数"。从空调的用途及目的出发,空气的状态可以从压力、温度、湿度和能量特性四个方面来度量和描述,所涉及的参数即为空气的状态参数。下面介绍几类与空气调节密切相关的状态参数。

1. 压力类参数

（1）大气压力

气体压力通常是指单位面积上所受到的气体的作用力,在国际单位制(SI)中,压力的单位是帕(Pa),1 Pa＝1 N/m²。

地球表面单位面积上所受到的大气的压力称为大气压力或大气压。它等于干空气分压力和水蒸气分压力之和。大气压力不是一个定值,它随着各个地区海拔高度增加而减小,同时还随着季节、天气的变化而变化。在北纬45°处的海平面上,空气温度为0 ℃,所测得的大气压力为 $B=101\ 325$ Pa,称为一个标准大气压(atm),其数值为

$$1\ atm=101\ 325\ Pa=1.013\ 25\ bar$$

高度不同,空气的压力参数会发生变化,图3-2所示是大气压力与海拔高度的关系。

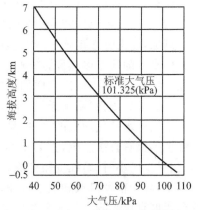

图 3-2 大气压力与海拔高度的关系

在空调系统中,空气的压力常用压力表来测定,仪表指示的压力是所测量空气的绝对压力与当地大气压力的差值,称为工作压力(或表压力),工作压力与绝对压力的关系为

（空气的）绝对压力＝当地大气压＋工作压力（表压力）

需要说明的是,在本书中如果没有特别指出是工作压力时,空气的压力都是指绝对压力。由于大气压力不是定值,因地而异,因此,在设计和运行中应当考虑由于当地大气压的不同所引起的误差修正。由于工作压力是空气压力与当地大气压力的差值,因此它并不代表空气压力的真正大小,不能作为空气的状态参数,只有绝对压力才是空气的一个基本状态参数。

（2）水蒸气分压力

湿空气中水蒸气的分压力是指湿空气中的水蒸气单独占有湿空气的体积,并具有与湿空气相同温度时所具有的压力。根据气体分子运动论学说,气体分子越多,撞击容器壁面的机会越多,表现出的压力也就越大。因而,水蒸气分压力的大小也就反映了水蒸气含量的多少,它是衡量湿空气干燥与潮湿的基本指标,是一个重要的参数。在一定温度下,空气中的水蒸气含量越高,空气就越潮湿,水蒸气分压力也越大。

根据道尔顿分压力定律:混合气体的总压力等于各组成气体的分压力之和。湿空气的总压力就等于水蒸气分压力与干空气分压力之和,即

$$B=P_g+P_q\ \text{Pa} \tag{3-2}$$

式中,B——湿空气的总压力,即当地大气压,Pa;

P_g——干空气分压力,Pa;

P_q——水蒸气分压力,Pa。

（3）饱和水蒸气分压力

由水蒸气分压力可知:水蒸气含量越多,其分压力越大,反之亦然。依据水蒸气含量及所处状态不同,将湿空气分为饱和湿空气和未饱和湿空气两大类。当空气中的水蒸气处于饱和状态时,称之为饱和湿空气;当空气中的水蒸气处于过热状态时,称之为未饱和湿空气。

对于未饱和空气来说,水蒸气含量和水蒸气分压力都没有达到最大值,还具有吸收水汽的能力。一般情况下,人们周围的大气通常属于未饱和空气。然而,在一定温度条件下,一定量的湿空气中能吸纳水蒸气的数量是有限的。当空气中水蒸气含量超过某一限量时,多余的水

汽会以水珠形式析出,此时水蒸气处于饱和状态,一般将干空气和饱和水蒸气的混合物称为饱和空气,此状态下的水蒸气分压力称为该温度时的饱和水蒸气分压力。因此,湿空气中水蒸气的分压力大小是衡量湿空气干燥与潮湿程度的基本指标。湿空气温度越高,空气中饱和水蒸气分压力就越大,说明该空气能容纳的水汽数量越多;反之亦然。故,饱和水蒸气分压力是温度的单值函数,仅取决于温度,温度越高,其值越大,即:$Pq,b=f(t)$。

2. 温度类参数

温度是空气调节中的一个重要参数。当空气受热后其内部分子动能增大,则表现为温度升高。描述湿空气温度的参数有 3 个,即干球温度、湿球温度和露点温度。下面先来介绍干球温度,而对于湿球温度及露点温度由于要用到焓湿图相关知识,因此在学完焓湿图后再介绍。

人们通常所说的温度就是干球温度,它是分子热运动宏观表现的结果,是表示湿空气冷热程度的物理量。空气温度的高低,通常用表示热力学温度的开尔文温标 $T(K)$ 和摄氏温标 $t(℃)$ 来表示。

开尔文温标是以气体分子热运动的平均动能趋于零时的温度 0 K 为起点,以水的三相点(固相、液相、气相平衡共存状态)的温度作为基准点,定为 273.16 K,则 1 K 就是水的三相点热力学温度的 1/273.16。摄氏温标是以标准大气压下纯水的冰点(273.16 K)为 0 ℃,水的沸点即汽点为 100 ℃。两种温标的分度间隔是相等的,1960 年,国际计量大会通过决议,规定摄氏温度由热力学温度移动零点来获得,换算关系为

$$t = T - 273.15 \tag{3-3}$$

工程中可近似采用:$t = T - 273$。

3. 湿度类参数

(1) 绝对湿度

绝对湿度是指每立方米湿空气中水蒸气的质量,其单位为 kg/m³,通常用 ρ_v 表示。它与水蒸气的分压力成正比关系。ρ_v 数值不能直接反映湿空气吸湿能力的大小,考虑到在近似等压的条件下,湿空气体积随温度变化而改变,而空调过程经常涉及湿空气的温度变化。因此,空调中常用含湿量代替绝对湿度来确切表示湿空气中水蒸气的绝对含量。

(2) 含湿量

在空气加湿和减湿处理过程中,常用含湿量这个参数来衡量空气中水蒸气量的变化情况。含湿量通常用 d 表示,其定义为每公斤干空气对应的湿空气中所含有的水蒸气量,即

$$d = m_q/m_g \text{(kg 水蒸气 /kg 干空气)}$$

式中,m_q——水蒸气的质量,kg;

m_g——干空气的质量,kg。(下标 g 表示干空气,q 表示水蒸气)

为什么要这样定义呢? 先来试看其他定义方法就不难理解了。假如把含湿量定义为单位质量的湿空气所含有的水蒸气量,即

$$d = m_q/(m_g + m_q)$$

此时由于湿空气中含有水蒸气,当空气中的水蒸气量发生变化时,分子分母都在变化,就无法真正反映水蒸气量的多少,使用起来不方便。在空气调节中认为湿空气的量是以单位质量的干空气作基准,而干空气的成分相对稳定,这样当水蒸气含量变化时就能直观反映出空气湿量的变化。因此,通风与空调工程中通常采用每千克干空气中所含有的水蒸气量来表示空气的含湿量。

应当注意的是,如果湿空气中含有 1 千克干空气和 d 千克水蒸气,那么湿空气的总量应为 $(1+d)$ 千克。

由于干空气和水蒸气在常温常压下可以当作理想气体,因此对于干空气和水蒸气可分别应用理想气体的状态方程式:

$$对于水蒸气 \quad P_q V_q = m_q R_q T_q$$

$$对于干空气 \quad P_g V_g = m_g R_g T_g$$

又由于空气中气体分子的自由度很大,因此湿空气中干空气和水蒸气均匀混合,两者具有相同的容积和相等的温度,即 $V_q = V_g$,$T_q = T_g$;又知道干空气和水蒸气的气体常数 $R_g = 287$ J/(kg·K),$R_q = 461$ J/(kg·K),因此有

$$d = \frac{R_g P_q}{R_q P_g} = \frac{287}{461} \cdot \frac{P_q}{B - P_q} = 0.622 \frac{P_q}{B - P_q} \quad \text{kg/kg}_{干空气} \quad (3-4)$$

考虑到空气中的水蒸气含量很少,d 的单位也可用克来表示,即

$$d = 622 \frac{P_q}{B - P_q} \quad \text{g/kg}_{干空气} \quad (3-5)$$

而对于饱和湿空气来说,其含湿量可表示为

$$d_b = 622 \frac{P_{q,b}}{B - P_{q,b}} \quad (3-6)$$

由式(3-6)可以看出,在大气压不变的情况下,含湿量与水蒸气分压力这两个参数是"非独立的"关联参数,它们是一一对应的关系,仅知道这两个参数是不能推算出其他参数的。而含湿量的变化可用来判断空气的加湿、除湿过程中水蒸气含量的变化。

(3) 相对湿度

从含湿量的定义可知,其大小只表明空气中水蒸气含量的多少,而看不出空气的潮湿程度。而且,d 的表达式还会造成这样一个错觉:空气中的含湿量是随着水蒸气分压力的增加而增加的。但是,实际上 d 和 P_q 的这种关系,只是在一定的范围内是正确的。因为,在一定的温度下,湿空气中所能容纳的水蒸气量有一个最大限度,超过了这个限度,多余的水蒸气就会从湿空气中凝结出来。

这种含有最大限度水蒸气量的湿空气称为饱和湿空气。饱和湿空气所具有的水蒸气分压力和含湿量分别称为该温度下饱和水蒸气分压力和饱和含湿量。表3-2中所列的数据说明了 $P_{q,b}$、d_b 和温度 t 之间的关系。

表3-2　空气温度与饱和水蒸气分压力、饱和焓湿量的关系($B = 101\ 325$ Pa)　（部分）

空气温度 $t/℃$	饱和空气的水蒸气分压力 $P_{q,b}/×10^2$ Pa	饱和空气的含湿量 $d_b/(\text{g/kg}_{干空气})$	饱和空气的焓 $h_b/(\text{kJ/kg}_{干空气})$
−10	2.59	1.60	−6.07
0	6.09	3.78	9.42
10	12.25	7.63	29.18
20	23.31	14.7	57.78
30	42.32	27.2	99.65
40	73.58	48.8	165.80
50	123.04	86.2	273.40
60	198.70	152	456.36
70	310.82	276	795.50
80	472.28	545	1 519.18
90	699.31	1 400	3 818.36

从表 3 - 2 中可以看出,当温度增加时,湿空气的饱和水蒸气分压力和饱和含湿量也随之增加。那么,怎样才能判断空气的潮湿程度呢?下面引入的相对湿度这个参数可以解决这个问题。相对湿度定义为湿空气中水蒸气含量与同温度下最大可能含量之比,即

$$\varphi = P_q / P_{q,b} \tag{3-7}$$

式中,P_q——湿空气中的水蒸气分压力,Pa;

$P_{q,b}$——相同温度下湿空气的饱和水蒸气分压力,Pa。

从含湿量 d 的计算式(3-5)可以看出:当大气压力不变时,空气的水蒸气分压力 P_q 增加时,d 也随之增大。因此,当温度 t 不变时,空气的潮湿程度增大。所以,湿空气中的水蒸气分压力 P_q 与同温度下饱和水蒸气分压力 $P_{q,b}$ 的接近程度就反映了空气的潮湿程度。φ 愈小,表明空气愈干燥、吸取水蒸气的能力愈强;φ 愈大,表明空气愈潮湿,吸取水蒸气的能力愈小。当相对湿度 $\varphi = 0$ 时,为干空气;当 $\varphi = 100\%$ 时,为饱和湿空气;当 φ 由 0 变到 1 时,湿空气的吸湿能力下降,相反,湿空气的吸湿能力升高。

相对湿度和含湿量都是表征湿空气湿度的参数,但两者的意义却不同具体表现如下:

① φ 和 d 的区别:φ 表示空气接近饱和的程度,也就是空气在一定温度下吸收水分的能力,但并不反映空气中水蒸气含量的多少。φ 值小,表示空气离饱和程度远,空气较为干燥,吸收水蒸气能力强;φ 值大,表示空气更接近饱和程度,空气较为潮湿,吸收水蒸气能力弱;而 d 可表示空气中水蒸气的含量,但却无法直观地反映出空气的潮湿程度和吸收水分的能力。

例如:温度为 $t = 10\ ℃$,$d = 7.63\ \mathrm{g/kg_{干空气}}$ 和 $t = 30\ ℃$,$d = 15\ \mathrm{g/kg_{干空气}}$ 两种状态的空气。从表面上看,似乎第一种状态的空气要干燥些,其实并非如此。由表 3-2 可知,第一种状态的空气已是饱和空气,而第二种状态的空气距离饱和状态的含湿量 $d_b = 27.2\ \mathrm{g/kg_{干空气}}$ 还很远,这时,$\varphi = 55\%$ 左右,还有很强的吸湿能力。

② 饱和水蒸气分压力是温度的单值函数,即 $P_{q,b} = f(t)$。

由工程热力学的知识可知,水在定压汽化过程中,在如图 3-3(b)所示的湿蒸汽区里,温度和压力都不变,饱和压力与饱和温度维持 $P_s = f(t)$ 的关系。而饱和水蒸气状态点是在湿蒸汽区的饱和线上,同样满足 $P_s = f(t)$ 关系。根据这个特点,湿空气的饱和水蒸气分压力 $P_{q,b} = P_s = f(t)$,即为温度的单值函数,饱和水蒸气分压可从有关的水蒸气图表中查取。

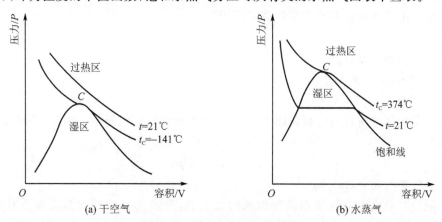

图 3 - 3　水蒸气的压力-容积图

4. 能量类参数

在空调工程中,湿空气的状态经常会发生变化,常需要确定湿空气状态变化过程中发生的

热交换量。由工程热力学理论可知,气体在定压过程中,其变化时初、终状态的焓差,就反映了状态变化过程中热量的变化。因为在空调工程中,空气的压力变化一般很小,湿空气的状态变化过程可以看作是定压过程。所以,湿空气状态变化前后的热量变化就可以用它们的焓差来计算。

根据含湿量的定义,如果湿空气中含有 1 kg 干空气和 d kg 水蒸气,那么,湿空气的总量应为 $(1+d)$kg。湿空气的总焓是指 1 kg 干空气的焓加 d kg 水蒸气的焓的总和。如果取 0 ℃的干空气和 0 ℃的水蒸气的焓为零,则湿空气的总焓值可用下式表示:

$$h = h_g + d \cdot h_q \tag{3-8}$$

式中,h——含有 1 kg 干空气的湿空气所具有的焓,kJ/kg$_{干空气}$;

h_g——1 kg 干空气的焓,kJ/kg$_{干空气}$;h_g 可用下式计算:

$$h_g = c_{q,g} \cdot t = 1.01t$$

h_q——1 kg 水蒸气的焓,kJ/kg$_{水蒸气}$,可用下式计算:

$$h_q = 2\,500 + c_{p,q} \cdot t = 2\,500 + 1.84t$$

式中,2 500——0 ℃时水的汽化潜热,kJ/kg

$c_{p,g}$——干空气的定压比热,为 1.01 kJ/(kg · ℃);

$C_{p,q}$——水蒸气的定压比热,为 1.84 kJ/(kg · ℃)。

把 h_g 和 h_q 的表达式代入湿空气焓的计算式中,整理可得

$$h = (1.01 + 1.84d)t + 2\,500d \tag{3-9}$$

由式(3-9)可以看出:

① $(1.01+1.84d)t$ 是随温度而变化的量,通常称为"显热";$2\,500d$ 是 0 ℃时 d kg 水的汽化潜热,仅与含湿量 d 有关,与温度无关,称为"潜热";

② 当温度和含湿量升高时,焓值增加;反之,焓值降低。而当温度升高,含湿量减少时,因为 2 500 比 $(1.01+1.84d)$ 大得多,所以当温度升高时,若含湿量有所下降,则综合后的焓值不一定会增加。

5. 容积类参数

单位容积的气体所具有的质量称为密度,即

$$\rho = m/V \tag{3-10}$$

式中,ρ——气体的密度,kg/m³;

m——气体的质量,kg;

V——气体所占有的容积,m³。

单位质量的气体所具有的容积称为比容,比容和密度实际上是两个相关的参数,两者呈倒数关系,即

$$\upsilon = V/m = 1/\rho \tag{3-11}$$

式中,υ——气体的比容,m³/kg。

由于湿空气是由干空气和水蒸气组成的混合物,两者具有相同的温度并占有相同的容积,即

$$m = m_g + m_q \tag{3-12}$$

式(3-12)各项同除以容积 V,则湿空气的密度等于干空气的密度加水蒸气的密度,即

$$\rho = \rho_g + \rho_q \tag{3-13}$$

将理想气体状态方程代入式(3-13),有

$$\rho = P_g/R_g T + P_q/R_q T \tag{3-14}$$

且 $P_g = B - P_q$, $P_q = P_{q,b}$, $R_g = 287$ J/(kg·K),将其代入式(3-14),整理可得湿空气密度的计算式:

$$\rho = 0.00349B/T - 0.00314 \cdot P_{q,b}/T \quad (\text{kg/m})^3 \tag{3-15}$$

由式(3-15)中结果可知:在大气压力和温度相同的情况下,湿空气的密度比干空气小,即湿空气比干空气轻。标准大气压下不同温度下湿空气的密度、水蒸气分压力、含湿量和焓值见附录 F。

【例 3-1】 已知当地大气压力 $P_a = 101\ 325$ Pa,温度 $t = 20$ ℃,试计算:(1)干空气的密度;(2)相对湿度为 70% 的湿空气密度。

解 (1)已知干空气的气体常数 $R_g = 287$ J/(kg·K),干空气的压力为大气压力 P_a,因此干空气的密度为

$$\rho_g = \frac{P_g}{R_g T} = \frac{101\ 325}{287 \times (273+20)}\ \text{kg/m}^3 = 1.205\ \text{kg/m}^3$$

(2)由表 3-2 查得,20 ℃时的饱和水蒸气压力 $P_{q,b} = 2\ 331$ Pa,将其代入式(3-15)可得湿空气的密度:

$$\rho_g = 0.003\ 484\ \frac{P_a}{T} - 0.001\ 34\ \frac{P_q}{T} = 0.003\ 484\ \frac{P_a}{T} - 0.001\ 34\ \frac{\varphi P_{q,b}}{T}$$

$$= \left(0.003\ 484 \times \frac{101\ 325}{293} - 0.001\ 34\ \frac{0.7 \times 2\ 331}{293}\right)\ \text{kg/m}^3$$

$$= 1.197\ \text{kg/m}^3$$

可见,在压力相同时湿空气的密度比完全干燥空气的密度要小一些。

【例 3-2】 试计算 30 ℃条件下,大气压力为 101 325 Pa,相对湿度为 60% 的湿空气的含湿量和焓值。

解 (1)在 $B = 101\ 325$ Pa 时,查表 3-2 得, $t = 30$ ℃的饱和水蒸气分压力为 4 231 Pa,计算可得含湿量为

$$d = 0.622\ \frac{\varphi P_{q\cdot b}}{B - \varphi P_{q\cdot b}} = 0.622 \times \frac{0.6 \times 4\ 231}{101\ 325 - 0.6 \times 4\ 231}\ \text{kg/kg}_{\text{干空气}} = 0.016\ \text{kg/kg}_{\text{干空气}}$$

(2)湿空气的焓为

$$h = 1.01t + d(2\ 500 + 1.84t)$$

$$= [1.01 \times 30 + 0.016 \times (2\ 500 + 1.84 \times 30)]\ \text{kJ/kg}_{\text{干空气}}$$

$$= 71.18\ \text{kJ/kg}_{\text{干空气}}$$

3.2　焓湿图

在空调工程中,经常需要确定湿空气的状态及其变化过程。3.1节介绍了空气的 7 个状态参数(t、 d、 B、 φ、 h、 P_q 和 ρ),它们均可以通过相应的公式来计算或查已有的湿空气性质表。但是在工程计算中,用公式计算和用查表方法来确定空气状态和参数是比较烦琐的,而且

对空气的状态变化过程的分析也缺乏直观的感性认识。因此,为了便于工程应用,通常把一定大气压力下,各种参数之间的相互关系作成线算图来进行计算。根据所取坐标系的不同,线算图有多种。国内常用的是焓湿图,简称 $h-d$ 图。

焓湿图采用平面坐标系,平面坐标系一般只能有两个独立的坐标,而湿空气的状态取决于 t、d、B 三个基本状态参数,因而应有三个独立的坐标。为了能在平面图形上确定空气的状态,就必须假设一个基本参数为已知,通常选定大气压力 B 为已知(在空气调节中,空气状态变化过程可以认为是在一定的大气压力下进行的),这样就剩下 t、d 两个坐标参数。但是,由于焓 h 与温度 t 有关,为应用方便,用焓 h 替代温度 t,因而选定了 h、d 为坐标轴,横坐标为含湿量 d,纵坐标为焓 h;同时,为了图面开阔、线条清晰,两坐标轴之间的夹角取 $135°$,如图 3-4 所示。

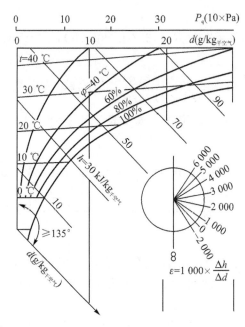

图 3-4 湿空气的焓湿图

3.2.1 焓湿图的组成

焓湿图是由多个线条构成的,如等焓线、等含湿量线、等温线、等相对湿度线、等水蒸气分压力线等。其中等焓线、等含湿量线是 2 个坐标轴对应的线条,绘制方法相对简单。下面简单介绍其他几条线的绘制方法。

（1）等温线

对于焓湿图的各个线条,通常是通过描点法绘制的。其中等温线是根据公式 $h=1.01t+(2\,500+1.84t)d$ 绘制的。当 t 为常数时,由数学知识可知该式是一直线方程,其中 $1.01t$ 是截距,$(2\,500+1.84t)$ 是斜率。当温度取某一定值时,根据过两点可作一条直线的原理,任选 d_1 和 d_2,由该算出 h_1 和 h_2,则可由 (h_1,d_1) 和 (h_2,d_2) 在 $h-d$ 图上作出等温线。

下面简要说明等温线的绘制过程。

如绘制 $t=0\,℃$ 时的等温线,任取 $d_1=0$ 和 $d_2=d_x$,则可计算出 $h_1=0$ 和 $h_2=2\,500d_x$,由

$(0,0)$ 和 $(2\,500,d_x,d_x)$ 在 $h-d$ 图上可确定出两个状态点 O 和 A，则 OA 直线就是 $t=0$ ℃ 的等温线，如图 3-5 所示。

如须绘制 $t=10$ ℃ 的等温线，则当 $t=10$ ℃ 时，取 $d_1=0$，可计算出 $h_1=10.1$，取 $d_2=d_x$，$h_2=10.1+2\,518.4\,d_x$，因为 $(1.01,0)$ 在纵轴上，即可由 0 点向上截取 OB 段（截距等于 10.1）得到 B 点，又根据 $(10.1+2\,518.4\,d_x,d_x)$ 可在 $h-d$ 图上定出状态点 C，则 BC 直线就是 $t=10$ ℃ 的等温线。

当 t 取 1 ℃，2 ℃，3 ℃，等一系列的常数时，用上面同样的方法可绘出一组不同的等温线。因为等温线的斜率 $(2\,500+1.84t)$ 随着 t 值的不同

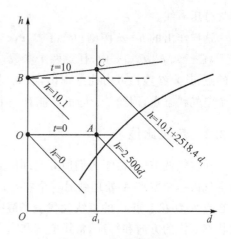

图 3-5　等温线的绘制

有微小变化，所以各条等温线是不平行的。但由于 $1.84t$ 的数值比 $2\,500$ 小得多，t 值变化对等温线斜率的影响很小，因此，在工程中各条等温线可近似看作是平行的。

（2）等相对湿度线

等相对湿度线是根据公式 $d=622\varphi \cdot P_{q,b}/(B-\varphi \cdot p_{q,b})$ g/kg$_{干空气}$ 绘制的，由该式可知，含湿量是大气压 B、相对湿度 φ 和饱和水蒸气分压力 $P_{q,b}$ 的函数，即 $d=f(B,\varphi,P_{q,b})$。但是，因为大气压力 B 在作图时已取为定值，在该式中作为一常数。饱和水蒸气分压力 $P_{q,b}$ 是温度的单值函数，可根据空气温度 t 从水蒸气性质表中查取。所以，实际上有

$$d=f(\varphi,t)$$

这样当 φ 取一系列的常数时，即可根据 d 与 t 的关系在 $h-d$ 图上绘出等 φ 线。例如，当 $\varphi=90\%$ 时，有

$$d=622\times0.9P_{q,b}/(B-0.9P_{q,b}) \quad \text{g/kg}_{干空气} \tag{3-16}$$

任取温度 t 查取 $P_{q,b}$，然后由式 (3-16) 计算出含湿量 d。当 t 取不同的值 $t_i(i=1,2\cdots n)$ 时，可从水蒸气性质表中查取 $P_{q,b,i}$，计算出相应的 d_i。由于每一对 (t_i,d_i) 可在 $h-d$ 图上定出一个状态点，把 n 个状态点连接起来，就得出了 $\varphi=90\%$ 的等相对湿度线，如图 3-6 所示。

当 φ 取不同的值重复上面的过程时，就可作出不同的等相对湿度线。其中，$\varphi=100\%$ 的是饱和湿度线，其下方是过饱和区，上方是湿空气区（未饱和区）。

（3）水蒸气分压力线

公式 $d=0.622\dfrac{P_q}{B-P_q}$ 可变换为 $P_q=\dfrac{Bd}{0.622+d}$。当大气压力 B 一定时，水蒸气分压力 P_q 是含湿量 d 的单值函数，每给定一个 d 值就可以得到相应的 P_q 值。因此，可在 d 轴上绘一条水平线，标上 d 值对应的 P_q 值，即为水

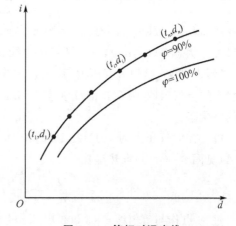

图 3-6　等相对湿度线

蒸气分压力线。

这样作出的 $h-d$ 图则包含了 B,t,d,h,φ 及 P_q 等湿空气参数。在大气压力 B 一定的条件下,在已知 h,d,t,φ 中,任意两个参数,则湿空气状态就确定了,在 $h-d$ 图上也就是有一确定的点,其余参数均可由此点查出,因此,将这些参数称为独立参数。但 d 与 P_q 则不能确定一个空气状态点,因而 P_q 与 d 只能有一个作为独立参数。

3.2.2 热湿比线

在空气调节中,由于人们所处空间的空气状态往往不能满足生活及生产的要求,这就需要将空气由一个状态 A 处理到另一个状态 B 以满足人们生活及的生产要求。在 $h-d$ 图上连接状态点 A 和状态点 B 的直线就代表了湿空气的状态变化过程,如图 3-7 所示。为了说明空气状态变化的方向和特征,常用空气状态变化前后的焓差和含湿量差的比值来表征,这个比值称为热湿比 ε,也称为角系数或状态变化过程线,可表示为

$$\varepsilon=\frac{\Delta h}{\Delta d}=\frac{h_B-h_A}{d_B-d_A} \quad \text{或} \quad \varepsilon=\frac{\Delta h}{\frac{\Delta d}{1\,000}} \qquad (3-17)$$

如有 A 状态的湿空气,其热量(Q)变化(可正可负)和湿量(W)变化(可正可负)已知,则其热湿比也可表示为

$$\varepsilon=\frac{Q}{W} \qquad (3-18)$$

式中,Q 的单位为 kJ/h;W 的单位为 kg/h。热湿比的正负代表湿空气状态变化的方向。

由热湿比的定义可知,ε 实际上是直线 AB 的斜率(见图 3-7)。由于直线的斜率与起始位置无关,两条斜率相同的直线必然平行。因此,在 $h-d$ 图的右下方作出了一簇 ε 线,如图 3-8 所示,方便在图上分析空气状态变化过程时使用。例如,如果 A 状态湿空气的 ε 值已知,则可过 A 点作平行于右下角 ε 值的直线,这一直线就代表 A 状态湿空气在一定热湿作用下的变化方向和特征。

实际工程中,除了用平行线法作热湿比线外,还可采用在图上直接绘制热湿比线,这种方法要准确些。例如,设

$$\varepsilon=\Delta h/(\Delta d)=5\,000\ \text{kJ/kg}$$

则任取 $\Delta d=4\ \text{g/kg}_{干空气}$,有 $\Delta h=20\ \text{kJ/kg}_{干空气}$。如取空气初状态 A 的值为 (h_1,d_1),则可绘制出另一状态点 (h_2,d_2),过这两点的直线就是所求的热湿比线。

【例 3-3】 已知大气压力 $B=101\,325$ Pa,湿空气初状态参数为 $t_A=20\ ℃,\varphi_A=60\%$,当该状态的空气吸收 10 000 kJ/h 的热量和 2 kg/h 的湿量后,相对湿度 $\varphi_B=51\%$,试确定湿空气的终状态。

解 在大气压力为 101 325 Pa 的 $h-d$ 图上,根据 $t_A=20\ ℃,\varphi_A=60\%$,可以确定初状态点 A(见图 3-8),并求热湿比

$$\varepsilon=\frac{Q}{W}=\frac{10\,000}{2}\text{kJ/kg}=5\,000\ \text{kJ/kg}$$

过 A 点作与等值线 $\varepsilon=5\,000$ kJ/kg 的平行线,即 A 状态变化过程线,该线与 $\varphi_B=51\%$ 的等 φ 线的交点即为湿空气的终状态点 B,查图得 B 点的状态参数为:$t_B=20\ ℃,d_B=12$ kg/

$kg_{干空气}$,$h_B=59\ kJ/kg_{干空气}$。

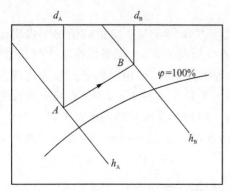 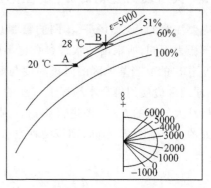

图 3-7　空气状态变化在焓湿图上的表示　　　　图 3-8　例 3-3 图

【**例 3-4**】 已知大气压力 $B=101\ 325\ Pa$,空气初状态 A 的温度 $t_A=20\ ℃$,相对湿度 $\varphi_A=60\%$。当空气吸收 $Q=10\ 000\ kJ/h$ 的热量和 $W=2\ kg/h$ 的湿量后,空气的焓值为 $h_B=59\ kJ/kg_{干空气}$,求终状态 B。

解

(1) 平行线法

首先,在大气压力 $B=101\ 325\ Pa$ 的 $h-d$ 图上,由 $t_A=20\ ℃$,$\varphi_A=60\%$ 确定出空气的初状态 A,并求出热湿比 $\varepsilon=Q/W=10\ 000/2\ kJ/kg=5\ 000\ kJ/kg$。

其次,根据 ε 值,在 $h-d$ 图的 ε 标尺上找出 $\varepsilon=5\ 000\ kJ/kg$ 的热湿比线。

最后,过 A 点作与 $\varepsilon=5\ 000\ kJ/kg$ 线的平行线。此过程线与 $h=59\ kJ/kg_{干空气}$ 的等焓线的交点,就是所求的终状态点 B,如图 3-9 所示。

在图中可查得:$t_B=28\ ℃$,$\varphi_B=51\%$,$d_B=12\ g/kg_{干空气}$

(2) 辅助点法

已知:$\varepsilon=\Delta h/\Delta d=10\ 000/2\ kJ/kg=5\ 000\ kJ/kg$,任取 $\Delta d=4\ g/kg_{干空气}=0.004\ kg/kg_{干空气}$,则有 $\Delta h=5\ 000×0.004\ kJ/kg_{干空气}=20\ kJ/kg_{干空气}$。

现分别作过初状态点 A,$\Delta h=20\ kJ/kg_{干空气}$ 的等焓线和 $\Delta d=4\ g/kg_{干空气}$ 的等含湿量线。设两线的交点为 B,则 AB,两点的连线就是 $\varepsilon=5\ 000\ kJ/k$ 的空气状态变化过程线。此过程与 $h=59\ kJ/kg_{干空气}$ 的等焓线的交点 B,就是所求的终状态点,如图 3-10 所示,图中 B' 点称为辅助点。

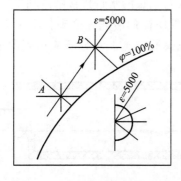 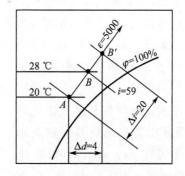

图 3-9　平行法绘制热湿比线　　　　图 3-10　辅助点法绘制热湿比线

3.2.3 大气压力变化对 $h-d$ 图的影响

需要注意的是,以上 $h-d$ 图的绘制是在大气压力 B 等于某个定值的情况下得出的。如果大气压力不同,所求出的状态参数也不同。附录 G 给出的 $h-d$ 图是以标准大气压 $B=101$ 325 Pa 作出的。当某地区的海拔高度与海平面有较大差别时,使用此图会产较大的误差。因此,不同地区应使用符合本地区大气压的 $h-d$ 图。当缺少这种 $h-d$ 图时,简便易行的方法是对标准大气压的 $h-d$ 图进行修正。例如,温度 t 和相对湿度 φ 相同的两种状态湿空气,如果所处的大气压力 B 不同,则该两种空气所具有的含湿量 d 是不同的。由含湿量的定义式

$$d=0.622\,\frac{P_q}{B-P_q}=0.622\,\frac{\dfrac{\varphi P_{q,b}}{B}}{1-\dfrac{\varphi P_{q,b}}{B}}$$

可知,当 φ 为定值时,B 增大,d 则减少,反之 d 则增大。以 $\varphi=100\%$ 为例,$P_{q,b}$ 只与温度有关,上式中给定 B 值则可求出不同温度下相对应的饱和含湿量 d_b,将各(t, d_b)点相连即可画出新 B 值下的 $\varphi=100\%$ 曲线,其余的相对湿度线可以此类推,如图 3-11 所示。因此,如果大气压力 B 有变化,等相对湿度线必将会产生相应的变化,因此,在实际应用中,应采用符合当地大气压力的 $h-d$ 图。由工程经验可知,当大气压力的差值小于 2 kPa 时,相对湿度 φ 值的差别一般小于 2%。这时,大气压力不同的地区可近似采用同一个 $h-d$ 图。

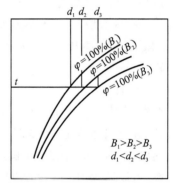

图 3-11 大气压力对相对湿度的影响

3.3 湿球温度及露点温度

3.3.1 湿球温度

作为描述空气温度的参数之一,湿球温度的概念在空气调节中至关重要,它的大小不仅可以标定空气相对湿度的大小,还会影响处理空气所需能量的多少。

理论上,湿球温度是在定压绝热条件下,有限空气与大量的水直接接触达到稳定热湿平衡时的绝热饱和温度,也称热力学湿球温度。此时水蒸发所需的潜热完全来自于湿空气温度降低所放出的显热。通俗来讲,湿球温度就是当前环境仅通过蒸发水分所能达到的最低温度。以图 3-12 所示绝热加湿小室为例说明。

设有某状态的空气与水直接接触的小室,保证二者有充分的接触表面和时间,空气以 p,t_1,d_1,h_1 状态流入,以饱和状态 p,t_2,d_2,h_2 流出,由于小室为绝热的,所以对应于每千克

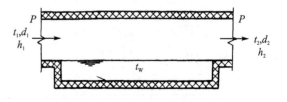

图 3-12 绝热加湿小室

干空气的湿空气,由工程热力学知识可知其稳定流动能量方程:

$$h_1 + \frac{d_2 - d_1}{1\,000} \cdot h_w = h_2 \qquad (3-19)$$

式中,h_w——液态水的焓,$h_w = 4.19t_w$,kJ/kg;

由式(3-19)可知,空气焓的增量就等于蒸发的水量所具有的焓。利用热湿比的定义可以导出:

$$\varepsilon = \frac{h_2 - h_1}{\dfrac{d_2 - d_1}{1\,000}} = 4.19t_w \qquad (3-20)$$

显然,在小室内空气状态的变化过程是水温的单值函数。由于在前述条件下,空气的进口状态是稳定的,水温也是稳定不变的,因此空气达到饱和时的空气温度即等于水温($t_2 = t_w$),则有

$$h_1 + \frac{d_2 - d_1}{1\,000} \cdot 4.19t_2 = 1.01t_2 + (2\,500 + 1.84t_2) \cdot \frac{d_2}{1\,000} \qquad (3-21)$$

满足式(3-21)的 t_2 即为进口空气状态的绝热饱和温度,也称为热力学湿球温度。

由于绝热加湿小室并非实际装置,在工程应用中,要测量空气的绝热饱和温度是不可能的。因此常用干、湿球温度计中湿球温度计的读数来代替热力学湿球温度。

图 3-13 中是两只测量空气温度的温度计,其中一只温度计的感温包上裹有纱布,纱布的下端浸在盛有水的容器中,在毛细现象的作用下,纱布处于湿润状态,这支温度计称为湿球温度计,所测量的温度称为空气的湿球温度。另一只没有包纱布的温度计称为干球温度计,所测量的温度称为空气的干球温度,也就是空气的实际温度。

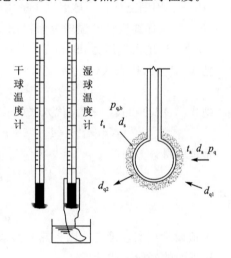

图 3-13　干、湿球温度计

湿球温度计的读数实际上反映了湿球纱布中水的温度。假如开始时纱布上的水温和空气温度一样,那么湿球温度计的读数和干球温度计的读数一样,这时空气的相对湿度达到 100%。但是,当空气的相对湿度 $\phi < 100\%$ 时,湿球纱布上的水分就会蒸发,吸收汽化潜热,使湿球纱布的水温下降。一旦湿球纱布的温度低于周围空气的温度时,热量就会从温度高的空气传给温度低的纱布,当湿球纱布上的水温降低到某一温度时,空气对纱布的传热量正好等于蒸发一定水分所需要的汽化潜热,这时,湿球纱布上的水温不再继续下降,这一热湿平衡下的水温就称为该状态空气的湿球温度。

根据传热原理,湿球温度计的读数达到稳定时,空气对湿球纱布的传热量 Q_1 应当等于湿球纱布上水分蒸发所吸收的汽化潜热 Q_2,即

$$Q_1 = Q_2 \qquad (3-22)$$

其中,空气对湿球纱布的传热量为

$$Q_1 = \alpha(t - t_s) \cdot F \tag{3-23}$$

式中，α——空气对湿球纱布水表面的热交换系数，$W/(m^2 \cdot ℃)$；

t——空气的干球温度，℃；

t_s——空气的湿球温度，℃；

F——湿球温度计的湿球表面积，m^2。

湿球纱布上水分蒸发所吸收的汽化潜热为

$$Q_2 = W \cdot r \tag{3-24}$$

式中，r——汽化潜热，J/kg；

W——湿球纱布上的水分蒸发量，kg/s。

空气与水的湿交换过程中水分的蒸发量 W 可用下式计算：

$$W = \beta \cdot (P'_{q,b} - P_q) \cdot F \cdot 101\ 325/B \quad (kg/s) \tag{3-25}$$

式中，β——湿交换系数，$kg/(m^2 \cdot s \cdot P_a)$；

$P'_{q,b}$——湿球表面水温下的饱和水蒸气分压力，即在热湿平衡的湿球温度下，湿球纱布

水表面饱和空气层的水蒸气分压力，N/m^2；

P_q——周围空气在干球温度下的水蒸气分压力，N/m^2；

F——湿球温度计的湿球表面积，m^2；

B——当地大气压力，N/m^2。

把式(3-25)代入式(3-24)，得

$$Q_2 = \beta \cdot r \cdot (P'_{q,b} - P_q) \cdot F \cdot 101\ 325/B \tag{3-26}$$

把式(3-23)和式(3-26)代入式(3-22)，得

$$\alpha(t - t_s) \cdot F = \beta \cdot r \cdot (P'_{q,b} - P_q) \cdot F \cdot 101\ 325/B \tag{3-27}$$

整理可得

$$P_q = P'_{q,b} - A \cdot (t - t_s) \cdot B \tag{3-28}$$

其中，

$$A = \alpha/(101\ 325\ \beta \cdot r) \tag{3-29}$$

A 值通常用实验确定。因为热交换系数 α 和湿交换系数 β 都与流过湿球的风速 v 有关，通常用下面的经验公式计算：

$$A = 0.000\ 01(65 + 6.75/v) \tag{3-30}$$

从 P_q 的表达式可以看到，对于一定温度的空气，干、湿球温度的差值就反映了水蒸气分压力的大小。温差$(t - t_s)$越大，P_q 越小。把 P_q 代入相对湿度 φ 的表达式，可以得到 φ 的另一个计算式：

$$\varphi = P_q/P_{q,b} = [P'_{q,b} - A(t - t_s) \cdot B]/P_{q,b} \tag{3-31}$$

式中，$P_{q,b}$——干球温度下空气的饱和水蒸气分压力，N/m^2。

由式(3-28)可知，$(t - t_s)$愈小，则 P_q 值愈接近 $P'_{q,b}$，当$(t - t_s) = 0$ 时，$P_q = P'_{q,b}$，也就是空气达到饱和。显然，对于一定状态的空气，干、湿球温度的差值就间接反映了空气相对湿度的大小。但是在应用式(3-31)时，因为 A 和 t 是与风速有关的量，当空气不流动或流速较小时，由于热湿交换不充分将会产生较大的误差。一般来说，v 越大，传热和蒸发进行得越充分，湿球温度越精确。实验表明：当空气流速$\geq 2.5\ m/s$时，速度对热湿交换的影响已经很小，湿球温度趋于稳定。因而，要准确地计算空气的相对湿度，湿球周围的空气流速应当保持在

2.5 m/s 以上。为此,在精确测定时,为保证空气流速 $v \geqslant 2.5$ m/s,并减小辐射换热的影响,均采用通风式干、湿球温度计,以便在湿球周围形成较大的空气流速。

在湿空气的诸多状态参数中,压力、温度是易测的,含湿量与焓不易直接测量,相对湿度可测,但一般方法不够准确,因此用于湿球温度计测定空气状态就成为常用的主要手段。

湿球温度也可以在 $h-d$ 图上表示出来。在图 3-14 中,设有状态为 t_1、φ_1 的空气流过湿球,与纱布上的水进行热、湿交换后变成状态为 $t_2=t_s$,$\varphi_2=100\%$ 饱和空气。空气状态发生变化,是因为得到了热量和湿量。

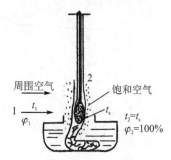

图 3-14 湿球表面空气状态

设空气从状态 1 到状态 2 的变化过程中,蒸发了 $\Delta d(\mathrm{kg})$ 的水分,则从湿球纱布蒸发的水分带给空气的热量为

$$Q_1 = \Delta d \cdot h_{汽} = \Delta d \cdot (h_水 + r)$$
$$= \Delta d \cdot (C_{p水} \cdot t_s + r)$$

式中,r——湿球温度下水的汽化潜热。

空气传给湿球纱布的热量是蒸发 $\Delta d(\mathrm{kg})$ 水分所需要吸收的汽化潜热,大小为

$$Q_2 = \Delta d \cdot r$$

两者的差值就是从状态 1 到状态 2 变化过程中空气所得到的热量,即

$$\Delta Q = \Delta h = Q_1 - Q_2$$
$$= \Delta d \cdot (C_{p水} \cdot t_s + r) - \Delta d \cdot r$$
$$= \Delta d \cdot C_{p水} \cdot t_s$$

此结果表明,空气从状态 1 到状态 2 的变化过程中,空气只给湿球纱布的水提供了蒸发 $\Delta d(\mathrm{kg})$ 的水分所需要的汽化潜热 $\Delta d \cdot r$,而水分在蒸发时,除了把空气给它提供的汽化潜热 $\Delta d \cdot r$ 部分带回了空气,同时还把 $\Delta d(\mathrm{kg})$ 原来处于 t_s 温度下的水的液体热 $\Delta d \cdot C_{p水} \cdot t_s$ 也带给了空气。整个空气状态变化过程的热湿比为

$$\varepsilon = \Delta h / \Delta d$$
$$= (\Delta d \cdot C_{p水} \cdot t_s) / \Delta d$$
$$= 4.19 t_s \tag{3-32}$$

在 $h-d$ 图上,从各等温线与 $\varphi=100\%$ 饱和线的交点出发,作 $\varepsilon=4.19t_s$ 的热湿比线,则可得等湿球温度线,见图 3-15。显然,所有处在同一等湿球温度线上的各空气状态均有相同的湿球温度。另外,当 $t_s=0$ ℃时,$\varepsilon=0$,即等湿球温度线与等焓线完全重合;而当 $t_s>0$ 时,$\varepsilon>0$;当 $t_s<0$ 时,$\varepsilon<0$。因此,严格来说,等湿球温度线与等焓线并不重合,但在工程设计其中,考虑到 $\varepsilon=4.19t_s$ 数值较小,可以近似认为等焓线即为等湿球温度线。

在 $h-d$ 图上,若已知某湿空气状态点 A,如图 3-16 所示,由 A 沿 h 为定值的($\varepsilon=0$)线找到与 $\varphi=100\%$ 的交点 B,B 点的温度 t_B 即为 A 状态空气的湿球温度(近似)。同样如果已知某湿空气的干球温度 t_A 和湿球温度 t_B,则由 t_B 与 $\varphi=100\%$ 线的交点 B 沿等焓线找到与 t_A 为定值的线的交点 A 即为该湿空气的状态点。

同样,如沿等湿球温度线 $\varepsilon=4.19t_s$ 与 $\varphi=100\%$ 线交于 S,则 t_s 为准确的湿球温度。可见,湿球温度也是湿空气的一个重要参数,而且在多数情况下是一个独立参数,只是由于它的等值线与等焓线十分接近。在 $h-d$ 图上,想利用已知焓值和湿球温度两个独立参数来确定湿空气的状态点是十分困难的,且在湿球温度为 0 ℃时,它变成非独立参数,这时的等焓线与

等湿球温度线重合。湿球温度一般用 t_s 来表示。

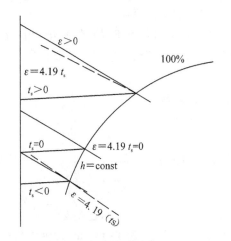

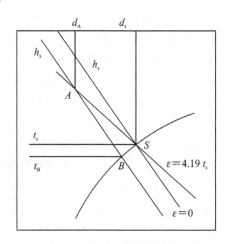

图 3-15　等湿球温度线　　　　　图 3-16　已知干、湿球温度确定空气状态

大量工程实践表明，当 $t_s \leqslant 30$ ℃时，热湿比 $\varepsilon = 4.19 t_s$ 的过程线与 $\varepsilon = 0$ 的等焓线非常接近，用等焓线代替等湿球温度线所造成的计算误差很小。所以在实际工程中经常用等焓线代替等湿球温度线，即把状态 A 到饱和状态 S 的变化过程近似看作等焓过程，用 AB 代替 AS。

工程中湿球温度的作用主要有：①测定工作中必须使用的参数；②测定空气的湿度（水蒸气分压力）；③衡量设备冷却和散热效果，判断设备使用范围。

【例 3-5】 在大气压力为 101 325 Pa 下，用通风干、湿球温度计测得空气的干球温度为 20 ℃，湿球温度为 15 ℃。试用公式计算空气的相对湿度、水蒸气分压力、含湿量和焓。

解

(1) 由式(3-31)知空气的相对湿度可表示为

$$\varphi = P_q / P_{q,b} = [P'_{q,b} - A(t - t_s)B] / P_{q,b}$$

在通风干湿球温度计中，流过湿球周围的空气流速较大，因而由式(3-30)可得

$$A = 0.000\ 65$$

又由附录 F 查得对应于 $t = 20$ ℃，$t_s = 15$ ℃下的饱和水蒸气分压力为 $P_{q,b} = 2\ 331$ Pa，$P'_{q,b} = 1\ 701$ Pa，将这两数值代入式(3-31)中可得到相对湿度：

$$\varphi = [1\ 701 - 0.000\ 65(20 - 15) \times 101\ 325] / 2\ 331 = 58.8\%$$

(2) 根据相对湿度的定义：

$$\varphi = P_q / P_{q,b}$$

可得空气的水蒸气分压力：

$$P_q = \varphi P_{q,b} = 0.588 \times 2\ 331 = 1\ 371\ \text{Pa}$$

(3) 由含湿量的计算式(3-5)，可知空气的含湿量为

$$d = 622 P_q / (B - P_q)$$

$$= 622 \times 1\ 371 / (101\ 325 - 1\ 371) = 8.5\ \text{g/kg}_{干空气}$$

(4) 由公式(3-9)知，空气的焓为

$$h = (1.01 + 1.84d)t + 2\,500d$$
$$= (1.01 + 1.84 \times 0.008\,5) \times 20 + 2\,500 \times 0.008\,5$$
$$= 41.8 \text{ kJ/kg}_{干空气}$$

【例 3 - 6】　用于湿球温度计测得某一状态空气的干球温度 $t = 20$ ℃，湿球温度 $t_s = 15$ ℃，试在 $h - d$ 图上确定空气状态点及空气的相对湿度、含湿量和焓。

解　在 $h - d$ 图上作 $t_s = 15$ ℃ 的等温线与相对湿度 $\varphi = 100\%$ 的饱和线交于 B 点，然后过 B 点作 $\varepsilon = 4.19 \times 15 = 63$ 的过程线，与干球温度 $t = 20$ ℃ 的等温线相交于 A'，则 A' 点就是所求的空气状态点（见图 3 - 17）。

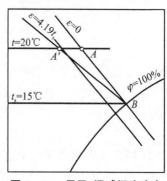

由于 $t_s \leqslant 30$ ℃ 时，热湿比 $\varepsilon = 4.19 t_s$ 的过程线与 $\varepsilon = 0$ 的等焓线非常接近，用等焓线代替等湿球温度线时，所造成的计算误差很小，所以在实际工程中经常用等焓线代替等湿球温度线，即在 $h - d$ 图上过 B 点沿等焓线（$\varepsilon = 0$ 的过程线），与干球温度 $t = 20$ ℃ 的等温线相交的 A 点的 $\varphi_A = 58.9\%$，$d_A = 8.52$ g/kg$_{干空气}$，$h_A = 41.8$ kJ/kg$_{干空气}$。

图 3 - 17　用干、湿球温度确定空气状态点

与例 3 - 5 代公式计算的结果比较可知，用等焓线代替等湿球温度线，得到的结果是足够准确的。

3.3.2　露点温度

空气的露点温度 t_1 也是湿空气的一个状态参数，它与 P_q 和 d 相关，因而不是独立参数。冬天戴眼镜的人们从户外进入温暖的房间时的眼镜上或夏季空调的出风口处常常会看到有雾或凝结水存在的现象。为什么会出现这种情况呢？可以从前述空气的饱和含湿量的概念来理解。在前面的讨论中已经得知，空气的饱和含湿量是随着温度的下降而减少的。某一状态的未饱和空气，当在含湿量保持不变的条件下，把空气的温度下降到某一临界温度 t_1 时，空气达到饱和。如果使空气的温度继续下降，就会把超过该温度下空气所能容纳的最大水蒸气量以上的那些水分凝结出来，这个临界温度就是该状态空气的露点温度。上面所说的会出现凝结水现象的原因是长时间暴露在室外的眼镜壁面和空调的出风口处空气的温度低于室内周围空气的露点温度，使空气中的水分凝结出来。因此，湿空气的露点温度也是判断是否结露的判据。

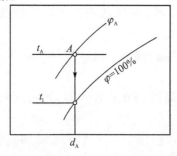

图 3 - 18　露点温度在 $h - d$ 图上的表示

露点温度可以定义为：某一状态的空气在含湿量不变的情况下，冷却到饱和状态（$\varphi = 100\%$）时所具有的温度。某一状态 A 空气的露点温度在 $h - d$ 图上的表示见图 3 - 18。

工程中露点温度的作用主要有：①判断保温材料选择是否合适；②利用低于空气露点温度的水喷淋空气达到降温除湿目的；③让热湿空气流过表面温度低于露点温度的表冷器对空气进行降温除湿。

【例 3 - 7】　已知某一状态空气的温度是 $t = 15$ ℃，

相对湿度 $\varphi=60\%$，当地大气压力 $B=101\,325$ Pa 时，试求该状态空气的密度、含湿量和露点温度。

解

(1) 根据 $t=15\ ℃$，从附录 F 查得该温度下的饱和水蒸气分压力 $P_{q,b}=1\,701$ Pa，将其代入式(3-15)可得湿空气的密度

$$\rho=0.003\,49B/T-0.001\,34\varphi\cdot P_{q,b}/T$$
$$=(0.003\,49\times101\,325/288-0.001\,34\times0.6\times1701/288)\ \text{kg/m}^3$$
$$=1.223\ \text{kg/m}^3$$

(2) 由式(3-5)可得含湿量：

$$d=622\varphi\cdot P_{q,b}/(B-\varphi\cdot P_{q,b})$$
$$=[622\times0.6\times1\,701/(101\,325-0.6\times1\,701)]\ \text{g/kg}_{干空气}$$
$$=6.33\ \text{g/kg}_{干空气}$$

(3) 根据所求出的含湿量值，从附录 F 可查得，当温度 $t=7\ ℃$ 时，所对应的饱和空气的含湿量 $d_b=6.21\ \text{g/kg}_{干空气}$；当温度 $t=8\ ℃$ 时，所对应饱和空气的含湿量 $d_b=6.65\ \text{g/kg}_{干空气}$。用插值法可求出当饱和含湿量 $d_b=6.33\ \text{g/kg}_{干空气}$ 所对应的温度。

由

$$\frac{t_1-7}{6.33-6.21}=\frac{8-7}{6.65-6.21}$$

得 $t_1=7.27\ ℃$。此温度就是该状态空气的露点温度 t_1。此外，d 和 t_1 也可从 h-d 图上查取。

3.4　焓湿图的应用

无论是在空调系统设计计算中，还是在空调系统运行调试与管理中，都离不开湿空气的焓湿图。通过湿空气的焓湿图可以完成如下工作：①确定湿空气的状态参数；②表示湿空气状态变换过程；③求得两种或多种湿空气的混合状态；④确定空调系统的送风状态点及送风温差；⑤分析空调系统设计与运行工况等。因此焓湿图的应用十分重要，下面分别说明焓湿图在空调工程中的用途。

3.4.1　根据两个独立参数确定空气状态及其他参数

在描述空气的 7 个状态参数 t、d、B、φ、h、P_q、和 ρ 时，只要已知任意两个独立参数，就可以确定空气的状态点，然后再在 h-d 图上查得其余等参数，空气状态参数间的关系由图 3-19 所示。

【例 3-8】 已知 A 状态空气的两个独立参数 $t=20\ ℃$，$\varphi=50\%$，在焓湿图上确定状态点，并确定出其他参数。

解　先由 $t=20\ ℃$，$\varphi=50\%$ 两个独立的状态参数在焓湿图上确定出 A 点，再由点 A 沿箭头方向即可确定出其他的状态参数。

由焓湿图查得 A 点参数为：$d=7.3\ \text{g/kg}_{干空气}$，$d_b=9.8\ \text{g/kg}_{干空气}$，$h=38.9\ \text{kJ/kg}_{干空气}$，$t_s=13.8\ ℃$，$t_1=9.3\ ℃$，$P_q=1\,185$ Pa，$P_{q,b}=1\,575$ Pa。

【例 3 - 9】　已知大气压力 $B=101\,325\,Pa$,空气的温度 $t=20\,℃$,相对湿度 $\varphi=60\%$,求露点温度 t_1 和湿球温度 t_s。

解　已知 $B=101\,325\,Pa$,$t=20\,℃$,$\phi=60\%$,在湿空气的 $h-d$ 图上确定空气状态点 A,见图 2 - 15。

根据露点温度定义知,在 $h-d$ 图上,将 A 状态空气沿等含湿量线冷却到与 $\varphi=100\%$ 的饱和线相交的点 C 的温度即为 A 状态空气的露点温度,此时,$t_1=12\,℃$(见图 3 - 20)。

过 A 点作等焓线与 $\phi=100\%$ 线相交,则交点 B 的温度即为 A 状态空气的湿球温度,此时 $t_s=15.2\,℃$(见图 3 - 20)。

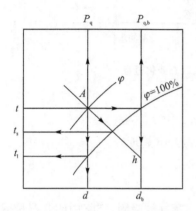

图 3 - 19　空气状态参数间的关系

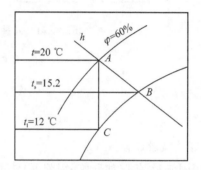

图 3 - 20　例 3 - 9 图

3.4.2　表示空气状态的变化过程

$h-d$ 图上的每一点都表示空气的某一状态,根据空气的热湿变化,可以在图上作出空气状态变化的过程线。下面介绍几种典型的变化过程。

1. 等湿加热过程 $A\to B$

空气调节中常用表面式加热器或电加热器对空气进行加热处理,空气温度升高而含湿量不变。因此,空气状态变化是等湿、增焓、升温的过程。在 $h-d$ 图上这一过程可表示为 $A\to B$ 的过程(见图 3 - 21),其状态变化的热湿比为

$$\varepsilon=\Delta h/\Delta d$$
$$=(h_B-h_A)/(d_B-d_A)$$
$$=(h_B-h_A)/0(趋近)$$
$$=\infty$$

2. 等湿冷却过程 $A\to C$

利用冷冻水或其他冷媒时,通过冷表面对湿空气进行冷却处理,当冷表面温度低于空气的干球温度,但高于或等于湿空气的露点温度时,空气的温度降低,但含湿量不变。空气状态变化是等湿、减焓、降温过程。在 $h-d$ 图(见图 3 - 21)上,这一过程可表示为 $A\to C$ 的过程,其状态变化的热湿比为

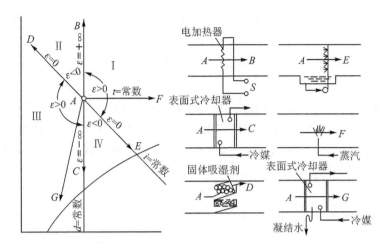

图 3 - 21 几种典型的空气状态变化过程

$$\varepsilon = \Delta h / \Delta d$$
$$= (h_C - h_A)/(d_C - d_A)$$
$$= (h_C - h_A)/0(趋近)$$
$$= -\infty$$

3. 等焓减湿过程 $A \rightarrow D$

当用固体吸湿剂(如硅胶,铝胶等)处理空气时,水蒸气被吸附,空气中的含湿量减小,而水蒸气凝结时将所具有的汽化潜热释放出来以显热的形式返还给空气,使空气的温度升高,同时空气减少了凝结水带走的一部分液体热。因为这部分液体热很小,所以空气状态变化过程可近似地看作等焓减湿升温过程。在 $h-d$ 图(见图 3 - 21)上这一过程可表示为 $A \rightarrow D$ 的过程,其状态变化的热湿比为

$$\varepsilon = \Delta h / \Delta d$$
$$= (h_D - h_A)/(d_D - d_A)$$
$$= 0/(d_D - d_A)$$
$$= 0$$

4. 等焓加湿过程 $A \rightarrow E$

当用湿球温度的水(循环水)喷淋空气时,被处理空气的温度降低,相对湿度增加。水吸收空气的热量蒸发形成水蒸气进入空气,使空气在失去部分显热的同时,增加了潜热量,空气的焓值基本不变,只是增加了部分水带入的液体热,近似于等焓过程,因此该过程称为等焓加湿过程。在 $h-d$ 图(见图 3 - 21 所示)上这一过程可表示为 $A \rightarrow E$ 的过程,其状态变化的热湿比为

$$\varepsilon = \Delta h / \Delta d$$
$$= (h_E - h_A)/(d_E - d_A)$$
$$= 0/(d_E - d_A)$$
$$= 0$$

5. 等温加湿 $A \rightarrow F$

向空气中喷蒸汽,空气中增加水蒸气后,焓值和含湿量都将增加,焓的增加值为加入蒸汽

的全热量,即

$$\Delta h = \Delta d \cdot h_q \tag{3-29}$$

式中,Δd——每千克干空气增加的含湿量,$kg/kg_{干空气}$;

　　h_q——水蒸气的焓(kJ/kg),$h_q = 2\,500 + 1.84t_q$。

此过程的热湿比为

$$\varepsilon = \frac{\Delta h}{\Delta d} = \frac{\Delta d \cdot h_q}{\Delta d} = h_q = 2\,500 + 1.84t_q \tag{3-30}$$

如果喷入蒸汽的温度为 100 ℃左右,则 $\varepsilon \approx 2\,684$,该过程近似于沿等温线变化,故为等温加湿过程。在 h-d 图(见图 3-21)上这一过程可表示为 $A \to F$ 的过程。

6. 冷却干燥 $A \to G$

利用喷水室或表面式冷却器处理空气时,若冷水温度或冷表面温度低于湿空气的露点温度,空气中的水蒸气将凝结为水,使空气的含湿量降低,空气的状态变化过程为减湿冷却过程或冷却干燥过程。在 h-d 图(见图 2-21)上这一过程可表示为 $A \to G$ 的过程,其热湿比为

$$\varepsilon = \frac{\Delta h}{\Delta d} = \frac{h_G - h_A}{d_G - d_A} > 0 \tag{3-31}$$

由图 3-21 可看出,具有代表性的两条过程线 $\varepsilon = +\infty$ 和 $\varepsilon = 0$ 将 h-d 图分为四个象限,每个象限内空气状态变化过程都有各自的特征,详见表 3-3。

表 3-3　各象限空气状态变过特征

象　限	热湿比	状态变化特征	h	d	t
I	$\varepsilon > 0$	增焓加湿升温(等温或降温)	+	+	±
II	$\varepsilon < 0$	增焓减湿升温	+	−	+
III	$\varepsilon > 0$	减焓减湿降温(等温或升温)	−	−	±
IV	$\varepsilon < 0$	减焓加湿降温	−	+	−

3.4.3　两种不同状态空气的混合

1. 混合状态点的确定

在空调工程的设计计算中,经常碰到两种不同状态的空气相混合的情况。因此需要了解两种不同状态的空气混合时在 h-d 图上的表示。

设有两种状态分别为 A 和 B 的空气混合,其质量分别为 G_A 与 G_B,根据能量和质量守恒原理,有

$$G_A h_A + G_B \cdot h_B = (G_A + G_B) \cdot h_C \tag{3-32}$$

$$G_A \cdot d_A + G_B \cdot d_B = (G_A + G_B) \cdot d_C \tag{3-33}$$

式中,h_C、d_C——混合态点 C 的焓值与含湿量。

混合后空气的状态点即可从式(3-32)和(3-33)中解出,即

$$h_C = (G_A \cdot h_A + G_B \cdot h_B)/(G_A + G_B) \tag{3-34}$$

$$d_C = (G_A \cdot d_A + G_B \cdot d_B)/(G_A + G_B) \tag{3-35}$$

注意:G 的单位应该是 $kg_{干空气}$,但是由于空气中的水蒸气含量是很低的,因此,用湿空气

的质量代替干空气的质量计算时,所造成的误差处于工程计算所允许的范围。故在本书后面的讨论中,都是用湿空气的质量代替干空气的质量进行的。

2. 混合定律

由式(3-32)和式(3-33)可得

$$\frac{G_A}{G_B} = \frac{h_C - h_B}{h_A - h_C} = \frac{d_C - d_B}{d_A - d_C} \qquad (3-36)$$

$$\frac{h_C - h_B}{d_C - d_B} = \frac{h_A - h_C}{d_A - d_C} \qquad (3-37)$$

式(3-37)的左边是直线 $\overline{BC}$ 的斜率,右边是直线 $\overline{CA}$ 的斜率。两条直线的斜率相等,说明直线 $\overline{BC}$ 与直线 $\overline{CA}$ 平行。又因为混合点 C 是两条直线的交点,说明状态点 A、B、C 在一条直线上,如图3-22所示。同时,混合点 C 将线段 AB 分为两段,即线段 AC 与线段 CB,且有

$$\frac{\overline{CB}}{\overline{AC}} = \frac{h_C - h_B}{h_A - h_C} = \frac{d_C - d_B}{d_A - d_C} = \frac{G_A}{G_B} \qquad (3-38)$$

显然,参与混合的两种空气的质量比与 C 点分割两状态连线的线段长度成反比。据此,在 $h-d$ 图上求混合态时,只须将线段 AB 划分成满足 G_A/G_B 比例的两段长度,并取 C 点使其接近空气质量大的一端,而不必用公式求解。

此结果表明:当两种不同状态的空气混合时,混合点在过两种空气状态点的连线上,并将过两状态点的连线分为两段,所分两段直线的长度之比与参与混合的两种状态空气质量成反比,且混合点靠近质量大的空气状态点一端。这就是混合定律。

如果混合点 C 出现在过饱和区,即"结雾区"(见图3-23),则此种空气状态是饱和空气加水雾,是一种不稳定状态。假定 D 点为饱和空气状态点,则混合点 C 的焓值 h_C 应等于 h_D 与水雾焓值 $4.19t_D\Delta d$ 之和,即

$$h_C = h_D + 4.19t_D\Delta d \qquad (3-39)$$

式(3-39)中,h_C 已知,h_D、t_D 及 Δd 是相关的未知量。要确定 h_D 的值,可通过试算找到一组满足式(3-39)的值,则 D 状态点即可确定。实际上,由于水分带走的显热很少,所以空气的变化过程线也可近似看作等焓过程。

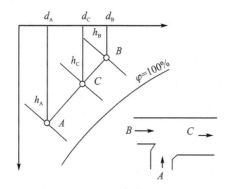 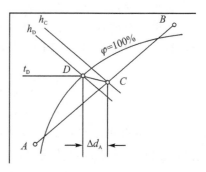

图3-22 两种状态空气的混合在 $h-d$ 图上表示   图3-23 过饱和区空气状态的变化过程

【例3-10】 已知 $G_A = 2\,000$ kg/h,$t_A = 20$ ℃,$\varphi_A = 60\%$;$G_B = 500$ kg/h,$t_B = 35$ ℃,$\varphi_B =$

80％。求混合后的空气状态($B=101\ 325\ \text{Pa}$)。

解

(1) 在 $B=101\ 325\ \text{Pa}$ 的 $h-d$ 图上根据已知的 t、φ 找到状态点 A 和 B，并以直线相连(见图 3 - 24)。

(2) 混合点 C 在 $\overline{AB}$ 上的位置应符合：

$$\frac{\overline{CB}}{\overline{AC}}=\frac{G_A}{G_B}=\frac{2\ 000}{500}=\frac{4}{1}$$

(3) 将 $\overline{AB}$ 线段分为五等分，则 C 点应在接近 A 点的一等分处。查图得 $t_C=23.1\ ℃$，$\varphi_C=73\%$，$h_C=56\ \text{kJ/kg}$，$d_C=12.8\ \text{g/kg}$。

(4) 用计算法验证，可先查 $h_A=42.54\ \text{kJ/kg}$，$d_A=9.8$ g/kg，$h_B=109\ \text{kJ/kg}$，$d_B=29.0\ \text{g/kg}$，然后按式(3 - 34)与式(3 - 35)计算可得

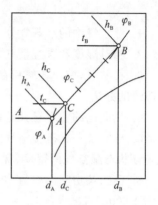

图 3 - 24　例 3 - 10 图

$$h_C=\frac{G_Ah_A+G_Bh_B}{G_A+G_B}=\frac{2\ 000\times42.54+500\times109.44}{2\ 000+500}\ \text{kJ/kg}=56\ \text{kJ/kg}$$

$$d_C=\frac{G_Ad_A+G_Bd_B}{G_A+G_B}=\frac{2\ 000\times8.8+500\times29}{2\ 000+500}\ \text{g/kg}=12.8\ \text{g/kg}$$

可见作图求得的混合状态点是正确的。

本章小结

1. 空气的组成成分很多，也很复杂，但在空调技术范畴内只把空气当作由干空气和水蒸气两部分组成的混合气体对待。

2. 空气中水蒸气的含量虽然很低，但不是定值，而且不稳定，极易在各种因素的影响下发生变化，从而引起空气干、湿程度的改变，进而对人的舒适感、产品质量、工艺过程、设备状态和处理空气的能耗等产生不利影响。

3. 描述空气状态的参数分为四大类，即压力类参数(大气压力、水蒸气分压力、干空气分压力)、温度类参数(干球温度、湿球温度、露点温度)、湿度类参数(含湿量、相对湿度、绝对湿度)和能量类参数(焓)。

4. 空气状态参数之间的关系有关系式和线算图两种表示方式，在大气压力一定的前提下，知道两个独立的参数，就可以利用关系式或线算图计算或查找出其他参数。

5. 焓湿图不仅可以确定空气状态、查找空气参数，还可以表示空气状态变化过程、确定两种不同状态空气混合后的状态点。

6. 两种不同状态的空气混合规律表明，混合状态点在参与混合的两个状态点的连线上，分割该连线形成的线段长度与参与混合的两种空气的质量成反比。

本章的重点和难点为空气的状态参数在焓湿图上的表示及焓湿图在空调工程的应用。

习 题

1. 湿空气中的水蒸气分压力和水蒸气压力有什么不同?

2. 相对湿度和含湿量有什么区别和联系?

3. 在冬季,窗户玻璃和有些外墙的内表面常会出现凝结水,试分析凝水产生的原因并提出改进的办法。

4. 热湿比的物理意义是什么?

5. 已知某一状态湿空气的温度为 30 ℃,相对湿度为 50%,当地大气压力为 101 325 Pa,试求该状态湿空气的密度、含湿量、水蒸气分压力和露点温度。

6. 已知某房间体积为 100 m³,室内温度为 20 ℃,压力为 101 325 Pa,现测得水蒸气分压力为 1 600 Pa,试求:

(1) 相对湿度和含湿量;

(2) 房间中湿空气、干空气和水蒸气的质量;

(3) 空气的露点温度。

7. 向 100 kg 温度为 22 ℃、含湿量为 5.5 g/kg_{干空气} 的空气中加入 1 kg 的水蒸气,试求加湿后空气的含湿量、相对湿度和焓。设当地大气压力为 101 325 Pa。

8. 某一空调冷水管通过空气温度为 20 ℃ 的房间,如果管道内的冷水温度为 10 ℃,且没有保温。为了防止水管表面结露,房间内所允许的最大相对湿度是多少?

9. 2 kg 压力为 101 325 Pa、温度为 32 ℃、相对湿度为 50% 的湿空气,处理后的温度为 22 ℃,相对湿度为 85%。试求:

(1) 状态变化过程的热湿比;

(2) 空气处理过程中的热交换量和湿交换量。

10. 以 0 ℃ 水的焓为零,则 t ℃ 下水的焓怎样计算? t ℃ 水蒸气的焓呢?

11. 向 1 000 kg 温度为 22 ℃,相对湿度为 60% 的空气中加入 1 700 kJ 的热量和 2 kg 的水汽,试求空气的终状态。

12. 已知空气的干球温度为 30 ℃,湿球温度为 20 ℃,大气压力为 101 325 Pa,试用计算法求空气的相对湿度、水蒸气分压力、含湿量和焓。

13. 用表面式空气冷却器冷却干燥压力为 101 325 Pa,含湿量为 8.5 g/kg_{干空气} 的空气,试确定冷却器表面所需要的温度。

14. 试用辅助点法做出起始状态温度为 18 ℃,相对湿度为 45%,热湿比为 5 000 和 −2 200 kJ/kg 的空气状态变化过程线。

15. 已知空调系统的新风量及其状态参数:$G_w=200$ kg/h,$t_w=31$ ℃,$\varphi_w=80\%$;回风量及其状态参数:$G_N=1\,400$ kg/h,$t_N=22$ ℃,$\varphi_N=60\%$。试求新、回风混合后空气的温度、含湿量和焓。

16. 状态为 $t_1=24$ ℃,$\varphi_1=55\%$,$t_2=14$ ℃,$\varphi_2=95\%$ 的两种空气混合,已知混合空气的温度 $t_3=20$ ℃,总回风量为 11 000 kg/h。试求所需要的两种不同状态的空气量。

第4章 空调房间负荷计算及风量确定

对于一个空调房间,为了使某一时刻室内空气参数能够保持在设定数值,以满足房间内人体热舒适或生产工艺的要求,往往需要向室内空气供应一定的冷量、湿量或热量,来消除房间内外热、湿扰量的影响。在空调系统设计中,将这些提供给室内空气的冷量、热量和湿量称为负荷。可以看出,空调房间的负荷计算是空调系统设计最基本的也是最重要的数据之一,它的数值将直接影响空调方案的选择、空调设备和冷热源设备容量的大小,以及空调的使用效果。要定量计算房间的空调负荷就需要用到室内外空气计算参数。通常,室内空气环境的控制是通过向房间送入一定量不同状态的空气来实现的,因此,确定送入空气的状态参数,以及计算送入空气量的多少对空调系统设计也是至关重要的。此外,空调系统还需要向房间供给充足的室外新鲜空气,以保证室内空气的品质。

【教学目标与要求】

(1) 理解室内、外计算参数的确定根据;
(2) 理解得热量与负荷的定义和关系;
(3) 掌握冷负荷、热负荷和湿负荷的计算方法;
(4) 了解并应用负荷计算辅助软件;
(5) 理解夏季和冬季空调系统送风状态点和送风量的计算方法;
(6) 掌握空调房间最小新风量的计算方法。

【教学重点与要求】

(1) 得热量与负荷的关系;
(2) 负荷的计算方法;
(3) 送风状态点和送风量的计算方法;
(4) 最小新风量的确定方法。

【工程案例导入】

房间内的空气环境一般会受到两方面的干扰(见图4-1):一是来自房间内部生产过程、照明、设备及人体等所产生的热、湿和其他有害物的干扰;二是来自房间外部的气候变化、太阳辐射和外部空气等的干扰。为保证室内空气环境的有关参数(温度、湿度及洁净度等)处于限定的范围内,通常需要采用空气调节技术手段来平衡这些干扰因素对室内空气环境的影响。因此,确定房间需要利用空调技术提供多少冷热量、湿量和洁净空气量是空调系统设计的前提。

目前,随着"双碳"目标所倡导的绿色、环保和低碳目标,人们也越来越关注建筑的能源消耗,因此,需要暖通设计人员更加准确合理地计算空调负荷。

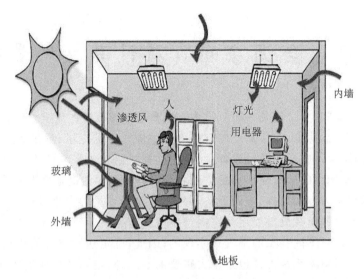

图 4-1　房间内的空气环境

4.1　人体热舒适性与室内空气计算参数的确定

4.1.1　室内空气参数的表示方法

与空调房间负荷计算有关的室内空气计算参数通常用空调基数和空调精度两组指标来规定。空调房间内温、湿度基数是指室内空气需要保持的基准温度和基准相对湿度;空调精度是指在室内空气温度和相对湿度允许的波动范围。

例如,$t_N = 25 \pm 1\ ℃$和$\varphi_N = 55 \pm 0.5\%$中,25 ℃和55%是空调基数,$\pm 1\ ℃$和$\pm 0.5\%$是空调精度。

根据空调系统的用途和服务对象的不同,可分为舒适性空调和工艺性空调。用于民用建筑的舒适性空调,主要是从满足人体热舒适要求的方面来确定室内空气的计算参数,对精度无严格的要求。对于工艺性空调的室内空气计算参数,主要是根据生产工艺过程对温湿度基数和空调精度的特殊要求来确定,同时兼顾人体的卫生要求。

4.1.2　人体的热平衡和舒适感

人体靠摄取食物来维持生命,人体的新陈代谢过程将食物进行分解氧化,并将释放的大部分化学能最终都转变成了热量。人体的生理机能要求体温必须维持近似恒定,为了维持正常体温,人体会把热量散发到体外,使产热量和散热量保持平衡。人体的热量平衡可用下式来表示:

$$S = M - W - C - R - E \tag{4-1}$$

式中,S——储存在人体内的热量,W/m^2;

M——人体新陈代谢过程所产生的热量,W/m^2;

W——人体用于做功所消耗的能量,W/m^2;

C——人体外表面与周围环境之间的对流散热量,当空气温度低于人体表面平均温度时, C 为正反之 C 为负,W/m^2;

R——人体外表面与周围物体表面之间的辐射散热量,W/m^2;

E——人体由汗液蒸发和呼出的水蒸气带走的热量,W/m^2。

在稳定的环境条件下,如果 $S=0$,这时人体因为保持了热量平衡而感到舒适。若周围环境温度上升,则人体的对流和辐射散热量减少,但为了保持热平衡,人体会运用自身的自动调节机能来增加汗液的分泌以散发出多余的热量,这在一定程度上补偿了对流和辐射散热的减少。如果 $S>0$,这时人体的余热量难以全部散出,会在体内储存起来,导致体温上升,人体会感到很不舒服。当体温上升到 42 ℃以上时,身体组织开始受到损伤,一般认为人体的最高致死体温为 45 ℃。在冷的环境中,人体散热量增多,可能导致 $S<0$。如果人体比正常热平衡时多散出 87 W 的热量,则睡眠的人将会被冻醒,人体会感到很不舒适,甚至会生病。当体温下降至 28 ℃以下时,人体会濒临死亡。

人体通过自身的热平衡和感觉到的环境状况,综合起来获得是否舒适的感觉,人在室内空调环境下的热舒适和热平衡是两个不同的概念。热平衡是人体舒适的基本条件,但人体在不同室内环境条件下通过热调节作用达到了热平衡,而并不一定会感到舒适。由此可见,热舒适是人体对室内环境综合参数的总体反应,通常影响人体热舒适的主要因素有室内空气温度、室内空气相对湿度、人体附近的空气流速、围护结构内表面及其他物体表面的温度、人体的衣着情况。此外,热舒适感还与人的生活习惯,人体的活动量,以及年龄等因素有关。比如南方人和北方人的耐寒能力就不一样。

在室内环境不同的气候参数及其综合作用下,人体会表现出不同的热反应。为此,在空调技术中,有时把各影响因素进行一定的组合,并用单一的参数,即所谓的热指标来表示。建立在室内稳态环境条件下人体热反应的新的有效温度指标或 PMV－PPD 指标,已成为制定空调房间室内空气计算参数和检查实际室内空调效果的依据。

1. 新等效温度和舒适区

图 4-2 所示是美国供暖、制冷和空调工程师学会(ASHRAE)1977 年版手册基础篇里给出的新等效温度图和舒适区。新等效温度是干球温度、相对湿度和空气流速对人体冷热感的一个综合指标,该数值是通过对身着服装热阻为 0.6 clo、静坐在空气流速为 0.15 m/s 中的人进行热感觉实测实验,并采用相对湿度为 50% 的空气温度作为与其冷热感相同环境的等效温度而得出的。即同样着装和活动强度的人,在某环境中的冷热感与在相对湿度为 50% 空气环境中的冷热感相同,则后者所处的环境空气干球温度就是前者的等效温度。所谓 clo,即为服装显热热阻的单位,1 clo=0.155 $m^2 \cdot K/W$,想当于内穿长袖衬衣、外穿长裤和普通外衣或西装时的服装热阻。正常夏季服装一般为 0.5 clo,冬季外穿服装一般为 1.5～2.0 clo,北极地区的服装可达到 4.0 clo。

在图 4-2 中,斜画的一组线即为等效温度线,它们的数值标注在 $\varphi=50\%$ 的相对湿度曲线上。例如,通过 $t=25$ ℃、$\varphi=50\%$ 两条等值线交点的斜线即为 25 ℃的等效温度线,虽然在这条等效温度线上各个点所表示的空气状态的实际干球温度和相对湿度都不相同,但各点的空气状态给人体的冷热感觉都是相同的,都相当于在 $t=25$ ℃、$\varphi=50\%$ 条件下的冷热感。

在该图中还画出了两块舒适区,其中菱形部分是由美国堪萨斯州立大学的实验结果给出,而平行四边形部分是根据 ASHRAE 推荐的舒适标准(55—74)绘制出的舒适区。两块舒适区的实验条件不同,前者适用于身着 0.6～0.8 clo 服装坐着的人,而后者适用于身着 0.8～1.0 clo 服装也坐着的人,但其活动量稍大些。两块舒适区的重叠部分是所推荐的室内空气设计条件,25 ℃等效温度线正好穿过该重叠区的中心。需要注意的是,由于不同地区的居民在生活习惯等方面的差异,以上研究推荐的舒适区及设计条件只作为参考,不宜直接套用。

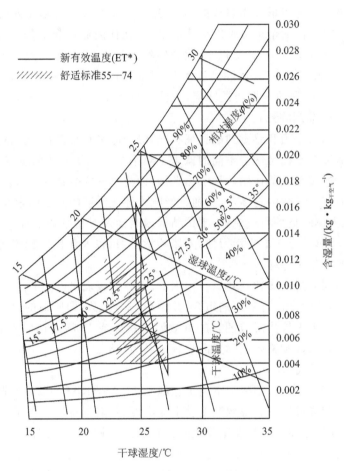

图 4-2 ASHRAE 等效温度图

2. PMV-PPD 评价指标

国际标准化组织基于丹麦工业大学 P. O. Fanger 教授的研究结果,于 1984 年提出了评价和测量室内热环境的新标准化方法(ISO 7730 标准),即采用预测平均评价 PMV(Predicted Mean Vote)-预测不满意百分率 PPD(Predicted Percentage of Dissatisfied)指标来描述和评价热环境。该指标综合考虑了人体的活动强度、衣着情况、空气温度、平均辐射温度、空气流动速度和空气湿度六个因素。利用 PMV-PPD 指标来评价室内环境的热舒适状况,要比采用等效温度法所考虑的因素更加全面。

人体对热环境的满意程度采用数值表示方法进行量化评价,PMV 指标代表了对同一环境绝大多数人的冷热感觉,其评判标准见表 4-1。

表 4-1　人体的热感觉与 PMV 值

热感觉	热	暖	稍　暖	舒　适	稍　凉	凉	冷
PMV	+3	+2	+1	0	-1	-2	-3

由于人与人之间存在个体差异,因此 PMV 指标并不能代表所有人的感觉,故采用预测不满意百分率 PPD 指标来表示对热环境不满意的百分数。PPD 与 PMV 之间的定量关系可用式(4-2)和图 4-3 来反映。

$$PPD = 100 - 95\exp[-(0.033\,53\,PMV^4 + 0.217\,9\,PMV^2)] \tag{4-2}$$

在图 4-2 中,当 PMV=0 时,PPD 为 5%。这意味着在室内环境处于最佳的热舒适状态时,仍有 5% 的人感到不满意。因此 ISO 7730 对 PMV-PPD 指标的推荐值为 PPD<10%,对应 PMV 的要求范围是 -0.5<PMV<+0.5,相当于在人群中允许有 10% 的人感觉不满意。我国《民用建筑供暖通风与空气调节设计规范》(GB 50736—2012)规定采暖与空气调节室内的热舒适性指标宜为 -1≤PMV≤+1,PPD≈26%。

与式(4-2)相对应的人体在不同活动强度和服装热阻条件下的最舒适工作温度如图 4-4 所示,图中的 met 是人体的能量代谢率单位,1 met=58.2 W·m^{-2},即成年男子静坐时的代谢率。成年男子在不同活动强度下保持连续活动的代谢率如表 4-2 所列。

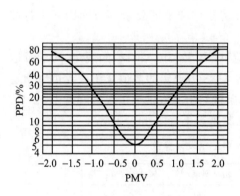

图 4-3　PPD 与 PMV 的关系

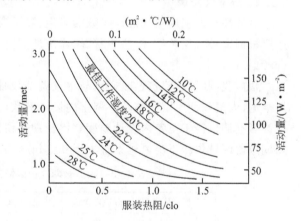

图 4-4　最舒适的工作温度

表 4-2　成年男子的代谢率

活动类型	能量代谢率		活动类型	能量代谢率	
	W/m²	met		W/m²	met
睡眠	40	0.7	提重物,打包	20	2.1
躺着	46	0.8	驾驶载重车	185	3.2
静坐	58.2	1.0	跳交谊舞	140~255	2.4~4.4
站着休息	70	1.2	体操/训练	174~235	3.0~4.0
炊事	94~115	1.6~2.0	打网球	210~270	3.6~4.0
用缝纫机缝衣	105	1.8	步行,0.9 m/s	115	2.0

活动类型	能量代谢率		活动类型	能量代谢率	
	W/m²	met		W/m²	met
修理灯具,家务	154.6	2.66	步行,1.2 m/s	150	2.6
在办公室静坐阅读	55	1.0	步行,1.8 m/s	220	3.8
在办公室打字	65	1.1	跑步,2.37 m/s	366	6.29
站着整理文档	80	1.4	下楼	233	4.0
站着,偶尔走动	123	2.1	上楼	707	12.1

另外,由于 PMV 指标的提出是在室内稳定条件下利用热舒适方程导出的,而实际上人们多处在不稳定情况下的多变环境,如由室外或非空调房间进入空调房间,或由空调房间走出,此时人的热感觉与稳态环境下的感觉是不同的。因此,有关动态环境条件下的热感觉指标也需要进一步去探究。

4.1.3 空调室内空气计算参数的确定

1. 舒适性空调

舒适性空调室内空气设计参数的确定,除了要考虑室内参数综合作用下人体的热舒适外,还要根据室外气象条件、冷热源状况、建筑使用特点、经济条件和节能要求等方面因素进行综合考虑。

根据我国《民用建筑供暖通风与空气调节设计规范》(GB 50736—2012)的规定,对于舒适性空调,人员长期逗留区域的空调室内设计参数可按表 4-3 中规定的数值选用。人员短期逗留区域空调供冷工况室内设计温度宜比长期逗留区域提高 1~2 ℃,供热工况宜降低 1~2 ℃。短期逗留区域供冷工况风速不宜大于 0.5 m/s,供热工况风速不宜大于 0.3 m/s。

表 4-3 人员长期逗留区域空调室内空气设计参数

类 别	热舒适度等级	温度/℃	相对湿度/%	风速/(m · s⁻¹)
供热工况	Ⅰ级	22~24	≥30	≤0.2
	Ⅱ级	18~22	—	≤0.2
供冷工况	Ⅰ级	24~26	40~60	≤0.25
	Ⅱ级	26~28	≤70	≤0.3

注:Ⅰ级热舒适度等级为 −0.5≤PMV≤+0.5,PPD≤10%;

Ⅲ级热舒适度等级为 −1≤PMV≤−0.5 和 0.5≤PMV≤1,PPD≤27%。

2. 工艺性空调

工艺性空调的室内空气设计参数是根据生产工艺过程的特殊要求并考虑必要的卫生条件确定的,同时在可能的情况下,应尽量兼顾操作人员对舒适度的要求。由于工艺过程千差万别,工艺性空调可分为一般降温性空调、恒温恒湿空调和净化空调等。

降温性空调对室内空气温、湿度的要求是夏季工人操作时手不出汗,不使产品受潮,因此一般只规定温度或湿度的上限,无空调精度要求。如电子工业的某些车间,只规定夏季室温不大于 28 ℃,相对湿度不大于 60%。再如棉纺工业有关车间的特殊要求只是相对湿度不能太低,夏季温度一般要求在 27～31 ℃范围内,相对湿度要求在 50%～75%范围内,可随着生产工艺性质不同取高值或取低值。这主要是因为纯棉纤维具有吸湿和放湿性能,对湿度比较敏感,室内环境相对湿度直接影响纤维强度和纤维相互摩擦时产生的静电大小。

恒温恒湿空调对室内空气的温、湿度基数和空调精度都有严格要求,如某些计量室,室温要求全年保持为 20±0.1 ℃,相对湿度保持为 50±5%。

净化空调不仅对室内空气的温、湿度和空调精度具有一定要求,而且对空气中所含尘粒的大小和数量也有严格要求。如制药工业、医院的手术室、烧伤病房和电子工业等。

根据我国《工业建筑供暖通风与空气调节设计规范》(GB 50019—2015)的规定,工艺性空调温湿度基数及其允许波动范围应根据工艺需要及卫生要求确定。一般活动区的风速,冬季不宜大于 0.3 m/s,夏季宜采用 0.2～0.5 m/s,当室内温度高于 30 ℃时,风速可大于 0.5 m/s。各种工业建筑详细的室内设计参数可从规范中查找,可从有关的空气调节设计手册中查取。

随着科学技术的快速发展,生产工艺过程的不断进步,产品的品种日益增多,对质量的要求也越来越高,相应地对室内空气环境的控制要求也会有所变化,因此工艺性空调的室内空气设计参数应不断满足新型生产工艺过程的需要。

4.2　室外气象与室外空气计算参数的确定

计算通过围护结构的传热量及处理新风所需要的冷热量都与室外空气的干、湿球温度有关。由于室外空气的干、湿球温度随季节、昼夜和时刻都在发生变化,因此,在确定应当采取什么样的室外空气参数作为设计计算参数之前,需要对室外空气温、湿度的变化规律有所了解。

4.2.1　室外气象参数的变化规律

1. 室外空气温度的日变化

室外空气温度在一昼夜内波动的日变化是由于地球表面每天接受太阳辐射热和放出热量而形成的。白天,随着太阳逐渐升高,地面吸收太阳辐射的热量逐渐增加,并以对流换热方式将热量传给地面上的空气层,使气温逐渐升高,到下午两、三点钟达到最高值,此后气温又随着太阳辐射热量的减少而降低。夜晚,由于地面得不到太阳辐射,且还要向大气层释放热量,黎明前为地面放热的最后阶段,所以气温一般在凌晨四、五点钟达到最低值。在一段时间内(如一个月),可认为室外气温的日变化是以 24 h 为周期的周期性波动,如图 4-5 所示。实际工程计算中,常常把室外气温的日变化近似用正弦或余弦函数表示。

2. 室外气温的季节性变化

室外气温的季节性变化也是呈周期性的,全国各地一般在七、八月份最热,一月份最冷。图 4-6 所示为北京、西安和上海地区在 1961—1970 年间各月平均气温的变化曲线。

3. 室外空气湿度的变化

室外空气的相对湿度取决于干球温度和含湿量,在含湿量不变的情况下,相对湿度的变化与干球温度的变化正相反。例如就一昼夜内的大气而论,其含湿量变化不大,可近似看作是定值,则大气相对湿度的日变化规律与干球温度的日变化规律刚好相反,即中午的相对湿度较

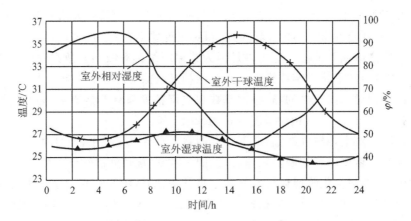

图 4-5 室外气温的日变化曲线

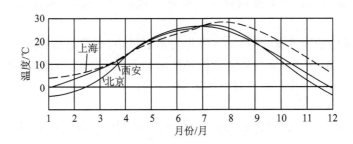

图 4-6 室外气温的季节性变化曲线

低,早晚的相对湿度较大,如图 4-5 所示。

由于我国受海洋气候的影响,大部分地区的相对湿度在一年中的夏季最大,秋季最小。而我国华南地区和东南沿海一带,因在春季受到海洋气团的侵入,相对湿度大约在 3~5 月份最大,秋季最小,所以在南方地区的春夏交替时节,气候较为潮湿。

4.2.2 夏季空调室外参数的确定

为了保证夏季室内空气温湿度的设计值,如果采用当地室外的最高干、湿球温度作为计算依据,会因为最高温度出现的时间极少,而且持续时间也很短,用这样的气温资料所选定的空调设备容量(制冷量)必然很大,则会造成不必要的浪费。因此,应当合理的选取夏季空调室外计算的干球温度和湿球温度,设计规范中规定的设计参数是按照一定的不保证率或不保证小时数确定的。

1. 夏季空调室外计算干球温度的确定

我国《民用建筑供暖通风与空气调节设计规范》(GB 50736—2012)规定,应采用历年平均不保证 50 h 的干球温度作为当地夏季空调室外计算干球温度,即每年中都存在一个干球温度,超出这一温度的时间有 50 h,然后取近若干年中每年这一温度值的平均值。另外注意,统计干球温度时,宜采用当地气象台站每天 4 次的定时温度记录,并以每次记录值代表 6 h 的温度核算值。例如在某地 1962—1970 年的气象资料中,各年夏季不保证 50 h 的干球温度如表 4-4 所列。

表 4-4　某地各年夏季累计小时数高于 50 h 的临界气温

年份/年	1963	1964	1965	1966	1967	1968	1969	1970
当地气温/℃	32	31	33	32	30	31	33	32

则该地夏季空调室外计算干球温度为

$$[(32+31+33+32+30+31+33+32)/8] ℃ \approx 32 ℃$$

夏季空调室外计算干球温度的作用：

① 作为新风负荷的计算温度；

② 作为围护结构传热用的最高计算温度；

③ 与夏季空调室外计算湿球温度一起,确定室外的新风状态点。

2. 夏季空调室外计算湿球温度的确定

由于空气的湿球温度与焓值相对应,因此,对于计算空气处理所需的制冷量来说,室外湿球温度比干球温度显得更为重要。在相同的干球温度下,湿球温度不同则焓值也不同。《民用建筑供暖通风与空气调节设计规范》(GB 50736—2012)对于确定夏季空调室外计算湿球温度的方法,与夏季空调室外计算干球温度的确定方法相同,也是采用历年平均不保证 50 h 的湿球温度。

附录 H-1 给出了我国部分主要城市的夏季空气调节室外设计计算参数。中国气象局气象信息中心和清华大学建筑技术科学系合作,以全面气象台站实测气象数据为基础,建立了一整套全国主要地面气象站的全年逐时气象资料,建立了包括全国 270 个站点的建筑环境分析专用气象数据集。该数据集包括根据观测资料整理出的设计用室外气象参数,以及由实测数据生成的动态模拟分析用逐时气象参数。附录 H-1 便取自该气象数据集。

3. 夏季空调室外计算日平均温度和逐时温度

计算围护结构传热所采用的室外空气温度和计算新风负荷所用的室外温度是不同的,因为：①计算围护结构传热只需要用干球温度,而与室外的湿球温度无关；②计算围护结构传热应考虑室外温度波动的影响以及围护结构对温度的衰减和延迟作用,应按不稳定传热计算。这时,除了知道空调室外计算干球温度外,还需要知道设计日的室外日平均温度和逐时温度。

根据《民用建筑供暖通风与空气调节设计规范》(GB 50736—2012)规定,夏季空调室外计算日平均温度应采用历年平均不保证 5 天的日平均温度,我国部分主要城市的数值详见附录 H-1。

任一时刻的夏季空调室外计算逐时温度可用下式计算：

$$t_{sh} = t_{wp} + \beta \cdot \Delta t_r \tag{4-3}$$

$$\Delta t_r = (t_{wg} - t_{wp})/0.52 \tag{4-4}$$

式中, t_{sh} ——室外计算逐时温度,℃；

　　t_{wp} ——夏季室外计算日平均温度,℃；

　　β ——室外温度逐时变化系数,按表 4-5 采用；

　　Δt_r ——夏季空调室外计算平均日较差；

　　t_{wg} ——夏季空调室外计算干球温度,℃。

【例 4-1】 试求夏季北京市 13 时的室外计算温度。

解　由附录 H-1 查得北京市的 $t_{wp} = 29.6$ ℃, $t_{wg} = 33.5$ ℃。

则 $\Delta t_r = [(33.5 - 29.6)/0.52]℃ = 7.5\ ℃$。

由表 4-5 查得 $\beta = 0.48$，则夏季北京市 13 时的室外计算温度为

$$t_{sh} = 29.6 + 0.48 \times 7.5 = 33.2\ ℃$$

表 4-5　室外温度逐时变化系数(β)

时　刻	1	2	3	4	5	6	7	8
β	-0.35	-0.38	-0.42	-0.45	-0.47	-0.41	-0.28	-0.12
时　刻	9	10	11	12	13	14	15	16
β	0.03	0.16	0.29	0.40	0.48	0.52	0.51	0.43
时　刻	17	18	19	20	21	22	23	24
β	0.39	0.28	0.14	0.00	-0.10	-0.17	-0.23	-0.26

4.2.3　冬季空调室外参数的确定

1. 冬季空调室外计算干球温度的确定

考虑到围护结构的热惯性，冬季室外温度经围护结构衰减后，其波动值远远小于室内外温差，并且冬季空调系统加热加湿的所需费用小于夏季冷却减湿的费用，因此，为了便于计算，围护结构的传热可采用稳定传热方法计算。这样，可以只给出一个冬季空调室外干球温度来计算新风负荷和围护结构传热。

《民用建筑供暖通风与空气调节设计规范》(GB 50736—2012)规定，冬季空调室外计算温度应采用历年平均不保证 1 天的日平均温度，我国部分主要城市的数值详见附录 H-1。

2. 冬季空调室外计算相对湿度的确定

冬季由于室外空气的含湿量远小于夏季，而且变化也很小。因此，只给出室外计算相对湿度，而不给出湿球温度。

《民用建筑供暖通风与空气调节设计规范》(GB 50736—2012)规定，冬季空调室外计算相对湿度应采用累年最冷月平均相对湿度，我国部分主要城市的数值详见附录 H-1。

4.3　空调负荷计算

4.3.1　得热量与负荷

在进行空调房间的负荷计算时，首先需要对得热量和负荷这两个术语的含义与关联有正确的认识。

得热量是指某一时刻由外界进入空调房间的热量和在空调房间内部所产生的热量的总和。根据性质的不同，得热量可分为潜热得热和显热得热两类，而显热得热又包括对流热和辐射热两部分。

冷负荷是指为了维持室内空气热湿参数恒定，在某一时刻需要从室内除去的热量，包括显热量和潜热量两部分。热负荷是指为了维持室内空气热湿参数恒定，在某一时刻需要向室内加入的热量，同样也包括显热量和潜热量两部分。如果把潜热量表示为单位时间内排除的水分，则可称为湿负荷。

得热量包括外围结构的传入热量、经门窗进入的太阳辐射热、空气渗透得热、人体散热、照明散热和机器设备散热等,其中以对流形式传递的显热和潜热得热部分,直接放散到室内空气中,立刻构成房间的冷负荷。而显热得热的另一部分是先以辐射热的形式投射到室内物体的表面上,在成为冷负荷之前,先被物体所吸收。物体表面吸收了辐射热后,温度升高,一部分以对流传热的形式传给附近空气,成为瞬时冷负荷,而另一部分热量则流入物体内部储存起来,这时得热量不等于冷负荷。但当物体的储热能力达到饱和后,即不能再储存更多的热量时,这时所接受的辐射热就全部以对流的方式传给周围的空气,全部变为瞬时冷负荷,这时得热量等于冷负荷,它们的关系如图 4-7 所示。

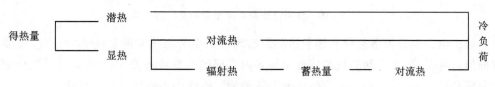

图 4-7 得热量与冷负荷之间的关系

经过围护结构进入空调房间的太阳辐射得热与空调房间冷负荷的关系如图 4-8 所示。由图可知,空调房间实际冷负荷的峰值比瞬时太阳辐射得热的峰值要低 40% 左右。因此,要是按照瞬时太阳辐射得热的峰值来选择空调设备,则会造成很大浪费。

此外,图 4-8 中冷负荷的大小也与围护结构的储热特性有关,当围护结构材料的储热能力(即材料的热容量)不同时,冷负荷也会有所不同。图 4-9 所示是不同热容量(热容量=质量×比热容)的围护结构对实际冷负荷的影响。一般建筑结构材料的比热容数值大致相等,因此,轻型结构(即材料的质量小)的储热能力比重型结构的储热能力小,它的冷负荷的峰值就比较高,峰值出现得也比较早。

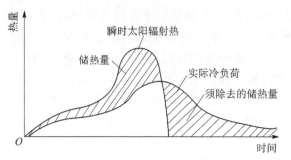

图 4-8 通过围护结构的太阳辐射得热
与房间实际冷负荷的关系

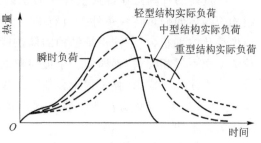

图 4-9 不同重量围护结构的蓄热
能力对冷负荷的影响

室内照明的得热与房间冷负荷的关系如图 4-10 所示。由图可知,灯光开启后,房间大部分的得热量通过辐射换热被室内各表面储存起来,随着时间的延续,储存的热量逐渐减少,各面和周边空气的对流换热不断增强,室内冷负荷也逐渐增大;灯光关闭后,房间的得热量为零,但冷负荷仍然存在,并在对流换热量最大时达到最大值;此后,室内各面储存的热量逐渐通过对流的方式全部传给室内空气。

由以上分析结果可知,在大多数情况下,空调房间冷、热负荷的大小与得热量有关,但并不相等。对于空调设计,首先要确定室内冷、热负荷的大小,因此需要掌握各种得热的对流和辐

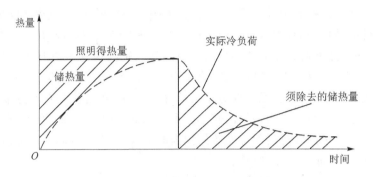

图 4 - 10　照明得热和实际冷负荷之间的关系

射换热的比例。而对流散热量和辐射散热量的比例大小又与热源的温度、室内空气温度和四周壁面温度有关,各表面间的长波辐射量与各内表面的角系数有关,因此准确计算其分配比例是比较复杂的。表 4 - 6 列出了一般情况下各种瞬时得热中不同成分的大概比例。

表 4 - 6　各种瞬时得热中的不同成分

得热类型	辐射热/%	对流热/%	潜热/%	得热类型	辐射热/%	对流热/%	潜热/%
太阳辐射(无内遮阳)	100	0	0	传导热	60	40	0
太阳辐射(有内遮阳)	58	42	0	人　体	40	20	40
荧光灯	50	50	0	机械或设备	20~80	80~20	0
白炽灯	80	20	0	—	—	—	—

4.3.2　空调房间冷负荷的形成及计算

冷负荷的计算是在得热量计算的基础上,再考虑太阳辐射和室外温度变化,以及围护结构等物体的储热特性条件下进行的。因为不同地区和不同季节的太阳辐射强度及室外温度变化差别很大,不同围护结构的储热能力也相差较大,因此,各类房间的得热量和冷负荷关系也不尽相同,使得即使一个最简单的房间负荷计算也需要通过求解一组庞大的偏微分方程组才能完成,计算过程十分烦琐。采用有限差分法可以对偏微分方程直接求得数值解,但计算量大,且该方法非一般工程设计人员所能掌握,因此,这就给冷负荷的计算带来了极大的不便。

为了使冷负荷计算方法能够达到在工程设计中应用的目的,国内外研究人员在开发可供空调工程师在设计中使用的负荷求解方法方面,进行了不懈努力。我国从 20 世纪 70 年代末就开展了新计算方法的研究,1982 年在原城乡建设环境保护部主持下通过了两种新的冷负荷计算法:谐波反应法和冷负荷系数法。这些方法针对我国的建筑物特点推出一批典型围护结构的冷负荷计算温度以及冷负荷系数,为我国的暖通空调设计人员提供了实用的设计工具。

本教材只介绍使用较为广泛的冷负荷系数法。冷负荷系数法是在传递函数法的基础上,为方便在工程中手算而建立起来的一种简化计算方法。由于传递函数法在计算由墙体、屋顶、窗户、照明、人体和设备的得热量或冷负荷时需要知道计算时刻 τ 以前的得热量或冷负荷,是一个递推的计算过程,需要用计算机计算。为了便于手工计算,引入瞬时冷负荷计算温度和冷负荷系数的方法来简化,因此,当计算某建筑物空调冷负荷时,可按照相应条件查出冷负荷计算温度和冷负荷系数,进而计算各得热方式形成的冷负荷。

1. 冷负荷计算温度

瞬时冷负荷计算温度是用于计算外墙、屋顶或外窗的瞬变传热所形成的逐时冷负荷。冷负荷计算温度的定义为

$$t_{\mathrm{L},\tau} = L_{\mathrm{q0},\tau}/K \tag{4-5}$$

式中,$t_{\mathrm{L},\tau}$——墙体、屋顶或外窗的瞬时冷负荷计算温度,℃,详见附录 H-2、附录 H-3 及附录 H-4;

$L_{\mathrm{q0},\tau}$——室内温度为零时单位面积外墙、屋顶或外窗的传热所形成的逐时冷负荷,$\mathrm{W/m^2}$;

K——相应围护结构的传热系数,$\mathrm{W/(m^2 \cdot K)}$。

因此,任一时刻单位面积墙体、屋面或外窗的传热形成的瞬时冷负荷可按照稳定传热的公式进行计算,即

$$L_{\mathrm{q},\tau} = K \cdot (t_{\mathrm{L},\tau} - t_{\mathrm{n}}) \tag{4-6}$$

式中,$L_{\mathrm{q},\tau}$——任一时刻单位面积墙体、屋面或外窗的传热所形成的瞬时冷负荷,$\mathrm{W/m^2}$;

t_{n}——空调房间室内空气温度,℃。

(1)外墙、屋顶的传热引起的瞬时冷负荷

1)墙体和屋面的分类

冷负荷计算温度 $t_{\mathrm{L},\tau}$ 是针对某一特定的墙体和屋面而言的,因为不同材料构成的墙体或屋面的 Z 传递函数系数是不同的。因此,为了简化计算,把墙体或屋面的构造分为六类,可按照不同结构的类型来选定它们的瞬时冷负荷计算温度,详见附录 H-5、附录 H-6。

2)冷负荷计算温度 $t_{\mathrm{L},\tau}$ 的修正

附录 H-2、附录 H-3 和附录 H-4 中列出的瞬时冷负荷计算温度 $t_{\mathrm{L},\tau}$ 是在下列特定条件下确定的:

地区:北京市,北纬 39°48′;

时间:七月份;

室外气温:日平均温度 29 ℃,最高气温 33.5 ℃,日气温波幅 9.6 ℃;

围护结构外表面换热系数:$\alpha_{\mathrm{w}} = 18.6\ \mathrm{W/(m^2 \cdot K)}$;

围护结构内表面换热系数:$\alpha_{\mathrm{n}} = 8.72\ \mathrm{W/(m^2 \cdot K)}$;

围护结构外表面吸收系数:$\rho = 0.9$;

房间的 Z 传递函数系数:$V_0 = 0.618$,$W_1 = -0.87$。

为了使上述特定条件下的瞬时冷负荷计算温度适用于其他地区和条件,需要对其进行修正:

$$t'_{\mathrm{L},\tau} = (t_{\mathrm{L},\tau} + t_{\mathrm{d}}) \cdot K_{\alpha} \cdot K_{\rho} \tag{4-7}$$

式中:

$t'_{\mathrm{L},\tau}$——修正后的墙体、屋面或外窗的瞬时冷负荷计算温度,℃;

t_{d}——地点修正值,详见附录 H-7;

K_{α}——围护结构外表面换热系数修正值,如表 4-7 所列;

表 4-7 外表面换热系数修正值

$\alpha_w/[\text{W}/(\text{m}^2 \cdot ℃)]$	14	16.3	18.6	20.9	23.3	25.6	27.9	30.2
K_a	1.06	1.03	1.0	0.98	0.97	0.95	0.94	0.93

K_ρ——围护结构外表面吸收系数修正值,计算墙体时:浅色 $K_\rho=0.94$,中色 $K_\rho=0.97$;计算屋面时:浅色 $K_\rho=0.88$,中色 $K_\rho=0.94$。

采用修正后的冷负荷计算温度后,单位面积墙体或屋面形成的瞬时冷负荷可用下式计算:

$$L_{q,\tau} = K \cdot (t'_{L,\tau} - t_n) \qquad (4-8)$$

(2)玻璃窗的传热引起的瞬时冷负荷

由玻璃窗传热引起的瞬时冷负荷计算式与式(4-8)相同,即

$$L_{q,\tau} = K \cdot (t'_{L,\tau} - t_n)$$

式中,$L_{q,\tau}$——单位面积玻璃窗的传热引起的瞬时冷负荷,W/m^2,总瞬时冷负荷应按窗口面积 F 计算;

$t'_{L,\tau}$——修正后玻璃窗的瞬时冷负荷计算温度,℃,可用下式计算:

$$t'_{L,\tau} = (t_{L,\tau} + t_d) \cdot K_a \qquad (4-9)$$

$t_{L,\tau}$——玻璃窗的瞬时冷负荷计算温度,℃,见表 4-8;

K——玻璃窗的传热系数,$\text{W}/(\text{m}^2 \cdot \text{K})$,见附录 H-8 和附录 H-9。当窗框情况不同时,按表 4-9 修正,有内遮阳时,单层玻璃窗的传热系数应减小 25%,双层玻璃窗的传热系数应减小 15%;

t_d——玻璃窗的地点修正系数,℃,见附录 H-10;

K_a——外表面换热系数修正值,见表 4-7。

表 4-8 玻璃窗的瞬时冷负荷计算温度 $t_{L,\tau}$

时　刻	0	1	2	3	4	5	6	7
$t_{L,\tau}/℃$	27.2	26.7	26.2	25.8	25.5	25.3	25.4	26.0
时　刻	8	9	10	11	12	13	14	15
$t_{L,\tau}/℃$	26.9	27.9	29.0	29.9	30.8	31.5	31.9	32.2
时　刻	16	17	18	19	20	21	22	23
$t_{L,\tau}/℃$	32.2	32.0	31.6	30.8	29.9	29.1	28.4	27.8

表 4-9 玻璃窗的传热系数修正值

窗框类型	单层窗	双层窗
全部玻璃	1.00	1.00
木窗框,80%玻璃	0.90	0.95
木窗框,60%玻璃	0.80	0.85
金属窗框,80%玻璃	1.00	1.20

2. 冷负荷系数

冷负荷系数是用于计算由外窗日射得热引起的瞬时冷负荷,以及由室内照明、设备和人体

得热引起的瞬时冷负荷。冷负荷系数的定义为

$$C_L = L_q / D_{j,max} \qquad (4-10)$$

式中，C_L——冷负荷系数，以北纬 27°30′ 为界，分为南北两区，详见附录 H-11～附录 H-14；

　　　L_q——某月通过单位面积无遮阳标准玻璃日射得热引起的瞬时冷负荷，W/m^2；

　　　$D_{j,max}$——不同纬度带各朝向七月份日射得热因素的最大值，W/m^2，见表 4-10。

表 4-10　夏季各纬度带的日射得热因素最大值

纬　度	S	SE	E	NE	N	NW	W	SW	水平
20°	130	311	541	465	130	465	541	311	876
25°	146	332	509	421	134	421	509	332	834
30°	174	374	539	415	115	415	539	374	833
35°	251	436	575	430	122	430	575	436	844
40°	302	477	599	442	114	442	599	477	842
45°	368	508	598	432	109	432	598	508	811
拉萨	174	462	727	592	133	693	727	462	991

根据事先求得的冷负荷系数，可按下面的简化公式计算出逐时冷负荷。

（1）日射得热引起的瞬时冷负荷

1）无外遮阳设施

$$LQ_{f,\tau} = F \cdot C_a \cdot C_s \cdot C_n \cdot D_{j,max} \cdot C_L \qquad (4-11)$$

式中，$LQ_{f,\tau}$——透过玻璃窗的日射得热引起的瞬时冷负荷，W；

　　　F——玻璃窗的面积，m^2；

　　　C_a——玻璃窗的有效面积系数，见表 4-11；

　　　C_s——玻璃的遮挡系数，见表 4-12；

　　　C_n——玻璃窗内遮阳系数，见表 4-13。

表 4-11　玻璃窗的有效面积系数 C_a

窗类别	单层钢窗	单层木窗	双层钢窗	双层木窗
C_a	0.85	0.7	0.75	0.6

表 4-12　窗玻璃的遮挡系数 C_s

玻璃类型	C_s
3 mm 标准玻璃	1.00
5 mm 普通玻璃	0.93
6 mm 普通玻璃	0.89
3 mm 吸热玻璃	0.96
5 mm 吸热玻璃	0.88
6 mm 吸热玻璃	0.83
双层 3 mm 普通玻璃	0.86
双层 5 mm 普通玻璃	0.78
双层 6 mm 普通玻璃	0.74

表 4－13　玻璃窗内遮阳设施的遮阳系数 C_n

窗内遮阳类型	颜　色	C_n
白布帘	浅色	0.50
浅蓝布帘	中间色	0.60
浅黄、紫红、深绿布帘	深色	0.65
活动百叶帘	中间色	0.60

2）有外遮阳设施

有外遮阳设施时日射得热引起的瞬时冷负荷由两部分组成，即

$$LQ_{f,\tau} = LQ_{f,s,\tau} + LQ_{f,r,\tau} \qquad (4-12)$$

式中，$LQ_{f,s,\tau}$——玻璃窗阴影部分的日射冷负荷，大小为

$$LQ_{f,s,\tau} + F_s \cdot C_s \cdot C_n \cdot [D_{j,max}]_n \cdot [C_L]_n \qquad (4-13)$$

$LQ_{f,r,\tau}$——玻璃窗阳光照射部分的日射冷负荷，大小为

$$LQ_{f,r,\tau} = F_r \cdot C_s \cdot C_n \cdot D_{j,max} \qquad (4-14)$$

式中，F_s——玻璃窗的阴影面积，m^2；

F_r——玻璃窗的阳光面积，m^2；

$[D_{j,max}]_n$——北向的日射得热因素最大值，W/m^2；

$[C_L]_n$——北向玻璃窗的冷负荷系数，详见附录 H－11～附录 H－14。

（2）照明得热引起的瞬时冷负荷

1）照明得热量

照明设备消耗的电能，一部分被转化为光能，而另一部分被转化为热能，这部分热能通过对流和辐射换热的方式传给室内空气。其中的辐射热部分不能直接被空气所吸收，而是先被室内的墙壁和物体表面所吸收，表面吸收热量后，温度升高，再以对流换热的方式将所吸收的辐射热量传给室内空气。

根据照明灯具类型和安装方式的不同，其得热量为

白炽灯：

$$Q = N \qquad (4-15)$$

荧光灯：

$$Q = n_1 \cdot n_2 \cdot N \qquad (4-16)$$

式中，Q——照明灯具的得热量，W；

N——照明灯具的功率，W；

n_1——镇流器消耗功率系数，当荧光灯镇流器明装时 $n_1 = 1.2$，当暗装在顶棚内时，$n_1 = 1.0$；

n_2——灯罩隔热系数，当荧光灯罩上部穿有小孔时，可通过自然通风散热至顶棚，$n_2 = 0.5～0.6$，当灯罩无通风小孔时，视为顶棚内通风情况，$n_2 = 0.6～0.8$。

2）照明得热引起的瞬时冷负荷

照明得热引起的瞬时冷负荷可通过下式计算：

$$LQ_\tau = Q_\tau \cdot C_L \qquad (4-17)$$

式中，LQ_τ——照明得热引起的瞬时冷负荷，W；

Q_τ——照明瞬时得热量，W；

C_L——照明冷负荷系数，见附录 H-15。

(3) 设备散热得热引起的瞬时冷负荷

1) 设备散热得热量

① 工艺设备散热得热量。

当工艺设备和电动机均在室内时，其得热量为

$$Q = 1\,000\,n_1 \cdot n_2 \cdot n_3 \cdot N/\eta \tag{4-18}$$

当工艺设备在室内，而电动机不在室内时，其得热量为

$$Q = 1\,000n_1 \cdot n_2 \cdot n_3 \cdot N \tag{4-19}$$

当工艺设备不在室内，而电动机在室内时，其得热量为

$$Q = 1\,000n_1 \cdot n_2 \cdot n_3 \cdot N \cdot (1-\eta)/\eta \tag{4-20}$$

式中，N——电动机的额定功率(安装功率)，kW；

η——电动机效率，可由产品样本查得，或按表 4-14 选取；

n_1——电动机容量利用系数(安装系数)，为最大实耗功率与安装功率之比，反映了电动机额定功率的利用程度，一般可取 0.7～0.9；

n_2——同时使用系数，即室内电动机同时使用的安装功率与总安装功率之比，一般可取 0.5～0.8；

n_3——负荷系数，每小时的平均实耗功率与设计最大实耗功率之比，反映了平均负荷达到最大负荷的程度，一般可取 0.5 左右，精密机床可取 0.15～0.4。

表 4-14 电动机效率

N/kW	0.25～1.1	1.5～2.2	3.0～4.0	5.5～7.5	10～13	17～22
η/%	76	80	83	85	87	88

② 电热设备散热得热量。

对于无保温密闭罩的电热设备散热，其得热量为

$$Q = n_1 \cdot n_2 \cdot n_3 \cdot n_4 \cdot N \tag{4-21}$$

式中，n_4——考虑排风带走的热量的系数，一般为 0.5，式中其他系数的意义同上。

③ 电子散热得热量：

$$Q = n_1 \cdot n_2 \cdot n_3 \cdot N \tag{4-22}$$

式中，n_3——对于计算机取 1.0，一般仪表取 0.5～0.9，式中其他系数的意义同上。

2) 设备得热引起的瞬时冷负荷

$$LQ_\tau = Q \cdot C_L \tag{4-23}$$

式中，Q——设备的得热量，W；

C_L——设备的冷负荷系数，见附录 H-16、附录 H-17。设备的冷负荷系数大小取决于与设备的连续使用小时数，以及从开始使用时刻到计算时刻的时间。

(4) 人体散热引起的瞬时冷负荷

1) 人体散热量

人体的散热量大小与性别、年龄、劳动强度、衣着情况和环境条件(温、湿度)等多种因

素有关。从性别和年龄上看,成年女子和儿童的散热量可分别按成年男子的85%和75%计算。

不同性质的空调房间会有不同比例的成年男子、女子和儿童数量,而成年女子和儿童的散热量要低于成年男子。为了实际计算方便,可以以成年男子为基础,乘以考虑各类人员组成比例的系数,即群集系数,则空调房间内人体的散热量常用下式计算:

$$Q_s = n_1 \cdot n_2 \cdot q_s \qquad (4-24)$$
$$Q_r = n_1 \cdot n_2 \cdot q_r \qquad (4-25)$$

式中,Q_s——人体的显热散热量;

$\quad Q_r$——人体的潜热散热量;

$\quad n_1$——室内人数;

$\quad n_2$——群集系数,见表4-15;

$\quad q_s$——不同室温和活动强度下成年男子的显热散热量,W,见表4-16;

$\quad q_r$——不同室温和活动强度下成年男子的潜热散热量,W,见表4-16。

表4-15 不同空调房间人员的群集系数 n_2

工作场所	群集系数 n_2	工作场所	群集系数 n_2
影剧院	0.89	图书阅览室	0.96
百货商店(售货)	0.89	工厂轻劳动	0.90
旅馆	0.93	银行	1.00
体育馆	0.92	工厂重劳动	1.00

表4-16 不同室温和活动强度情况下成年男子的散热散湿量

体力活动性质		热湿量	室内温度/℃										
			20	21	22	23	24	25	26	27	28	29	30
静坐	影剧院会堂阅览室	显热/W	84	81	78	74	71	67	63	58	53	48	43
		潜热/W	26	27	30	34	37	41	45	50	55	60	65
		全热/W	110	108	108	108	108	108	108	108	108	108	108
		湿量/(g·h⁻¹)	38	40	45	45	50	61	68	75	82	90	97
极轻劳动	旅馆体育馆手表装配电子元件	显热/W	90	85	79	75	70	65	61	57	51	45	41
		潜热/W	47	51	56	59	64	69	73	77	83	89	93
		全热/W	137	135	135	134	134	134	134	134	134	134	134
		湿量/(g·h⁻¹)	69	76	83	89	96	102	109	115	123	132	139
轻度劳动	百货商店化学实验室计算机房	显热/W	93	87	81	76	70	64	58	51	47	40	35
		潜热/W	90	94	100	106	112	117	123	130	135	142	147
		全热/W	183	181	181	182	182	181	181	181	182	182	182
		湿量/(g·h⁻¹)	134	140	150	158	167	175	184	194	203	212	220

体力活动性质		热湿量 (W) (g/h)	室内温度/℃										
			20	21	22	23	24	25	26	27	28	29	30
中等劳动	纺织车间印刷车间机加工车间	显热/W	117	112	104	97	88	83	74	67	61	52	45
		潜热/W	118	123	131	138	147	152	161	168	174	183	190
		全热/W	235	235	235	235	235	235	235	235	235	235	235
		湿量/(g·h⁻¹)	175	184	.196	207	219	227	240	250	260	273	283
重度劳动	炼钢车间铸造车间排练厅室内运动场	显热/W	169	163	157	151	145	140	134	128	122	116	110
		潜热/W	238	244	250	256	262	267	273	279	285	291	297
		全热/W	407	407	407	407	407	407	407	407	407	407	407
		湿量/(g·h⁻¹)	356	365	373	382	391	400	408	417	425	434	443

2) 人体散热引起的瞬时冷负荷

在人体的散热方式中,辐射散热约占总散热量的 40%,对流散热约占 20%,潜热约占 40%。人体的潜热和对流散热部分直接放散到室内空气中,立刻成为瞬时冷负荷,而辐射散热与日射等辐射传热情况类似,释放到空气中的热量存在滞后现象。人体散热引起的瞬时冷负荷可按下式计算:

$$LQ_\tau = Q_s \cdot C_L + Q_r \qquad (4-26)$$

式中,LQ_τ——人体冷负荷,W;

Q_s——人体的显热散热量,W;

Q_r——人体的潜热散热量,W;

C_L——人体的冷负荷系数,详见附录 H-18。人体的冷负荷系数与人员在室内的停留时间,以及从室外进入室内时刻到计算时刻的时间长短有关。

3. 通过内墙、楼板等室内围护结构传热引起的瞬时冷负荷

当空调房间的温度与相邻非空调房间的温度差大于 3℃时,则需要考虑由内围护结构的温差传热对空调房间形成的瞬时冷负荷,可按下式的稳定传热公式计算:

$$LQ_t = K \cdot F \cdot (t_{ls} - t_n) \qquad (4-27)$$

式中:LQ_t——内墙、楼板等内围护结构传热形成的瞬时冷负荷,W;

K——内围护结构的传热系数,W/(m² · K);

F——内围护结构的传热面积,m²;

t_n——夏季空调室内计算温度,℃;

t_{ls}——相邻非空调房间的平均计算温度,℃,可按下式计算:

$$t_{ls} = t_{wp} + \Delta t_{ls} \qquad (4-28)$$

式中,t_{wp}——夏季空调室外计算日平均温度,℃;

Δt_{ls}——相邻非空调房间的平均计算温度与夏季空调室外计算日平均温度的差值,℃,可按表 4-17 选取。

表 4 - 17　相邻非空调房间平均计算温度与夏季空调室外计算日平均温度的差值

邻室散热量/(W·m^{-3})	Δt_{ls}/℃
很少(如办公室、走廊等)	2～3
<23	3
23～116	5

4.3.3　空调房间湿负荷的形成及计算

空调房间室内空气的散湿量来源于室内湿源散发的湿量和室外空气渗入带进的湿量两部分,主要有以下几项:

① 室内人员的散湿量,包括呼吸和汗液蒸发向空气散发的湿量;

② 室外空气渗入带进的湿量;

③ 室内各种潮湿表面、液面或液流的散湿量;

④ 室内化学反应过程产生的湿量;

⑤ 食品或其他物料的散湿量;

⑥ 室内设备散湿量。

对于大多数空调房间来说,以上湿源的散湿量并不一定都有,但人体的散湿量和敞开水槽表面的散湿量是一般空调房间主要的散湿量来源。

1. 人体散湿量

人体的散湿量与性别、年龄、劳动强度、衣着情况和室内环境条件等因素有关。表 4 - 16 列出了成年男子在不同情况下的散湿量,与人体散热量的计算类似,成年女子和儿童可分别按成年男子散湿量的 85% 和 75% 进行计算。人体的散湿量可按下式计算:

$$W = n_1 \cdot n_2 \cdot w \qquad (4-29)$$

式中:W——人体的散湿量,g/h;

n_1——室内人数;

n_2——群集系数,见表 4 - 15;

w——不同室温和活动强度下,成年男子的散湿量,g/h,见表 4 - 16。

2. 敞开水槽表面散湿量

敞开水槽表面的散湿量可按下式计算:

$$W = \beta \cdot (P_{q,b} - P_q) \cdot F \cdot B/B' \qquad (4-30)$$

式中,W——敞开水槽表面的散湿量,g/h;

$P_{q,b}$——相应于水表面温度下的饱和空气的水蒸气分压力,Pa;

P_q——室内空气的水蒸气分压力,Pa;

F——蒸发水槽表面积,m^2;

β——蒸发系数(湿交换系数),kg/(N·s),用下式计算:

$$\beta = (a + 0.00363v) \cdot 10^{-5} \qquad (4-31)$$

B——标准大气压力,101 325 Pa;

B'——当地大气压力,Pa;

a——周围空气温度为 15～30 ℃时,不同水温下的扩散系数,kg/(N·s),见表 4 - 18;

v——水面上的空气流速,m/s。

表 4-18　不同水温下的扩散系数 (a)

水温/℃	<30	40	50	60	70	80	90	100
$a/[\text{kg}/(\text{N}\cdot\text{s})]$	0.004 6	0.005 8	0.006 9	0.007 7	0.008 8	0.009 6	0.010 6	0.012 5

4.3.4　空调房间热负荷的形成及计算

冬季,室内空气温度是由房间得热量与失热量的相对大小来决定的,当房间的得热量大于失热量时房间内空气温度会升高,反之则降低。当温度低于设计值时,为保证室内的空气温度,系统向房间加入的热量称为空调房间的热负荷。通常,空调冬季运行的经济性对空调系统的影响要比夏季小,因此,空调系统热负荷的计算一般是按稳定传热理论来执行,其计算方法与供暖系统热负荷的计算方法基本一样,不再赘述。

但在进行空调房间热负荷的计算时,应注意以下几点:

① 在计算围护结构的基本耗热量时,围护结构的传热系数应选用冬季传热系数;室外计算温度应选用冬季空调室外计算干球温度。

② 空调建筑的室内空气通常保持为正压状态,因而一般不计算由门窗缝隙渗入室内的冷空气,以及由门、孔洞等侵入室内的冷空气引起的热负荷。

③ 室内灯光、设备和人员产生的热量会抵消房间的部分热负荷,设计时如何扣除这部分室内得热量要进行实际分析。有的文献资料推荐:当室内发热量较大时(如办公建筑及室内灯光发热量为 30 W/m² 以上),可以扣除该发热量的 50% 后,用来抵消房间的部分热负荷。

④ 建筑物内区的空调热负荷过去都被视作零来考虑,但随着现代建筑内部热量的不断增加,使得建筑内区在冬季仍有余热,因此,该建筑内区需要空调系统常年供冷。

4.3.5　空调负荷的工程概算方法

在建筑房间空调冷热负荷的计算中,当计算条件不具备时(如在建筑设计尚未定局,没有详尽的建筑结构和房间用途资料作参考),或者在项目报审、招标等活动中为了预先估计空调工程的设备费用,而在时间上又不允许做详细的负荷计算时,可根据简化算法进行估算。《民用建筑供暖通风与空气调节设计规范》(GB 50736—2012)规定,除方案设计或初步设计阶段可使用冷负荷指标进行必要的估算之外,应对空调区进行逐项、逐时的冷负荷计算。也就是说,简化计算法仅限于做方案设计或初步设计时应用,在做施工图设计时必须进行逐时、逐项的冷负荷计算。否则,负荷估算结果会偏大,必然导致装机容量偏大、水泵配置偏大、末端设备偏大、管道直径偏大的"四大"现象。结果会导致工程初投资增大,运行费用和能源消耗量也会加大。

常见的空调冷热负荷的简化计算方法一般有两种:一种是把整个建筑物看成一个大空间,进行简约的计算;另一种是根据在实际工作中积累的空调负荷概算指标做粗略估算。

1. 简单计算法

简单计算法以围护结构和室内人员的负荷为基础,在估算时将整个建筑物看成一个大空间,按照建筑各面朝向计算负荷。室内人员每人的散热量按 116.3 W/人计算,最后将各项数量求和后,乘以新风负荷系数 1.5,即为估算结果。

$$Q = 1.5(Q_w + 116.3 \cdot n) \tag{4-32}$$

$$Q_w = K \cdot A \cdot \Delta t \tag{4-33}$$

式中,Q——空调系统估算的总冷负荷,W;

Q_w——围护结构引起的冷负荷,W;

n——室内人员数量;

K——围护结构的传热系数,W/(m² · ℃);

A——围护结构的传热面积,m²;

Δt——室内外空气温差,℃。

2. 空调冷负荷的设计指标

在空调系统的初步设计或规划设计阶段,为了初选空调设备等方面的需求,往往需要大致了解空调系统的供冷量、供热量、用电量、用水量,以及空调机房、制冷机房、锅炉房等设备用房的面积。这时在工程设计中,经常会参考已经运行的同类型空调建筑的设计负荷指标来估算所需要的空调冷热负荷。表4-19列出了我国部分建筑空调负荷设计的概算指标,可用于估算空调系统的冷热负荷。

表 4-19 我国部分建筑空调负荷指标统计值

建筑类型及房间名称		冷负荷指标/(W·m⁻²)	热负荷指标/(W·m⁻²)
宾馆、餐饮、娱乐类	客房(标准层)	80~110	60~70
	酒吧、咖啡厅	100~180	
	西餐厅	160~200	
	中餐厅、宴会厅	180~350	
	商店、小卖部	100~160	
	中庭、接待室	90~120	
	小会议室(允许少量吸烟)	200~300	
	大会议室(不允许吸烟)	180~280	
	理发、美容	120~180	
	健身房、保龄球馆	100~200	
	弹子房	90~120	
	室内游泳池	200~350	
	舞厅(交谊舞)	200~250	
	舞厅(迪斯科)	250~350	
	办公室	90~120	
办公楼(全部)	—	90~115	60~80
超高层办公楼		105~145	70~85
商场、百货大楼	底层	250~300	60~80
	二层或以上	200~250	
	超级市场	150~200	

建筑类型及房间名称		冷负荷指标/(W·m^{-2})	热负荷指标/(W·m^{-2})
医院	高级病房	80～110	65～80
	一般手术室	100～150	
	洁净手术室	300～450	
	X 光、CT、B 超诊断	120～150	
影剧院	舞台(剧院)	250～350	80～90
	观众席	180～350	
	休息厅(允许吸烟)	300～350	
	化妆室	90～120	
体育馆	比赛厅	120～300	120～150
	观众休息厅(允许吸烟)	300～350	
	贵宾室	100～120	
展览厅、博物馆、陈列室		130～200	90～120
会堂、报告厅		150～200	120～150
图书馆、阅览室		75～100	50～75
公寓、住宅		80～90	45～70

注:①上述指标为总建筑面积的冷热负荷指标,建筑物的总建筑面积小于 5 000 m^2 时,取上限值,大于 10 000 m^2 时,取下限值。

② 按上述指标确定的冷热负荷即为制冷剂容量,不必再加系数。

③ 由于不同地区差异较大,上述负荷指标供参考,设计时应以本地区主管部门和设计部门推荐的指标为准。

4.3.6　软件辅助计算简介

随着计算机技术的发展和广泛应用,在暖通行业中对计算机的使用也越来越广泛。目前,在空调负荷计算的应用中已出现了多种辅助软件,其计算逐时冷、热负荷的原理基本相同,冷负荷的计算原理主要为谐波法和冷负荷系数法,热负荷的计算原理主要为稳定传热理论。辅助计算软件大大提高了专业设计计算的效率,是从事暖通设计行业人员所必须掌握的辅助工具,其中应用较为普遍的空调负荷辅助计算软件主要有天正暖通、鸿业暖通、浩辰暖通等。

本小节以 T20 天正暖通 V8.0 软件为例,介绍空调负荷计算的软件操作方法。具体计算原理读者可自行查阅软件说明、帮助或相关参考文献。

1. 参数设置

打开"天正暖通"软件,在【计算】菜单栏下,单击【负荷计算】即可启动,负荷计算界面如图 4 - 11 所示。

选择【新建工程 1】→【基本信息】,可对工程名称、工程地点、朝向修正和户间传热等信息进行设置。该软件已根据《民用建筑供暖通风与空调调节设计规范》(GB 50736—2012)将全国近 200 个城市的室外气象设计参数和逐时温度导入到资料库,当设置好工程地点所在城市后,即可自动对应出该城市的冬夏季空调或采暖室外设计参数,从而为负荷计算提供重要的基础数据,如图 4 - 12 所示。

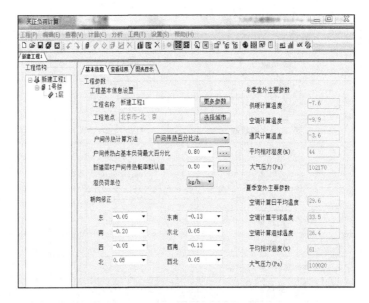

图 4 - 11　天正暖通负荷计算界面

图 4 - 12　工程所在城市对应的室外气象参数界面

　　选择【1 号楼】→【基本信息】,可对建筑基本信息、修正系数、供暖方式、热负荷考虑这些内部热源百分比、围护结构参数和冷风渗透计算方式进行设定,如图 4 - 13 所示。其中,在围护结构参数设置中,可对围护结构的传热系数和类型进行选定和设置,方便在负荷计算中调取,如图 4 - 14 和图 4 - 15 所示。需要说明的是,系统会自动保存和默认首选设置好的围护结构的传热系数、名称和类型用于计算,以减少计算时的数据输入操作。

2. 空调冷热负荷的计算

　　在【1 层】下新建空调房间,可对房间的名称、面积、高度和室内设计参数进行设置,如图 4 - 16 及图 4 - 17 所示。

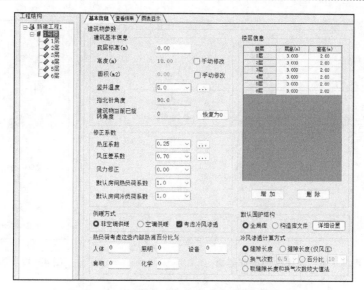

图 4-13　工程项目中建筑信息参数设置界面

图 4-14　围护结构传热系数设置界面

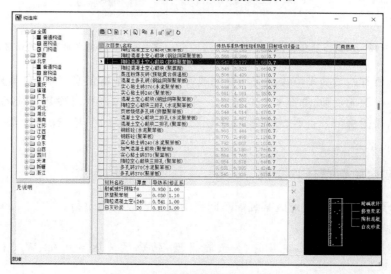

图 4-15　围护结构类型设置界面

图 4-16 新建房间操作界面　　　　　图 4-17 房间信息设置界面

在【添加负荷】下拉栏目下,可对该房间空调冷热负荷的来源进行添加,如图 4-18 所示。

以外墙的负荷计算为例,可对外墙的面积、朝向、传热系数、墙体颜色修正和墙体类型等进行综合设置,如图 4-19 所示。

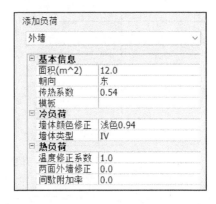

图 4-18 房间冷热负荷来源的添加　　　　图 4-19 外墙负荷来源的信息设置

在对房间所有的负荷来源添加完毕并完成设置后,在"基本信息"区即自动显示计算的总负荷及各分项来源的负荷,如图 4-20 所示。在工具栏中,可选择对冷热负荷的计算。此外,为便于计算结果的携带及查看,软件提供了计算结果的导出功能,单击【出计算书】,即可将结果导出为 excel 表格。

4.3.7　空调房间负荷计算实例

【例 4-2】　试计算广州地区某装配车间夏季的空调设计冷负荷。

已知条件:

①屋顶:结构同附录 H-6 中序号 1,属 Ⅲ 型,传热系数 $K=0.93$ W/($m^2 \cdot$ K),面积 $F=40$ m^2;

②南墙:双层玻璃钢窗,内挂浅色窗帘,面积 $F=16$ m^2;

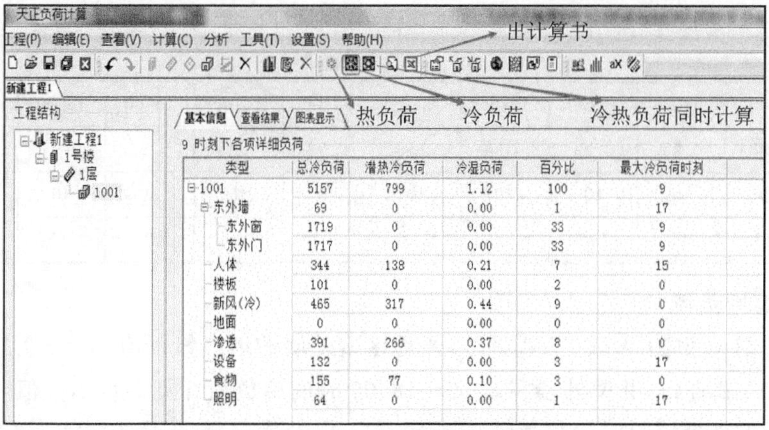

图 4 - 20　负荷结果的查看

③ 南墙:红砖砌墙,结构同附录 H - 5 中序号 2,属Ⅱ型,传热系数 $K = 1.50$ W/(m² · K),面积 $F = 22$ m²;

④内墙:邻室包括走廊,温度与车间相同;

⑤车间内有 8 人工作,时间为 8:00~18:00;

⑥车间空调室内设计温度 $t_n = 27$ ℃;

⑦室内压力稍高于室外大气压;

⑧其余未注明条件均按照冷负荷系数法中的基本条件确定。

解　由于室内压力稍高于室外大气压,故不需要考虑因室外空气渗透所引起的冷负荷。现分项计算各部分产生的冷负荷。

1. 屋顶冷负荷

屋顶冷负荷的计算式为

$$LQ_\tau = K \cdot F(t'_{L,\tau} - t_n) \tag{4 - 34}$$

式中,瞬时冷负荷计算温度 $t'_{L,\tau} = (t_{L,\tau} + t_d) \cdot K_\alpha \cdot K_\rho$。

由条件⑧可知,α_w、α_n、ρ 都采用北京地区的特定条件,则有 $K_\alpha = 1.0, K_\rho = 1.0$;

由附录 H - 7 查得,广州地区屋顶的地点修正值 $t_d = -0.5$ ℃

由附录 H - 3 查得,屋顶在 8:00~18:00 时的冷负荷计算温度 $t_{L,\tau}$ 值,代入瞬时冷负荷计算温度计算式即可计算出修正后的屋顶瞬时冷负荷计算温度 $t'_{L,\tau}$,以及屋顶的瞬时冷负荷 LQ_τ。计算结果列于表 4 - 20 中。

表 4 - 20　不同时间的屋顶冷负荷

屋顶冷负荷	时间										
	8:00	9:00	10:00	11:00	12:00	13:00	14:00	15:00	16:00	17:00	18:00
$t_{L,\tau}$	34.1	33.1	32.7	33.0	34.0	35.8	38.1	40.7	43.5	46.1	48.3
t_d	−0.5	−0.5	−0.5	−0.5	−0.5	−0.5	−0.5	−0.5	−0.5	−0.5	−0.5
$t'_{L,\tau}$	33.6	32.6	32.2	32.5	33.5	35.3	37.6	40.2	43.0	45.6	47.8
$t'_{L,\tau} - t_n$	6.6	5.6	5.2	5.5	6.5	8.3	10.6	13.2	16.0	18.6	20.8

屋顶冷负荷	时 间										
	8:00	9:00	10:00	11:00	12:00	13:00	14:00	15:00	16:00	17:00	18:00
K	0.93	0.93	0.93	0.93	0.93	0.93	0.93	0.93	0.93	0.93	0.93
F	40	40	40	40	40	40	40	40	40	40	40
LQ_τ	246	208	193	205	242	309	394	491	595	692	774

2. 南外墙冷负荷

计算公式同 1,由附录 H－7 查得,广州地区南外墙的地点修正值 $t_d=-1.9\ ℃$。

由附录 H－2 查得,Ⅱ型外墙在 8:00～18:00 时的冷负荷计算温度 $t_{L,\tau}$ 值,代入式中即可计算出修正后的南外墙瞬时冷负荷计算温度 $t'_{L,\tau}$,以及南外墙的瞬时冷负荷 LQ_τ。计算结果列于表 4－21 中。

表 4－21 南外墙冷负荷

南外墙冷负荷	时 间										
	8:00	9:00	10:00	11:00	12:00	13:00	14:00	15:00	16:00	17:00	18:00
$t_{L,\tau}$	34.6	34.2	33.9	33.5	33.2	32.9	32.8	32.9	33.1	33.4	33.9
t_d	－1.9	－1.9	－1.9	－1.9	－1.9	－1.9	－1.9	－1.9	－1.9	－1.9	－1.9
$t'_{L,\tau}$	32.7	32.3	32.0	31.6	31.3	31.0	30.9	31.0	31.2	31.5	32.0
$t'_{L,\tau}-t_n$	5.7	5.3	5.0	4.6	4.3	4.0	3.9	4.0	4.2	4.5	5.0
K	1.50	1.50	1.50	1.50	1.50	1.50	1.50	1.50	1.50	1.50	1.50
F	22	22	22	22	22	22	22	22	22	22	22
LQ_τ	188	175	165	152	142	132	129	132	139	149	165

3. 南外窗冷负荷

(1) 温差传热引起的冷负荷

玻璃外窗由于温差传热引起的冷负荷计算公式为

$$LQ_\tau=K\cdot F(t'_{L,\tau}-t_n) \tag{4-35}$$

式中,$t'_{L,\tau}=(t_{L,\tau}+t_d)\cdot K_a$。

由附录 H－4 及附录 H－9 查得,基本条件下有 $\alpha_w=18.6\ W/(m^2\cdot K)$,$\alpha_n=8.72\ W/(m^2\cdot K)$,双层钢窗的传热系数 $K=3.01\ W/(m^2\cdot K)$。

由表 4－9 查得,双层金属窗框的传热系数修正值为 1.2,则 $K=3.01×1.2=3.61\ W/(m^2\cdot K)$。

由表 4－7 查得,当 $\alpha_w=18.6\ W/(m^2\cdot K)$ 时,外表面换热系数修正值 $K_a=1.0$。

由附录 H－10 查得,广州地区玻璃窗冷负荷的地点修正值 $t_d=1.0\ ℃$。

由表 4－8 查得,玻璃窗在 8:00～18:00 时的逐时冷负荷计算温度 $t_{L,\tau}$ 值,代入式中即可计算出修正后的玻璃窗逐时冷负荷计算温度 $t'_{L,\tau}$,以及玻璃窗的逐时冷负荷 LQ_τ。计算结果列于表 4－22 中。

表 4 - 22　南外窗温差传热引起的冷负荷

冷负荷	时　间										
	8:00	9:00	10:00	11:00	12:00	13:00	14:00	15:00	16:00	17:00	18:00
$t_{L,\tau}$	26.9	27.9	29.0	29.9	30.8	31.5	31.9	32.2	32.2	32.0	31.6
t_d	1.0	1.0	1.0	1.0	1.0	1.0	1.0	1.0	1.0	1.0	1.0
$t'_{L,\tau}$	27.9	28.9	30.0	30.9	31.8	32.5	32.9	33.2	33.2	33.0	32.6
$t'_{L,\tau}-t_n$	0.9	1.9	3.0	3.9	4.8	5.5	5.9	6.2	6.2	6.0	5.6
K	3.61	3.61	3.61	3.61	3.61	3.61	3.61	3.61	3.61	3.61	3.61
F	16	16	16	16	16	16	16	16	16	16	16
LQ_τ	52	110	173	225	277	318	341	358	358	347	323

（2）日射得热引起的冷负荷

玻璃窗由日射得热引起的冷负荷计算公式为

$$LQ_{f,\tau}=F \cdot C_a \cdot C_s \cdot C_n \cdot D_{j,max} \cdot C_L \tag{4-36}$$

根据标准条件下采用的是 3 mm 厚平板玻璃，由表 4 - 11 查得双层钢窗的有效面积系数 $C_a=0.75$。

由表 4 - 13 查得玻璃窗内挂浅色窗帘的内遮阳系数 $C_n=0.6$。

广州地区的纬度数值为 23°8'，由表 4 - 7 查得南向七月份的日射得热因素的最大值 $D_{j,max}=146$ W/m²。

由于广州地区位于北纬 27°30' 以南，则可由附录 H - 14 查得南区有内遮阳玻璃窗的逐时冷负荷系数 C_L，将各项数值代入式（4 - 36）即可计算得出玻璃窗日射得热引起的逐时冷负荷 $LQ_{f,\tau}$，计算结果列于表 4 - 23 中。

表 4 - 23　南外窗日射得热引起的冷负荷

冷负荷	时　间										
	8:00	9:00	10:00	11:00	12:00	13:00	14:00	15:00	16:00	17:00	18:00
$C_{L,\tau}$	0.47	0.60	0.69	0.77	0.87	0.84	0.74	0.66	0.54	0.38	0.20
$F \cdot C_a$	12	12	12	12	12	12	12	12	12	12	12
C_s	0.86	0.86	0.86	0.86	0.86	0.86	0.86	0.86	0.86	0.86	0.86
C_n	0.60	0.60	0.60	0.60	0.60	0.60	0.60	0.60	0.60	0.60	0.60
$D_{j,max}$	146	146	146	146	146	146	146	146	146	146	146
LQ_τ	425	542	624	696	787	759	669	597	488	344	181

4. 人体散热引起的冷负荷

由人体散热引起的冷负荷计算公式为

$$LQ_\tau=Q_s \cdot C_{L,\tau}+Q_r \tag{4-37}$$

式中，$Q_s=n_1 \cdot n_2 \cdot q_s$，$Q_r=n_1 \cdot n_2 \cdot q_r$。

由于手表装配属于轻度劳动，由表 4 - 16 查得，当室内温度为 27 ℃时，成年男子散发的显热和潜热分别为:$q_s = 57$ W,$q_r = 77$ W/人。

由表 4-15 查得,群集系数 $n_2 = 0.90$,且已知 $n_1 = 8$ 人,则有

$$Q_s = 8 \times 0.90 \times 57 = 410 \text{ W}$$

$$Q_r = 8 \times 0.90 \times 77 = 554 \text{ W}$$

由附录 H-16 查得,人体散热冷负荷系数 C_L 的逐时值。从 8:00～18:00 点,工作人员在室内的总小时数为 10 h,对于 8 点的冷负荷系数,室内人员的停留小时数按前一天 8 点上班对第二天 8 点的影响考虑,即按 24 h 的停留时间考虑。

将各项数值代入人体散热引起的冷负荷 LQ_τ 计算式,可计算得出人体散热的逐时冷负荷 LQ_τ,计算结果列于表 4-24 中。

表 4-24　人体散热引起的冷负荷

冷负荷	时间										
	8:00	9:00	10:00	11:00	12:00	13:00	14:00	15:00	16:00	17:00	18:00
$C_{L,\tau}$	0.06	0.53	0.62	0.69	0.74	0.77	0.80	0.83	0.85	0.87	0.89
Q_s	410	410	410	410	410	410	410	410	410	410	410
$Q_s \cdot C_{L,\tau}$	24.6	217.3	254	283	303	316	328	340	349	358	365
Q_r	554	554	554	554	554	554	554	554	554	554	554
LQ_τ	579	771	808	837	857	870	882	894	903	911	—

把 1～4 项中的逐时冷负荷汇总并相加,结果列于表 4-25 中。

表 4-25　各项冷负荷汇总表

各项冷负荷	时间										
	8:00	9:00	10:00	11:00	12:00	13:00	14:00	15:00	16:00	17:00	18:00
屋顶	246	208	193	205	242	309	394	491	595	692	774
南外墙	188	175	165	152	142	132	129	132	139	149	165
南窗传热	52	110	173	225	277	318	341	358	358	347	323
南窗日射	425	542	624	696	787	759	669	597	488	344	181
人体	579	771	808	837	857	870	882	894	903	911	919
总冷负荷	1 490	1 806	1 963	2 115	2 305	2 388	2 415	2 472	2 483	2 443	2 362

由冷负荷汇总表可看出,该空调车间最大冷负荷出现的时间是 16:00 时,其最大冷负荷数值为 2 483 W,即该空调车间的夏季室内设计冷负荷。

4.4　空调房间送风状态与送风量的确定

在已知空调冷(热)湿负荷的基础上,本节介绍消除室内余热、余湿,维持室内空气设计参数所需要的送风状态和送风量,其是选择空气处理设备的重要依据。下面分别讨论夏季和冬季送入空调房间空气的状态和空气量。

4.4.1　夏季送风状态及送风量的确定

图 4-21 为一个空调房间的送风示意图。由图可知,该房间室内的余热量(即室内冷负荷)为 Q(W),余湿量为 W(kg/s)。为了消除余热、余湿,保持室内空气状态为 N 点,则需要向房间送入数量为 G(kg/s)、状态为 $O(h_O,d_O)$ 的低焓值和低含湿量的空气。当送入的空气吸收室内余热和余湿后,由状态 O 变为状态 $N(h_N,d_N)$ 而排除,从而保证了室内空气状态维持在 h_N、d_N。

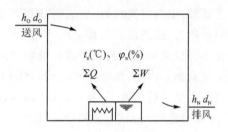

图 4-21　空调房间送风示意图

系统达到热平衡后,可得

$$Gh_O + Q = Gh_N$$

或
$$h_N - h_O = Q/G \tag{4-38}$$

根据湿平衡可得

$$G \cdot d_O/1\,000 + W = G \cdot d_N/1\,000$$

或
$$(d_N - d_O)/1\,000 = W/G \tag{4-39}$$

式中,h_O——送入空调房间的空气的焓,kJ/kg$_{干空气}$;

d_O——送入空调房间的空气的含湿量,g/kg$_{干空气}$;

h_N——排出空调房间的空气的焓,kJ/kg$_{干空气}$;

d_N——排出空调房间的空气的含湿量,g/kg$_{干空气}$。

式(4-39)中除以 1 000 是将 g/kg$_干$ 的单位化为 kg/kg$_干$。由于送入室内的空气同时吸收了余热量 Q 和余湿量 W,其状态则由 $O(h_O,d_O)$ 变为 $N(h_N,d_N)$。将式(4-38)和式(4-39)相除,即可得送入房间空气由 O 点变为 N 点时的状态变化过程(或方向)的热湿比(或角系数)ε。

$$\varepsilon = \frac{Q}{W} = \frac{h_N - h_O}{\left(\dfrac{d_N - d_O}{1\,000}\right)} \tag{4-40}$$

这样,在 h-d 图上就可利用热湿比 $\varepsilon = Q/W$ 的过程线来表示送入空气吸收室内热湿负荷的状态变化过程,如图 4-22 所示。可以看出,只要送风状态点 O 位于通过室内空气状态点 N 的热湿比线上,那么将一定数量的 O 点状态的空气送入室内,就能够同时吸收室内的余热和余湿,进而保证室内要求的空气状态 $N(h_N,d_N)$。

由于送入的空气同时吸收余热、余湿,则根据公式(4-38)和式(4-39)可知,送风量必定满足下式:

$$G = \frac{Q}{h_N - h_O} = \frac{W}{d_N - d_O} \times 1\,000 \tag{4-41}$$

对于特定的空调房间,其 Q 和 W 是已知的,室内空气状态点 N 在 h-d 图上的位置也已确定,因此,只要经 N 点作出 $\varepsilon = Q/W$ 的过程线,又在该线上确定 O 点,进而就能算出所需的空气量 G。由图 4-22 可知,凡是位于 N 点以下在该过程线上的任意一点,均可作为送风状态 O 点。O 点的选取决定了送风量 G 的大小,很明显,O 点距 N 点愈近,送风焓差(或温差)

就愈小,则送风量就愈大;反之,送风温差会愈大,送风量则会愈小。

通常,室内空气状态 N 点与送风状态 O 点之间的温度差被称为"送风温差",即 $\Delta t_O = t_N - t_O$。空调送风温差的大小直接关系到空调工程的初投资和运行费用的大小,同时关系到室内温、湿度分布的均匀性和稳定性。在保证既定技术要求的前提下,加大送风温差具有突出的经济意义,送风温差增大一倍,送风量可以减小一半,空调系统的材料消耗和投资减少约 40%,动力消耗减小约 50%;送风温差在 4~8 ℃ 范围内每增加 1 ℃,送风量可减小 10%~

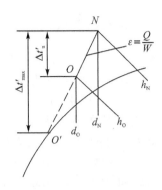

图 4-22 送入空气状态变化过程线

15%。但送风温度过大,送风量过小时,可能会使室内人员感受到冷气流作用的不舒适感,甚至引起疾病,还很容易在送风口产生结露滴水现象,也会导致室内温度和湿度分布的均匀性和稳定性受到影响。此外,送风温差的选取还与拟采用的送风方式有很大关系,因为不同的送风方式具有不同的送风温差。对于混合式通风,可以加大送风温差;但对于置换通风,送风温差就不宜加大送风温差。

因此,在空调设计中,正确选用送风温差是一个相当重要的问题。按照《民用建筑供暖通风与空气调节设计规范》(GB 50736—2012)和《公共建筑节能设计标准》(GB 50189—2015)规定,应根据送风口类型、安装高度、气流射程长度以及是否贴附等因素确定送风温差,在满足舒适和工艺要求的条件下,宜加大送风温差。一般舒适性空调送风口高度小于或等于 5 m 时,5 ℃$\leqslant \Delta t_O \leqslant$10 ℃;送风口高度大于 5 m 时,10 ℃$\leqslant \Delta t_O \leqslant$15 ℃。工艺性空调的送风温差要求如表 4-26 所列。

表 4-26 工艺性空调的送风温差和换气次数

室温允许波动范围/℃	送风温差 Δt_O/℃	每小时换气次数 n/(次/h)	室温允许波动范围/℃	送风温差 Δt_O/℃	每小时换气次数 n/(次/h)
>±1.0	≤15	5(高大空间除外)	±0.5	3~6	8
±1.0	6~9		±0.1~0.2	2~3	12(工作时间不送风的除外)

通风空调中通常把由送风温差所确定的送风量折合成换气次数,用以表示送风的合理性。所谓换气次数 n,即房间送风量 G_V(m^3/h)和房间容积 V(m^3)的比值,$n = Q/V$(次/h)。

通常,在已知空调房间冷负荷 Q、湿负荷 W 和室内控制状态点 N 时,可按下列步骤确定送风状态和计算送风量:

① 在湿空气 $h-d$ 图上确定室内空气状态点 N;

② 根据空调房间的热负荷 Q 和湿负荷 W,求出热湿比 $\varepsilon = Q/W$,再通过 N 点画出过程线 ε;

③ 根据规范要求选取合适的送风温差 Δt_O,求出送风温度 t_O,在 $h-d$ 图上 t_O 等温线与 ε 过程线的交点 O 即为送风状态点;

④ 根据式(4-41)计算送风量,并按规范要求校核换气次数。

【例 4 - 3】　某空调房间夏季的总余热量 $Q=3\,314$ W，总余湿量 $W=0.264$ g/s，要求室内全年保持空气状态参数为 $t_N=22\pm1$ ℃，$\varphi_N=55\pm5\%$，当地大气压为 101 325 Pa，求送风状态参数和送风量。

解　① 求热湿比 $\varepsilon=Q/W=3314/0.264=12600$；

② 在 $h-d$ 图上（见图 4 - 23）确定室内空气状态点 N（$t_N=22$ ℃，$\varphi_N=55\%$），通过该点画出 $\varepsilon=12\,600$ 的过程线。

③ 取送风温差 $\Delta t_0=8$ ℃，则送风温度 $t_0=22-8=14$ ℃。从而查 $h-d$ 图，得

$$h_0=36 \text{ kJ/kg}, \qquad h_N=46 \text{ kJ/kg}$$
$$d_0=8.6 \text{ g/kg}, \qquad d_N=9.3 \text{ g/kg}$$

④ 计算送风量。

按消除余热：$G=Q/(h_N-h_0)=3\,314/(46-36)$ kg/s$=0.33$ kg/s；

按消除余湿：$G=W/(d_N-d_0)=0.264/(9.3-8.5)$ kg/s$=0.33$ kg/s；

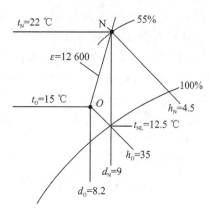

图 4 - 23　例题 4 - 2 图

按消除余热和余湿所求通风量相同，说明计算无误。

⑤ 若给出该空调房间的体积 V，就能进行换气次数的校核。

4.4.2　冬季送风状态及送风量确定

对于冬季的空调房间，通过围护结构的温差传热往往是由室内传向室外，只有室内热源，如人体、照明灯具和用电设备等向室内散热，因此冬季室内余热量往往比夏季小得多，甚至余热量为负值，说明需要向房间补充热量。冬季室内的余湿量一般与冬夏基本相同，这样冬季房间的热湿比小于夏季，也可能是负值。

由于冬季送热风的送风温差值可比夏季送冷风时的送风温差值大，所以冬季送风量可以比夏季小，故空调送风量一般是先确定夏季送风量，冬季可采取与夏季相同的送风量，也可低于夏季。全年采取固定送风量是比较方便的，只需要调节送风参数即可。而冬季通过采用提高送风温度来减少送风量的做法，则可以节约电能，尤其对较大的空调系统，减少送风量的经济意义更为突出。当然，减少送风量也是有所限制的，它必须保证最少换气次数的要求，其次送风温度也不宜过高，一般以不超出 45 ℃ 为宜。

【例 4 - 4】　仍按例题 4 - 3 的基本条件，如冬季总余热量 $Q=-1\,105$ W，总余湿量 $W=0.264$ g/s，试确定冬季的送风状态参数和送风量。

解　① 冬季热湿比 $\varepsilon=-1\,105/0.264=-4\,190$；

② 在 $h-d$ 图上（见图 4 - 24）确定室内空气状态点 N，通过该点画出 $\varepsilon=-4\,190$ 的过程线。

③ 采用全年送风量不变的设计来计算送风参数。由于冬夏室内湿负荷相同，所以冬季送风含湿量应与夏季相同，即

$$d_0'=d_0=8.6 \text{ g/kg}$$

在 $h-d$ 图上过 N 点作 $\varepsilon=-4\,190$ 的过程线，它与 $d_0'=8.6$ g/kg 等含湿量线的交点即为冬季

的送风状态点 O'。查 $h-d$ 图得: $h'_O=49.35$ kJ/kg, $t'_O=28.5$ ℃。

实际,在全年送风量不变的条件下,送风量是已知数,因而可算出送风状态,即

$h'_O=h_N+Q/G=46+1.105/0.33=49.35$ kJ/kg

由 $h-d$ 图查得: $t'_O=28.5$ ℃。

④ 如希望冬季减小送风量,提高送风温度,例如使 $t''_O=36$ ℃,则在 $\varepsilon=-4\,190$ 过程线上可得到 O'' 点。

由 $h-d$ 图查得: $h''_O=54.9$ kJ/kg, $d''_O=7.2$ g/kg

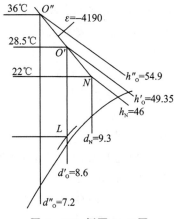

图 4-24 例题 4-3 图

送风量则为

$$G=-1.105/(46-54.9)=0.125 \text{ kg/s}=450 \text{ kg/h}$$

4.5 新风量的确定和空气平衡

一个完善的空调系统,除了满足对空调区温、湿度控制以外,还必须给房间提供足够的室外新鲜空气(简称新风)以保证房间的空气品质,因此一般情况下,空调送风空气由新风和回风组成,以改善室内空气品质。从改善室内空气品质角度考虑,新风量越多越好;而从空调系统对新风热、湿处理的能量消耗角度考虑,新风量越少就越经济。但是也不能无限制地减少新风量,因而在系统设计时,必须确定最小新风量。

4.5.1 空调房间最小新风量确定

新风量的多少是影响空调负荷的重要因素之一,同时也是影响空调房间室内空气品质好坏的重要因素。新风量少了,会使室内卫生条件恶化,甚至成为"病态建筑";而新风量多了,会使空调负荷加大,造成能量浪费。所以,合理地计算房间所需新风量对空调系统设计具有重要意义。

通常确定空调房间最小新风量的依据有以下四个方面。

(1) 室内卫生要求

在人们长期停留的空调房间内,新鲜空气的多少对卫生健康有着直接的影响。长期以来,人们普遍认为"人"是室内仅有的污染源。因此,新风量的确定一直沿用每人每小时所需最小新风量($m^3/(h \cdot 人)$)这个概念。

近年来人们发现建筑物内还有其他污染源。因为随着化学工业的飞速发展,越来越多的新型化学建材、装潢材料、家具等进入了建筑物内,并在室内散发大量的污染物。因此,确定新风量的观念应该有所改变,即再也不能单一地只考虑人造成的污染,而必须同时考虑室内其他污染源带来的污染。也就是说,室内卫生要求所需新风量,应该是稀释室内人员污染和建筑物污染的两部分之和。

但从人体呼吸造成的污染考虑,人体总要不断地吸入氧气,呼出二氧化碳,如果新风量不足,就不能供给人体足够的氧气,影响人体健康。稀释室内人员污染物所需的新风量主要根据

室内卫生要求、人员的活动和工作性质,以及在室内的停留时间等因素确定。如果长时间不给空调房间供给新风,则二氧化碳浓度会超标,人体会感到不适。卫生要求的最小新风量,民用建筑主要是对降低二氧化碳的浓度来确定的,计算式为

$$G_{w1} = \rho_w X / (Y_n - Y_O) \tag{4-42}$$

式中,G_{w1}——空调房间所需要的新风量,kg/h;

　　X——室内产生的二氧化碳含量,L/h;

　　Y_n——室内二氧化碳允许的含量,L/m³,可按表 4-27 选取;

　　Y_O——室外新风中的二氧化碳含量,L/m³;对于一般的农村和城市,Y_O 在 0.33~0.5 L/m³(0.5~0.75 g/kg)的范围内;

　　ρ_w——新风的密度,kg/m³。

表 4-27　室内二氧化碳(CO_2)的最高允许浓度

房间性质	CO_2 允许含量	
	L/m³	g/kg
人长期停留的地方	1	1.5
儿童和病人停留的地方	0.7	1.0
人周期性停留的地方(机关)	1.15	1.75
人短期停留的地方	2.0	3.0

在实际工程中,工业建筑一般可按规范确定:不论每人占房间体积多少,新风量均按大于等于 30 m³/(h·人)选用;《公共建筑节能设计标准》(GB 50189—2015)关于公共建筑空调新风量的规定参见表 4-28 选取。

表 4-28　公共建筑新风量标准

建筑类型与房间名称		新风量/[m³·(h·人)⁻¹]
旅游旅馆	客房　5 星级	50
	客房　4 星级	40
	客房　3 星级	30
	餐厅、宴会厅、多功能厅　5 星级	30
	餐厅、宴会厅、多功能厅　4 星级	25
	餐厅、宴会厅、多功能厅　3 星级	20
	餐厅、宴会厅、多功能厅　2 星级	15
	大堂、四季厅　4~5 星级	10
	商业、服务　4~5 星级	20
	商业、服务　2~3 星级	10
	美容、美发、康乐设施	30
旅店	客房　1~3 级	30
	客房　4 级	20

建筑类型与房间名称		新风量/[m³·(h·人)⁻¹]
文化娱乐	影剧院、音乐厅、录像厅	20
	游艺厅、舞厅(包括 KTV 歌厅)	30
	酒吧、茶座、咖啡厅	10
体育馆		20
商场(店)、书店		20
饭馆(餐厅)		20
办公		30
学校	教室 小学	11
	教室 初中	14
	教室 高中	17

（2）补充局部排风量

如果建筑物内有燃气热水器、燃气灶和火锅等燃烧设备，系统必须给空调区补充新风，以弥补燃烧所耗的空气，保证燃烧设备的正常工作。燃烧所需的空气量可从燃烧设备的产品样本中获得，也可以根据相关公式计算而得。如果空调房间有排风设备，为了不使房间产生负压，至少应补充与局部排风量相等的室外新风。

$$G_{W2}=G_P \tag{4-43}$$

式中，G_{W2}——空调房间补风所需新风量，m^3/h；

G_P——空调房间的局部排风量，kg/h。

（3）保持室内正压所需的新风量

为了防止外界未经处理的环境空气渗入空调房间，干扰室内控制参数，有利于保证房间清洁度和室内参数少受外界干扰，需在空调系统中用一定的新风来保持房间的正压，即用增加一部分新风量的办法，使室内空气压力高于外界压力，然后再让这部分多余的空气从房间门缝隙等不严密处渗透出去。

舒适性空调室内正压值不宜过小，也不宜过大，一般采用 5 Pa 的正压值就可以了。当室内正压值为 10 Pa 时，保持室内正压所需的风量每小时约为 1.0～1.5 次换气，舒适性空调的新风量一般都能满足此要求。室内正压值超过 50 Pa 时，会使人感到不舒适，而且须加大新风量，增加能耗，同时开门也较困难。因此规定正压值不应大于 50 Pa。对于工艺性空调，因与其相通房间的压力差有特殊要求，其压差值应按工艺要求确定。

不同窗缝结构情况下内外压差为 ΔH 时，经窗缝的渗透风量可参考图 4-25 确定。因此，可以根据室内需要保持的正压值，确定系统新风量。

（4）新风除湿所需新风量

随着空调技术的发展，温湿度独立控制系统等新型空调系统形式广泛应用到实际工程中。对于这些空调系统，新风须承担全部或部分室内湿负荷，如温湿度独立控制系统中的新风就须承担空调房间的全部湿负荷。在这些空调系统中，新风除了须满足室内卫生要求及风量平衡原则外，还须满足除湿的要求。

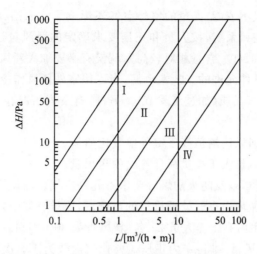

Ⅰ—窗缝有气密设施,平均缝宽 0.1 mm;Ⅱ—有气密压条,可开启的木窗户,缝宽 0.2~0.3 mm;
Ⅲ—气密压条安装不良,优质木窗框,缝宽 0.5 mm;Ⅳ—无气密压条,中等质量以下的木窗框,缝宽 1~1.5 mm

图 4 - 25　内外压差作用下每米窗缝的渗透风量

空调区除湿需要的新风量可按下式进行计算:

$$G_{w3} = 3\,600\,W/\rho(d_N - d_X) \tag{4-40}$$

式中,G_{w3}——空调区除湿所需新风量,m^3/h;

　　W——新风需承担的空调区湿负荷,g/s;

　　ρ——新风密度,kg/m^3;

　　d_N——空调区空气的含湿量,$g/kg_干$;

　　d_X——新风送风含湿量,$g/kg_干$。

因此,根据上述空调房间最小新风量须满足的条件,可按图 4 - 26 所示确定流程。

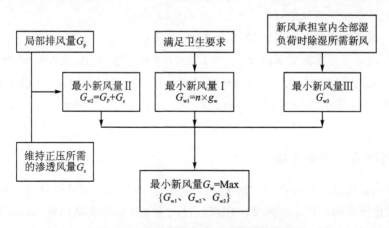

图 4 - 26　空调房间最小新风量的确定流程

在实际工程设计中,通常按照上述条件确定出新风量中的最大值作为系统的最小新风量。但是在全空气系统中,当按上述要求计算出来的新风量不足总送风量的 10% 时,则取送风量的 10% 作为最小新风量,以确保空调房间的卫生和安全。但温湿度波动范围要求很小或净化程度要求很高,以及房间换气次数特别大的系统不在此列。这是因为通常温、湿度波动范围要求很小或洁净度要求很高的空调区送风量一般都很大,如果要求最小新风量达到送风量的

10%,新风量也很大,不仅不节能,大量的室外空气还影响了室内温、湿度的稳定,增加了过滤器的负担。一般舒适性空调系统,按人员和正压要求确定的新风量达不到10%,同时室内人员较少,CO_2浓度也较低时(O_2含量相对较高),就没有必要加大新风量。

对于舒适性空调和条件允许的工艺性空调,当可用室外新风作冷源时,应最大限度地使用新风,以提高空调区的空气品质(如过渡季节)。另外,有下列情况存在时,应采用全新风空调系统:

① 夏季空调系统的回风比焓值高于室外空气比焓值。

② 系统各空调区排风量大于按负荷计算出的送风量。

③ 室内散发有害物质,以及防火防爆等要求不允许空气循环使用。

④ 采用风机盘管或循环风空气处理机组的空调区,应设有集中处理新风的系统。

【例 4 - 5】 某空调室内有工作人员 25 名(新风量为 30 $m^3/(h \cdot 人)$),室内体积 320 m^3,室内有局部 230 m^3/h 排风量,维持室内正压需要换气次数为 1.5 次/h,求该空调房间的最小新风量。

解 由题已知条件可得

① 保证室内卫生要求需要新风量:$L_1 = 25 \times 30 = 750$ m^3/h;

② 补偿局部排风要求需要新风量:$L_2 = 230$ m^3/h;

③ 维持室内正压要求需要新风量:$L_3 = 1.5 \times 320 = 480$ m^3/h;

④ 该空调房间最小新风量:$L = \text{Max}\{L_1, L_2 + L_3\} = \text{Max}\{750, 710\} = 750$ m^3/h。

【例 4 - 6】 空调室内有工作人员 18 名(新风量为 12 $m^3/(h \cdot 人)$),空调房间为 7.5 $m \times$ 7.2 $m \times$ 3.2 m,室内有局部 220 m^3/h 排风量,维持室内正压需要换气次数为 1.2 次/h,空调冷负荷为 13 kW,送风温差为 8 ℃,求该空调房间的最小新风量。

解 由题已知条件可得

① 保证人员所需要新风量:$L_1 = 18 \times 12 = 216$ m^3/h;

② 补偿局部排风要求需要新风量:$L_2 = 220$ m^3/h;

③ 维持室内正压要求需要新风量:$L_3 = 1.2 \times 7.5 \times 7.2 \times 3.2 = 207.4$ m^3/h;

④ 空调总送风量的 10% 为:$L_4 = 13 \div 8 \div 1.2 \div 1.01 \times 3600 \times 10\% = 482.7$ m^3/h;

⑤ 该空调房间最小新风量:$L = \text{Max}\{L_1, L_2 + L_3, L_4\} = \text{Max}\{216, 427.4, 482.7\} = 482.7$ m^3/h

4.5.2 空调房间的风量平衡

空调设计的新风量是指在设计工况下,应向空调房间提供的室外新鲜空气量,是出于经济和节约能源考虑所采用的最小新风量。在春秋过渡季节可以加大新风量,提高新风百分比,甚至可以全新风运行,以便最大限度地利用自然冷源,进行免费供冷。因此无论在空调设计时,还是在空调系统运行时,都应十分注意空调系统风量平衡的问题。

例如,风管设计时,要考虑各种情况下的风量平衡,按其风量最大时考虑风管的断面尺寸,并设置必要的调节阀,以便能在各种工况下实现各种风量平衡的可能性。

对于全年新风量可变的空调系统,以及在室内要求正压并借助门窗缝隙渗透排风的情况,其房间的空气平衡关系如图 4 - 27 所示。设房间总送风量为 G,门窗的渗透风量为 G_s,从回

风口吸走的风量为 G_x,进入空调箱的回风量为 G_h,排风量为 G_p,新风补充风量为 G_w,则

① 对空调房间有:$G=G_x+G_s$;

② 对空调箱有:$G=G_h+G_w$;

③ 对空调系统有:$G_w=G_s+G_p$。

当过渡季节采用的新风量比设计工况下的新风量大,且要求室内正压恒定时,必然有 $G_w>G_h$ 及 $G_w>G_s$,而 $G_x-G_h=G_p$,G_p 即为系统要求的机械排风量。通常在回风管上安装回风机和排风管进行排风,根据新风的多少来调节排风量(新风阀门和回风阀门连接控制),以保持室内恒定的正压,这一系统称为全新风系统。

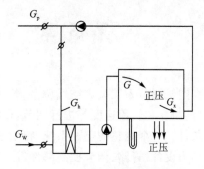

图 4-27 空调系统风量平衡关系

本章小结

本章首先根据人体的热平衡方程和热舒适要求确定了室内空气设计参数,并根据室外气象参数的变化规律,以及空调负荷的特点和节能要求确定了室外计算参数;然后又分析了房间得热量和空调负荷之间的关系,并详细介绍了空调房间冷负荷、热负荷和湿负荷的计算方法,以及空调负荷的工程概算方法和软件辅助计算方法;最后,分别介绍了房间空调系统在夏季和冬季送风状态点的确定原则和送风量的计算方法,并对空调房间和空调系统最小新风量的确定依据做了介绍。

习 题

1. 什么是人体的热舒适区? PMV-PPD 指标怎样评价人体热环境的舒适程度?

2. 一天内室外空气干球温度和相对湿度的日变化规律有何不同? 原因何在?

3. 夏季空调室外计算参数有哪些? 它们分别是如何计算的?

4. 什么是空调房间的得热量和冷负荷? 两者有什么区别和联系?

5. 什么是空调基数和空调精度?

6. 通常,空调房间湿负荷的来源有哪些?

7. 夏季空调的送风温差受到哪些因素的影响?

8. 试计算西安市正午 12 时的室外计算温度。

9. 确定房间最小新风量的依据是什么? 多个房间的最小新风量如何确定?

10. 某空调房间室内全热冷负荷为 85 kW,湿负荷为 9.7 g/s。已知送风状态点 O:$h_O=42$ kJ/kg,$t_O=16$ ℃,$d_O=10.25$ g/kg,室内状态点 N:$h_N=55.5$ kJ/kg干空气,$t_N=25$ ℃,$d_N=11.8$ g/kg,新风百分比为 20%。试求:①热湿比;②送风量;③新风量。

11. 某工艺性空调房间共有 10 名工作人员,人均最小新风量要求不少于 30 m³/(h·P),该房间设置了工艺要求的局部排风系统,其排风量为 250 m³/h,保证房间正压所要求的风量为 200 m³/h。试求该房间空调系统最小设计新风量应为多少?

第5章　空调系统方案选择

空气调节系统又称空气调节,简称空调。它是用人工方法对受控区域内空气的温度、湿度、洁净度和气流速度等进行调节,以满足使用者及生产过程的要求和改善劳动卫生和室内气候条件。一个完整的空调系统,特别是规模较大的系统要包括冷热源、空气处理末端设备、空气动力设备、管路、调节控制部件等。它的任务是对将要送入各房间的空气进行加热、冷却、加湿、减湿和过滤等处理,以保证经处理后送入各空调房间的空气的温度、湿度及洁净度能达到设计规定的指标,满足生产和生活的需要。空调系统方案的确定将直接影响工程造价,运行管理及维修费用等经济指标。

【教学目标与要求】

(1) 了解空调系统的不同分类方式及各自特点;
(2) 掌握集中式空调系统的夏季空气处理方案;
(3) 掌握半集中式空调系统的夏季空气处理方案;
(4) 了解全分散空调系统的概念、工作原理及 VRV 空调系统;
(5) 了解变风量空调系统的工作原理和末端装置。

【教学重点与难点】

(1) 一、二次回风系统的夏季处理方案及冷量分析;
(2) 空气-水风机盘管系统的处理方案;
(3) VRV 户式中央空调系统设计。

【工程案例导入】

随着社会的发展,建筑能耗在总能耗中所占的比例越来越大,而在建筑能耗里,用于暖通空调的能耗又占建筑能耗的 30%～50%,且在逐年上升。空调系统给人们的工作、生活营造了良好的环境,同时也消耗了大量能源,那么如何选择合适的空调系统使人们能在享受舒适环境的同时还能最大限度地节约能源? 这就需要明确各种空调系统方案的优缺点、适用范围等。同时还必须根据建筑物的用途和性质、热湿负荷的特点,温湿度的调整和控制的规定,空调机房的面积和位置,初投资和系统运行及调整的灵活性和经济性,根据技术性、经济性和使用效果综合比较后,择优选用空调系统方案,从而使空调的综合效果达到最优。

5.1　空气调节系统的分类

空调系统是实现空气调节目的的"硬件"保证,它一般由空气处理设备和空气输送管道以及空气分配装置所组成,空调系统虽然只有三大部分,但是却可以根据需要组成许多不同形式的系统。由于系统的主要组成部件不同以及其负担室内负荷所用介质种类的不同,使得空调系统的类型很多。根据不同的服务对象及使用要求,被调节参数的控制精度也不相同。例如,对于一般的民用舒适性空调,室内空气温度的控制精度可以为 $\pm 2\,℃$,而工艺性空调可能是 $\pm 0.5\,℃$、$\pm 0.1\,℃$,甚至更小;在舒适温度范围内,空气的相对湿度可以在 $30\% \sim 80\%$,但对纺织、印刷等工艺,相对湿度就有比较严格的要求;民用空调对空气中可吸入颗粒物以质量浓度 $0.15\,mg/m^3$ 为控制标准,而净化空调则以大于等于某一个控制粒径的粒子计数浓度为控制标准;对空气中有害气体的控制标准也大不一样,民用空调通常以有害气体的 ppm(10^{-6} 体积分数)值来控制,而净化空调要用 ppb(10^{-9} 体积分数)甚至 ppt(10^{-12} 体积分数)来制定控制标准。不同的控制标准对系统的设计、设备的选择及运行控制方式等都会提出明显不同的技术要求,同时系统的造价和运行能耗造也会有大的不同。只有全面深入地了解各种空调系统的构成与特点,并掌握其设计方法,才能为室内建筑或房间设计出最合适的空调系统。

5.1.1 按空气处理设备的位置情况分类

1. 集中式空调系统

集中式空调系统又称中央空调,该系统的所有空气处理设备,如过滤器、加湿器、加热器、冷却器、风机等设备全部设置在一个集中的空调机房内,经过处理的空气通过送风管分送到各空调区域。大多数空调系统采用回风进行节能,回风可通过回风管道返回至空调机房。集中式系统的本质是空气集中处理,在空调房间内不再有二次空气处理设备。集中式系统也就是全空气系统,通常应用于空气处理要求比较高的科研、生产场合以及民用建筑内的高大空间。该系统由冷水机组、热泵、冷/热水循环系统、冷却水循环系统(风冷冷水机组无需该系统),以及末端空气处理设备(如空气处理机组、风机盘管)等组成。

集中式空调系统因为采用了由不同功能段组合而成的空调机组,因此可以根据需要实现对空气完善的处理。此系统处理空气量大,而且有集中的冷、热源,运行可靠,便于管理和维修;在空调区域没有冷冻水及冷凝水管道,避免了可能发生的漏水、滴水问题;同时,由于室内没有湿表面,不易滋生细菌,卫生条件比较好。但它需要空调机房,且需要较高的建筑层高以布置送回风管;当处理风量比较大时,对建筑、结构及其他设备专业的要求比较高;由于采用回风,因此不同空调区域的空气会通过回风相混合,存在交叉污染的可能;当一个系统服务于多个要求不同的空调区域时,在分区域调节控制方面比较复杂,甚至会难以达到控制要求。

2. 分散式空调系统

分散式空调系统又称局部机组式系统。它是将空气处理设备(通常为风机盘管、室内机等)分散设置在各空调区域内,独立地对该区域的空气进行处理,处理过程所需的冷热工质可以是集中供给的。分散式空调系统不设集中空调机房,而是把冷/热源、空气处理设备及输送设备等集中设置在一个箱体中,形成一个紧凑的空调系统即空调机组,并根据需要将其设置在空调室内或空调室相邻的房间里直接承担室内负荷。分散式系统具有布置灵活、调节方便、节省空间等优点,但也存在空气处理标准与能力较低、湿度控制不佳、设备噪声大、凝结水排放及与建筑装修配合等问题。因此,它适用于空调面积较小的房间,或建筑物中仅个别房间需要安装空调的情况。

3. 半集中式空调系统

半集中式空调系统又称为混合式空调系统,是既有集中也有分散的空气处理设备,是发挥集中式和分散式空调系统的优点,并克服两者的缺点的一种空调系统形式。其中集中设置在空调机房的空气处理设备,仅处理部分空气,并将集中处理的空气分送各空调区域;部分空气处理设备分散设置,独立处理各自区域的空气,而末端装置大多数属于冷热交换设备(亦称二次盘管),它们或对室内空气进行就地处理,或对来自集中处理设备的空气进行补充再处理,其主要功能是处理室内循环空气以减少集中式新风机组的负担。带有集中新风处理系统的多联机系统也属此类。半集中式空调系统的空气处理设备所需的冷热量需要由另外专门配备的冷热源(如冷水机组或锅炉房)供给。

5.1.2 按负担室内负荷所用的介质分类

1. 全空气系统

全空气系统是指室内负荷全部由经过处理的空气来负担的空调系统,属于集中式系统。由于送入的空气可以经过集中净化处理,送风中的有害物含量较低,所以还可以有效消除室内的污染负荷,实现较高的室内洁净度,这是其他形式的系统难以实现的。该系统夏季送入温、湿度较低的空气,吸收了室内的余热和余湿后排出房间,冬季则相反。

根据送风量是否可变,全空气系统又分为定风量系统和变风量系统。定风量系统控制比较简单,通过调节送风的温度或间断性送风来适应空调负荷的变化。变风量系统可以采用调节送风量(或结合调节送风温度)的方法适应负荷变化,后者的调节效果优于前者,但系统及控制要复杂得多。变风量系统从理论上讲要比定风量系统节能,但若设计、安装与调试存在问题,也可能达不到预期的节能效果。

另外,全空气系统由于空气的比热容较小,需要较大的空气流量才能达到消除余热余湿的目的,因此该系统要求有较大断面的风道,占用建筑空间较多,但室内卫生条件好。它适用于层高较高及人流量大的公共建筑,如商场、火车站候车室、影剧院、体育馆等。集中式空调系统一般属于此类系统,如图 5-1(a)所示。

2. 全水系统

空调房间内的室内热湿负荷全部由经过处理的水来承担的空调系统(主要以风机盘管为主),称为全水系统,属于分散式系统。夏季送入温度较低的水,在室内空气处理设备中吸收了室内空气的余热和余湿后排出房间。由于水的比热远大于空气,所以处理同样的室内负荷所需的水量远小于空气量,水管的尺寸远小于风管,可以少占空间与层高就能满足要求。因此与全空气系统相比,其管道所占的空间将减小许多。但全水系统无法解决室内的污染负荷,解决不了空调房间的通风换气问题,也不能对室内空气加湿,室内空气品质较差,所以除了住宅等一些可以通过其他手段通风换气和湿度控制要求不高的场合,一般不单独采用。另外,由于水管进入空调区域,还可能产生水渗漏等问题。因此在实际工程中采用得较少。全水系统如图 5-1(b)所示。

3. 空气-水系统

空调房间内的室内热湿负荷由空气和水共同负担,属于半集中式系统。其优点是既可减小全空气系统的风道占用建筑空间较多的矛盾,又可向空调房间提供一定的新风换气,改善空调房间的卫生要求。该系统调节方便灵活,又能满足室内的卫生要求,所以应用十分广泛。根据房间内的末端设备形式不同可分为以下三种系统:空气-水风机盘管系统、空气-水诱导器系统、空气-水辐射板系统。目前,广泛采用的空气-水系统是风机盘管加新风系统,如图 5-1(c)所示。

4. 制冷剂系统

制冷剂系统中室内负荷全部由送入室内的制冷剂负担,属于分散式系统。设于室内的空气处理装置在夏季实质上是制冷系统的蒸发器,对于热泵式机组冬季转换为冷凝器。由于制冷剂管道不能长距离输送,因此这种系统只适用于分散安装的小型空调机组。家用分体式空调属于制冷剂系统,如图 5-1(d)所示。

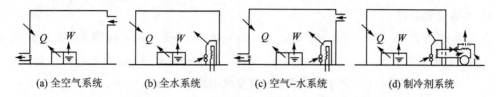

| (a) 全空气系统 | (b) 全水系统 | (c) 空气-水系统 | (d) 制冷剂系统 |

图 5-1　按负担室内热、湿负荷所用介质种类分类的空调系统示意图

5.1.3　按系统处理的空气来源分类

1. 封闭式系统

空调机处理的空气全部来自空调房间本身,而不用新风补充,即室内空气经处理后,再送回室内消除室内的热、湿负荷。因此,空调房间和空调机之间形成了一个全封闭式环路,如图 5-2(a)所示。

由于是对室内空气循环使用,因此系统耗冷、热量少,比较节省,但室内污染无法排除,空气质量难以保证。如果要长期使用,必须考虑空气的净化与再生问题。在大多数住宅和少数办公、商业等建筑中应用的前提是具备开门窗通风换气的条件。因此,此系统主要应用于特殊场合,如潜艇、人防工程及战时隔绝式通风等战备工程及很少有人进出的仓库工程等。

2. 直流式系统

由室外吸入空调机进行处理的空气称为新风,当空调系统使用的空气全部由室外新风组成,该新风经空调机处理后,进入空调室,消除室内的热、湿负荷后,再由排风口全部排出室外的空调系统称为直流式空调系统即全新风系统。由于采用全新风,室内空气质量可以得到较好的保证,避免了采用回风可能造成的交叉污染。但系统耗冷/热量大、能耗高,通常只用于室内散发有害物量大、危险性大、不允许采用回风的场合。为了节能,条件允许时可以考虑对排风采用合适的热回收技术。空调直流式系统如图 5-2(b)所示。

3. 混合式系统

由上述两种系统可知,全回风系统不能满足卫生要求,而全新风系统经济不合理,它们均只能在特定的情况下使用,对于大多数场合则需要综合以上两种系统的利弊,采用新回风混合

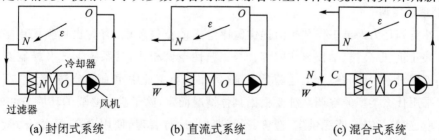

| (a) 封闭式系统 | (b) 直流式系统 | (c) 混合式系统 |

图 5-2　普通集中式空调系统的三种形式

式系统(见图 5 - 2(c))。该系统在处理一部分新风进入空调房间的同时,又按设计规定,抽取部分回风,使二者混合后再经空调机的处理送入空调房间。这种系统既能满足卫生要求,又能节约冷量或热量,兼顾节能与健康,经济合理,是目前应用较广泛的形式。

5.1.4 按风道中空气流速分类

1. 高速空调系统

在高速空调系统中,干管的空气流速一般均在 20～30 m/s 范围内,民用建筑高于 12 m/s,工业建筑高于 15 m/s。这样可以大大减小风道断面尺寸,由此也会产生耗电量增加以及运行噪声等问题,因此可用于层高受限、布置风道困难的建筑物中。

2. 低速空调系统

低速空调系统风管中的空气流速一般控制在 8～12 m/s 范围内,最高风速也不会超过 14 m/s,主风管风速民用建筑低于 10 m/s,工业建筑低于 15 m/s。此空调系统风道断面较大,需要占较大的建筑空间,但耗能小、且噪声低,因此一般的空调系统均采用这种类型。

5.1.5 按系统风量调节方式分类

1. 定风量空调系统

定风量式空调系统是指送风量全年固定不变,当房间负荷变化时靠改变送风温度来适应空调区的负荷变化,并利用空调设备对空气进行较完善的集中处理后,通过风道系统将具有一定品质的空气送入空调房间或一个大型工业厂房,实现其环境控制的目的。

2. 变风量空调系统

变风量系统是利用改变送风量来适应空调区的负荷变化而在整个过程中送风温度保持一定的全空气空调系统。如果室内负荷下降,该系统就减少送风量,该系统在满足空调房间舒适需要的同时,还具有非常显著的节能效果。

5.1.6 按服务对象分类

1. 工艺性空调

工艺性空调是为工农业生产、科研、军事、航天等领域的生产科研过程提供满足特定要求的空气环境。根据具体工艺要求,所控制的环境参数及精度、系统形式与技术含量有很大差别。如果上述环境中有操作人员,还必须考虑人员的健康与舒适要求。

2. 舒适性空调

舒适性空调是为人员工作和生活提供健康舒适的空气环境,有时也称为民用空调。通常应用于公共建筑、办公楼、学校与住宅等。与工艺性空调相比,其系统形式及控制要求相对简单。有些工程对象中同时包含上述两类系统,例如工业企业中也有办公楼、食堂、宿舍等。具体工程应采用什么类型的空调系统要根据具体情况而定,除了满足必要的环境条件外,还要考虑周边环境、建筑、结构、能源供应、造价、运行费用、运行管理、使用寿命、环境友好性等因素。同类工程的技术方案可能有相似性,同一工程中可以包含不同类型的空调系统。

5.2 集中式空调系统

5.2.1 集中式空调系统简介

1. 概念及组成

集中式空调系统又称中央空调,是指对送入空调区域的空气进行集中处理,达到需要的送风状态,然后经风机、风管及风口送入室内的系统。普通集中式空调系统是低速、定风量的全空气系统。它由空气处理设备,空气输送及分配装置,冷、热源装置,自动控制和自动检测系统等组成。其中,空气处理设备包括过滤器、预热器、冷却器、喷水室、再热器等;空气输送设备包括送风机、回风机、风道系统,以及装在风道上的风道调节阀、防火阀、消声器和风机减振器等配件;空气分配装置包括设在空调房间的各种送风口和回风口;热源装置包括锅炉或热交换站、热媒管道系统;冷源装置包括空调制冷装置、冷媒管道系统、冷却塔及冷却水泵等。集中式空调系统是出现最早、至今仍在广泛使用的一种空调系统。

2. 分 类

集中式空调系统按照空气来源不同,分为全新风系统、全回风系统和新回风混合式系统三种形式。除了少数全部采用室外新风及无法或无须使用室外新风的特殊工程采用直流式和封闭式外,大都采用新回风混合系统,从而达到既保证室内卫生要求同时又能最大限度的节能。在处理空气时,为了最大可能地满足节能要求,大多数场合都要利用相当量的回风,根据回风引用次数不同,集中式空调系统可分为一次回风和二次回风两种形式。常见的全新风系统、一次回风系统和二次回风系统流程如图5-3所示。

3. 特 点

常用的集中式空调系统设备有空调机组、新风机组、变风量空调机组等,其优点有:

① 空气处理设备、制冷设备集中布置在机房,热源集中在交换站等区域,便于集中管理和集中监测及控制。

② 能满足对空气的各种处理要求,室内空气质量容易得到保证,

③ 过渡季节可充分利用室外新风,如转为全新风运行方式,可减少制冷机运行时间。

④使用集中式空调系统可以对空调区域的温度、湿度和空气清洁度进行精细调节。

⑤ 使用寿命较长。

⑥ 初投资和运行费用较小,消声隔振效果好。

其缺点有:

① 风道断面大,占用空间大,适宜于民用与工业建筑中有较大空间布置设备和管路的场所;

② 安装设备的机房面积较大,占用建筑空间大;

③ 风管及冷热水、冷却水管路布置复杂,安装工作量大,施工周期较长;

④ 难以满足不同房间或区域负荷有变化的空调送风,并会造成一定的能量浪费;

⑤ 各房间之间有风管连通,不利于防火排烟。

4. 适用场所

集中式空调系统服务面积大,处理空气多,便于集中管理,是最常用、最基本的空调系统。

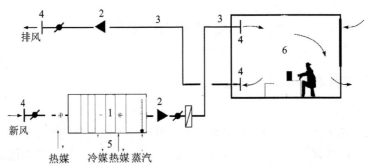

1—空调设备；2—通风机；3—送回风道；4—风口；5—冷热源系统；6—受控房间

(a) 全新风系统组成

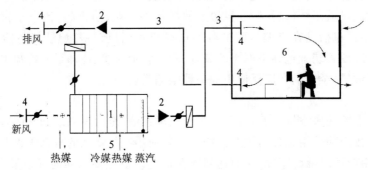

1—空调设备；2—通风机；3—送回风道；4—风口；5—冷热源系统；6—受控房间

(b) 一次回风系统组成

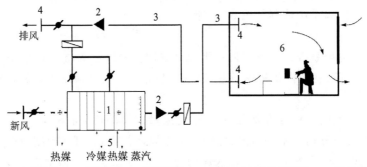

1—空调设备；2—通风机；3—送回风道；4—风口；5—冷热源系统；6—受控房间

(c) 二次回风系统组成

图 5－3　集中式空调系统组成

它适用于室内空调新风量需求变化幅度大的建筑；多层楼宇、多分隔空间的建筑，空调区域湿、热负荷变化情况相类似的建筑环境；全年随着不同的季节和同一个季节内的不同时间段需要多工况节能运行调节的建筑环境。工程实际中，常用于工厂、大型公共建筑（体育场馆、商场、剧场）等有较大空间可设置风管的场合。

5.2.2　全新风系统

　　全新风系统又称为直流式系统，是将全部来自室外的空气经过设在机房的新风机组进行集中热湿处理，到达送风状态要求后，经过风管系统送入室内吸收余热、余湿后又全部排出。

因此室内空气可得到 100% 的置换,卫生效果好,但能耗较大。

全新风系统的优点在于:

① 提供新鲜空气。送风空气质量好,一年 365 天,每天 24 小时源源不断为室内提供新鲜空气,不用开窗也能享受大自然的新鲜空气,满足人体的健康需求。

② 驱除有害气体。能有效驱除室内油烟异味、香烟味、CO_2、细菌、病毒等。

③ 防霉除异味。全新风系统能将室内潮湿污浊空气全部排出,根除异味,防止发霉和滋生细菌,有利于延长建筑及家具的使用寿命。

④ 可以减少噪声污染。无须忍受开窗带来的纷扰,使室内更安静更舒适。

⑤ 防尘。避免开窗带来大量的灰尘,有效过滤室外空气,保证进入室内的空气洁净。

全新风系统的缺点在于:

① 损耗室内冷(热)量,能耗大。

新风系统通过不断排气送风来清洁室内空气,夏季同时使用空调时会对室内冷气造成一定损耗,冬季亦然。不过全热交换器(新风系统的一种)可以减少室内能量损耗,非常节能。

② 有一定的费用。

购买新风系统的价格与多个因素有关,价格便宜的,性能差,耗能多,舒适度不够。而好点的新风系统,费用投入相对多。

③ 需要定期维护更换过滤网。

新风系统如果不及时清理过滤网,很可能成为室内的污染源,所以需要经常对新风系统或新风器的滤网和机芯进行更换。常规下,2~3 个月更换一次即可,在空气质量不好时,建议一个月更换一次。

鉴于以上全新风系统优缺点,可以看出全新风系统适合于空调房间卫生要求特别高、空调房间污染较大及不宜采用回风的特殊场合。目前,对于放射性实验室、产生有毒有爆炸性危险气体的车间、医院里的烧伤病房和传染病房是不允许采用回风的,应采用全新风系统。另外,在民用公共建筑中,室内游泳馆(池)、宾馆的厨房等,也必须采用全新风系统。

1. 全新风系统夏季处理方案

(1) 系统图示及空气处理过程(见图 5 - 4)

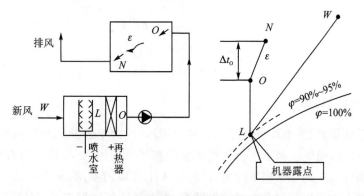

图 5 - 4 全新风空调系统夏季处理方案

由 5 - 4 图可知,全新风空调系统是将室外的新风 W 经新风机组集中处理到机器露点 L(L 点称为机器露点,一般位于 $\varphi = 90\% \sim 95\%$ 线上),经表面加热器或电加热器等湿加热到送

风状态点 O，然后通过送风系统将处理好的新风送到室内，吸收室内余热和余湿，达到室内状态点，然后全部排至室外，从而使室内保持舒适健康的环境。其处理过程的字母流程为

$$W \xrightarrow{\text{冷却减湿}} L \xrightarrow{\text{再热}} O \xrightarrow{\varepsilon} N$$

系统处理过程所需的冷量：

$$Q_O = G(h_W - h_L) \tag{5-1}$$

系统处理过程所需的再热量：

$$Q_{\text{再热}} = G(h_O - h_L) \tag{5-2}$$

2. 全新风系统冬季处理方案

设冬季室内状态点与夏季相同，热湿比为 ε'，因房间有热损失而减小（也可能成为负值），对于全新风系统来说，一般均为定风量式系统，所以冬夏季均采用相等的风量。冬季由于室外空气比较干燥，所以须对送入房间的新风进行加热和加湿。对于加温而言，除了用喷水室绝热加湿方法达到增加含湿量外，还可以采用喷蒸汽的方法，实现等温加湿。下面分别进行介绍。

（1）直流式喷水室

设冬季室内状态点为 N，室外新风状态点为 W'，预热后状态点为 W_1，机器露点为 L'，冬季送风状态点为 O'，其处理过程如图 5-5 所示。

冬季加湿处理的两种方案字母流程为：

$$W' \xrightarrow{\text{预热}} W_1 \xrightarrow{\text{绝热加湿}} L' \xrightarrow{\text{再热}} O' \xrightarrow{\varepsilon'} N$$

$$W' \xrightarrow{\text{预热}} W_1 \xrightarrow{\text{喷蒸汽加湿}} O_1 \xrightarrow{\text{再热}} O' \xrightarrow{\varepsilon'} N$$

预热量	$Q_1 = G(h_{W_1} - h_{W'})$	(5-3)
再热量	$Q_2 = G(h_{O'} - h_{L'})$	(5-4)
加湿量	$W_{\text{湿}} = G(d_{L'} - d_{W_1})$	(5-5)

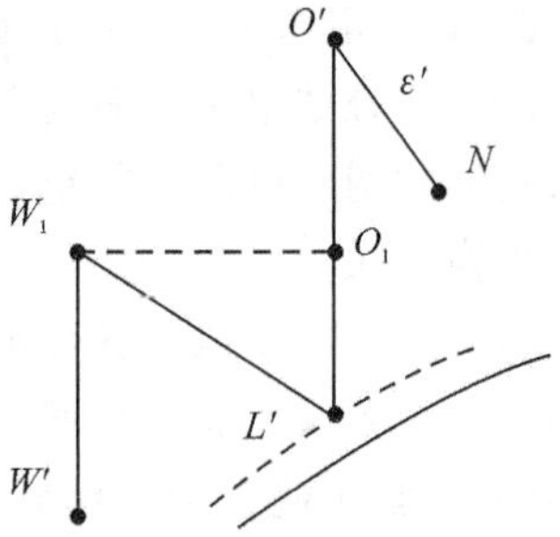

（2）直流式蒸汽加湿系统

设冬季室内状态点为 N，室外新风状态点为 W'，预热后状态点为 W_1，喷蒸汽等温加温后的状态点为 O_1，冬季送风状态点为 O'，其处理过程如图 5-5 所示。

图 5-5　直流式冬季加湿处理方案

预热量	$Q_1 = G(h_{W_1} - h_{W'})$	(5-6)
再热量	$Q_2 = G(h_{O'} - h_{O_1})$	(5-7)
加湿量	$W_{\text{湿}} = G(d_{O_1} - d_{W_1})$	(5-8)

5.2.3　一次回风系统

一次回风系统是夏、冬季均可使用部分室内回风，并使室外新风与回风在进入喷水室（或表面冷却器）前混合，而春秋两季能全部使用室外新风而不用回风（即作为直流式系统运行），从而充分利用室外空气的自然调节能力，以减少人工冷源的使用，从而降低运行费用，有利于节能。该系统的主要设备是组合式空气处理箱，当室外空气采集进入新风段后，经过粗效过滤器过滤，去除空气中的大颗粒尘埃后与一次回风混合，经中效过滤与热湿设备处理后，使之达到空调房间对空气指标的要求，然后经风机提供动力，通过风道和送风口送入空调房间。图 5-6 为一次回风系统简图。

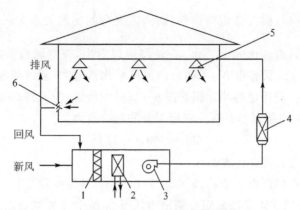

1—过滤器；2—换热器；3—风机；4—消声器；5—送风口；6—回风口

图 5 - 6 一次回风系统简图

1. 一次回风系统夏季处理方案

（1）系统图示及空气处理过程（见图 5 - 7）

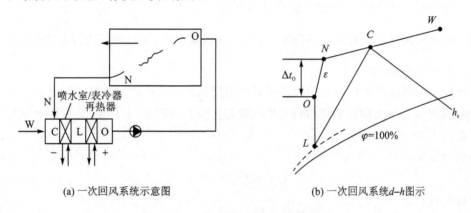

(a) 一次回风系统示意图   (b) 一次回风系统d–h图示

图 5 - 7 一次回风系统夏季处理过程

由图 5 - 7(a)可看出，在夏季，空调设备先将室外新风与部分室内回风混合后，再处理到机器露点 L（一般位于 $\varphi=90\%\sim95\%$ 线上的点称机器露点）；然后根据室内送风温差再加热到送风状态点；最后由风机提供动力，将其通过送风管道及送风口送入空调房间。送风状态点的空气吸收室内余热余湿后变为室内状态点，再由回风口经回风道返回一部分到空调设备重复使用，另外一部分回风则排到室外。

具体的确定方法为：首先，根据已知的室内外空气状态参数，可在 $h-d$ 图上定出室内状态点 N 和室外状态点 W，如图 5 - 7(b)所示，其次，过 N 点作室内的热湿比线（ε 线），再根据选定的送风温差 Δt_0，求出送风状态点的温度值 t_0，然后画出等 t_0 线，该线与 ε 线的交点 O 即为送风状态点。为了获得 O 点状态的空气，通常将室内外空气混合到 C 点，经表面式空气冷却器或喷水室冷却减湿到机器露点 L，再从 L 点等湿加热到送风状态点 O 点，然后送入房间。整个处理过程如图 5 - 7(b)所示，其字母流程为

$$\genfrac{}{}{0pt}{}{W}{N}\searrow\kern-0.5em\nearrow \xrightarrow{\text{混合}} C \xrightarrow{\text{冷却减湿}} L \xrightarrow{\text{加热}} O \overset{\varepsilon}{\leadsto} N$$

由两种不同状态空气的混合定律可知,新回风混合的比例关系为 $\dfrac{\overline{NC}}{\overline{NW}}=\dfrac{G_{\mathrm{W}}}{G}$,即新风量与总送风量之比为新风百分比 $m\%$。由 $h-d$ 图可以看出,在空调设备处理风量相同的条件下,混合点 C 越接近室内状态点 N,说明室内回风采用量越大,新风量越小,室内卫生条件越差,但系统越节能,运行费用也越小。根据图 $5-7(b)$ 的分析,为了将 G kg/s 的空气从 C 点冷却减湿到 L 点,则空调机组夏季处理空气所需要的总冷量为

$$Q_{\mathrm{C}}=G(h_{\mathrm{C}}-h_{\mathrm{L}}) \tag{5-9}$$

（2）夏季一次回风系统设计步骤

该空气处理过程在焓湿图上表示如图 $5-7(b)$ 所示,具体步骤是:

① 根据室内外空气状态参数确定空调室内状态点 N 和室外状态点 W;

② 过室内状态点 N 作热湿比线 ε;

③ 根据空调精度,在 ε 线上确定室内送风状态点 O;

④ 过 O 点作等含湿量线与 $\varphi=90\%\sim95\%$ 线相交确定机器露点 L;

⑤ 根据混合定律确定一次回风混合状态点 C。

对于一次回风混合状态点 C,可按 $\dfrac{NC}{NW}=\dfrac{G_{\mathrm{w}}}{G}$ 公式求出,从而确定出混合状态点 C。

（3）系统冷量 Q_{0} 的分析

系统冷量是由冷源系统通过制冷剂或载冷剂提供给空气处理设备的总冷量。为深入理解 Q_{0} 的概念,可通过系统热量平衡与风量平衡进行分析。由图 $5-8$ 可知,系统冷量反映了如下三部分负荷:

室内冷负荷:

$$Q=G(h_{\mathrm{N}}-h_{\mathrm{O}}) \tag{5-10}$$

新风负荷:

$$Q_{\mathrm{w}}=G_{\mathrm{W}}(h_{\mathrm{W}}-h_{\mathrm{N}}) \tag{5-11}$$

再热负荷:

$$Q_{\mathrm{zr}}=G(h_{\mathrm{O}}-h_{\mathrm{L}}) \tag{5-12}$$

考虑到混合过程中 $\dfrac{G_{\mathrm{w}}}{G}=\dfrac{h_{\mathrm{C}}-h_{\mathrm{N}}}{h_{\mathrm{w}}-h_{\mathrm{N}}}$ 这一关系,则可得到

$$Q_{\mathrm{O}}=Q+Q_{\mathrm{w}}+Q_{\mathrm{zr}}=G(h_{\mathrm{C}}-h_{\mathrm{L}}) \tag{5-13}$$

上述对系统冷量的分析揭示了几种负荷之间的内在关系,也进一步证明了系统制冷量在 $h-d$ 图上的计算方法与余热平衡概念之间的一致性。

需要注意的是,对于空调精度要求不高的系统,如舒适性空调夏季处理方案可采用露点进行送风,即图 $5-9$ 中的 L' 点,不须再加热送入室内,这样一方面可以省去再热量,另一方面也可以减少抵消这部分再热的冷量,有利于节能。其冷量反映如下两部分负荷:

室内冷负荷:

$$Q=G(h_{\mathrm{N}}-h_{\mathrm{O}}) \tag{5-14}$$

新风负荷:

$$Q_{\mathrm{w}}=G_{\mathrm{W}}(h_{\mathrm{W}}-h_{\mathrm{N}}) \tag{5-15}$$

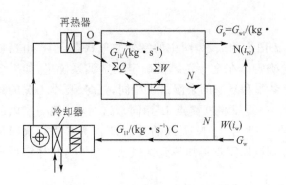

图 5 - 8　一次回风系统的冷量分析

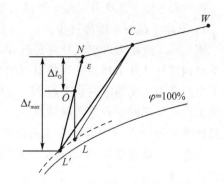

图 5 - 9　舒适性空调处理方案

舒适性空调夏季露点送风处理过程如下：

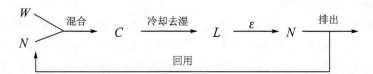

2. 冬季空气处理过程

在定风量空调系统里，如果冬季工况与夏季工况的室内状态点 N 一样，且冬季和夏季的余湿量也相同，设冬季室内热湿比为 ε'，因房间有热损失而减小（也可能成为负值），则冬、夏季工况的送风状态点将位于同一条等含湿量 d_o 上（冬、夏季机器露点 L 相同），这时 d_o 线与室内的热湿比线 ε' 的交点 O' 即为冬季的送风状态点，如图 5 - 10 所示。

采用一次回风系统向室内进行供暖的完整空调过程，在 $h - d$ 图上的表示如图 5 - 11 所示。它与夏季的空调过程相同，即室内外空气首先按一定的比例混合到状态点 C' 点，然后从状态点 C' 经相应设备处理到状态点 L，此过程可以采用绝热加湿法达到，还可以采用喷蒸汽的方法，实现等温加湿。再由状态点 L 等湿加热到送风状态点 O'。

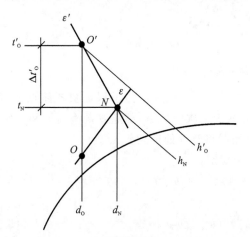

图 5 - 10　冬季送风状态点的确定

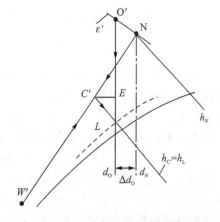

图 5 - 11　一次回风系统冬季处理过程

（1）采用喷水室绝热加湿的处理过程

1）设计工况下的处理过程

图 5-11 所示为该空气处理过程在 $h-d$ 图上的表示,图中的室外空气状态点 W' 由当地冬季空调室外计算干球温度和相对湿度共同确定。在全年送风量确定的空调系统里,如果冬季工况与夏季工况的室内状态点 N 一样,且冬季和夏季的余湿量也相同,则冬、夏季工况的送风状态点将位于同一条等含湿量线 d_0 上(若冬、夏季机器露点 L 相同),这时 d_0 线与室内的热湿比线 ε' 的交点 O' 即为冬季的送风状态点。把 h_L 与 NM' 线的交点 C' 作为冬季一次回风的混合点。处理过程为:先混合后,绝热加湿到机器露点再加热到送风状态点 O',具体字母流程如下:

$$\left.\begin{array}{c} W' \\ N \end{array}\right\rangle \xrightarrow{\text{混合}} C' \xrightarrow{\text{绝热加湿}} L' \xrightarrow{\text{加热}} O' \xrightarrow{\varepsilon'} N$$

2）实际工况下的处理过程

当冬季采用喷循环水绝热加湿空气的处理方案时,新风和一次回风的混合点 C' 应当落在 h_L 线上,即 $h_{C'}=h_L$。但是,在实际工况中,当设计最小新风比的情况下,新风和一次回风的混合点 C' 不一定正巧落在 h_L 线上,而有可能落在 h_L 线的上方或下方,如图 5-12 所示。

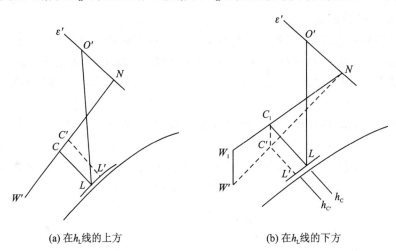

(a) 在 h_L 线的上方 　　　　　　　　(b) 在 h_L 线的下方

图 5-12　一次回风混合点 C' 的位置

当新风和回风的混合点 C' 落在 h_L 线的上方,即 $h_{C'}>h_L$ 时,为了保证机器露点 L 不变,缩短制冷系统运行的时间,可通过加大新风量和减少一次回风量,即通过调整新风和一次回风混合比的方法使混合点落在 h_L 线上,然后等焓加湿将空气处理到 L 点。

调整后的新风量的大小可由下面的比例关系确定:

$$G_w/G = (h_N - h_C)/(h_N - h_{W'}) \tag{5-16}$$

并注意到 $h_C=h_L$,则调整后的新风量为

$$G_w = G(h_N - h_L)/(h_N - h_{W'}) \tag{5-17}$$

当混合点落在 h_L 线的下方,即 $h_{C'}<h_L$ 时,则需要把新风预热后再与回风混合到 h_L 线上,或者先把新风和回风混合后,然后一次加热到 h_L 线上,再用喷水室进行绝热加湿处理到 L 点。对于先把新风和回风混合后,再预热的方案在使用时要特别注意新风的温度不低于室

内回风的露点温度,否则会出现结露现象。具体的处理过程如图 5-13 所示。

先预热后混合的处理过程如下:

$$W' \xrightarrow{\text{加热}} W_1 \quad \searrow \quad \text{混合} \quad C \xrightarrow{\text{绝热加湿}} L \xrightarrow{\text{加热}} O' \xrightarrow{\varepsilon'} N$$
$$N \quad \nearrow$$

先混合后预热的处理过程如下:

$$W' \searrow \quad \text{混合} \quad C' \xrightarrow{\text{加热}} C \xrightarrow{\text{绝热加湿}} L \xrightarrow{\text{加热}} O' \xrightarrow{\varepsilon'} N$$
$$N \nearrow$$

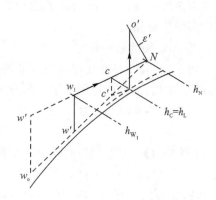

图 5-13　一次回风系统冬季新风预热方案

在保证最小新风百分比的条件下,新风预热后的焓值也可用公式计算。

由于 $(h_N - h_{C_1})/(h_N - h_{W_1}) = G_w/G = m\%$ 而 $h_{C1} = h_L'$,因此

$$h_{w1} = h_N - (h_N - h_L')/m\% \qquad (5-18)$$

如果 $h_{w'} < h_{w1}$,说明需要预热,而当 $h_{w'} \geqslant h_{w1}$ 时,则不需要预热。所以式(5-18)是一次回风系统采用喷水室绝热加湿时是否需要预热的判别式。

在有些寒冷地区,当新风量大、回风量小的情况下,如采用先把新风和回风混合后再加热时,混合状态点有可能已接近饱和状态,甚至落在饱和线的下方,因而不宜采用。

3) 加热量确定

① 一次加热量的确定:

$$Q_1 = G_w(h_{w_1} - h_{w'}) = G(h_C - h_{C'}) \qquad (5-19)$$

② 二次加热量的确定:

由空气处理过程可知,在喷水室中绝热加湿处理到机器露点 L 的空气,须沿着其等含湿量 $d_{O'}(d_{O'} = d_L)$ 再次加热后,才能处理到冬季工况的送风状态点 O',这部分再热量又称为二次加热量,其大小为

$$Q_2 = G(h_{O'} - h_L) \qquad (5-20)$$

(2) 采用喷蒸汽加湿的处理过程

1) 空气的处理过程

喷蒸汽等加湿处理过程如图 5-14 所示,室外新风和一次回风混合状态点 C' 的确定方法与采用喷水室绝热加湿空气的处理过程相同。从前面章节的讨论可知,采用低压蒸气加湿空气是一个等温过程。因而,过一次回风混合点 C' 的等温线与送风含湿量线的交点,即为蒸汽加湿后的状态点 O'。采用喷蒸汽加湿空气的处理过程如下:

$$W' \longrightarrow W_1 \quad \searrow \quad C \xrightarrow{\text{等温加湿}} O' \longrightarrow O \xrightarrow{\varepsilon'} N$$
$$N \nearrow$$

2）蒸汽加湿量的确定

最大蒸汽加湿量为

$$W = G(d_{O'} - d_C) \qquad (5-21)$$

3）加热量的确定

① 一次加热量的确定。

一般来说，对于冬季采用喷蒸汽加湿的空气处理过程，新风通常不预热，一次混合后即可喷蒸汽加湿。但是当一次回风混合点的温度 $t_C < t_{O'}$，则需要用加热器预热后才能喷蒸汽加湿，且一次加热量的计算与上述喷循环水等焓加湿的热量相同。

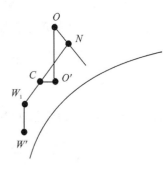

图 5-14　冬季喷蒸汽加湿处理图

② 二次加热量的确定。

由 $h-d$ 图上冬季工况的空气处理过程可知，蒸汽加湿到状态点 O' 的空气，须沿着等焓湿量线 $d_{O'}$ 加热，才能处理到冬季工况的送风状态点 O。

二次加热量的大小为

$$Q_2 = G(h_O - h_{O'}) \qquad (5-22)$$

【例 5-1】　某空调房间夏季冷负荷 $Q = 4.89$ kW，余湿量很小可以忽略不计，室内设计参数 $t_N = 23\ ℃$，$\varphi_N = 60\%$（$h_N = 49.8$ kJ/kg），已知当地夏季空调室外计算参数 $t_w = 35\ ℃$，$h_w = 92.2$ kJ/kg，大气压力 $B = 101\ 325$ Pa。现采用一次回风系统处理空气，取送风温差 $\Delta t_O = 4\ ℃$，新风百分比为 15%，试确定空气处理所需要的冷量。

解　（1）计算室内热湿比

$$\varepsilon = Q/W = 4.89/0（趋近）= \infty$$

（2）确定送风状态点

过 N 点作 $\varepsilon = \infty$ 的直线与 $\varphi = 90\%$ 的等相对湿度线交于 L 点，如图 5-15 所示，可查得

$$t_L = 16.4\ ℃，h_L = 43.1\ \text{kJ/kg}$$

取 $\Delta t_O = 4\ ℃$，得送风状态点 O 为

$$t_O = 19\ ℃，h_O = 45.6\ \text{kJ/kg}$$

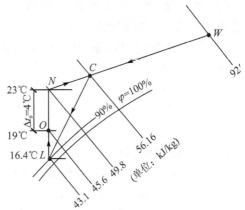

图 5-15　【例 5-1】图

（3）计算所需要的送风量

$$G = \frac{Q}{h_N - h_O} = \left(\frac{4.89}{49.8 - 45.6}\right)\text{kg/s} = 1.16\ \text{kg/s}（4\ 190\ \text{kg/h}）$$

（4）确定新风和回风混合状态点的焓

由

$$G_W/G = (h_C - h_N)/(h_W - h_N)$$

可得混合状态点 C 的焓为

$$h_C = [49.8 + 0.15 \times (92.2 - 49.8)]\text{kJ/kg} = 56.16\ \text{kJ/kg}$$

（5）求空调系统所需冷量

$$Q_O = G(h_C - h_L) = 1.164 \times (56.16 - 43.1)\text{kW} = 15.2\ \text{kW}$$

（6）冷量分析

室内负荷：$Q_1 = G(h_N - h_O) = [1.164 \times (49.8 - 45.6)]\text{kW} = 4.89\ \text{kW}$；

新风冷负荷：$Q_2 = G_w(h_w - h_N) = [1.164 \times 0.15(92.2 - 49.8)]\text{kW} = 7.40\ \text{kW}$；

再热负荷：$Q_3 = G(h_O - h_L) = [1.164 \times (45.6 - 43.1)]\text{kW} = 2.91\ \text{kW}$；

总冷负荷：$Q_O = Q_1 + Q_2 + Q_3 = (4.89 + 7.40 + 2.91)\text{kW} = 15.2\ \text{kW}$。

与上述方法的计算结果一致。

5.2.4　二次回风系统

采用机器露点送风（又称为最大送风温差送风），通常只适用于对送风温差无严格限制的一次回风系统。而对于送风温差有严格限制，且要求采用小于最大送风温差的一次回风系统时，夏季送风状态点 O 则由送风温差决定。此时，空气处理过程可通过两种方法来实现：一是将新回风混合空气从 C 点处理到 L 点，再用加热器加热到 O 点，然后送入室内 N 点，如图 5-16(b) 中虚线所示。由图可看出此方案存在冷热抵消问题，不经济，极少采用；二是在保持新风和回风比例不变的情况下，将回风量 G_h 以 G_{h1} 和 G_{h2} 分两次引入空气处理设备，即先将室内外空气混合（一次混合）到 C 点，然后将 C 点空气处理到 L 点后，再将 L 点的空气与室内 N 状态点的空气二次混合到 O 点，然后送入室内，按这种方案工作的系统称为二次回风系统。此系统夏季利用第二次引入回风代替再热器，冬季可以部分代替再热器，节能效果显著，且能保证室内卫生条件。对照一次回风系统，二次回风也有夏季和冬季之分，下面分别介绍。

1. 夏季空气处理过程

（1）系统图示及空气处理过程

二次回风系统夏季空调设计工况的空气处理过程如图 5-16 所示，图(b)中虚线表示一次回风式系统过程。

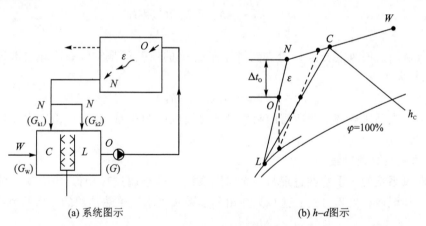

(a) 系统图示　　　　　　　　　　(b) h-d图示

图 5-16　二次回风系统夏季处理过程

空气处理流程过程为：

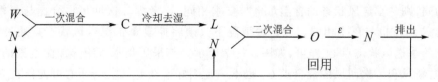

（2）具体设计步骤

① 确定二次回风量 G_2 和通过喷水室（或表冷器）的风量 G_L。

二次回风系统的总风量、新风量与一次回风系统相同，而二次回风量 G_2 和通过喷水室（或表冷器）的风量 G_L 则通过如下方法确定：

根据 N、O、L 三点在一条直线（热湿比线）上，且送风状态点 O 是通过喷水室（或表冷器）的风量 G_L 和二次风量 G_2 的混合点，因而二次回风的比例是个确定值。由混合定理有

$$G_2/G = (h_O - h_L)/(h_N - h_L)$$

则可得出二次回风量 G_2 为

$$G_2 = G(h_O - h_L)/(h_N - h_L) \tag{5-23}$$

又由

$$G = G_L + G_2$$

可得通过喷水室（或表冷器）的风量 G_L 为

$$G_L = G - G_2 \tag{5-24}$$

（3）确定一次回风量

通过喷水室（或表冷器）的风量 G_L 是一次回风量和室外新风量之和，即

$$G_L = G_1 + G_W$$

可得

$$G_1 = G_L - G_W \tag{5-25}$$

（4）确定一次回风混合点 C

由新风 G_W 和通过喷水室（和表冷器）的风量 G_L 的比例关系，有

$$G_W/G_L = (h_C - h_N)/(h_W - h_N)$$

由上式可解出一次回风混合点 C 的焓值为

$$h_C = h_N + (h_W - h_N)G_W/G_L \tag{5-26}$$

（5）系统冷量的确定

把空气从一次回风混合点 C 处理到机器露点 L 的焓差就是空气在冷却去湿过程所消耗的总冷量，其大小为

$$Q_O = G_L(h_C - h_L) \tag{5-27}$$

该冷量即为二次回风空调系统所需的制冷设备要提供的制冷量，此冷量由室内冷负荷和新风冷负荷组成。

2. 冬季空气处理过程

二次回风系统的冬季空调过程与一次回风系统冬季空调过程相似，也有采用喷循环水加湿和喷蒸汽加湿两种处理方式。这里只介绍冬季采用喷水室绝热加湿的二次回风系统空气处理过程。

（1）空气的处理过程

在全年送风量固定的空调系统里，如果冬、夏季的室内状态点 N 一样，且冬季和夏季的余湿量也相同，则冬季送风状态的含湿量也与夏季相同，再考虑二次回风混合比与夏季相同，则冬季机器露点 L 也与夏季相同。在这种情况下只须将原夏季工况送风状态点通过再热器加热提高到冬季送风状态点 O' 即可，如图 5-17 所示。与采用喷水室绝热加湿空气的一次回风系统一样，新风和一次回风的混合点 C_1 也不一定刚好落在 h_L 线上，而有可能落在 h_L 线的上

方或下方,如图 5 - 18 所示。

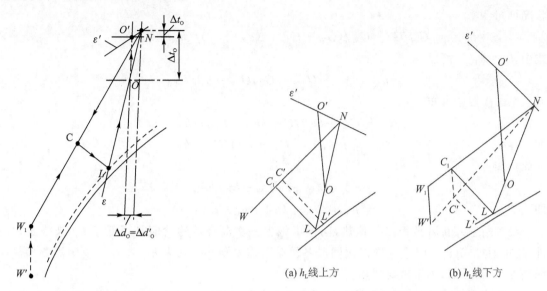

图 5 - 17　二次回风系统冬季工况　　　　图 5 - 18　二次回风混合点 C_1 的位置

当一次回风的混合点 C_1 落在 h_L 线的上方即 $h_{C_1} > h_L$ 时,为了保证机器露点 L 不变,通过调整新风和一次回风混合比的方法使混合点落在 h_L 线上,然后经过绝热加湿将空气处理至状态 L 点。

调整后的新风量 G'_W 的大小可由下面的比例关系确定:

$$G'_W/G_L = (h_N - h_{C_1})/(h_N - h_{W'})$$

并注意到 $h_{C_1} = h_L$,则调整后的新风量为

$$G'_W = G_L(h_N - h_L)/(h_N - h_{W'}) \quad (5-28)$$

调整后的回风量为

$$G'_1 = G_L - G'_W \quad (5-29)$$

多余的回风则由排风系统排出。

当混合点落在 h_L 线的下方,即 $h_{C_1} < h_L$ 时,则需要把新风预热后再与回风混合到 h_L 线上或者先把新风和回风混合,然后再加热到 h_L 线上。二次回风系统冬季预热处理过程如图 5 - 19 所示。

先预热后混全的处理过程如下:

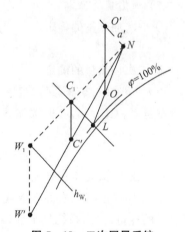

图 5 - 19　二次回风系统
冬季预热处理过程

$$W' \xrightarrow{(预热)} W_1 \begin{matrix} \\ N \end{matrix} \xrightarrow{一次混合} C_1 \xrightarrow{绝热加湿} L \begin{matrix} \\ N \end{matrix} \xrightarrow{二次混合} O \xrightarrow{再热} O' \xrightarrow{\varepsilon'} N$$

先混合后预热的处理过程如下:

$$W' \begin{matrix} \\ N \end{matrix} \xrightarrow{一次混合} C' \xrightarrow{(预热)} C_1 \xrightarrow{绝热加湿} L \begin{matrix} \\ N \end{matrix} \xrightarrow{二次混合} O \xrightarrow{再热} O' \xrightarrow{\varepsilon'} N$$

与一次回风系统一样,二次回风系统冬季要不要预热器也可事先判别。根据第一次混合状况可知

$$G_W/G_L = G_W/(G_W + G_1) = (h_N - h_L)/(h_N - h_{W_1})$$

式中,$h_L = h_{C_1}$。所以

$$h_{W_1} = h_N - (G_W + G_1)(h_N - h_L)/G_W$$

而从第二次混合可知

$$G_L/G = (G_W + G_1)/G = (h_N - h_O)/(h_N - h_L)$$

即

$$G(h_N - h_O) = (G_W + G_1)(h_N - h_L)$$

由此可知

$$h_{W_1} = h_N - G(h_N - h_O)/G_W$$

即

$$h_{W_1} = h_N - (h_N - h_O)/m\% \tag{5-30}$$

要判断室外新风是否需要预热,同样可根据一次混合点的焓值是否低于 h_L 来确定,另外,还可通过式(5-30)来判别二次回风冬季是否需要预热。如果 $h_{W'} < h_{W_1}$,说明需要预热,而当 $h_{W'} \geqslant h_{W_1}$ 时,则不需要预热。

需要指出,上面讨论的是冬季与夏季余湿量相同的情况。如果二者不同,也可采取与夏季相同的风量和机器露点,但冬季送风状态点的含湿量 $d_{O'}$ 要按冬季余湿量计算。此时二次混合点不应是夏季送风状态点,它的位置应该是 $\overline{NL}$ 线与 $d_{O'}$ 线的交点,而 G_2 应由关系式 $G_2/G = (h_O - h_L)/(h_N - h_L)$ 算出,最后再求 G_L 及 G_1。

(2) 加热量的确定

① 一次加热量的确定:

$$Q_1 = G_W(h_{W_1} - h_{W'}) = G_L(h_{C_1} - h_{C'}) \tag{5-31}$$

② 二次加热量的确定:

由 $h-d$ 图上冬季工况的空气处理过程可知,需要把混合状态点 C_2 的空气沿送风状态的等含湿量 $d_{O'}(d_O = d_{O'})$ 再次加热,才能处理到冬季工况的送风状态点 O',二次加热量的大小为

$$Q_2 = G(h_{O'} - h_O) \tag{5-32}$$

3. 二次回风式系统特点

① 以回风的第二次混合取代一次回风系统的再热过程,进一步还节省了相当于一次回风再热量的冷量。(用系统热平衡很易证明)。

② 通过冷却处理的"露点状态"空气量 G_L,可由第二次混合过程分析得出:其风量 G_L 相当于一次回风系统采用"机器露点"送风时的风量。进一步求出一次回风量 $G_1 = G_L - G_W$,混合点随之可定(偏右上方)。

③ 机器露点 L 移向左下方,会使制冷机运行效率下降,或可能影响天然冷源的利用。

综合上述特点,二次回风系统适用于恒温恒湿空调,采用下送风的空调,以及洁净室空调等场所。但相对一次回风系统来说可避免夏季用再热器来解决送风温差受限问题。

【例 5-2】 某生产车间需要设置空调系统,已知条件如下:

① 室外计算条件。夏季:$t_w = 35$ ℃,$t_s = 26.9$ ℃;冬季:$t_{w'} = -4$ ℃,$\varphi_{w'} = 49\%$,当地大气压力为 101 325 Pa。

② 室内空气参数。$t_N = 22 \pm 1\ ℃$，$\varphi_N = 60 \pm 5\%$。

③ 按建筑、人员、工艺设备及照明等计算得出的夏季、冬季的室内热湿负荷。

夏季：$Q = 11.63\ \text{kW}$，$W = 0.001\ 4\ \text{kg/s}$；

冬季：$Q = -2.329\ 6\ \text{kW}$，$W = 0.001\ 4\ \text{kg/s}$；

④ 车间内设有局部排风设备，排风量为 $0.278\ \text{m}^3/\text{s}(1\ 000\ \text{m}^3/\text{h})$，排风温度为 $35\ ℃$。

现拟采用二次回风系统，试进行冬、夏季空调过程计算。

解　根据冬季和夏季的室外空调计算参数可在 $h-d$ 图上分别确定冬季和夏季的室外状态点 W 和 W'，并可查得 $h_W = 84.8\ \text{kJ/kg}$，$h_{W'} = -10.5\ \text{kJ/kg}$（见图 $5-20$）。

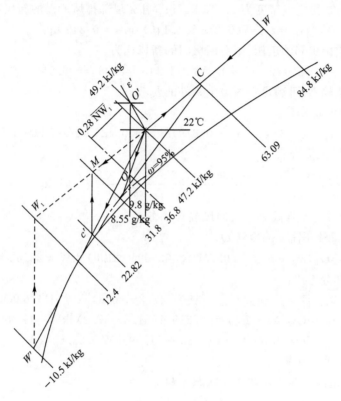

图 $5-20$ 【例 $5-2$】图

由室内空调设计参数可在 $h-d$ 图上确定出室内状态点 N，并可查得 $h_N = 47.2\ \text{kJ/kg}$，$d_N = 9.8\ \text{g/kg}$。

（1）夏季空调过程计算

① 确定夏季送风状态点。空调房间的热湿比为

$$\varepsilon = \frac{Q}{W} = \frac{11.63}{0.001\ 4} = 8\ 310$$

在相应大气压力的 $h-d$ 图上，过 N 点作 $\varepsilon = 8\ 310$ 的直线，它与相对湿度 $\varphi = 95\%$ 的曲线的交点即机器露点 L：$t_L = 11.5\ ℃$，$h_L = 31.8\ \text{kJ/kg}$。根据工艺要求取送风温差 $\Delta t_0 = 15\ ℃$，则送风温度 $t_0 = 15\ ℃$ 的等温线与热湿比 ε 线的交点就是夏季的送风状态点 O，查得 $h_0 = 36.8\ \text{kJ/kg}$，$d_0 = 8.55\ \text{g/kg}$。

② 计算送风量 G_0。按室内余热量计算，得

$$G = \frac{Q}{h_N - h_O} = \frac{11.63}{47.2 - 36.8} \text{kg/s} = 1.118 \text{ kg/s}(4\ 024.8 \text{ kg/h})$$

③ 计算二次回风量 G_2。

$$G_2 = G(h_O - h_L)/(h_N - h_L)$$
$$= [1.118 \times (36.8 - 31.8)/(47.2 - 31.8)] \text{kg/s} = 0.363 \text{ kg/s}(1\ 306.8 \text{ kg/h})$$

④ 计算通过喷水室的风量 G_L。

$$G_L = G - G_2 = (1.118 - 0.363)\text{kg/s} = 0.755 \text{ kg/s}(2\ 718 \text{ kg/h})$$

⑤ 确定空调房间的新风量 G_W。

由 $t_P = 35$ ℃，查得空气密度为 1.146 kg/m^3，补充局部排风所需的新风量为

$$G_W = G_P = (0.278 \times 1.146)\text{kg/s} = 0.319 \text{ kg/s}$$

如果不考虑空调房间的正压，则空调房间的新风比为

$$m = G_W/G = 0.318\ 9/1.118 = 0.285 = 28.5\%$$

此新风比已比较高，可满足室内卫生条件的要求。

⑥ 确定一次回风量 G_1。

$$G_1 = G_L - G_W = (0.755 - 0.319)\text{kg/s} = 0.436 \text{ kg/s}(1\ 569.6 \text{ kg/h})$$

⑦ 确定一次回风混合点 C。

$$h_C = \frac{G_1 h_N + G_W h_W}{G_1 + G_W} = \frac{0.436 \times 47.2 + 0.319 \times 84.8}{0.436 + 0.319} \text{kJ/kg} = 63.09 \text{ kJ/kg}$$

h_C 与 $\overline{NW}$ 连线的交点就是一次回风混合状态点 C。

⑧ 计算空调系统所需要的冷量 Q。

$$Q = G_L(h_C - h_L) = [0.755 \times (63.09 - 31.8)]\text{kW} = 23.62 \text{ kW}$$

此冷量由以下两部分组成：

室内冷负荷：$Q_1 = G(h_N - h_O) = [1.118 \times (47.2 - 36.8)]\text{kW} = 11.63\text{kW}$；

新风冷负荷：$Q_2 = G_W(h_W - h_N) = [0.319 \times (84.8 - 47.2)]\text{kW} = 11.99 \text{ kW}$；

$$Q = Q_1 + Q_2 = (11.63 + 11.99)\text{kW} = 23.62 \text{ kW}$$

(2) 冬季空调过程计算

① 确定冬季室内热湿比 ε' 和送风状态点 O'。

$$\varepsilon' = \frac{Q}{W} = \frac{-2.326}{0.001\ 4} = 1\ 660$$

由于冬、夏季室内散湿量相同，当冬、夏季采用相同的送风量时，冬、夏季的送风含湿量应相同，即

$$d'_O = d_O = d_N - \frac{W \times 1\ 000}{G} = \left(9.80 - \frac{0.001\ 4 \times 1\ 000}{1.118}\right) \text{g/kg} = 8.55 \text{ g/kg}$$

送风含湿量 $d_O = 8.55 \text{ g/kg}$ 线与 $\varepsilon' = -1\ 660$ 的交点就是冬季送风状态点 O'。该送风状态点 $h'_O = 49.2 \text{ kJ/kg}$，$t_{O'} = 27.0$ ℃。

② 由于 N、O、L 点的参数与夏季相同，即二次混合过程与夏季相同，因此可按夏季相同的一次回风混合比来确定冬季一次回风混合状态点 C'。

由混合定律，一次回风混合状态点的焓值为

$$h_{C'} = \frac{G_1 h_N + G_W h_{W'}}{G_1 + G_W} = \frac{0.436 \times 47.25 + 0.319 \times (-10.5)}{0.436 + 0.319} \text{kJ/kg} = 22.82 \text{ kJ/kg}$$

由于 $h_{C'}=22.82$ kJ/kg$<h_L=31.8$ kJ/kg ,一次回风混合状态点位于过机器露点的等熔线的下方,所以应设置预热器。

③ 确定加热器的加热量。预热器的一次加热量为

$$Q_1=G_w(h_{w1}-h_{w'})=G_L(h_L-h_{C'})=[0.755\times(31.8-22.82)]kW=6.78\ kW$$

二次混合后的再热量(二次加热量)为

$$Q_2=G(h_{O'}-h_O)=[1.118\times(49.2-36.8)]kW=13.86\ kW$$

所以,冬季所需的总加热量为

$$Q=Q_1+Q_2=(6.78+13.86)\ kW=20.64\ kW$$

5.3 半集中式空调系统的处理方案

5.3.1 半集中式空调系统的概念及分类

半集中式空调系统是指除有设置在集中空调机房的处理设备对新风集中处理外,还有分散在被调节房间的空气处理设备,负责对室内空气进行就地处理,或对来自集中处理设备的新风再进行补充处理。这种对空气集中处理和局部处理相结合的方式,不仅克服了集中式空调系统空气处理量大、设备、风道断面积大等缺点,同时还克服了集中空调无法根据各房间具体要求调节送风参数的缺点。它的冷、热媒是由冷热源机房集中供给相应的热湿处理设备,其中空调房间所需新风由单独新风机统一处理和供给每个房间。由于半集中式空调系统具有占用建筑空间小,运行调节方便等优点,近年来得到了广泛应用。半集中式空调系统因二次空气处理设备种类不同而分为空气-水风机盘管空调系统、空气-水辐射板系统和空气-水诱导器系统三种类型。

5.3.2 空气-水风机盘管系统

1. 风机盘管空调系统的组成、分类、工作原理及其特点

(1) 风机盘管空调系统的组成

风机盘管空调系统是典型的空气-水系统,主要由风机盘管子系统和新风子系统组合而成,其结构如图 5-21 所示。其中风机盘管子系统由众多风机盘管机组与水管系统组成,而风机盘管机组由冷热盘管(一般 2~3 排铜管串片式)和风机(多采用前向翼型离心式风机或贯流风机)和外壳组装而成,送风量一般控制在 2 500 m³/h 以下,如图 5-22 所示。风机盘管机组主要负责就地处理空调房间内的循环空气。新风子系统由新风机与风管系统组成,其作用是通过新风机处理来自室外的新风,并通过新风管网将处理后的新风送至各空调房间。

(2) 风机盘管机组的分类

风机盘管机组是一种末端装置,其种类较多,一般按结构形式可分为立式、卧式、卡式、立柱式和壁挂式;按安装形式可分为暗装和明装;按特征可分为单盘管和双盘管等;按出口静压可分为低静压型和高静压型(30 Pa 和 50 Pa);根据风机盘管机组出风方向不同,又有顶出风、斜出风、前出风之分;因其回风方式不同,又可分为下回风、后回风、带回风箱或不带回风箱多种风机盘管机组。

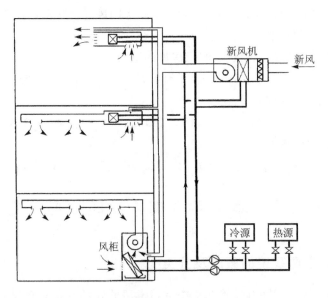

图 5-21　风机盘管空调系统示意图

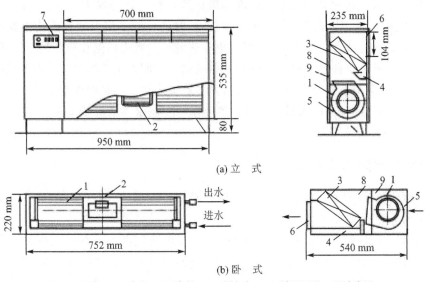

(a) 立　式

(b) 卧　式

1—风机；2—电机；3—盘管；4—凝水盘；5—循环风进口及过滤器；
6—出风格栅；7—控制器；8—吸声材料；9—箱体

图 5-22　风机盘管构造图

（3）风机盘管机组的工作原理

风机盘管机组是靠冷、热源来实现制冷或制热的，如果没有冷源或热源，就不能进行空气调节。风机盘管制冷时，由冷源为盘管提供 7 ℃左右的低温水，室内空气由低噪声风机吸入，通过滤尘网去掉灰尘，吹向盘管进行热量交换。空气通过换热器降温去湿后，冷空气从出风格栅吹向室内，空气中的水蒸气在盘管肋片上析出的凝结水汇集至凝水盘，然后通过泄水管排出；风机盘管制热时，由热源为盘管提供 60 ℃左右的热水，室内空气由风机吸入，与盘管表面进行热量交换，再将热空气自出风格栅吹向室内。

（4）风机盘管机组的特点

风机盘管作为半集中式空调系统的末端装置，与一次回风系统相比，其优点表现为以下几个方面：

① 新风管断面积很小，既解决了全空气系统的风管道占用建筑空间较多的问题，又可向空调房间提供一定量的新风，保证空调房间的空气质量。

② 风机盘管机型种类多，安装和布置形式灵活多样，能与室内装修很好地配合。

③ 每个风机盘管都能单独使用，调节简便，不用时还可停机，因而系统运行费用较低。

④ 房间之间空气互不串通，系统占用建筑空间少。

⑤ 另外，与铸铁散热器相比，风机盘管机组制热量有较大提高。它可以用 60 ℃甚至低于 60 ℃的低温热水；而一般钢制、铸铁型散热器常用 95～105 ℃的高温热水，若用低温热水则它的外形尺寸要比同样散热量的风机盘管换热器大得多。

与一次回风系统相比，风机管盘的缺点如下：

① 由于风机盘管布置分散且数量多，且一般多为暗装，维护保养工作量大，而且不方便。

② 受新风送风管断面积限制，春秋过渡季节不能采用全新风送风方式来满足室内空调要求。

③ 没有加湿功能，难以满足有湿度要求的场合。

④ 凝结水接水盘易滋生微生物。

⑤ 水系统复杂，容易漏水。

⑥ 盘管冷热兼用时，容易结垢，不易清洗。

⑦ 风机盘管机组由于受噪声的限制，风机转速不能过高，所以机组剩余压头很小，气流分布受到限制，仅适用于进深小于 6 m 的房间。

（5）风机盘管系统适用场合

综合以上优缺点可知风机盘管空调系统可广泛应用于多层、多单元的大型建筑空气调节工程，如宾馆、饭店、办公大楼、会议场馆、医院、商店等民用建筑和工业建筑物夏季降温、冬季供暖的冷热两用空调系统。具体适用场所如下：

① 房间多，且各房间的空调要求能单独控制。

② 建筑层高较低，且房间温湿度控制要求不高。

③ 房间面积较大但敷设风管有困难的场所，如写字楼、酒店等。

2. 风机盘管机组的新风供给方式

风机盘管机组的新风供给方式有三种。

（1）靠室内机械排风渗入新风（见图 5 - 23（a））

靠室内机械排风渗入新风供给方式是靠设在室内卫生间、浴室等处的机械排风在房间内形成负压，使室外新鲜空气渗入室内。这种新风供给方式初投资和运行费用都比较低，但由于新风未经过处理直接进入室内，室内卫生条件差、易受室外气象条件的影响，且易受无组织的渗透风影响，造成室内温度场不均匀，因此只适用于室内人员较少的情况。

（2）墙洞引入新风（见图 5 - 23（b））

墙洞引入新风供给方式是把风机盘管机组设在外墙窗台下，立式明装，在盘管机组背后的墙上开洞，把室外新风用短管引入机组内。新风口进风量可以调节，冬、夏季可按最小新风量进风，过渡季节尽量多采用新风。这种新风供给方式能较好地保证新风量，但要使风机盘管适应新风负荷的变化则比较困难，而且新风负荷的变化，会直接影响室内空气参数的稳定性。另外,其初投资少、节约建筑空间;噪声、雨水、污物容易进入室内,机组易腐蚀。所以这种系统只适用于对室内空气参数要求不太严格的建筑物,它的空气处理过程与一次回风系统类似。

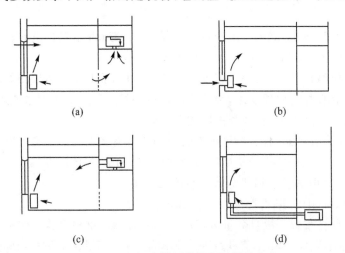

图 5-23　见机盘管系统的新风供给方式

(3) 独立新风系统(见图 5-23(c)、(d))

上述两种新风供给方式的共同特点是:冬、夏季,新风不但不能承担室内冷热负荷,而且要求风机盘管负责对新风进行处理,这就要求风机盘管机组必须具有较大的冷却和加热能力,从而使风机盘管机组的尺寸增大。为了克服这些不足,引入了独立新风系统,即室外新风通过新风机组处理到一定的状态参数后,由送风道系统直接送入空调房间(见图 5.23(c)),或送入风机盘管空调机组(见图 5.23(d)),使其与房间里的风机盘管共同负担空调房间的冷(热)、湿负荷。这种独立的新风供给方式既提高了空调系统的调节和运转的灵活性,又可以适当提高风机盘管制冷时的供水温度,使盘管的结露现象得以改善。

独立新风系统供给室内新风的初投资较大,适用于对卫生条件有严格要求的空调建筑。在夏季,一般来说可将新风处理到以下四种状态:与室内空气干球温度相等、与室内空气焓值相等、与室内空气含湿量相等、低于室内空气含湿量。需要注意的是,由于新风处理后的终状态不同,所以风机盘管与新风机组各自负担的负荷也各不相同。

1) 新风处理到与室内空气干球温度相等($t_L = t_N$)

① 风机盘管承担室内冷负荷、湿负荷和部分新风冷负荷($h_L - h_N$);

② 风机盘管负荷较大,且在湿工况下运行,容易产生卫生问题和送风带水问题;

③ 新风机只承担部分新风冷负荷($h_w - h_L$)和湿负荷($d_w - d_L$);

④ 新风机处理的焓差小,冷却去湿能力不能充分发挥。

新风处理到与空气干球湿度相等在焓湿图上的表示如图 5-24 所示。

2) 新风处理到与室内空气焓相等($h_L = h_N$)

① 风机盘管承担室内冷负荷、湿负荷和部分新风湿负荷($d_L - d_N$);

② 风机盘管在湿工况下运行;

③ 新风机承担新风全部冷负荷($h_w - h_L$)和部分湿负荷($d_w - d_L$)。

新风处理到与室内空气焓值相等在焓湿图上的表示如图 5-25 所示。

3) 新风处理到与室内空气含湿量相等($d_L = d_N$)

① 风机盘管承担部分室内冷负荷、湿负荷；

② 风机盘管在湿工况下运行；

③ 新风机承担新风冷负荷($h_W - h_L$)、湿负荷($d_W - d_L$)和部分室内冷负荷($h_N - h_L$)。

新风处理到与室内空气含湿量相等，在焓湿图上的表示如图 5-26 所示。

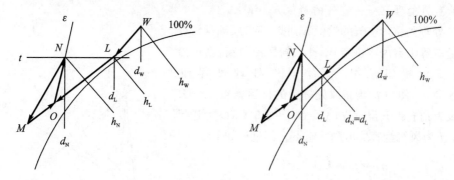

图 5-24　新风处理到与室内空气干球温度相等　图 5-25　新风处理到与室内空气焓值相等

4) 新风处理到低于室内空气含湿量($d_L < d_N$)

① 风机盘管只承担瞬变负荷；

② 风机盘管的负荷较小，要求的冷水温度较高，盘管在干工况下运行；

③ 新风机除了承担新风冷、湿负荷外还要承担室内湿负荷($d_N - d_O$)；

④ 新风机要求的冷水温度较低，处理的焓差较大。

新风处理到低于室内空气含湿量，其焓湿图的表示如图 5-27 所示。

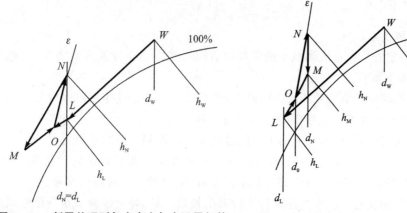

图 5-26　新风处理到与室内空气含湿量相等　图 5-27　新风处理到低于室内含湿量

在实际工程中，夏季的新风处理方案通常采用如下过程：

① 新风处理到室内空气焓值线上，不承担室内负荷。风机盘管出口与新风口并列。

② 新风处理后的焓值低于室内空气焓值，承担部分室内负荷，即让新风承担围护结构传热的渐变负荷与室内的潜热负荷，而由风机盘管承担照明、日射、人体等的瞬变显热负荷。风机盘管出口与新风口并列。

③ 新风处理后直接送到风机盘管机组内，让新风先与回风混合后再经过盘管处理。虽然增加了盘管的负担，但新风、回风混合较好。

3. 风机盘管加独立新风系统空调过程设计与设备选择

一般情况下,冬、夏两季都用的风机盘管空调系统,因为风机盘管在额定工况下的供热量约为制冷量的 1.5 倍,所以风机盘管机组的选择计算主要以夏季空气处理过程为主。下面以独立新风系统直接送入房间的处理过程作为代表详细介绍设计过程。

(1) 新风处理到室内空气的焓值 h_N 线上

新风处理到室内空气的焓值 h_N 线上时,风机盘管提供的冷量应等于室内冷负荷,不计入新风冷负荷,新风冷负荷由新风机组承担。夏季空气处理过程如图 5-28 所示,图中 L 为新风处理后的机器露点,$L \rightarrow K$ 为风机及管道自然升温过程,$\Delta t = 0.5 \sim 1.5 \ ℃$,$O$ 为送风状态点,M 为风机盘管的出风状态点。其过程如下:

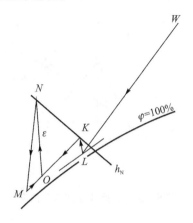

图 5-28　新风处理到室内焓线上

$$\left. \begin{array}{l} W \rightarrow L \rightarrow K \\ N \rightarrow M \end{array} \right\} \rightarrow O \xrightarrow{\varepsilon} N$$

夏季供冷设计工况的确定与设备选择可按以下步骤进行。

1) 确定新风处理状态点

根据经验,新风机组处理空气的机器露点 L 可达到 $\varphi = 90\% \sim 95\%$,考虑风机、风道温升 Δt 和 $h_K = h_N$ 的处理要求,即可确定 W 状态的新风集中处理后的终状态 L 和考虑温升后的 K 点。新风机组处理的风量 G_W 即空调房间设计新风量的总和。故由 $W \rightarrow L$ 过程决定的新风机组设计冷量 Q_W 应为

$$Q_W = G_W(h_W - h_L) \tag{5-33}$$

2) 选择新风机组

根据考虑一定安全余量后的机组所需风量、冷量、机外余压以及产品资料,初选新风机组类型与规格。具体如下:

① 新风机处理的总新风量和所需的总冷(热)量,应不小于其作用范围内各个空调房间供给的新风量及处理这些新风量所需的冷(热)量之和。

② 新风机所需机外余压,应不小于新风送风系统最不利环路的总阻力。

③ 根据总新风量、所需的总冷(热)量、所需的机外余压及设计确定的进风参数、进水温度、新风机的结构形式等条件,查看新风机的产品样本,选择一个接近的型号。

④ 根据新风初状态和冷水初温进行表冷器的校核计算,并通过调节水量使新风处理满足 h_N 的要求。

3) 确定房间总风量

由于房间设计状态 N、余热 Q、余湿 W 和 ε 线均已知,过 N 点作 ε 线与 $\varphi = 90\% \sim 95\%$ 线相交,即可得到最大送风温差下的送风状态点 O,于是房间总风量 G 可由 $G = \dfrac{Q}{h_N - h_O}$ 这一关系求得。

4) 确定风机盘管处理的回风量及回风终状态

由于 $G = G_f + G_W$,可求得风机盘管的风量 G_f。风机盘管处理回风终状态 M 点应处于

$\overline{KO}$ 的延长线上,由新风、回风混合关系 $\overline{OM}=\dfrac{G_{\mathrm{w}}}{G_{\mathrm{f}}}\overline{KO}$ 即可确定 M 点。风机盘管处理空气的 $N\to M$ 过程所需设计冷量 Q_{f} 就可随之确定:

$$Q_{\mathrm{f}}=G_{\mathrm{f}}(h_{\mathrm{N}}-h_{\mathrm{M}}) \tag{5-34}$$

5) 选择风机盘管机组

根据考虑一定安全余量后的机组所需风量、冷量值 $Q=G_{\mathrm{f}}(h_{\mathrm{N}}-h_{\mathrm{M}})$,结合建筑、装修所能提供的安装条件,即可确定风机盘管的类型、台数,并初定其规格。具体如下:

① 通过设计计算,求出风机盘管的处理风量和处理空气所需冷量。

② 明确风机盘管的进风参数,确定进水温度,并根据风机盘管设置的地点,结合室内装饰要求,确定风机盘管的结构形式和安装形式。

③ 根据风机盘管是采用直接送风方式还是外接风管送风方式,来确定选用标准型或高静压型。

④ 根据风机盘管与供回水管的接管方位,确定采用左式或右式。

⑤ 查相应风机盘管的产品样本,按中挡(速)选择一个接近的型号。

另外,考虑风机盘管久用后积尘影响传热,选择风机盘管机组时,应对机组的容量乘以修正系数 a:仅作供冷使用时,$a=1.10$;仅作供热使用时,$a=1.15$;作供热、供冷两用时,$a=1.20$。如果空调房间的冷负荷值是按建筑面积的冷负荷指标估算出来的,则不必乘修正系数。

6) 风机盘管机组的校核

为检查所选风机盘管在要求的风量、进风参数和水初温、水量等条件下,能否满足冷量和出风参数的要求,应对其表冷器作校核计算。校核计算的结果应使机组设计所能提供的全热制冷量和显热制冷量均应满足设计要求,否则应重新选型。必要时可在保持风量、风速一定的条件下,调整盘管的进水量和进水温度。当设计工况与风机盘管的额定工况不同时,应将额定制冷量换算到设计工况下的制冷量。目前,很多生产厂家在样本中已经给出了风机盘管在各种常见工况下的制冷量。如无此类数据,可根据以下公式由额定工况的冷量 Q_{O} 推算出设计工况下的冷量 Q'_{O}:

$$Q'_{\mathrm{O}}=Q_{\mathrm{O}}\frac{t'_{\mathrm{S1}}-t'_{\mathrm{w1}}}{t_{\mathrm{S1}}-t_{\mathrm{w1}}}\left(\frac{W'}{W}\right)^{n}\exp\left[m(t'_{\mathrm{S1}}-t_{\mathrm{S1}})\right]\exp\left[p(t'_{\mathrm{w1}}-t_{\mathrm{w1}})\right] \tag{5-35}$$

式中,Q'_{O}——设计工况下的冷量,kW;

Q_{O}——额定工况下的冷量,kW;

t_{S1}、t_{w1}、W——额定工况下空气进口湿球温度(℃)、进水温度(℃)和水量(kg/s);

t'_{S1}、t'_{w1}、W'——设计工况下空气进口湿球温度(℃)、进水温度(℃)和水量(kg/s);

n、m、p——系数,$n=0.284$(2 排管)或 0.426(3 排管),$m=0.02$,$p=0.0167$。

当其他工况参数不变而仅风量变化时,可按下式计算:

$$Q'_{\mathrm{O}}=Q_{\mathrm{O}}\left(\frac{G'}{G}\right)^{\mu} \tag{5-36}$$

式中,μ——系数,可取 0.57;

G——额定工况下的风量,kg/h;

G'——设计工况下的风量,kg/h。

（2）新风处理到低于室内空气的焓值

若新风经新风机组处理后的焓值低于室内空气焓值，即由风机盘管仅承担照明、日射、人体等的瞬变显热负荷，按干工况运行，而让新风承担新风冷负荷及围护结构传热的渐变负荷与室内的潜热负荷，且风机盘管出口与新风口并列。夏季空气处理过程如图 5-29 所示，图中 L 为新风处理后的机器露点，$L \rightarrow K$ 为风机自然升温，过程 $\Delta t = 0.5 \sim 1.5\ ℃$，$O$ 为送风状态点，M 为风机盘管的出风状态点。

① 因为通过风机盘管的风量 $G_F = G - G_W (\mathrm{kg/s})$，所以图中 P 点的位置由 NO 的延长线与 K 点的等焓湿量线 d_K 相交确定，并且 P 点符合关系式 $NO/OP = G_W/G_F$。

② 风机盘管夏季提供的冷量 $Q_F = G_F (h_N - h_M)$，kW。

③ 新风机组提供的冷量 $Q_W = G_W (h_W - h_L)$，kW。

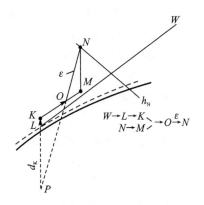

图 5-29 新风处理到低于室内空气的焓值

这种方式的优点是新风空调机组随室外空气温度变化集中调节，风机盘管无凝结水等危害；缺点是新风处理焓差大，盘管排数多，特别是在炎热地区，一般需 6~8 排；另外，它要求的冷冻水水温低。欧美等国家较多采用这种处理方式。

4. 风机盘管机组使用中应注意的几个问题

① 定期清洗滤尘网，以保持空气流动畅通。

② 定期吹扫换热器上的积尘，以保证具有良好的传热性能。

③ 对于冷热两用的风机盘管，水系统的循环水和补充水均宜采用锅炉软化水。换热器铜管内壁结水垢后，应进行化学清洗，否则会大大降低其制冷（热）能力。

④ 风机盘管制冷时，冷水进口温度一般选用 7~10 ℃，不能低于 5 ℃，以防管道及空调器表面结露。风机盘管制热时，热水的进口温度一般选用 50~60 ℃，不能大于 80 ℃，因为目前风机盘管的保温材料多为泡沫塑料，它的使用温度比较低，如聚苯乙烯泡沫塑料，使用温度为 -80~+70 ℃，因此要求水温不能太高，更不能直接通入蒸汽制热。

⑤ 目前国内外各类风机盘管机组的实际噪声级普遍偏高，为了不使空调房间内噪声过大，可采取以下措施：

a. 对噪声要求较高的房间，当采用卧式暗装风机盘管时，可在机组出口至房间送风口之间的风道内做消声处理。若采用立式明装风机盘管，则应将机组设置在远离床和桌子的部位，出风口上也可加装消声装置。

b. 对噪声要求一般的空调房间，选用低噪声或中等噪声级的风机盘管机组就可以了。

c. 利用房间自然蓄冷降噪。白天将室温降至 23~24 ℃，夜间关掉机组的风机，靠自然对流换热，室内温度也不会太高。

5.3.3 空气-水辐射板系统

空气-水辐射板系统是由空气和水共同来承担空调房间冷、热负荷的系统，除了向房间内送入经处理的空气外，还在房间内设有以水作介质的末端设备对室内空气进行冷却或加热。

辐射板空调系统主要是在吊顶内敷设辐射板,依靠冷辐射面提供冷量,使室温下降,从而除去房间的显热负荷。冷却吊顶的传热中,辐射部分所占的比例较高,这样可降低室内垂直温度梯度,提高人体舒适感,但是它无除湿和解决新风供应问题的能力,因此必须与新风系统结合在一起应用,即辐射板-新风系统,其结构如图5-30所示。

空气-水辐射板系统的室内温度控制依靠调节辐射板冷量来实现。通常用控制冷冻水流量来调节辐射板冷量,最简单的办法是采用由恒温控制器控制的开/关型电动阀来实现。另外,冷冻水系统应设置水温不得低于室内空气露点的保护控制,如关闭水路或调高水温。新风系统可只作季节性的调节,并应控制新风的露点低于室内露点。房

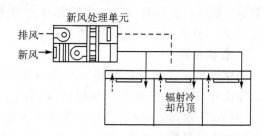

图5-30　辐射板-新风系统结构示意图

间的通风换气和除湿任务由新风系统来承担,因此新风处理后的露点必须低于室内空气露点,新风的露点低于14 ℃。为防止吊顶表面结露,冷却吊顶的供水温度较高,一般在16 ℃左右,这样可提高制冷机组的蒸发温度,改善冷冻机的性能,进而降低其能耗。

空气-水辐射板系统在欧洲应用比较多,它的主要优点是室内环境舒适度较高;可以应用自然冷源,如冷却水、地下水;辐射板的冷冻水采用独立的人工制冷装置设备时,它的性能系数较高,比较节能。但这种系统除湿能力和供冷能力都比较弱,只能用于单位面积冷负荷和湿负荷均比较小的场所。

5.3.4　空气-水诱导器系统

空气-水诱导器系统是以诱导器作为末端装置的一种半集中式空调系统。房间负荷由一次风(通常是新风)与诱导器的盘管共同承担。诱导器是以集中处理后的一次风作为动力,诱导二次风(室内空气)循环,并对空气进行冷却或加热处理的一种专用设备。其工作原理是经处理的一次风进入诱导器后,经喷嘴高速喷出,诱导器内产生负压,二次风通过盘管被吸入;冷却(或加热)后的二次风与一次风混合,最后送入室内。

1. 诱导器的组成及分类

诱导器是一种用于空调系统送风的特殊设备,由静压箱、喷嘴和二次盘管(换热器)三部分组成。

诱导器根据安装方式不同,分为立式和卧式两种。卧式诱导器一般装于顶棚上,立式诱导器装在窗台下。另外,根据诱导器内是否装二次冷却盘管,诱导器系统又可分为全空气诱导器系统、空气-水诱导系统两大类。全空气诱导系统是指室内所需的冷负荷全部由空气(一次风)负担。这种诱导器不带二次冷却盘管,故又称为“简易诱导器”。它实际上是一个特殊的送风装置,能够诱导一定数量的室内空气,达到增加送风量和减小送风温差的作用。有时也可在简易诱导器内装置电加热器以适应室内负荷变动的需要。空气-水诱导系统的一部分夏季室内冷负荷由空气(由集中空气处理箱处理得到的一次风)负担,另一部分由水(通过二次盘管加热或冷却二次风)负担。一次风和水分别负担的冷量可通过设计计算决定。空气-水诱导器的结构如图5-31所示。

2. 诱导器系统的工作原理

诱导器系统工作原理见图5-32,经过集中空调机处理的一次风经风道送入空调房间内

的诱导器中,由诱导器的喷嘴高速(20~30 m/s)喷出,在喷射气流的引射作用下,诱导器中形成负压,二次风被吸入诱导器。一般在诱导器的二次风进口处装有二次盘管(通入冷水或热水),经过加热或冷却的二次风在诱导器内与一次风混合达到送风状态,经风口送入房间。

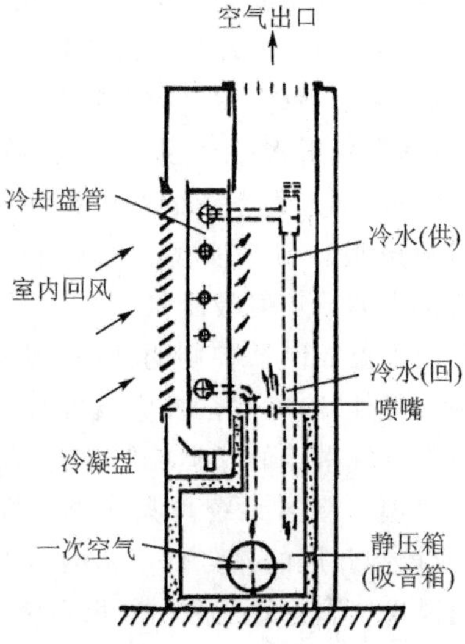

3. 性能指标

诱导比是评价诱导器性能的一个重要参数。除诱导比外,诱导器还有几个性能指标,如工作压力、水阻力、二次盘管的冷、热量以及噪声大小,这些都取决于诱导器的构造,需要时可从手册或产品说明书中查到。此处着重来讲诱导比,如图 5-33 所示,它是指被诱导的室内回风量(称二次风)与一次风量的比值,即

$$N = G_2/G_1 \tag{5-37}$$

式中,n——诱导比,一般在 2.5~5 范围内;

    G_1——被喷嘴诱入的二次风量,kg/h;

    G_2——通过静压箱送出的一次风量,kg/h。

由于 $G = G_1 + G_2 = G_1 + nG_1$,因此

$$G_1 = G/(1+n) \tag{5-38}$$

图 5-31 空气-水诱导器的结构图

由此可见,在一次风量相同的条件下,诱导比大的诱导器送风量大,室内换气次数高,室内卫生条件好。

一次盘管用来冷却和加热空气的热交换器,一般用较小的铜管排管,管外面用液压胀管法胀上许多翅片制成。这种换热器的特点是换热面积大,传热效率高,换热器外围尺寸小。

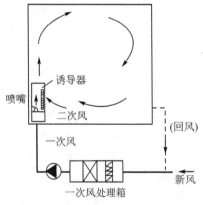

图 5-32 诱导器系统的工作原理图

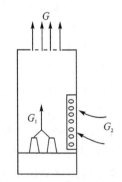

图 5-33 诱导器的诱导比

5.4 变风量空调系统

普通集式空调系统的送风量都是固定不变的,并且是按空调房间最不利情况确定房间

送风量的,而室内的热湿负荷不可能长期处于不变状态,当室内负荷减少时,就只能靠提高送风温度,减小送风温差的办法来维持室内温度的恒定,这样做的结果是既浪费冷量又浪费热量。如果能采用改变送风量的办法来适应室内负荷的变化,则可以维持送风温度不变而只减小送风量,这样既可以减小风机电耗也可以减小能耗,从而降低系统的运行管理费用。

变风量系统是能够满足上述要求的一种较先进的空调系统,是利用改变送入室内的送风量来实现对室内温度调节的全空气空调系统,它的送风状态保持不变。变风量系统可根据室内负荷变化自动调节送风量,可达到非常显著的节能效果。

20 世纪 60 年代中期,变风量空调系统产生于美国,凭借其节能、舒适、灵活的特点在美国、日本及欧洲一些发达国家得到了广泛应用。在美国高层建筑中,VAV 系统使用率已经达90%以上。

目前我国正在运行的空调机组大部分是定风量运行的。由于过去人们对节能认识不足以及变风量系统控制、运行较复杂且初投资较大等,因此限制了变风量系统的应用。随着能源危机的出现,节能已成为各行各业都在关注的问题。计算机的广泛应用使控制系统的功能愈来愈完善,而且变风量空调系统价格下调,已经可以与风机盘管加新风系统竞争。在新设计的空调系统中,有些已采用了 VAV 系统,如东北电力集团总公司办公大楼。另外,中国地震局减灾大楼等也改装了 VAV 系统。

5.4.1　变风量系统的组成

变风量系统(VAV 系统)是一种全空气的空调方式,它根据室内负荷的变化或室内要求参数的改变自动调节空调系统的送风量,从而保证室内参数达到要求。一个完整的变风量系统由空气处理设备、一个中等压力的送风系统、若干台末端装置和必要的自动控制元件组成。其中,末端装置及自控装置是变风量系统的关键设备,它们可以接受室温调节器的指令,根据室温的高低自动调节送风量,以满足室内负荷的需求;空气处理设备由普通的新风格栅、新风阀和回风阀、预热器(如果需要的话)、表面冷却器和送风机组成,大型空气处理装置还包括与送风机配合的回风机。在大型变风量系统中,由于受到安装空间的限制,其送风主干管甚至可能采用更大的风速。一个变风量系统运行成功与否,在很大程度上取决于所选用的末端装置性能的好坏。末端装置作为变风量系统的关键设备,可调节送风量,补偿变化着的室内负荷,维持室温。

5.4.2　变风量系统的工作原理

变风量系统的基本原理是通过改变送风量以适应空调负荷的变化,维持空调房间的空气参数。众所周知,在空调系统运行过程中,出现最大负荷的时间不到总运行时间的10%,全年平均负荷率仅为50%;在绝大部分时间内,空调系统处于部分负荷运行状态。而变风量系统则是通过减小送风量,保持送风状态不变,从而降低风机输送功耗,达到明显的节能效果。

变风量系统有单风道、双风道、风机动力箱式和诱导式四种形式。图 5 - 34 所示为典型的变风量单风道空调系统,其中空气处理机组与定风量空调系统一样。送入每个区或房间的送风量由变风量末端机组(即变风量末端装置)控制,而每个变风量末端机组可带若干个风口(如图中 1、2 风口)。当室内负荷变化时,则由变风量末端机组根据室内温度调节送风量,以维持室内温度。

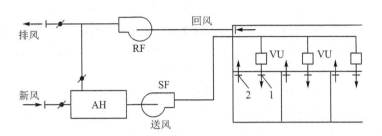

AH—空气处理机组;VU—变风量末端机组;RF—回风机;SF—送风机;1—送风口;2—回风口

图 5-34　变风量单风道空调系统

当房间负荷很小时,就有可能使送风量过小,导致室内得不到足够量的新风或室内气流分布不均匀,最终使室内温度不均匀,影响人体舒适感。因此变风量末端机组都有定位装置,当送风量减小到一定值时就不再减小了。通常变风量末端机组的风量可减小到 30%~50%。在最小负荷时,变风量末端机组已在最小风量下运行,有可能出现室内温度过低。为此,可以在变风量末端机组中增加再热器,在最小风量时启动再加热器进行补充加热,以维持室内温度。

5.4.3　变风量末端装置

如果变风量系统只采用风量调节的方法运行,那么当室内负荷减小时,风量随之减小,此时,气流通过送风口时的射程也将会减小,这样就有可能影响室内的气流组织。为此,变风量系统除改变送风量外,还应改变系统的末端装置,才能使室内气流组织不致因风量的变化而受到影响。变风量末端装置又称为变风量箱,是改变房间送风量以维持室内温度的重要设备,系统需要通过它来调节送入房间的风量,以补偿变化的室内负荷,维持室温。变风量系统运行效果如何,很大程度上取决于所选用的变风量末端装置性能的好坏。末端装置的种类很多,构造各异,根据改变风量方式的不同可分为节流型、旁通型以及诱导型等,其中节流型是采用节流机构(如风阀)调节风量,而旁通型则是通过调节风阀把多余的风量旁通到回风道。按照是否补偿压力变化,分为压力有关型和压力无关型。从控制角度看,前者由温控器直接控制风阀;后者除了温控器外,还有一个风量传感器和一个风量控制器,温控器为主控器,风量控制器为副控器,构成串级控制环路,温控器根据温度偏差设定风量控制器设定值,风量控制器根据风量偏差调节末端装置内的风阀。当末端入口压力变化时,通过末端的风量会发生变化,维持原有的风量。压力无关型末端可以较快地补偿这种压力变化,维持原有的风量;而压力有关型末端则要等到风量变化改变了室内温度才动作,在时间上要滞后一些。

下面分别介绍几种常见的末端装置。

节流型变风量系统是利用节流机构(如风阀)调节风量,如图 5-35 所示。旁通型变风量系统是将部分送风旁通到回风顶棚或回风道中,从而减小室内送风量,这样有部分经湿处理过的空气随排风被排到室外,浪费了冷、热量。因此,这种旁通型变风量末端机组所组成的系统的总风量是不变的,这样的系统不是真正意义上的变风量系统,如图 5-36 所示。诱导型变风量系统是用一次风高速诱导由室内进入顶棚内的二次风,经过混合后送入室内,它最大的缺点是室内二次风不能进行有效过滤,流程图见图 5-37。

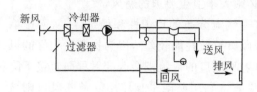

图 5 - 35 节流型变风量系统流程图

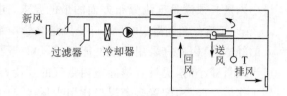

图 5 - 36 旁通型变风量系统流程图

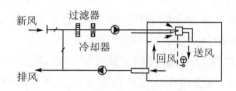

图 5 - 37 诱导型变风量系统流程图

5.4.4 变风量系统的优缺点及适用性

变风量是一种节能的空气调节系统,它具有以下特点。

其优点如下:

① 由于变风量空调系统是通过改变送入房间的风量来适应负荷的变化,而空调系统大部分时间的部分负荷下运行,因此风量的减小带来了风机能耗的降低。

② 区别于常规的定风量或风机盘管系统,在每一个系统中的不同朝向房间,它的空调负荷的峰值出现在一天的不同时间,因此变风量空调器的容量不必按全部冷负荷峰值叠加来确定,而只要按某一时间各朝向冷负荷之间的最大值来确定即可。这样,变风量空调器的冷却能力及风量比定风量可风机盘管系统减小 10%~20%。

③ 变风量空调系统属于全空气系统,与风机盘管系统相比有明显的优点,如冷冻水管与冷凝水管不进入建筑吊顶空间,因而免除了盘管凝水和霉变问题。

其缺点如下:

① 由于风量随负荷的变化而变化,因而对湿度控制质量较差,风量减小时会影响室内气流分布。

② 变风量末端装置价格高。

③ 控制系统较复杂,设备初投资较高。

鉴于以上优缺点,变风量系统主要适用于新建的智能化办公大楼,同时也适用于建筑物的改建和扩建,比如大型民用建筑的裙房部分,其用途和布置隔断经常发生变化,而变风量系统很容易适应这种变化,只要在系统设备容量范围内,一般都不需要对系统做太大的改动,甚至只需要重调设定值即可。

5.4.5 变风量系统设计中的几个问题

变风量调节系统在设计方面存在如下若干问题:

① 负荷、风量问题:冬、夏系统最大风量是根据系统最大冷负荷或最大热负荷计算的;而最大冷热负荷不是各区最大负荷的总和,应考虑系统的同时负荷率,因空调设备提供的冷量能自动地随负荷变化而在建筑物内部调剂。系统最小风量可按最大风量的 40%~50% 计算,该

最小风量必须满足气流分布方面的最低要求,同时必须大于卫生要求的新风量。

② 气流分布问题:由于风口变风量会影响到室内气流分布的均匀性和稳定性,从而影响人的舒适感,因此宜采用扩散性能好的风口(喷射型风口扩散性能较差),因为扩散性能好的风口当风量减小时,仍具有诱导室内空气的性能;而喷射型风口的射流则会改变射程而直接下降到工作区。此外,配置多个风口比用少量风口的效果好。利用贴附平顶作用的条缝风口则被认为是一种最好的变风量送风口。采用普通风口时,一般可按80%左右的最大送风量作为选定风口风量的依据。另外,送热风时,由于热风的浮升作用,风量减小会使气流分布均匀性受到影响。当风量过低而影响气流分布时,通常是以"末端再热"来代替进一步降低风量。宜选用扩散性能或贴附性能良好的风口,且风口布置适当加密。

③ 变风量系统的风机控制:使用节流型变风量风口后,系统的管道特性线将产生变化,风机的工作点也将移动,相应的风管内静压也将发生变化。当管内静压增加时,虽然风量是减小了,但是由于风压增大使动力没有得到很大节约,特别是在过量的节流后会引起噪声的增加,甚至风机可能进入不稳定区工作。此外,如果管内压力超过了末端装置的容许静压,则调节失灵。再者,管内静压的变化过高还将引起大量的漏风。为了减少这一系列的缺点,必须在风管内设静压控制器,根据风管内静压的变化来控制送风机的总风量,比较经济合理的措施是调节风机的转速或风机的进口导叶装置或调节风机出口风阀。对于未采用专门设计制造的节流型风口的空调系统,为了节约动力消耗而采用变风量运行时,同样也应从调节风机本身的风量着手。

5.5　户式中央空调系统

近年来,随着商品房面积越来越大,超过 100 m² 以上的住宅、复式住宅的增加,使介于大型中央空调系统与家用空调器之间的空白点逐渐显露出来。为此,一些厂家已开发出户式中央空调系统以满足市场需求。户式中央空调是介于"中央空调系统"和"房间空调器"之间的小型空调系统,又称为家用中央空调、别墅空调、多联体空调等。

5.5.1　户式中央空调系统概述及分类

户式中央空调(也称家用中央空调),是一台系统主机通过风道或冷、热负荷输送管道分别连接至户内各个区域的末端设备(风盘或出风口),其通过风道送风或主机带动末端设备的方式,实现对户内各个房间的室内环境进行集中控制、独立调节的功能。

1. 户式中央空调概述

家用中央空调在制冷方式和基本构造上类似于大型中央空调,但又结合了普通家用空调的众多功能,具有普通空调和大型中央空调的双重优势,可以适用于 100~500 m² 的大户型或多居室住宅,机组的制冷量范围一般在 50 kW 以下。我国户用中央空调在 20 世纪 90 年代中期开始起步,近年来普及十分迅速,目前的市场普及率已达 5% 左右,特别是在沿海和经济发达地区(如北京、上海、广州等地区)普及率已达 10%,市场渐趋成熟。户式中央空调系统,由于其以每家每户为独立单元、自成体系、现有产品自动化程度高、安装简单、使用方便、广受关注。户式中央空调可以分户独立安装,不仅适用于大户型或多居室住宅,而且也广泛适用于各类中小型高档的办公、商用、餐饮、娱乐、公寓等独立场所,一般作为暗藏式的空调使用。

2. 户式中央空调系统分类

户式中央空调系统根据管道输送介质不同,可分为风管道系统、水管道系统和制冷剂系统三大类型。

(1) 户式风管式中央空调(冷/热风机组),简称"风管机"

风管道系统是以空气为输送介质的小型全空气中央空调系统,室外主机实际上是一台单元式空调机,末端装置为各种送风口,主机与送风口之间用风管连接。具体处理过程是室外主机集中产生冷/热量,送至室内机,室内机将室内的回风进行冷/热处理后再送入室内,以消除其空调的冷/热负荷,从而达到调节室内空气的目的。风管机的构成是:制冷机(热泵)与室外侧盘管为一整机,设在室外或阳台上;室内侧为制冷剂盘管与风机,空气通过风管分送各室,室内侧机组可做成柜式或吊顶式,但需要有安装空间。相比于其他户式中央空调系统,该方式投资少;能方便引入新风,使室内外空气流通,从而使室内空气质量得到充分保证;各房间无温差,可以作为改善生态住宅室内环境与热环境的有效技术手段。但风管系统的空气输配管道占用建筑空间较大,故建筑层高须满足风管布置要求。另外,由于该系统采用统一的送回风方式,风口的送回风量不能根据房间的负荷情况自动调节,难以满足不同房间不同空调负荷的要求,以及有些房间不使用而不需要开空调、有些房间在使用又需要开空调的差别要求。目前美国的麦克维尔 MCC 系统,北京今万众的健康风- MJFF 系列等都属此类型。

(2) 户式水管式中央空调(风冷冷/热水机组),简称"水管机或水机"

户用冷/热水机组的输送介质常用水或乙二醇溶液,它的基本原理与通常说的风机盘管类似。室外主机实际上是一台风冷冷水机组或空气源热泵机组,末端装置则是各种风机盘管,主机与各风机盘管之间用水管相连,即通过室外机集中产生热(冷)水,并由管路系统送到各房间风机盘管末端装置进行供热(冷),再利用风机盘管与室内空气的热湿能量交换,产生出冷/热风以消除室内空调负荷,来使房间内的空气参数达到控制要求。水管道系统是一种集中产生冷/热量、分散处理的室内系统,由室外机组(风冷冷水机组加小型锅炉)、室内机(风机盘管空调器)以及空调水管和附件等组成。在冬季室外设计温度很低的地区,可与小型间接式燃气炉并联接在一起,这种集成了燃气炉的家用小型中央空调系统不仅可以提供冬夏的热/冷负荷,而且可以同时满足家庭生活热水的需要。而在冬季较温暖的地区,只采用冷/热水机组即可。

水管道系统结构紧凑、终端数量匹配灵活、安装方便、与全空气系统相比占建筑空间较少、易与建筑装修融为一体。其优点是可以满足每个空调房间都能单独调节的要求,满足各个房间不同的空调需要,包括关机不用,因此其使用的灵活性和节能性比较好。另外,由于该系统室外主机与室内各风机盘管相连的输配管道为水管,占用建筑空间很小,又有水泵驱动水循环流动,因此一般不受建筑层高的限制,受室内建筑构造梁的影响也不大。该系统采用微电脑全自动控制、操作简单;各房间可独立控制、方便使用,便于节电。但该系统也有一定的缺点:一是无新风供给,对于通常密闭的空调房间而言,其舒适性较差,因此须另配新风供应系统;二是集水盘内容易积尘、滋生细菌,存在冷凝水排放及水管漏水问题;三是水管施工安装较为复杂,费时费工。

(3) 户式制冷剂中央空调(VRV 系统),简称"变频一拖多"

制冷剂系统是一种由风冷室外机通过制冷剂管道连接若干台室内机,直接制冷和供热的热泵空调,它是一般空调器类型中的一拖多分体空调器的扩展形式。VRV 系统,即变制冷剂流量系统,从 20 世纪 60 年代开始,日本"大金"空调开始研发以氟里昂为媒介的多联机系统,又被称为家用 VRV 系统。VRV 系统结构如图 5-38 和图 5-39 所示。该系统可以采用变频技术和电子膨胀阀,控制压缩机制冷剂循环量及进入各室内机换热器的制冷剂流量来满足室内冷热负荷的要求,也可以根据室内负荷大小自动调节系统容量。

图 5-38 VRV 系统结构示意图

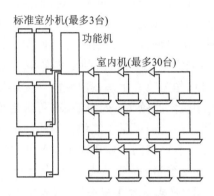

图 5-39 超级 VRV+配管系统图

变制冷剂流量系统主要由室外机、室内机、制冷剂管道系统和控制系统组成;室外主机由换热器、压缩机、散热风扇和其他制冷附件组成,类似分体空调器的室外机。室内机则由直接蒸发式换热器和风机组成,与分体空调器的室内机相同。多联机系统类型较多,根据与室外机进行热交换的介质不同,可分为空气源多联机系统和水源多联机系统;根据系统的功能不同可分为单冷型、热泵型和热回收型(同时供冷供热)三大类,其中,热回收型多联机又根据室外机与室内机之间的制冷剂输配管数量分为三管制和二管制两种形式;根据室外机组的构成方式不同,可分为单模块型多联机系统和多模块组合型多联机系统;根据采用的制冷剂种类不同,可分为 R22、R410A 和 R407C 型多联机系统;根据压缩机的变容调节方式不同,可分为变速多联机系统和变容多联机系统;根据一个多联机模块中是否全部采用变速或变容压缩机不同,可分为全变速(变容)型多联机系统和部分变速(变容)型多联机系统。

5.5.2 VRV 户式中央空调系统

1. 空气源多联机系统

空气源多联机系统俗称风冷多联机系统,主要由室外机、室内机和制冷剂管道系统组成。其工作原理与常规风冷直接蒸发式空调装置(如房间空调器)类似,通过调节室外机中压缩机的制冷剂循环量和进入室内机换热器的制冷剂流量,来满足空调房间的温度控制要求。空气源多联机系统结构示意图见图 5-40。

空气源多联机系统的优点如下:室外机可以分散或集中放置于屋面、阳台、挑台、地面上及设备层内,不需要专用机房;直接进行相变传热,减少了传热环节和能量输配系统的能耗,有利于提高系统的整体性能;依靠相变制冷剂携带和输配能量,其传送的热量约为 200 kJ/kg,是水的 8 倍、空气的 16 倍,故制冷剂管径小、占用空间小、节约楼层空间高度;系统运行时间不受限

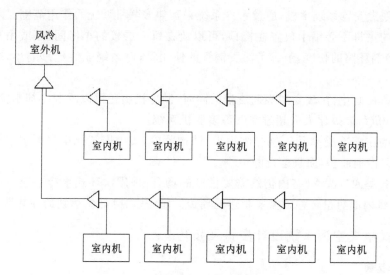

图 5-40　空气源多联机系统结构示意图

制,使用方便。其缺点如下:结构复杂、系统庞大、内部参数耦合、边界条件多样,其安装、调试技术要求很高;一套系统的容量、平面覆盖范围和安装高度受到一定限制;系统的制冷剂充注量大,一旦泄漏不仅影响整套系统的运行和性能,而且泄漏点难以查找,补充制冷剂的费用较高;当室外机只能放在建筑物内时,室外机的放置与建筑外立面美观的矛盾不易处理好。鉴于以上优缺点,在地域适用性方面,空气源多联机系统适用于夏热冬冷、夏热冬暖和温和地区;在空调负荷适用性方面,空气源多联机系统适用于各空调房间负荷变化较为一致、室内机同时开启率高的建筑;在建筑规模适用性方面,空气源多联机系统适用于中小型建筑,但是如果有合适的分散设置室外机的位置,且满足多联机系统的作用域要求,那么也可以适用于大型建筑和高层建筑。

2. 水源多联机系统

　　水源多联机系统俗称水冷多联机系统,它与空气源多联机系统的区别在于:室外机对外的换热介质不同;室外机的换热器结构形式不同;室外机的体积不同;室外机的安装位置不同;多一套"水冷系统"。水源多联机系统结构示意图见图 5-41,特点如下:

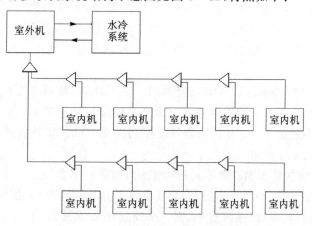

图 5-41　水源多联机系统结构示意图

① 可以随意安置系统主机,通过水冷系统来延伸多联机系统的作用范围。

② 系统的主机不必集中放置在楼顶,可以放在每一层楼的小房间里(或吊顶内),这就大大降低了制冷剂环路的长度,节省了昂贵铜管的使用量,对系统能效比影响小,同时能减小制冷剂充注量。

③ 根据负荷变化,在改变制冷剂流量的同时,制冷机组还可以改变冷却水流量,使满负荷能效比和部分负荷能效比大大超过空气源多联机系统。

④ 系统的压缩冷凝单元(主机)体积小、结构紧凑,集中安装比空气源多联机系统的室外机减少约50%占地面积,而且运行噪声小。

⑤ 对于冬季或过渡季,室内仍然需要供冷的场合,采用水环式水冷系统可以回收建筑物内部的余热,将内部热量转移到需要制热的周边区域,从而降低冬季辅助加热费用。

5.5.3 户式中央空调系统设计步骤及技巧

1. 设计步骤

目前,市场中多联机中央空调系统在运行中存在各种问题,如:

① 设计不规范,多联机系统超配,运行时长期处于大马拉小车的状态;

② 空调设计时没有充分考虑细节,导致施工困难以及增加使用和维护费用等诸多问题。因此,多联式中央空调系统在前期设计阶段需要规范设计步骤;深入考虑室外机安装位置;细化冷媒管道的走向;设计预留冷媒管井;考虑冷凝水以及冬季融霜水的排放等问题,以达到便于施工和后期运行节能的目的。

户式中央空调系统设计步骤如下:

(1) 确定系统类型

依据用户需要首先确定采用何种系统,以节能为基本原则确定系统形式。对于只须供冷而不需要供热的建筑,可采用单冷型 VRV 系统;对于既须供冷又须供热且冷热使用要求相同的建筑可采用热泵型 VRV 系统;而对于分内、外区且各房间空调工况不同的建筑可采用热回收型 VRV 系统。

(2) 根据分区计算冷量

空调系统类型确定后,首先查取室内、室外设计参数,并针对同一建筑内平面和竖向房间的负荷差异及各房间用途、使用时间和空调设备承压能力的不同,将空调系统进行分区,并对各区房间冷、热负荷进行计算;也可先计算房间冷、热负荷,然后选择室内机,在系统室内机容量及型式确定后,对 VRV 系统进行分区,再确定室外机容量及型式。多联机系统分区可遵循以下几点:

① 就近原则。相邻的室内机尽量划分为同一个系统,尽量减少冷媒配管的长度,因为系统越长,系统的制冷、热能力衰减也就越大。以某品牌系列多联机为例,室外机和最远的室内机的管路长度一般不超过 90 m,如确实条件受限超过 90 m 时,室外机到第一个分歧管之间的管路(主管)需要加大一个规格。

② 建议一个系统的最大制冷量不超过 48HP。如果一个系统过于庞大,会导致很多不利情况,例如:机组效率下降,冷媒管道过长,冷媒充注量过重,从而导致压缩机性能下降,机组长期在低能效工况下运行。反之系统过小,同一个建筑中系统繁多,不利于维护、管理。以该品牌多联机为例,建议同一个系统最大室外机的容量不超过 48HP。

③ 把空调开启时间不同的房间划为一个系统,使得系统的同时使用率最好控制在50%～80%,此时系统的能效比最高。如果系统的同时使用率低于30%,则系统的能效率较低,同一个系统的设备利用率低,经济性差。

由于户式中央空调系统一般只用于满足居家的舒适性需要,所以在进行 VRV 系统工程初步设计时,可按提供的建筑面积估算室内的冷、热负荷,由于本方法可使负荷计算大为简化,因而受到设计人员的普遍欢迎和应用。

(3) 选择室内机组

室内机形式是依据空调房间的功能、使用和管理要求等来确定的。室内机的容量必须根据空调区冷、热负荷选择;当采用热回收装置或新风直接接入室内机时,室内机选型应考虑新风负荷;当新风经过新风 VRV 系统或其他新风机组处理时,新风负荷不计入总负荷。根据求得的空调负荷计算值,可直接从设备生产厂家有关产品样本查取制冷量、制热量相匹配的机组,选择机组型号时宁大勿小。当出现冷量合适而热量不足时,可选择带辅助电加热的机组或带热水盘管的机组。

(4) 选择室外机组

VRV 空调系统室外机一般由可变容量的压缩机、可用作冷凝器或蒸发器的换热器、风扇和节流机构组成,可分为单冷型、热泵型和热回收型三种形式。室外机的选择应根据选择的室内机的容量及机组连接率,在室外机的制冷容量表中选择室机。室内外机的容量指数要相互适应,必须在机组连接率范围内。尽管室外机可以在 50%～135% 的连接率范围内工作,但最好在接近或小于 100% 的连接率下选择室外机,以免当室内机全部投入运行时,各室内机制冷量下降。

多联式中央空调系统室外机的位置很大程度上决定了多联机系统的初投资以及运行成本(使用能效越高运行成本越低)。室外机的摆放牵扯到众多问题,目前以就近摆放、同层集中摆放或数层集中摆放三种摆放形式为主。

① 就近摆放多联机室外机,优先将室外机摆放于主导风向的下风侧,这种系统的优点在于冷媒管道最短,由于无效管长较短,因此机组的效率高,不过现如今对建筑外立面的美观要求越来越高,一般不同意在建筑外立面任意布置室外机平台或百叶,所以这种系统仅限于小型系统或多联机室外机平台和百叶能很好地与建筑外立面结合的建筑。

② 同层集中摆放是目前使用较多的一种摆放形式。多联机的室外机摆放在空调系统同层的一个或数个空调专用机房或平台上,优点是空调系统不跨越楼层,系统没有穿越楼板管道,冷媒管道相对较短,无效管长较短,系统效率较高。但对于高层建筑,如果每层的多联机室外机位都在同一位置,在这种形式下多联机室外机位处须进行流体模拟分析,用模拟结果检验处于同一空调机位上层室外机是否会因为进风温度过高而停机保护,导致系统无法正常运行。

③ 多联机室外机数层集中摆放在一个专用空调机房或者裙楼屋面。这种摆放形式对于建筑外立面的影响最小,照顾到建筑外立面的美观。但由于室内机与室外机连接的冷媒管必须跨越楼板与室外机相连接,故这种室外机摆放形式会使冷媒管路较长,影响系统能效,而且冷媒管道需要竖向穿越楼板,占用建筑的部分内部空间,同时因为室外机和室内机存在相对高差,不仅对室外机的容量有影响,而且会使室内、外机有最大高差限制。用高差修正系数对室外机容量进行高度差修正,修正系数在样品样本手册的容量表中可以查出。

（5）室内外机组间的管路设计

多联机在冷媒管道设计阶段应与建筑专业深入配合，并依据室内、外机的位置和容量，决定配管方案，确定冷媒管路的长度和高度差，选择冷媒配管的管径尺寸和连接方式，确定冷媒管接头和端管型式。

① 制冷剂管径的确定：制冷剂管径的确定应综合考虑经济、压力降、回油三大因素，维持合适的压缩机吸气和排气压力，以保证系统的高效运行。具体配管尺寸选择如下：

a. 配管安装是从距室外机最远的室内机开始，因此室内机与接头或端管之间的管径应满足室内机的接管管径。

b. 分支接头之间或接头与端管之间的配管管径应根据分支后的室内机总容量来选定，且该管径不能超过室外机的气液管的管径。

c. 室外机与第一分支接头或端管之间配管管径应与室外机的接管相同。

d. 当冷媒管道长度超过 90 m 时，为减少压力下降而引起的容量降低，回汽管道主干管管径应加大，并相应加大配管长度。

② 制冷剂管管材及管壁厚的确定：制冷剂管道通常采用空调用磷脱氧无缝拉制纯铜管，其管壁厚度按厂家提供的相关规格要求选定即可。

③ 凝结水管设计：VRV 空调系统凝结水管路设计与常规集中式空调系统凝结水管路设计方法相同，具体详见 8.3.3 小节空调冷凝水系统设计。

（6）选择控制系统

VRV 空调系统的控制方式包括就地控制、集中控制、智能控制等。末端就地控制方式即采用遥控器对室内机进行独立控制，使用灵活方便、但能耗较大；集中控制是在控制室内，对远端各组 VRV 系统进行监控管理，可根据用户的使用规模、投资能力、管理要求进行组合配置，但由于与建筑物内的其他弱电系统无功能关联，因此不利于弱电系统功能的综合集成；智能控制是将 VRV 空调系统纳入建筑物楼宇自控系统中，将空调系统控制与其他弱电系统实现联动控制，从而达到节能的目的。尤其是基于 BACnet 协议的开放式网关技术，顺应了控制系统一体化的趋势，对整个 VRV 空调系统实行系统管理。

对于规模较小的 VRV 空调系统，宜采用现场遥控器方式进行控制；对于规模较大的系统，采用集中管理方式更合理；对于采用楼宇自控系统的建筑，应优先考虑采用专用网、关联网的方式进行控制。

（7）新风系统的选择

VRV 空调系统需要补充新风时，可采用全热交换机组、带冷热源的集中新风机组等进行新风供给，以维持空调区域内舒适的环境。

① 采用热回收装置。

热回收装置是一种将排出空气中的热量回收，并用于将送入的新风进行加热或冷却的设备，如全热交换器。热回收装置主要由热交换内芯、送排风机、过滤器、机箱及控制器等选配附件组成，全热交换热回收效率一般在 60% 左右。但是采用热回收装置受建筑功能和使用场合限制较大，且使用寿命短、造价高、噪声大。由于热回收效率有限，不能回收的部分能量仍须由室内机承担，故选择室内机的容量时，应综合考虑。同时，还要考虑室外空气污染的状况，随着使用时间的延长，热回收装置上的积尘必然会影响热回收效率。经过热回收装置处理后的新风，可以直接通过风口送到空调房间内，也可以送到室内机的回风处。

② 采用 VRV 新风机或使用其他冷热源的新风机组。

当整个工程中有其他冷热源时,可以利用其他冷热源的新风机组处理新风,也可以利用 VRV 新风机处理新风。具体处理过程为:室外新风被处理到室内空气状态点等焓线上的机器露点,室内机不承担新风负荷;经过 VRV 新风机或使用其他冷热源的新风机组处理后的新风,可以直接送到空调房间内;使用新风处理机时须注意其工作温度范围,尤其注意错误地采用普通风管机处理新风时,室外新风往往超出风管机控制温度范围,大大影响系统的安全运行和使用寿命。

③ 室外新风直接接入室内机的回风处。

室外新风可以由送风机直接送入室内机的回风处,新风负荷全部由室内机承担。进入室内机之前的新风支管上须设置一个电动风阀,当室内机停止运动时,由室内机的遥控器发出信号关闭该新风阀,避免未经处理的空气进入空调房间。另外,应保持新风口与室内机送风口距离足够,避免因室外湿度过大时室内机送风口结露。

（8）冷凝水的排放

多联机室内机产生的冷凝水由单独的冷凝水管道排放,为了提高吊顶高度,与室内装修配合,现市面上多联机的室内机大都可配备冷凝水排水泵。

多联机室外机在冬季制热运行时,由于室外温度的影响,热交换器的表面会有结霜现象,为了除去室外机热交换器表面的霜层,应定时进行除霜运转。除霜后室外机需要排出融霜水,因此多联机室外机位平台须设置排水地漏。

2. 设计技巧

（1）室内机的设计技巧

① 室内机应设计在送回风无阻挡的地方;

② 送风对面墙最好小于 5 m;

③ 出风口尽量在一面墙的居中位置;

④ 室内送风口尽量不在掉角之处(特别针对大于 20 m 的空间),以防气流分布不均匀;

⑤ 室内机最好不在卧室床头上方和家电的上方;

⑥ 为方便安装风机盘管,吊顶要求厚 250~300 mm;

⑦ 风机盘管的检修口开口方向,根据设备进水方向而定,开口尺寸约为 400 mm× 400 mm;

⑧ 室内机一般根据机子的接线及接管在哪边,检修口就开在哪边,开口尺寸约为 400 mm× 400 mm;

⑨ 选择室内机下方无电视机等贵重物品的位置安装。

（2）室外机的设计技巧

① 应尽量设计在与外界换气畅通的地方;

② 应保证进、出风有足够的距离,不能有阻挡物,便于散热;

③ 不应在卧室的窗台或卧室附近;

④ 尽量设计在节约铜管的地方;

⑤ 尽量设计在没有油烟或其他腐蚀气体的地方;

⑥ 尽量设计在能承受室外机自重 2~3 倍以上的地方;

⑦ 尽量设计在不影响其他因素或环境的地方;

⑧ 尽量设计在工人维修人员容易施工的地方。

5.6　全分散空调系统

5.6.1　全分散空调系统的概念及分类

1. 概　念

分散式空调是将空气处理设备全分散在被调房间内，空调房间的负荷由制冷剂直接负担，并通过蒸发器或冷凝器直接与房间空气进行换热。分散式空调可以根据需要，灵活、方便地布置在各个不同的空调房间或邻室内。它是一种小型空调系统，又称局部空调系统，通常使用的各种房间空调器均属于此类。

在一些建筑物中，如果只是少数房间有空调需求，但这些房间又很分散，或者各房间负荷变化规律有很大不同，显然用集中式或半集中式空调系统不适宜，因此可采用分散式空调系统。该空调系统是通过空调机组把空气处理设备、风机以及冷热源都集中在一个箱体内，接上电源即可对房间进行空气热湿处理，不用单独的空调房和送风管，很紧凑、占地面积小。其特点如下：

① 空调机组结构紧凑、体积小、占地面积小、自动化程度高；

② 使用灵活方便，各房间相对独立；维修管理麻烦；

③ 热泵式空调机组，节能环保；

④ 制冷系数小，一般为 2.5～3；不能实现全年多工况节能运行调节，不能全新风；

⑤ 能源受限制（电）；设备寿命短，约 10 年；

⑥ 影响、破坏建筑物外观，易造成噪声、凝结水、冷凝器热风污染。

2. 分　类

分散式空调系统的类型较多，具体分类情况如下：

① 按结构形式不同，可分为整体式空调系统、分体式空调系统两大类。窗式空调器是典型的整体式空调器，代号为 C；分体式空调器代号为 F。分体式空调器由室内机组和室外机组组成，室内机组又分为吊顶式（D）、壁挂式（G）、落地式（L）、嵌入式（Q）和台式（T）5 种；室外机组用 W 表示。

② 按制冷设备冷凝器的冷却方式不同，分散式空调系统分为水冷式和风冷式。水冷式空调器一般是指容量较大的机组，其冷凝器采用水进行冷却，用户必须具备冷却水源，一般用于水源充足的地区，为了节约用水，大多数采用循环水。风冷式空调器一般是指容量较小的机组，如窗式空调，其冷凝器部分在室外，借助风机利用室外空气冷却冷凝器。容量较大的机组也可将风冷冷凝器独立放在室外。风冷式空调器不需要冷却塔和冷却水泵，不受水源条件的限制，在任何地区都可以使用。

③ 按功能不同，分散式空调系统分为冷风型和热泵型两种。冷风型空调器无代号；热泵型代号为 R；电热型，代号为 D；热泵辅助电热型，代号为 RD。

分散式空调器型号的标注方法如图 5-42 所示。

例如，KFR-28GW 表示分体壁挂式热泵型房间空调器（包括室内外机组），制冷量为 2 800 W。

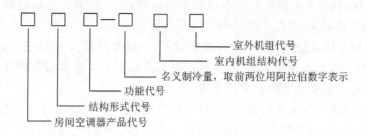

图 5 - 42　分散式空调器型号的标注方法

> KC - 20 表示制冷量为 2 000 W 的冷风型窗式空调器,使用单相电源;

> KC - 35RS 表示制冷量为 3 500 W 的热泵型窗式空调器,使用三相电源;

> KG - 25D 表示制冷量为 2 500 W 的电热分体式空调器,室内机组为挂壁式,使用单相电源。

5.6.2　几种典型的分散式空调

1. 窗式空调器

窗式空调器的基本结构如图 5 - 43 所示,其容量小,冷量在 7 kW 以下,风量在 1 200 m³/h 以下,属于小型空调机。窗式空调器一般安装在窗台上,蒸发器朝向室内,冷凝器朝向室外。

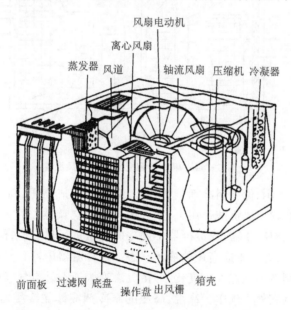

图 5 - 43　窗式空调器的基本结构

其主要由以下几部分组成:

① 箱体:包括箱体壳、承载底盘和前面板,一般用 0.8~1 mm 厚的钢板弯制而成。两侧开有通风百叶窗,用于进风冷却冷凝器。

② 制冷制热系统:包括冷凝器、压缩机、毛细管、蒸发器、干燥过滤器、气液分离器和单向阀,对于热泵型空调器还包括电磁四通换向阀。

③ 通风系统:包括室外侧冷却冷凝器的轴流风机,室内侧离心风扇的两个风扇共用一个轴,由一个电机驱动;还包括循环风道和空气过滤装置。

④ 电气控制系统:包括主控开关、温度控制器、过载保护器、启动继电器和启动运转电容、摆叶风机等。在微电脑控制空调器中,电气控制系统基本上由信号接收板和温度传感器组成的信号输入部分、主控制板和执行部件组成。

窗式空调按功能可细分为冷风型、电热型和热泵型三种。其中,冷风型窗式空调只具有降温、通风、除湿等功能;电热型窗式空调不但具备冷风型空调器的功能,还具备升温的功能,其热能是通过电热丝发热得到的;热泵型窗式空调,其功能与电热型空调器相同,只是升温的热能来自冷凝器放出的热量。

(1) 单冷窗式房间空调器

单冷窗式房间空调器的主要功能是向房间内输送经过冷却并除湿的净化空气,其工作原理如图 5-44 所示。

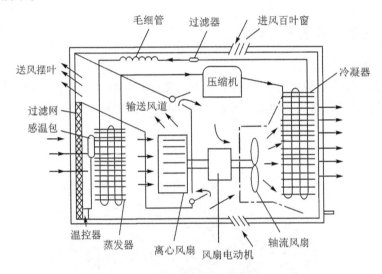

图 5-44　单冷型窗式空调器送风原理

压缩机把吸入的低压、低温制冷剂蒸气,在气缸内压缩成高压、高温的过热蒸气并排送到室外侧风冷凝器中;在轴流风机的作用下,室外的空气经空调器左右两侧的百叶窗,进入轴流风扇的吸风侧,然后吹向冷凝器,与冷凝器中制冷的热量进行热交换,使制冷剂放出热量;制冷剂由高压过热的蒸气状态冷凝成高压的液体状态。在冷凝器中,制冷剂的压力、温度不发生变化,散出的热量只使制冷的状态发生变化,即由气态变为液态。空气吸收制冷剂释放出来的热量后,被轴流风扇排到室外大气中。高温、高压的制冷剂液体在冷凝器的末端形成过冷液体,然后进入过滤器,再经毛细管节流后,进一步降温;最后喷入蒸发器蒸发吸热。室内空气在室内侧离心风扇的作用下流过蒸发器,空气中的热量则被蒸发器中的制冷剂吸收,使空气降温。同时,空气中的水蒸气也在蒸发器表面冷凝成液体,使室内空气相对湿度降低。被冷却降湿的室内空气依靠离心风扇吹送到循环风道,再沿风道口被排风格栅扰动,增大辐射面积后排送到室内。蒸发器中的制冷剂在吸收了室内空气中的热量后,形成的低压、低温的干饱和蒸气又被压缩机吸入,压缩后排到冷凝器中,进行下一个周期的循环。

在窗式空调器中,为使室内空气新鲜纯净,还设有排风门和新风门。打开排风门,可将室内浑浊冷空气排出室外;打开新风门,可吸收一部分室外新空气。

在空调器的前面板上,设置有功能选择开关和温度控制旋钮等,调节这些开关能实现温度控制。对于电子控制空调器,所有调节都是自动完成的。

空调器的传感元件安置在蒸发器的前面,一般在 18~20 ℃范围内自动调节和选择。

(2) 热泵窗式房间空调器

与单冷窗式空调器相比,热泵型空调器加装了一个电磁换向阀,可使制冷剂正反两个方向流动。分体式和窗式空调器均可制成热泵型,图 5 - 45 是热泵型窗式空调器送风原理。

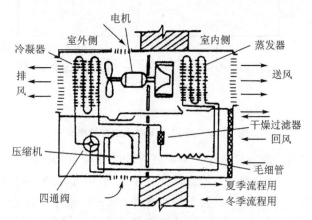

图 5 - 45　热泵型窗式空调器送风原理

电磁换向阀安装在压缩机与冷凝器之间。当制冷运行时,电磁换向器没有接通电源,经压缩机排出的高温制冷剂,经电磁换向阀流向冷凝器;在冷凝器中,制冷剂放热冷凝,并经过毛细管进入室内侧的蒸发器吸热气化,又经过电磁换向阀回到压缩机。当制热运行时,电磁换向阀接通电源,驱动阀内机构完成制冷剂通道的切换,使压缩机排出的高温制冷剂蒸气经电磁换向阀通道切换后,排向室内侧的蒸发器,但此刻的蒸发器已成为冷凝器。制冷剂的热量通过离心风扇作用与室内冷空气进行热交换,吹向室内的空气已是吸收了制冷剂热量的暖风。这时制冷剂经放热后已冷凝成液体,然后经毛细管进入室外侧的冷凝器,此时它作为蒸发器使用。液态的制冷剂吸收室外侧空气中的热量蒸发气化,回到电磁换向阀,经切换后的通道进入压缩机,继续循环。

制热过程中,室内侧放出的热量应包括制冷剂在室外侧吸收的热量和压缩机做功产生的热量。因此,压缩机消耗 1 kW 电能,在室内产生的热量要大于消耗 1 kW 的电热丝所产生的热量。故该种空调器的经济性较好。

(3) 窗式房间空调器典型电气控制电路

单相冷风窗式空调器只用于夏季对房间进行降温与除湿,典型电路如图 5 - 46 所示。

单相冷风窗式空调器电路包括两条主电路,一条是压缩机供电电路,另一条是风扇供电电路。主控选择开关控制压缩机和风扇电动机的供电,温度控制器控制压缩机的开与停。温度控制器的感温元件固定在空调器的回风口处。当室温高于调定温度时,温度控制器的触点就被吸合,压缩机开始运转;当室温降到调定温度时,温度控制器触点断开,压缩机停止工作。

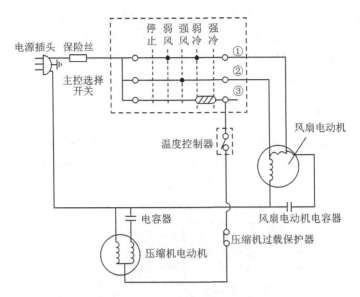

图 5 - 46　单相冷风窗式空调器电路图

单相冷风窗式空调器的主控选择开关一般有 5 个挡位,即强冷、弱冷、强风、弱风及停止。当主控选择开关置于强冷位置时,主控选择开关接点与②、③接通,风扇电动机在高速下运转,压缩机也同时运转制冷,此时空调器处于强冷状态;当主控选择开关处于弱冷位置时,主控选择开关接点与①、③接通,其他接点不通,这时空调器处于弱冷状态,压缩机运转制冷,风扇电动机低速运转;当主控选择开关置于弱风位置时,主控选择开关与①接通,风扇电动机低速运转,此时空调器不制冷。

选择风扇电动机不同的抽头,其有高速(强风)、低速(弱风)两种运转模式。在压缩机不工作时,风扇电动机仅用于室内通风换气。压缩机主电路中有一只过载保护器,一般为双金属片圆壳式,装在压缩机的外壳上,并有一只电容器串联在压缩机一个绕组电路中,以改善压缩机的启动和运转性能,并提高其功率因素。在风扇电动机线路中也串联一只与上述作用相同的电容器。

2. 分体式空调器

(1) 基本结构

分体式空调器主要由室内机组、室外机组和连接管路 3 部分组成,如图 5 - 47 所示。其中,室外机组由压缩机、冷凝器、轴流风机、过滤器、毛细管等组成;室内机组由蒸发器、贯流式风机、摆叶电机及控制板等组成。

1) 室内机组

室内机组的作用是向房间提供调节空气,使房间的温度达到设定要求。室内机组由外壳、蒸发器、空气过滤网、离心电动机、控制操作开关、接水盘和排水管等组成。在外壳前方设有进风口风向板,内设有空气过滤网,用以滤除空气中的尘埃和污物。冷风或热风从出风口导向板吹出,导向板可转动,风向调节杆可左右移动。面板上装有指示灯,显示压缩机的运转状态。控制操板部分装有运转、温度等若干种操作模式。空气中的水分遇冷而凝结成水,经接水盘和排水管排至室外。分体壁挂式空调器室内机组结构如图 5 - 48 所示。

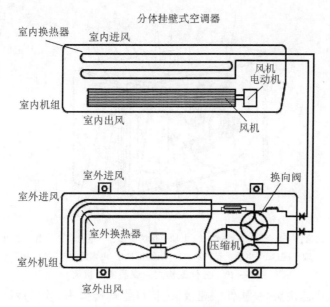

图 5 - 47　分体式空调器结构图

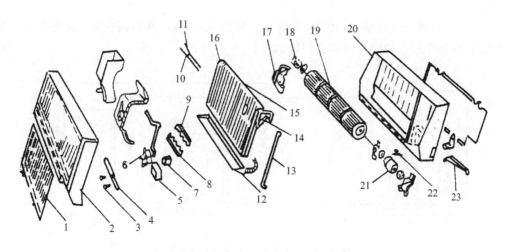

1—空气地滤网；2—面板；3—螺钉；4—插杆；5、6—开关；7、8、9—继电器；10、11—接管；
12—接水盘；13—后板；14—导线；15—蒸发器；16—翅片；17—护盖；18—端盖；19—离心风扇；
20—外壳；21—风扇电动机；22—垫片；23—插板

图 5 - 48　分体壁挂式空调器室内机组

2）室外机组

室外机组主要用于制冷剂的散热，其由外壳、压缩机、冷凝器、四通换向阀（热泵型空调器）、室外加热电热丝（在低温下仍可制热运转）、轴流风扇和风扇电动机等组成。外壳上有进出风口，可使冷凝器散发出的热量及时被风机引出机外。分体壁挂式空调器室外机组结构如图 5 - 49 所示。

3）连接管路

室内机组和室外机组是通过 $\Phi20\ mm$ 以下的紫铜管进行连接的，连接管头目前采用的形

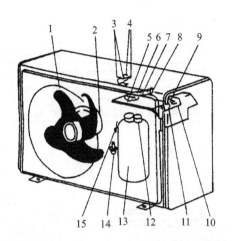

1—风扇电动机;2—风扇;3—熔断丝;4—支架;5—电动机保护器;6、7—继电器;8—电容器;9—压缩机保护器;
10、11—端子座;12—电动机保护器;13—压缩机;14—电容器;15—簧片热控开关

图 5-49　分体壁挂式空调器室外机组

式有 3 种,即自封式快速接头、一次性快速接头、扩口管螺母接头,效果最好的是快速接头,它密封可靠且使用寿命长。

(2)工作原理

分体式空调器分单冷型、热泵型两种形式。压缩机运转时,制冷剂在整个制冷系统中循环而完成制冷,制冷过程和窗式空调器相同,如图 5-50 所示。

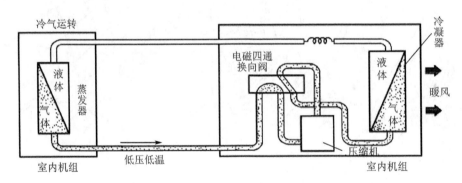

图 5-50　分体壁挂式空调器制冷工况

室内空气在离心风机的作用下,通过空气过滤网被吸入,经蒸发管道进入热交换器,使空气冷却降温或去湿后进入风机中,再经过叶轮旋转排入风道经百叶窗流向室内。热泵型空调器在实施供热时的原理和窗式空调器一样,其过程如图 5-51 所示。

3. 分体柜式房间空调器的结构与工作原理

柜式空调器按冷却方式不同,可以分为水冷柜式空调器和风冷柜式空调器两种形式。目前家用柜式空调器多为风冷柜式空调器,其内、外机结构如图 5-52 所示。

除图中标出的部件外,室内机还有蒸发器、空气过滤器等部件;室外机还有换热器、过滤器、单向阀、气液分离器、压缩机及四通换向阀(热泵型空调器)等。室内、外机通过制冷管道与电线进行连接。

风冷柜式空调器的工作过程和送风原理与分体壁挂式空调器基本相同,即液态制冷剂经

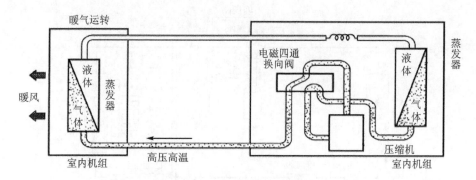

图 5－51　分体壁挂式空调器制热工况

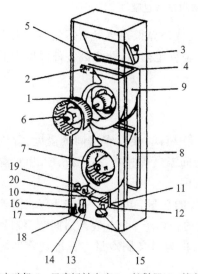

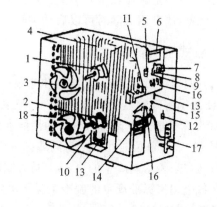

1—风扇电动机;2—风扇运转电扇;3—扩散器;4—控制器;
5—旋钮;6、7—多叶风扇;8、9—外壳;10—选择箱;
11—排水管;12—电源变压器;13、14—端子座;15—内板;
16—支架;17、18—熔断丝;19、20—继电器;

1、2—风扇电动机;3—螺旋浆式风叶;4-、8—支架;
5—过电流继电器;6—压缩机保护器;7—压缩机接触器;
9—熔断丝;10—端子座;11—风扇电机电容;
12—簧片垫开关;13—充气阀;14—压缩机;15—低压开关;
16—高压开关;17—球阀;18-排管

(a) 室内机　　　　　　　　　　　　　　　(b) 室外机

图 5－52　风冷分体柜式空调器室内、外机组结构图

膨胀阀节流后,进入蒸发器并吸收被冷却空气的热量,然后被压缩机吸入,经压缩机变为高温高压的过热蒸汽,进入冷凝器后被室外空气冷却,放出汽化潜热而凝结成高压液体,再经过干燥过滤器送至膨胀阀,进行一次循环。这一过程反复循环从而使室内温度得以调节。图 5－53 为分体柜式冷热风机工作过程图。

　　被冷却对象是室内空气,而该空气经过滤网滤尘后,被风机吸入再送入蒸发器表面进行降温降湿,然后送入室内与室内空气混合使气温降低。因室内空气呈封闭循环,其清新度受到一定影响。目前有些空调器已采用换气扇对室内空气定时更新。

　　热泵型分体柜式空调器在制热运行时,同样受室外气候的影响而可能不启动(环境温度低于－5 ℃)。蒸发器对外界空气吸热使空气降到 0 ℃以下时,空气中的水蒸气就会在热交换器

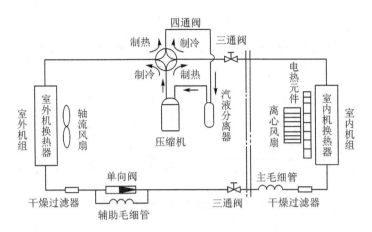

图 5 - 53　分体柜式冷热风机工作过程

上结冰,堵塞翅片之间的缝隙形成冰堵,造成热泵无法从外界得到热量而不能向室内供热。为解决这一问题,有些空调器在室外热交换器上增加了辅助电热器,防止因室外温度太低造成的交换器结冰现象,使空调器随时可以启动运转。

5.6.3　分散式空调器的性能

分散式空调器一般包括冷却、制热和除湿三种工作模式,使夏季房间的温度、湿度降低到适宜范围,使冬季房间的温度得以提高。一般夏季房间温度保持在 25～27 ℃,相对湿度保持在 50%～60%。分散式空调器的主要的性能参数如下:

① 制冷量:表示单位时间内从房间或区域内除去的热量,单位为 W 或 kW。国外空调器也有用热力马力来表示制冷量的,1 热力马力制冷量约相当于 2 500 W。房间空调器铭牌上的制冷量是在各个国家标准规定的制冷工况下测定的,称为名义制冷量。标准规定实测制冷量不低于名义制冷量的 92%。

② 热泵制热量:表示空调器在某一工况下,进行热泵制热运行时(电加热装置应同时运行),单位时间内向房间或区域内送入的热量,单位与制冷量相同。

③ 消耗总功率:表示空调器在制冷运行时所消耗的总功率。制热功率则包括在相关的制热总功率之中。在单冷型空调器中,仅标注输入功率,即制冷运行时空调器消耗的实际功率。对冷暖型空调器则分别标注所消耗的功率。

④ 能效比 EER:表示空调器的制冷量与输入功率的比值。能效比是空调的一项技术经济性能指标,也是空调器的能耗指标,能效比值越高,则消耗 1 W 电功率所取得的制冷量越大。因此用户在选用空调器时,不但要注意制冷量的大小、价格的高低,还应特别注意 EER 值的大小。通常,空调的能效比接近 3 或大于 3,就属于节能型空调器。例如,一台空调的制冷量是 2 000 W,额定耗电功率为 640 W,另一台空调的制冷量为 2 500 W,额定耗电功率为 970 W。则两台空调的能效比值分别为:第一台空调的能效比:3.125,第二台空调的能效比:2.58。国家标准规定了在标准工况下的实测制冷量与实测消耗功率之比不低于标准规定值的 85%。

能效比可用下式表示:

$$能效比(EER)=\frac{机组名义工况制冷量(W)}{整机的功率消耗(W)}$$

⑤ 循环风量：表示在通风门和排风门完全关闭的情况下，单位时间内向房间送入的风量，单位是 m³/s 或 m³/h。一般标注在空调器铭牌上的风量是指室内侧空气循环量，即每小时流过蒸发器的空气量，用符号 G 表示，单位为 kg/s 或 m³/h。

⑥ 噪声：房间空调器的噪声是由离心风扇、轴流风扇及压缩机产生的。空调器的噪声表示在它正常工作条件下，距空调器出风口中心线 1 m 处，距地面不小于 1 m 的位置，用声级计测得的数值，单位为 dB。分体式空调器噪声的国家标准是：制冷量在 2 000 W 以下的分体式空调器，室内机噪声≤45 dB，室外机≤55 dB；制冷量在 2 500～4 500 W 的分体式空调器，室内机噪声≤48 dB，室外机噪声≤58 dB。

⑦ 电源：我国规定电源的额定频率为 50 Hz，额定电压 220 V，波动范围为±10%。

空调器的工作环境温度：单冷型为 18～43 ℃；热泵型为−5～43 ℃；电热型应小于 43 ℃；热泵辅助电热型为−5～43 ℃。

5.6.4　分散式空调器的选用

作为一名空调技术人员，要会针对用户的实际使用环境，根据房间的实际冷热负荷及使用情况，建议用户选择合适的空调器进行安装。

1. 类型与形式选择

空调器有单冷、冷热两用型及窗式、分体式之分。冷热两用型空调器，其中电热型的可以在室外气温较低的条件下使用，而热泵型的只能在室外 0 ℃以上使用。空调器结构形式主要是根据估算的制冷量和用户的实际使用环境来选择。吊顶式和嵌入式空调器一般是在装修房间时进行同步安装的。

现在窗式空调器基本无人问津了。分体式空调器安装位置的选择范围大，不影响采光。因压缩冷凝机组设在室外，所以室内机组较平稳、宁静，室内噪声较小。但没有新风装置，安装时应注意雨雪侵入及冷凝水泄漏。挂壁式空调器的制冷量一般都在 3 600 W 以下，少数在 4 500 W 左右。柜式空调器制冷量在 4 300 W～14 kW 不等。对于 7 000 W 以上制冷量的空调器，在选择时要考虑用户的电源，因为大部分空调器都是三相电源的，只有家用的才是单相电源。

2. 空调器制冷量的选择

选用多大的空调器，主要是以制冷量（或制热量）的大小为依据。由于房间的建筑形式、面积、人员或使用空调的要求等因素的不同，选择时也就有所不同。

空调器的最小制冷量是以我国居住面积的最小值而定的，即一般楼房小间若是小于 12 m²，制冷量为 1 200 W 的空调器即可满足要求。但由于空调器的使用比较广泛，各类建筑物的高度又各有差异，温度要求又不同，所以实际选择制冷量时要考虑很多因素。

（1）房间结构

房间结构考虑的主要因素是房间的面积和高度。相同的使用面积的房间若高度相差较大，则使用相同的空调器效果就相差很大，尤其是在制热状况下会更加明显，房间高度越高，制热效果越差。在房间结构上，还要考虑房间的绝热、保温等效果。

（2）房间用途

房间用途不同，本身的热载荷也是不一样的。家居房间热负荷小，公共房间热负荷大。热负荷要考虑到人员的多少、人员流动的多少、各种照明及相关电器等，以及其他的发热条件，像餐饮、机房等。

（3）房间地理位置

房间地理位置也是选择空调器的重要因素。楼层不同、朝阳面多少、散热通风条件等都对空调器的效果有较大的影响。

综合以上几个方面的因素，说明空调器的选择是复杂的，只能根据经验选择空调器。一般居室可按照 250 W/m² ～ 350 W/m² 估算制冷量。查阅大量的技术资料和厂家的宣传资料，得到的估算表见表 5 - 10。

表 5 - 10   空调器制冷量和房间匹配速查

制冷量/W	2 000～35 000	4 800～6 500	7 300	8 300	9 300
居室/m²	15～25	30～45	40～55	60～70	65～85
计算机机房/m²	12～20	30～40	35～45	45～50	50～60
饭店客房/m²	15～25	25～30	30～45	45～50	50～65
餐厅/m²	10～15	20～25	25～30	30～35	35～40
商场/m²	20～25	25～30	30～40	40～45	45～50
办公室/m²	15～20	35～40	35～45	45～50	50～60

3. 品牌质量的选择

目前，市场上各式各样的空调器琳琅满目，相同型号的空调器价格也相差很大。要根据经济条件和使用价值选择空调器，以知名品牌和生产厂家为对象，这样不仅能选择到实用、质量高的空调器，而且售后服务也能得到保障。

合资品牌和国内几大名牌空调器质量优，但价格较高。还有部分地方品牌空调器，具有区域性的优势，质优价廉。

对于经济条件好，追求舒适度高的用户可建议购买变频空调器。

4. 空调器外形的选择

随着人们对生活质量要求的提高，空调器外形除要求美观外，还要完整无损，翅片、漆皮或喷塑无剥落和变色。可根据实际使用环境和用户爱好进行选择。

5. 噪声的选择

空调器的噪声是由于机内部件运转或安装不当引起的。用户在选购空调器时，要注意产品铭牌上的噪声值，在制冷量、消耗功率相同的情况下，选用噪声值低的产品。

6. 空调器的价格

当各种因素已确定以后，还要考虑经济指标，在同类产品中以质优价廉为原则。

本章小结

本章详细介绍了空调系统分类、普通集中式空调系统、变风量空调系统、空气-水系统、全分散空调系统。普通集中式系统是历史最悠久，至今仍广泛使用的集中式空调系统。能满足对空气的各种处理要求，能全新风运行和能对室内空气质量进行全面控制是普通集中式空调系统最突出的三大优点。

根据回风引用次数的不同,集中式全空气系统又分为一次回风系统和二次回风系统两种系统形式。由于一次回风系统比二次回风系统简单,因此是集中式全空气系统中使用最广泛的系统形式。

保持送风温度或参数不变,靠改变送风量来适应负荷变化的系统称之为变风量系统,它采用改变送风量的办法来适应负荷的变化,这样既可以减小风机电耗也可以减小耗冷量,从而降低系统的运行管理费用,具有非常显著的节能效果。

风机管加新风系统是典型的空气-水系统,由风机盘管系统和新风系统组成。其中,风机盘管系统又由众多风机盘管与水管系统组成,而新风系统则由新风机与风管系统组成。

全分散空调系统又称局部空调系统,是指将空气处理设备分散在各个被调节的房间内的系统。

习　题

1. 试述封闭式系统、直流式系统和混合式系统的系统形式及其优缺点。

2. 完整的空调系统应由哪些设备、构件组成?

3. 试比较一次回风式系统和二次回风式系统的优缺点,以及它们的适用范围。

4. 试从热平衡的角度来分析一次回风式夏季工况喷水室(或表冷器)所需冷量与各项冷负荷的关系。

5. 一次回风式系统冬季工况中,采用新风与回风先混合后预热、新风先预热后再与回风混合这两种方案,预热器所需的供热量是否相等? 为什么?

6. 一次回风系统冬季工况中,判别所在地区要不要设置预热器的条件是什么?

7. 试从热平衡的角度来分析二次回风式系统夏季工况所需冷量与各项冷负荷的关系?

8. 二次回风式系统较一次回风式系统有较好的节能效果,是否可以将所有的混合式系统都采用二次回风式系统? 为什么?

9. 某空调房间,室内设计空气参数为:$t_N = 20$ ℃,$\varphi_N = 60\%$;夏季室外空气计算参数为:$t_W = 37$ ℃,$t_s = 27.3$ ℃,大气压力 $B = 98\ 659$ Pa(740 mm)。室内冷负荷 $Q = 83\ 800$ kJ/h,湿负荷 $W = 5$ kg/h。若送风温差 $\Delta t_o = 4$ ℃,新风比 m 为 25%,试设计一次回风空调系统,作空调过程线并计算空调系统耗冷量及耗热量。

10. 条件同题 9,要求设计二次回风空调系统,作空调过程线并计算空调系统耗冷量。

11. 某办公室主要负荷来源是设备和人员。当设备负荷减小时,风机盘管的排热能力和除湿能力将如何变化?

12. 如何选择风机盘管机组?

13. 变风量系统与定风量系统相比,有哪些特点?

14. 分散式空调器的性能指标参数有哪些?

15. 户用中央空调的特点是什么?

16. 如何选用分散式空调器?

第6章 空气处理设备

空调系统通过送入一定温度、湿度、气流速度以及洁净度的空气来控制房间的空气状态。用于处理空气,对空气进行加湿、除湿、加热、冷却、净化的设备称为空气处理设备。根据空气处理的要求不同,空气处理设备有多种形式。本章从空气处理的过程出发,将空气处理设备分为空气加湿与除湿设备、空气加热与冷却设备、空气净化设备和集中式水冷空调系统中的主要设备,分别对其种类、形式、结构组成、工作原理等进行介绍。

【教学目标与要求】

(1)掌握喷水室、空气加湿器、空气除湿机的工作原理和基本结构;
(2)掌握表面式空气换热器、电加热器的工作原理和基本结构;
(3)了解空气净化的目的和标准,掌握常用术语,了解空气过滤器的滤尘机理、种类、构造;
(4)掌握组合式空调机组的分类、性能特点及基本参数;
(5)了解蒸发冷却空调机组的设计原理、分类及适用场合。

【教学重点与难点】

(1)喷水室的构造和工作原理;
(2)空气加湿器、空气除湿机的分类及结构;
(3)表面换热器的分类及结构、电加热器的结构;
(4)空气净化设备的过滤机理;
(5)组合式空调机组的功能段特点;
(6)直接及间接蒸发冷却空调机组的特点。

【工程案例导入】

潮湿车间的除湿问题一直是国内外暖通工作者关注的问题之一。许多生产过程(如印染、制革、造纸、酸造、肉食品加工),都会散发出大量的水分,这些生产过程的共同特点是对空气湿度控制要求不高,因此,在夏季可以通过采用一些简易的通风方法,如开窗或在侧墙、屋顶安装轴流风机等使室内通风降湿。但是,在我国长江以北的地区,在冬季仅采用上述简易通风方法是不够的。那么如何选择合适的空调设备,使得室内能平衡温度和湿度的影响,达到生产要求的同时,还能保证尽可能低的能源消耗呢? 这就需要明确各种空调设备的优缺点及其适用范围,在最大程度上降低能耗,提高效率。

6.1 空气热湿处理方案及分类

为满足房间温度、湿度、洁净度和气流速度的要求,在空调系统中必须采用相应的处理技术,选择相应的处理设备,以便能对空气进行各种温度、湿度、洁净度和气流速度处理,从而达到所要求的送风状态。

6.1.1　空气处理的方案

由 $h-d$ 图分析可知,在空调系统中,为得到同一送风状态点,可能有不同的空气处理方案。以完全使用室外新风的空调系统为例,一般夏季须对室空气进行冷却减湿处理,而冬季则须加热加湿,然而具体到将夏、冬季分别为 C 和 B 的室外空气如何处理到送风状态点 A ,则有图 6-1 所示的各种空气处理方案,表 6-1 是对这些空气处理方案的简要说明。

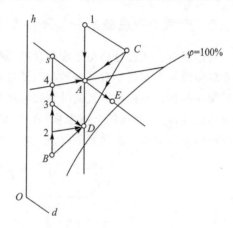

图 6-1　空气处理的各种途径

表 6-1 中列举的各种空气处理方案都是一些简单空气处理过程的组合。由此可见,可以通过不同的途径,即采用不同的空气处理方案而得到同一种送风状态。至于究竟采用哪种途径,则须结合各种空气处理方案及使用设备的特点,经过分析比较才能最后确定。

方案的选择不是简单地选择步骤较少的,例如冬季的工况③,只需要一步两种设备,似乎经济性更好。但是控制喷蒸汽量一般用阀门手动调节,要把状态④不多不少地处理成送风状态 O 就不那么容易。蒸汽量偏大或偏小,所得的终状态就会偏离 O ,因此当房间相对湿度的控制精度要求较高时,须采用湿度计作为湿度敏感元件、增加自动控制装置,虽然步骤较少,但是投资反而会增大。而当房间相对湿度的控制精度要求不高时,可采用手动调节喷蒸汽量。

表 6-1　夏、冬季空气处理方案及说明

季　节	空气处理方案	处理方案说明
夏季	①$C \to D \to A$	喷水室喷冷水冷却减湿,再由加热器等湿加热
	②$C \to 1 \to A$	固体吸湿剂减湿,再由表面式冷却器等湿冷却
	③$C \to A$	液体吸湿剂减湿冷却
冬季	①$B \to 2 \to D \to A$	加热器预热,喷水蒸气加热,加热器再热
	②$B \to 3 \to D \to A$	加热器预热,喷水室绝热加湿,加热器再热
	③$B \to 4 \to A$	加热器预热,再喷水蒸气加湿
	④$B \to D \to A$	喷水室喷热水加热加湿,加热器再热
	⑤$B \to 5 \to E \to A$	加热器预热,一部分空气由喷水室绝热加湿后与另一部分未加湿的空气混合

同理,冬季的工况④,表面看起来只有两步,但是第一步的喷热水如果没有合适的热量来源,是需要加装加热水的装置的,事实上设备并不少。但是如果处于工厂,有方便的热水可用时,则无须水加热装置,因此无论在经济上还是技术上均是较好的方案。

再看冬季的工况①、②,从步骤来看两者复杂程度类似,但是考虑到冬、夏季方案相结合,方案②冬、夏季可合用一个喷水室,方案①则需要另装一个喷蒸汽的装置,当喷蒸汽量偏大时,有含湿量增大或再热化加湿的问题。所以从全年来看,当房间相对湿度的控制精度要求较高时,可采用方案①同时配有自动控制加蒸汽量装置;否则采用方案②。

由上分析可见,不能随意定一个方案满足要求就行,而是要本着节能的原则,根据生产工艺和舒适性要求,结合冷源、热源、材料、设备等具体情况,全面地从效果、管理方便、投资和能力消耗等各个方面进行技术经济比较来确定最佳方案。其中,对于空气处理设备的详细了解,就显得尤为重要。

6.1.2 空气处理设备的分类及各自特点

要达到对空气进行热湿处理的目的,就要借助某些能对空气进行放热、吸热或加湿、除湿的介质和设备来实现。有时一种空气处理设备能同时实现空气的加热加湿、冷却减湿或者升温减湿等过程。各种对空气的处理过程如图 6-2 所示,图中 t_1 是空气的露点温度,t_s 是空气的湿球温度,t_g 是空气的干球温度,A 点表示空气的初状态点。1、2……12 表示 A 点的空气用不同的处理方法可能达到的状态。各种处理过程的内容和一般采用的处理方法见表 6-2。

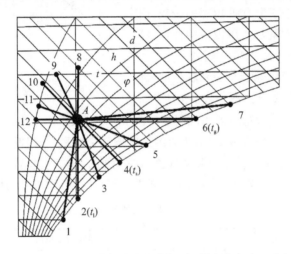

图 6-2 各种对空气的处理过程(注:图中交点为 A 点)

表 6-2 各种空气处理过程的内容和处理方法

过程线	所处象限	热湿比	处理过程的内容	处理方法
$A-1$	III	$\varepsilon > 0$	减焓降湿降温	用水温低于 t_1 的水喷淋; 用肋管外表面温度低于 t_1 的表面冷却器冷却; 用蒸发温度 t_0 低于 t_1 的直接蒸发式表面冷却器冷却
$A-2$	$d=$常数	$\varepsilon = -\infty$	减焓等湿降温	用水的平均温度稍低于 t_1 的水喷淋或表面冷却器干式冷却; t_0 稍低于 t_1 的直接蒸发式表面冷却器冷却
$A-3$	IV	$\varepsilon < 0$	减焓加湿降温	用水喷淋,$t_1 < t$(水温)$< t_s$
$A-4$	$h=$常数	$\varepsilon = 0$	等焓加湿降温	用水循环喷淋,绝热加湿
$A-5$	I	$\varepsilon > 0$	增焓加湿降温	用水喷淋,$t_s < t'$(水温)$< t_A$(为 A 点的空气温度)

过程线	所处象限	热湿比	处理过程的内容	处理方法
A - 6	I ($t=$常数)	$\varepsilon>0$	增焓加湿等温	用水喷淋，$t'=t_A$；喷低压蒸汽等温加湿
A - 7	I	$\varepsilon>0$	增焓加湿升温	用水喷淋，$t'>t_A$；喷过热蒸汽
A - 8	$d=$常数	$\varepsilon=+\infty$	增焓等湿升温	加热器(蒸汽、热水、电)干式加热
A - 9	II	$\varepsilon<0$	增焓降湿升温	冷冻机除湿(热泵)
A - 10	$h=$常数	$\varepsilon=0$	等焓降湿升温	固体吸湿剂吸湿
A - 11	III	$\varepsilon>0$	减焓降湿升温	用温度稍高于 t_A 的液体除湿剂喷淋
A - 12	III ($t=$常数)	$\varepsilon>0$	减焓降湿等温	用与 t_A 等温的液体除湿剂喷淋

由表 6 - 2 可知，空气的热、湿处理方式较多。因此，进行热湿处理所用的设备亦种类繁多，构造多样，但究其根本，大多是使空气与其他介质进行热、湿交换的设备。

与空气进行热湿交换的介质有：水、水蒸气、冰、各种盐类及其水溶液、制冷剂及其他物质。其中水是使用最多、最广的介质，是因为其最容易获得、价格低廉、调节方便、既能直接又能间接与空气进行热湿交换；而水蒸气，既能直接喷入空气中，起加湿作用；又能通过换热器间接与空气接触起加热作用。相比水与水蒸气，制冷剂通常借助换热器与空气进行热湿交换，当制冷剂由液态变为气态时，空气将发生降温或降温减湿变化；而当制冷剂由气态变为液态时，空气将会被加热。在某些特殊场合，还可以利用某些固体或液体吸湿剂(如硅胶、氯化锂)与空气进行热湿交换。虽然其获取难度稍高，但能辅助加热的作用较强，亦可以直接喷入空气中或通过换热器间接与空气接触。

按照空气与进行热湿处理的冷、热媒流体间是否直接接触，可以将空气的热湿处理分成三大类：直接接触式、间接接触式和混合式。直接接触式是指被处理的空气与进行热湿交换的冷、热媒流体彼此接触进行热湿交换，具体做法是让空气流过冷、热媒流体的表面或将冷、热媒流体直接喷淋到空气中。间接接触式则要求与空气进行热湿交换的冷、热媒流体并不与空气接触，而是通过设备的金属固体表面来进行热湿交换。

用不同温度的水喷淋空气；使被处理的空气流过热湿交换介质表面，通过含有热湿交换介质的填料层；向空气中喷入低压水蒸气；用液体吸湿剂喷淋空气时，形成具有各种分散度液滴的空间，使液滴与流过的空气直接接触等。这些均属于直接接触式空气热湿处理方式，常见的设备有喷水室、水加湿器、蒸汽加湿器。

换热介质(热水、水蒸气、冷水和制冷剂)在间壁式换热管内流动，被处理空气在管外流(掠)过，两者通过固体壁面进行热交换或热湿交换，则属于间接接触式空气热湿处理方式，常见的设备有表面式冷却器(表冷器)、空气加热器、盘管、蒸发器和冷凝器等。

当空气处理设备兼有直接接触式和间接接触式两类设备的特点时，则称为混合式设备，如喷水式空气冷却器。

当然还有一些空气处理设备的作用原理与上述两类热湿处理装置有所不同，如利用电热元件来加热空气的电加热器，以及利用某些固体吸附剂表面的大量细小孔隙形成的毛细管作用工作的固体吸附剂除湿机，亦会在后面内容详细介绍。

6.2 空气加湿及除湿设备

本节详细介绍各种空气的湿度调节设备,喷水室可加湿、除湿、加热与冷却,因此单独列出介绍,其他设备则按照加湿和除湿功能分开介绍。

6.2.1 喷水室

喷水室又称为喷淋室、淋水室、喷雾室、洗涤室,是一种典型的空气-水直接接触式空气热湿处理设备,可以实现加热、冷却、加湿、除湿等七种过程。喷水室的主要优点是夏、冬季可以共用,耗金属量少和容易加工,同时还具有一定的空气净化能力,洗涤吸附空气中的尘埃和可溶性有害气体。但是,因其需要将不同温度的水喷成雾滴与空气直接接触,或将水淋到填料层上,使空气与填料层表面形成的水膜直接接触进行热湿交换,所以对水质要求高、占地面积大、水系统复杂、需要配备专门的水泵且水泵耗能高。目前,喷水室在以调节湿度为主的纺织厂、烟草厂及以去除有害气体为主要目的净化车间广泛使用。

1. 喷水室的构造

喷水室主要由挡水板、喷嘴、排管、底池与管路系统及喷水室外壳等组成。图6-3所示是应用比较广泛的单级、卧式、低速喷水室,其由许多部件组成。被处理空气在风机的作用下进入喷水室,先通过前挡水板或整流器,随后流经喷水排管,与喷嘴中喷出的水滴相接触进行热湿交换;然后到达后挡水板,后挡水板能将空气中夹带的水滴分离出来,让空气通过。从喷嘴喷出的水滴完成与空气的热湿交换后,落入底池中。

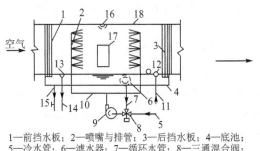

1—前挡水板;2—喷嘴与排管;3—后挡水板;4—底池;
5—冷水管;6—滤水器;7—循环水管;8—三通混合阀;
9—水泵;10—供水管;11—补水管;12—浮球阀;
13—溢水器;14—溢水管;15—泄水管;16—防水灯;
17—检查门;18—外壳

(a) 结构图　　　　　　　　　　　　　(b) 实物图

图6-3　喷水室的构造

（1）挡水板

前挡水板有挡住飞溅出来的水滴和使进风均匀流动的双重作用,因此也称为均风板,现已很少使用,取而代之的是流线形格栅整流器(又称为导流板),如图6-4所示。后挡水板的作用是分离空气中携带的水滴,以减少被处理空气带走的水批(又称为过水量),有折板形和波纹形两种,如图6-5所示。当夹带着水滴的空气在挡水板片与片之间的流道曲折通过时,因流动方向的改变而使水滴在惯

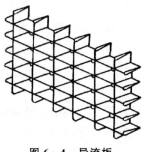

图6-4　导流板

性作用下与挡水板发生碰撞,将水滴阻留并聚集在板面上,并沿直立的板面流到底池。

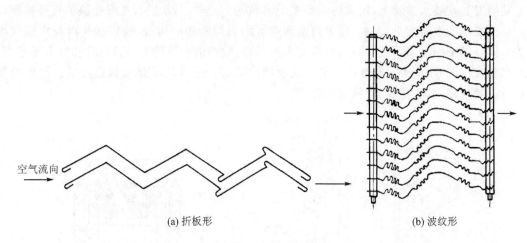

(a) 折板形　　　　　　　　　　　　　　(b) 波纹形

图 6 - 5　挡水板

挡水板一般用厚度为 0.75～1.0 mm 的镀锌钢板、玻璃钢或塑料制成,目前塑料板用得较多。当挡水板的折数较多、夹角较小、板间距小及空气流速低时,挡水的效果较好,但这时空气的阻力较大,并且增大了挡水板的迎风面积。因此在实际工程中,前挡水板一般取 2～3 折,夹角取 90°～150°;后挡水板一般取 4～6 折,夹角取 90°～120°,挡水板间距取 25～40 mm。挡水板的过水量大小与挡水板的材料、形式、折角、折数、间距、喷水室截面的空气流速以及喷嘴压力等有关。

(2) 喷水排管与喷嘴

1) 喷水排管

喷水排管又称喷淋排管,主要由供水管和喷嘴组成。如图 6 - 6 所示。根据空气处理的需要,在喷水室中可设置 2～4 排。喷嘴的喷水方向相对于空气流动方向可顺喷,也可逆喷;当采用两排喷水排管时为对喷。

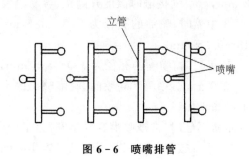

图 6 - 6　喷嘴排管

喷嘴排管与供水干管的连接方式有下分、上分、中分和环式 4 种,如图 6 - 7 所示。不论采用哪种连接方式,都要在水管的最低点设泄水丝堵,以便冬季不用时泄水,防止冻裂水管。

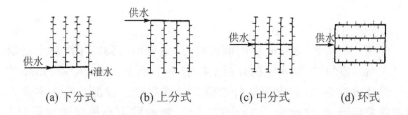

(a) 下分式　　　　(b) 上分式　　　　(c) 中分式　　　　(d) 环式

图 6 - 7　喷嘴排管与供水干管的连接方式

2）喷　嘴

喷嘴安装在喷水排管上,用来将水变成小水滴,扩大空气与水进行热湿交换的直接接触面积。喷嘴喷出的水滴大小、多少、喷射角度和喷射距离与喷嘴的构造、喷口孔径以及水压大小有关。同一类型的喷嘴,孔径越小、喷嘴前水压越高,喷出的水滴越细;孔径相同时,水压越高,喷水量越大。图 6-8 所示是常用的离心式喷嘴构造,图 6-9 所示是双螺旋喷嘴。制作喷嘴的材料一般采用黄铜、尼龙、塑料和陶瓷等。

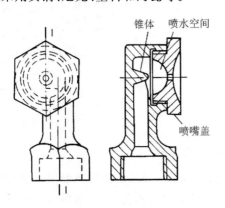

图 6-8　离心式喷嘴

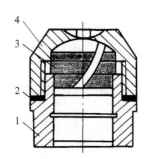

1—喷嘴座;2—橡胶垫;3—螺旋体;4—喷嘴帽

图 6-9　双螺旋喷嘴

喷嘴根据喷出水滴直径的大小分为粗喷、中喷和细喷。

① 细喷时,喷嘴的孔径为 2.0～2.5 mm,喷嘴前的水压大于 0.25 MPa,水滴直径为 0.05～0.2 mm,与空气接触时温度升高快、容易蒸发,适用于空气的加湿过程。

② 中喷时,喷嘴的孔径为 2.5～3.5 mm,喷嘴前的水压为 0.2 MPa 左右,水滴直径为 0.15～0.25 mm。

③ 粗喷时,喷嘴的孔径为 4.0～5.5 mm,喷嘴前的水压为 0.05～0.15 MPa,水滴直径为 0.2～0.5 mm。中喷和粗喷时,喷嘴喷出的水滴直径较大,与空气接触时的温升慢,适用于空气的冷却干燥。

水质不佳时,常规喷嘴容易堵塞,为了彻底解决现有喷水室喷嘴易堵塞、维护工作量大、能耗较高、系统较复杂及调节不够灵活等实际问题,国内研究者在广泛吸收国内外先进技术的基础上,开发研制了新型的击流式喷嘴,如图 6-10 所示。撞击流式喷嘴有对喷式和靶式两种,对喷式撞击流喷嘴为一对直流短管,水流通过两个喷嘴相向喷射,两股水流相遇后从两喷嘴之间的缝隙中挤压出一圆形水膜。来自喷水室的迎面气流与水膜剧烈摩擦,将其撕碎从而达到水雾化的目的。

3）外壳、底池及附属管道

喷水室的外壳一般用 2～3 mm 厚的钢板加工,也可用砖砌或用混凝土浇制,但要注意防水。为了能进入喷水室检修,喷水室的外壳上应有不小于 400 mm×600 mm 的密封检查门。检查门上应开设玻璃观察孔,以方便运行管理人员观察喷水情况。喷水室设有防水照明灯。喷水室的断面做成矩形,高宽比为 1.1∶1～1.3∶1,断面的大小根据通过的风量及推荐流速（2～3 m/s）确定。底池一般按能容纳 2～3 min 的总喷水量确定,池深 500～600 mm。溢水器按周边溢水量为 30 000 kg/(m·h)设计。补水管根据喷水量的 2%～4%设计。

底池中接有四种管道。①循环水管,底池通过滤水器与循环水管相连,使落到底池的水能

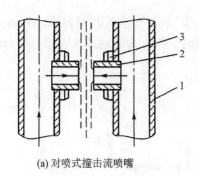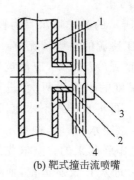

(a) 对喷式撞击流喷嘴 (b) 靶式撞击流喷嘴

1—供水立管;2—喷嘴;3—靶板;4—紧撞螺母

图 6 - 10 喷嘴布置形式

重复使用。滤水器的作用是清除水中杂物,以免喷嘴堵塞。②溢水管与底池通过溢水器与溢水管相连,以排除水池中维持一定水位后多余的水。在溢水器的扩音器口上有水封罩,可将喷水室内、外空气隔绝,防止喷水室内产生异味。③补水管,当用循环水对空气进行绝热加湿时,底池中的水量将逐渐减少,泄漏等原因也可能引起水位降低,为了保持底池水面高度一定,且略低于溢水口,须设补水管并经浮球阀自动补水。④泄水管,为了检修、清洗和防冻等目的,在底池的底部须设泄水管,以便需要泄水时,将池内的水全部泄至下水道。

2. 喷水室的类型

喷水室按布置方式分为卧式和立式,按空气与不同温度水进行热湿交换的次数分为单级和双级,按喷水室内空气的流速分为低速和高速。此外,在工程上还会使用带旁通和填料式的喷水室。下面主要介绍立式、双级、高速、带旁通和填料式喷水室。

(1) 立式喷水室

卧式喷水室空气水平流动,与水逆向或者顺向流动;而立式喷水室的空气垂直流动,且与水流流动方向相反。与卧式喷水室(见图 6 - 3)不同,立式喷水室的特点是占地面积小、空气流动自下而上、喷水由上而下,因此空气与水的热湿交换效果更好,一般在处理风量小或空调机房层高允许的地方采用,其结构如图 6 - 11 所示。

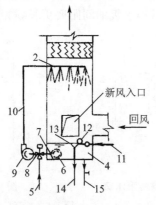

1—前挡水板;2—喷嘴与排管;3—后挡水板;4—底池;5—冷水管;6—滤水器;
7—循环水管;8—三通混合阀;9—水泵;10—供水管;11—补水管;12—浮球阀;
13—溢水器;14—溢水管;15—泄水管;16—防水灯;17—检查门;18—外壳

图 6 - 11 立式喷水室的构造

（2）双级喷水室

图6-3所示的卧式喷水室为普通单级喷水室，被处理空气与喷淋水只进行一次热湿交换，常用于人工冷源的空调系统中。当喷水室采用地下水、深井回灌水、山洞水等天然冷源时，

为节约用水、增强冷却效果，应使被处理空气与不同温度的水接触两次，进行两次热湿交换后，再将水排入下水道，这种喷水室称为双级喷水室。这种喷水室中风路及水路是串联起来的。空气先进入Ⅰ级喷水室再进入Ⅱ级喷水室，而喷淋水是先进入Ⅱ级喷水室，再进入Ⅰ级喷水室。双级喷水室的构造如图6-12所示。

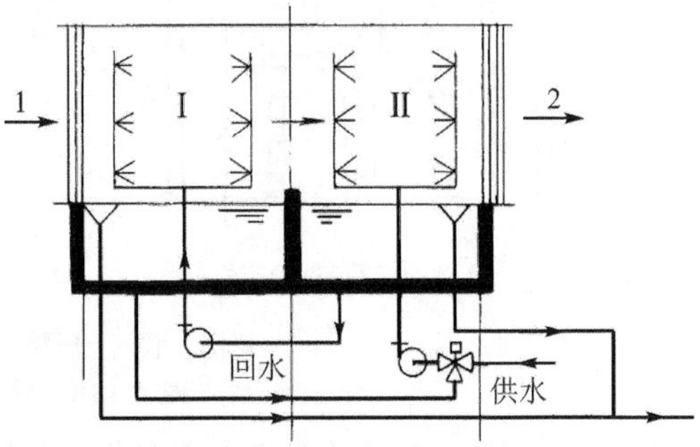

图6-12 双级喷水室的构造

双级喷水室中空气的温降（升）、焓降（升）都较大，被处理空气的终状态相对程度较高，一般可达100%。此外，在双级喷水室里水被重复使用，所以水的温升（降）大，用水量小，这是双级喷水室的优点，因此其宜用在使用自然界冷水或空气焓降要求大的地方。但是，实现这种效果的代价是双级喷水室占地面积大、水系统复杂。

（3）高速喷水室

一般低速喷水室内空气流速仅为2～3 m/s。美国Carrier公司的高速喷水室如图6-13所示，圆形断面内的空气流速可高达8～10 m/s。挡水板在高速气流驱动下旋转，靠离心力作用排除所夹带的水滴。瑞士Luwa公司的高速喷水室内的空气流速为3.5～6.5 m/s，结构与低速喷水室类似，如图6-14所示。为了减小空气阻力，它的均风板用流线型导流格栅代替，后挡水板为双波形。这种高速喷水室已在我国纺织行业推广应用。

高速喷水室与低速喷水室相比，其最突出的优点在于，对于同样的被处理风量，前者的横断面面积可以减小到后者的一半，从而大大节省占地空间。但是，提高风速的同时，必须解决好如何降低空气阻力，以及减少挡水板过量水的问题。为了保证空气与水滴有相当充分的接触时间，高速喷水室末排喷嘴到后挡水板的间距要更长，喷水室总长度大于普通低速喷水室。

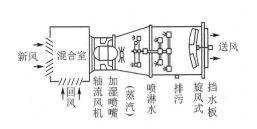

图6-13 Carrier公司高速喷水室

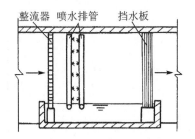

图6-14 Luwa公司高速喷水室

（4）带旁通喷水室

喷水室的侧面或上面有一条旁通风道（又叫二次风道），其使处理的和未处理的空气按一定比例混合而得到要求的空气终参数。带旁通喷水室通常用于二次回风空调系统，其构造如

图 6-15 所示。

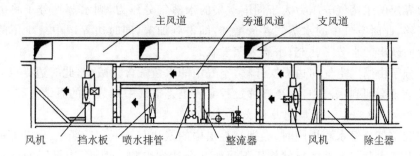

图 6-15　带旁通喷水室的构造

（5）填料式喷水室

填料式喷水室内倾斜地分层布置着玻璃、金属或玻璃纤维网组成的蜂窝结构填料层，在填料层的后部设有叶片型或玻璃纤维板型挡水板。另外，还配有风机、电动机、泵及附属的喷嘴。当空气穿过填料层时，与水可以充分接触进行热湿交换。这类喷水室有些具有保温结构，也可不设保温设备。填料式喷水室不需要喷水的雾化作用，但蜂窝结构填料层表面使水具有良好的分布，因此是必要的。填料式喷水室适用于空气的加湿或蒸发式冷却，是有效的空气净化器，对空气有良好的净化作用。填料式喷水室的构造如图 6-16 所示。

3. 喷水室内的热湿处理

（1）空气与水直接接触时的热湿交换原理

当用不同温度的水喷淋空气时，空气与水之间产生了十分复杂的热湿交换。为了说明热湿交换的原理，假设从喷水室空间内悬浮在空气中的大量小水滴中，取出一个小水滴来加以分析。

空气与水直接接触时的热湿交换示意图见图 6-17，悬浮在未饱和空气中的水滴由于水的自然蒸发作用，会有一部分水由液态转变为气态，从而在水滴的表面形成一个温度等于水滴表面温度的饱和空气薄层，称为边界层。

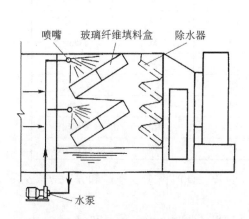

图 6-16　填料式喷水室的构造

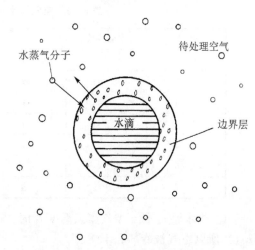

图 6-17　空气与水直接接触时的热湿交换示意图

由于未饱和空气与水滴之间存在一个饱和空气边界层，因此空气与水滴直接接触时的热湿交换实质上是空气与水滴表面饱和空气边界层的热湿交换。

如果边界层的水蒸气分压力大于周围空气的水蒸气分压力,则水蒸气分子将由边界层向周围空气迁移,此时空气中的水蒸气含量增加,即得到加湿,同时边界层中减少了的水蒸气分子由水滴表面跃出的水分子补充,水滴为蒸发状态。

水蒸气分子由周围空气向边界层迁移,空气中的水蒸气含量减少,此时边界层容纳不了的过多水蒸气分子会回到水滴中,这个迁移过程实质上是空气中水蒸气的凝结过程。

(2)用喷水室处理空气的理想热湿交换过程

当未饱和空气流经水滴周围时,会把边界层中的饱和空气带走一部分,而补充的未饱和空气在水的蒸发或水蒸气凝结的自然作用下很快又会达到饱和。因此,边界层的饱和空气将不断地与流过水滴周围的那部分未饱和空气相混合,从而使空气状态发生变化。这种现象实际上是两种空气的混合过程,所以,空气与水的热湿交换过程也就可以按两种空气的混合过程来对待。

为分析方便,假定与空气接触的水量无限大,接触时间无限长,即在所谓假想条件下全部空气都能达到具有水温的饱和状态点。也就是说,此时空气的终状态点将位于 $h-d$ 图的饱和曲线上,且空气终温将等于水温。与空气接触的水温不同空气的状态变化过程也将不同。所以,在上述假想条件下,随着水温不同可以得到图 6-18 所示的七种典型空气状态变化过程,图中 $d_A(p_{qA})$ 是空气增湿和减湿的分界线,h_A 是空气增焓和减焓的分界线,t_A 是空气升温和降温的分界线。表 6-3 列举了这七种典型过程的特点。

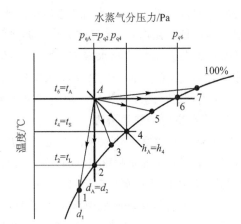

图 6-18 空气与水直接接触时的状态变化过程

表 6-3 空气与水直接接触时各种过程的特点

过程线	水温特点	t	d	h	过程名称
$A-1$	$t_w < t_1$	减	减	减	减湿冷却
$A-2$	$t_w = t_1$	减	不变	减	等湿冷却
$A-3$	$t_1 < t_w < t_s$	减	增	减	焓
$A-4$	$t_w = t_s$	减	增	不变	焓
$A-5$	$t_s < t_w < t_A$	减	增	增	焓
$A-6$	$t_w = t_A$	不变	增	增	等温加湿
$A-7$	$t_w > t_A$	增	增	增	增温加湿

① 当水温 t_w 低于空气露点温度 t_1 时,发生 $A \to 1$ 过程。此时由于 $t_w < t_1$ 和 $d_1 < d_A(p_{q1} < p_{qA})$,所以空气被冷却和干燥。

② 当水温 t_w 等于空气露点温度 t_1 时,发生 $A \to 2$ 过程。此时由于 $t_w = t_1$ 和 $d_2 = d_A(p_{q2} = p_{qA})$,所以空气被冷却但含湿量不变,即没有湿交换和潜热交换。

③ 当水温 t_w 高于空气露点温度 t_1,且低于空气湿球温度 t_s 时,发生 $A \to 3$ 过程。此时由

于 $t_1<t_w<t_s$ 和 $d_3>d_A$（$p_{q3}>p_{qA}$），空气被冷却和加湿。

④ 当水温 t_w 等于空气湿球温度 t_s 时，发生 $A{\rightarrow}4$ 过程。此时由于等湿球温度线与等焓线相近，可以认为空气状态沿等焓线变化而被加湿。

⑤ 当水温 t_w 高于空气湿球温度 t_s 而低于空气干球温度 t_A 时，发生 $A{\rightarrow}5$ 过程。此时由于 $t_s<t_w<t_A$ 和 $d_5>d_A$（$p_{q5}>p_{qA}$），空气被冷却和加湿。

⑥ 当水温 t_w 等于空气干球温度 t_A 时，发生 $A{\rightarrow}6$ 过程。此时由于 $t_w=t_A$ 和 $d_6>d_A$（$p_{q6}>p_{qA}$），说明空气温度不变，不发生显热交换，但空气被加湿。

⑦ 当水温 t_w 高于空气干球温度 t_A 时，发生 $A{\rightarrow}7$ 过程。此时由于 $t_w>t_A$ 和 $d_7>d_A$（$p_{q7}>p_{qA}$），空气被加热和加湿。

（3）用喷水室处理空气的实际过程

实际用喷水室处理空气时，由于受到各种客观条件的限制，与空气接触的水量是有限的，空气与水接触的时间也很短。用喷水室处理空气时，空气的终状态往往达不到饱和，只能接近饱和，相对湿度一般为 90%～95%，但也接近了结露状态，故而常把空气经喷水室处理后接近饱和状态时的终状态点称为"机器露点"。可见无论是在顺流，还是在逆流的情况下，喷淋室里的空气状态变化过程都不是直线，而是曲线，而且如果接触时间充分，在顺流时空气终状态将等于水终温；逆流时，空气终状态将等于水初温。用喷水室处理空气的实际过程如图 6 - 19 所示。

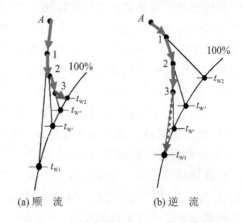

(a) 顺　流　　　　　(b) 逆　流

图 6 - 19　用喷水室处理空气的实际过程

在卧式喷水室中，因水滴从喷嘴喷出的方向和运动时受重力的作用，使得空气与水滴的运动方向既不是顺流，也不是逆流，而是复杂的交叉流。由于在工程实际中关心的只是空气经喷水室处理后的状态，而不是空气状态变化的轨迹，所以在分析计算时就直接采用连接空气初、终状态点的直线来表示喷水室中空气状态的实际变化过程。

6.2.2　空气加湿设备

对空气进行加湿处理，是满足生产工艺与人民生活舒适、健康要求的重要需求之一。在生产方面，某些生产工艺过程（例如纺织车间、烟草车间及印刷车间等）需要增加空气的含湿量和相对湿度；某些恒温恒湿室冬季的空气处理过程中也少不了空气加湿环节。在生活舒适、健康方面，室内相对湿度太低时，容易产生静电，导致家具表面油漆出现裂缝，因此需要加湿；室内空气太干燥也容易使人呼吸道感染，因此也需要加湿。而上述需求在北方干燥地区的民用建筑（例如高级宾馆饭店、医院、高级公寓、办公楼等）中，尤为突出。要对空气进行加湿就需要用到一系列的空气加湿设备，下面详细叙述。

对空气加湿的形式有两种：在空调设备或送风管道内对送入空调房间的空气集中加湿，或者在空调房间内直接对空气进行加湿。采用的介质可分为水和蒸汽两种情况。表 6 - 4 列出了常用的加湿装置及其分类。

表 6-4　常用加湿装置分类

类　　型	蒸汽加湿装置		水加湿装置	
空气状态变化过程	等温加湿		等焓加湿	
种　　类	蒸汽供给式	蒸汽发生式	强制雾化式	自然蒸发式
名　　称	蒸汽喷管 干蒸汽加湿器	电热式加湿器 电极式加湿器 PTC蒸汽加湿器 红外线加湿器	压缩空气喷雾器 电动喷雾机 喷雾轴流风机 高压水喷雾加湿器 超声波加湿器	吸水填料加湿器 不吸水填料加湿器

1. 蒸汽加湿设备

蒸汽加湿设备是将水蒸气直接加入空气中的加湿设备,又称为直接加湿式加湿设备。由于往空气中加蒸汽加湿的过程在工程上是当作等温加湿过程处理的,因此蒸汽加湿设备也称为等温加湿设备。根据水蒸气是加湿设备产生的还是由其他蒸汽源提供的,蒸汽加湿设备可分为蒸汽供给式和蒸汽发生式两种类型。

(1) 蒸汽供给式加湿设备

采用另外的蒸汽源向蒸汽加湿设备提供加湿用的水蒸气进行加湿的设备即蒸汽供给式设备,简称蒸汽加湿器。蒸汽加湿喷管和干式蒸汽加湿器均属于这种加湿设备,其工作原理最简单,即将蒸汽直接喷射到空气中。

蒸汽加湿喷管是一个直径略大于供气管、上面开有很多小孔的管段。它结构简单,加工制作容易,但喷出的蒸汽中往往带有凝结水滴,会影响空气的加湿效果。如图 6-20 所示的卧式干蒸汽加湿器主要由干蒸汽喷管、分离室、干燥室和电动或气动执行机构等部分组成。

为了防止蒸汽喷管中产生凝结水,蒸汽由接管 1 先进入套管 2,对喷管 3 中的蒸汽加热,进行保温以防止其冷凝。由于套管的外壁直接与被处理的空气接触,套管内将会产生部分凝结水并伴随着蒸汽一起进入分离室 6。由于分离室的断面较大,蒸汽的流速会减小,加上惯性作用和挡板 5 的阻挡,凝结水便被分离下来。分离出凝结水的蒸汽经分离室顶部的节流阀 10 减压后进入干燥室 7,使残存在蒸汽中的水滴在干燥室中全部汽化,最后进入喷管从喷气孔 4 喷出的便是没有凝结水滴的干蒸汽。

为了适应不同场合的使用需要,干式蒸汽加湿器除了卧式形式外还有立式的,其构造如图 6-21 所示。干式蒸汽加湿器加湿迅速、均匀、稳定、不带水滴、加湿量易于控制,适宜对湿度控制要求严格的场所。

尽管蒸汽供给式加湿器具有加湿迅速、加湿精度高、加湿量大、节省电能、噪声较小、布置方便、运行费用低等优点,但其需要有蒸汽源和输汽管网才能发挥作用,而且其结构和制作工艺复杂、有色金属耗量大、造价较高,限制了其使用范围。当有可靠的蒸汽供应时,宜优先选用干蒸汽加湿器。

(2) 蒸汽发生式加湿设备

利用电能将水加热并使其汽化,然后将水蒸气输送至要加湿的空气中的设备称为蒸汽发生式加湿设备,主要有电热式加湿器、电极式加湿器、PTC蒸汽加湿器和红外线加湿器。

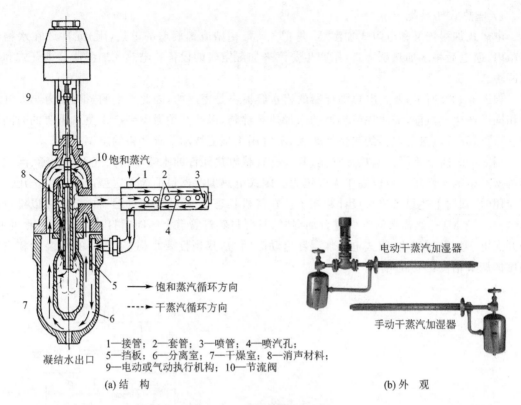

9
10 饱和蒸汽
8
1
2
3
4
5
7
6
凝结水出口

饱和蒸汽循环方向
干蒸汽循环方向

电动干蒸汽加湿器
手动干蒸汽加湿器

1—接管；2—套管；3—喷管；4—喷汽孔；
5—挡板；6—分离室；7—干燥室；8—消声材料；
9—电动或气动执行机构；10—节流阀

(a) 结　构

(b) 外　观

图 6-20　卧式干蒸汽加湿器

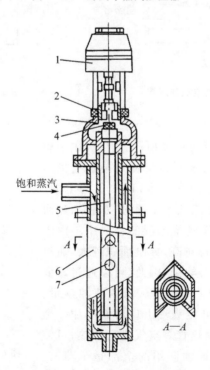

1
2
3
4
饱和蒸汽
5
A
A
6
7
A—A

1—电动执行器；2—阀体；3—上盖；4—阀芯；5—导管；6—套管；7—喷汽孔

图 6-21　立式干蒸汽加湿器

1）电热式加湿器

电热式加湿器又称电阻式加湿器，是把 U 型、蛇型或螺旋型的电热（阻）元件放在水槽或水箱内，通电后将水加热至沸腾，用产生蒸汽来加湿空气的设备。电热式加湿器分为开式和闭式两种。

如图 6-22 所示，开式电热加湿器的盛水容器不是密闭的，因此产生的蒸汽压力与大气压力相同。产生蒸汽前，需要先将容器的水加热至沸腾，因此开始通电到产生蒸汽需要的时间较长。可见，开式电热加湿器的热惰性较大，不宜用于湿度波动要求严格的空调系统。

图 6-23 所示为闭式电热加湿器，其装有管状电热元件的水箱不与大气直接相通，因此容器内所产生的蒸汽压力可以高于大气压力。闭式电热加湿器目前尚无定型产品可供选用。工程应用时，须对上述设备进行设计和加工。在待机状态下，闭式电热加湿器内蒸汽可以维持在 0.01~0.03 MPa，当需要对空气进行加湿时，只要将蒸汽管道上的阀门打开即可。由此可见，与开式电热加湿器相比，闭式电热加湿器启动时间短，热惰性要小得多，相应的加湿量和空气湿度的调节精度也要高得多。

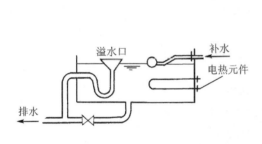

图 6-22　开式电热加湿器

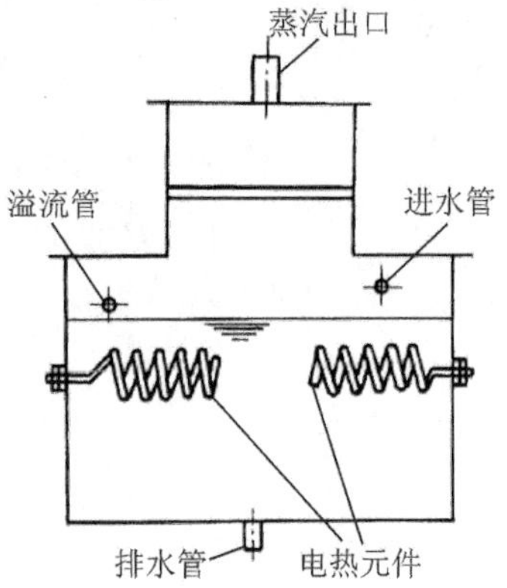

图 6-23　闭式电热加湿器

2）电极式加湿器

电极式加湿器的结构如图 6-24 所示，利用三根不锈钢棒或镀铬铜棒作为电极（必要时也可使用两根电极），将其插入盛有不易锈蚀的水的容器中，以水作为电阻。当电极与三相电源接通后，电流从水中通过，水被加热而产生蒸汽，蒸汽通过排汽管送到待加湿的空气中。由于电极式加湿器水容器内的水位越高，导电面积越大，通过的电流越强，产生的蒸汽量就越多。因此，可以通过改变溢水管高低的办法来调节水位高度，从而调节加湿量。为了避免蒸汽中夹带水滴，可在蒸汽出口后面再加一个电热式蒸汽加热器，通过电加热管对空气进行加热，可使其夹带的水滴蒸发，从而保证加湿用的全部是干蒸汽。

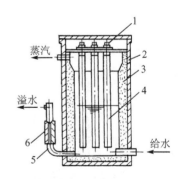

1—接线柱；2—外壳；3—保温层；
4—电极；5—溢水管；6—橡皮短管
图 6-24　电极式加湿器结构示意

这种加湿器的优点是比较安全，容器中无水，电流也就不能通过，可不必考虑防止断水空烧措施。

电热式加湿器和电极式加湿器均是直接用电加热水,产生蒸汽来加湿空气,因此可统称为电加湿器。电加湿器无需蒸汽源,结构简单、控制方便;产生的蒸汽不含水垢、粉尘,较为清洁。但其消耗的是高品位电能,加湿成本高;容器内的水,不使用软化水或蒸馏水时,电热元件和电极上以及容器的内壁易结水垢,清洗较困难,而且易产生腐蚀。因此,电加湿器通常应用于无蒸汽源、加湿量小和相对湿度控制精度要求较高的场合,目前主要应用于小型的恒温恒湿空调器中,或设在集中空调系统的空气处理机组内,称为电加湿段。

3) PTC 蒸汽加湿器

PTC 蒸汽加湿器也是一种电热式加湿器。PTC 是英语 Positive Temperature Coefficient ceramic 的缩写,表示正温度系数陶瓷。这是一类电阻在常温下很小,但会随温度升高到某一特定温度后突然增大千倍至百万倍,温度下降又恢复原状的陶瓷。PTC 蒸汽加湿器将 PTC 热电变阻器代替常规发热元件直接放入水中,通电后使水被加热而产生蒸汽。

由于 PTC 氧化陶瓷半导体的特性,电阻随温度升高而变大,因此加湿器启动快,水温上升很快,产生蒸汽较为迅速。PTC 加湿器具有运行安全、加湿迅速、不结露、高绝缘、使用寿命长、维修工作量小等优点,可用于湿度控制要求较严格的中、小型空调系统。

4) 红外线加湿器

红外线加湿器的结构如图 6 - 25 所示,主要由红外线灯管、反射器、水槽及水位自动控制阀等部件组成。通电后的红外线灯管对水槽内的水发出红外线,形成辐射热(其温度可达 2 200 ℃左右),水表面经辐射加热而汽化,产生的蒸汽混入流过水面的空气使其加湿。

红外线加湿器的主要优点是结构简单,加湿迅速,产生的蒸汽中不夹带污染微粒;控制性能较好;加湿用的水可不进行处理。其主要缺点是耗电量大,运行费用高,红外线灯管的使用寿命较短。适用于湿度控制要求严格,加湿量较小的中、小型空调系统及洁净空调系统。

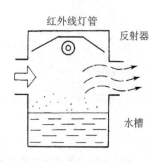

图 6 - 25　红外线加湿器结构示意

2. 水加湿设备

采用液态水来与空气进行热湿交换的设备属于水加湿设备。在工程中,其内空气的状态变化过程按等焓加湿过程对待,因此又称为等焓加湿设备。若与空气接触的是微小水滴,则称为强制雾化式水加湿设备,否则称为自然蒸发式设备。

(1) 强制雾化式

强化蒸发加湿设备,是将水变成无数微小水滴,并散发到被处理的空气中,依靠水滴的汽化来给空气加湿的设备。属于这种加湿设备的主要有压缩空气喷雾器、电动喷雾机、喷雾轴流风机、高压水喷雾加湿器和超声波加湿器。

1) 压缩空气喷雾器

压缩空气喷雾器又称为压缩空气诱导喷雾加湿器、汽水混合喷雾加湿器、汽水混合式加湿器,是利用一定压力的压缩空气通过特制的喷嘴腔时,形成负压区而将供水管提供的无压水吸进喷嘴,两股流体混合后从喷嘴出口高速喷出,达到喷出的是微小水滴的"雾化"效果,其结构形式如图 6 - 26 所示。

压缩空气喷雾器通常安装在空调房间内,直接对空气进行加湿,有固定式和移动式两种形式。

针对不同使用环境和用户要求,压缩空气加湿器设计有多种喷头形式,既有一个喷头体上可多个方向喷射的形式,也有一体多喷嘴的形式;喷头本身也有单向、双向、三向、四向及八向喷射等不同类型结构。该类加湿器能耗较低、运行性能和加湿效率较高。

2)电动喷雾机

电动喷雾机又称为回转式喷雾机或离心式加湿器,其主要由电动机、风扇、甩水盘、集水盘等部件组成。水通过上水管供给到甩水盘中心,水呈膜状随甩水盘高速回转,在离心力作用下流向甩水盘的四周并甩出,飞脱的水膜块与甩水盘四周的分水圈发生冲撞,被粉碎成微小的水滴并在风扇的气流作用下吹向加湿区域。那些没有被吹出去的较大水滴则落入集水盘中,经排水管排出。

电动喷雾机通常安装在空调房间内直接对空气进行加湿,有固定式和转动式两种形式,转动式又可根据旋转角度分为 360°旋转式和 180°摆动式两种,其结构形式如图 6-27 所示。

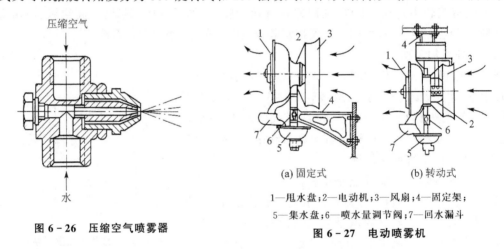

图 6-26　压缩空气喷雾器

(a) 固定式　　(b) 转动式

1—甩水盘;2—电动机;3—风扇;4—固定架;
5—集水盘;6—喷水量调节阀;7—回水漏斗

图 6-27　电动喷雾机

3)喷雾轴流风机

喷雾轴流风机是 20 世纪 90 年代初,我国发展起来,用于替代喷水室的加湿设备,其改变了传统空调系统用喷水排管对空气进行加湿处理的唯一方式。喷雾轴流风机如图 6-28 所示,在电动机的带动下,风机叶轮高速旋转,打开进水管道的阀门,水通过进水管进入存水套,并随叶轮作高速旋转运动,在离心力的作用下,通过轮壳上的通孔流入轮毂与挡水盘组成的流道,并沿着轮毂的切线方向呈水膜状甩出。随后与高速旋转的叶片相撞,被叶片击打成微小颗粒,与风机吸入的空气混合后被吹出。粗大的水滴则由疏水栅排走。

与喷水室相比,采用喷雾轴流风机雾化效果好、水耗用量小;不需加压喷淋和无喷淋水幕的阻力使水泵及风机的能耗降低;无喷淋排管及喷嘴,对水质的要求降低,又使维护保养更方便。

4)高压水喷雾加湿器

高压水喷雾加湿器又称为压力喷雾加湿器、高压喷雾加湿器。其工作原理是:自来水或软化水经水泵加压后通过特制的喷嘴喷出而"雾化"(水滴粒径大约为 $13\sim30~\mu m$)。高压水喷雾加湿器体积小、耗电少、加湿量大、水滴粒径小、容易汽化,可以与各种空调设备配套使用。缺点是不能直接使用自来水,较差的水质易引起喷嘴结垢堵塞,解决的方法是对加湿器使用的水

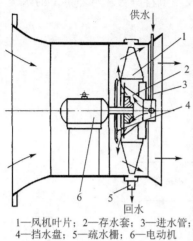

1—风机叶片；2—存水套；3—进水管；
4—挡水盘；5—疏水栅；6—电动机

(a) 结 构 (b) 实 物

图 6-28 喷雾轴流风机

进行过滤，防止喷嘴堵塞。该加湿器一般把加湿器的箱体放在空调设备箱体外，喷杆及喷嘴则布置在空调设备箱体内。

5) 超声波加湿器

超声波加湿器的工作原理是利用超声波振子（又叫振动子、雾化振动头）的振动把水面破碎成微小水滴（平均粒径 $3\sim5\ \mu m$），然后使其扩散到空气中。超声波加湿器的结构如图 6-29 所示。

超声波加湿器的优点在于体积小、加湿强度大、加湿迅速、水滴颗粒小而均匀、控制性能好、水的利用率高、耗电量小（约为电热式加湿器的 10% 左右），即使在低温下也能对空气进行加湿等。超声波加湿器的缺点在于价格较

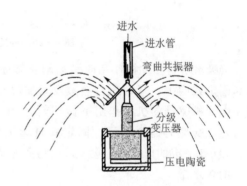

图 6-29 超声波加湿器

昂贵、对超声波振子的维护保养要求较高、必须使用软化水或去离子水等。此外，如果不使用软化水或去离子水，雾化后的微小水滴蒸发后会形成白色粉末附着于风管管壁、室内地面、墙面及物体表面。

超声波加湿器既可以直接安装在需要加湿的空调房间内使用，也可以安装在空气处理装置或送风风管内使用。

（2）自然蒸发式

自然蒸发式加湿设备也称为直接蒸发式加湿器或者湿膜加湿器，其工作原理是利用空气与含水或沾水的填料直接接触，使水在空气中自然蒸发而实现对空气的加湿。根据填料是否吸水，这种加湿设备又有以下两种基本形式。

1) 采用吸水填料的自然蒸发式加湿器

采用吸水填料的自然蒸发式加湿器又称为湿膜、湿帘、透膜、透视膜，其工作原理如

图 6-30 所示,空气流经用吸水材料制成的填料时,吸收填料所含水自然蒸发的水蒸气来实现对空气的加湿。

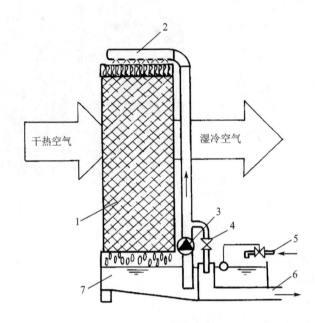

1—吸水填料;2—布水器;3—水泵;4—排水阀;5—补水管;6—排水管;7—蓄水池

图 6-30 固定式吸水填料加湿器

按吸水填料在发挥作用时是运动状态还是静止状态,自然蒸发式加湿装置又分为运动式和固定式两种。运动式自然蒸发式加湿装置的运行过程为:特种吸水纤维织物制作的填料在电动机驱动的机构作用下做回转运动,其下半部分浸在水槽内吸水,以保证在与空气进行热湿交换时的含水量。固定式自然蒸发式加湿装置的运行过程为:吸水填料固定不动,而且有一定的厚度或层数,通过另外配置的供水和淋水装置使填料在工作时始终保持一定的含水量。

2) 采用不吸水填料的自然蒸发式加湿器

采用不吸水填料的自然蒸发式加湿器的工作原理为:水分配器将水淋在填料的上部,水在重力作用下沿填料的曲折流道下流和下滴。当空气通过填料时,与分散下流的水膜或水滴直接接触而发生湿交换,使空气得到加湿,如图 6-31 所示。填料的种类很多,常用的有无机填料(如玻璃纤维)、有机填料(如植物纤维)、金属填料(如铝箔)、木丝填料(如白杨树纤维)和无纺布填料等。虽然填料的种类很多,但是对于填料在耐腐蚀、阻燃、能阻止或减少微生物(如藻类)在其上滋生的要求较高,表 6-5 所列为各种填料的性能对比。

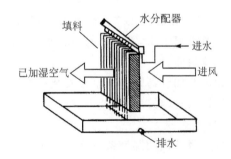

图 6-31 不吸水填料加湿器

表 6 - 5 各种填料的性能对比表

填 料	性 能								
	比表面积	填充方式	吸湿性能	阻力	热工性能	防腐性能	除尘性能	防火性能	物理性能
无机	较大	规则	好	小	好	好	好	好	好
有机	较大	规则	好	小	好	较好	好	差	较好
金属	较大	规则	差	小	差	好	好	好	好
木丝	大	自由	较好	大	好	较好	较好	差	较差
无纺布	大	自由	较好	大	较好	较好	较好	差	较差

综合来看,自然蒸发式加湿器一般均使用循环水,消耗的水另外补充;加湿量与被处理空气的含湿量、流速以及填料的润湿性能有关;空气的流动阻力与填料构造、厚度和空气流速有关;对水质要求低,不需要进行水处理,且结构简单,运行可靠,初投资和运行费用都较低。但设备在工作时,填料始终保持湿润状态易对送风的空气质量产生一定影响,需要对生物污染及时预防处理。

6.2.3 空气除湿设备

有需要维持高湿度的生产工艺,相应的就有需要维持低湿度的生产工艺,此时就需要不断地排除空气中多余的水蒸气,即需要用到降低空气含湿量的空气除湿设备。对空气进行除湿处理的方式除了之前提到的喷水室除湿外,还有表面式换热器除湿、冷冻除湿、固体吸湿剂除湿和液体吸湿剂除湿,其中表面式换热器既可以用于除湿又可以用于加热和冷却,因此在后文将详细介绍,本小节主要介绍冷冻除湿、固体吸湿剂除湿和液体吸湿剂除湿。

1. 冷冻除湿

冷冻除湿需要用到冷冻除湿机,冷冻除湿机简称除湿机或去湿机,实际上是一个完整的制冷装置。冷冻除湿机根据是否进行温度调节,分成一般型和调温型两种类型。

(1)一般型冷冻除湿机

一般型冷冻除湿机工作原理如图 6 - 32 所示,需要除湿的空气先经过制冷装置的蒸发器被降温减湿,然后进入冷凝器吸收热量,温度升高排出。

一般型冷冻除湿机除湿效果可靠、使用方便、能连续工作,但是其投资和运行费用较高、运行有噪声产生。若室内产湿量大、产热量也大,则不宜使用冷冻除湿机。一般型冷冻除湿机适用于既要减湿,又需要加热的场合。

除湿过程中的空气状态变化如图 6 - 33 所示,顺序依次是 1、2、3。冷冻除湿机的除湿量与其制冷量成正比,与除湿过程的热湿比成反比。

(2)调温型冷冻除湿机

调温型冷冻除湿机能升温除湿、降温除湿和等温除湿,主要应用于既需要除湿,又需要降温的场合。

调温型冷冻除湿机详细结构如图 6 - 34 所示,工作原理如图 6 - 35 所示,升温除湿时,停用水冷冷凝器(关闭阀门 3,停止向冷凝器供给冷却水,打开阀门 1、2);降温除湿时,停用风冷冷凝器(关闭阀门 1、2,打开阀门 3,向冷凝器供给冷却水);等温除湿时,水冷和风冷冷凝器都用,阀门 1、2、3 全要打开,通过调节阀门的开度来控制出口空气温度。

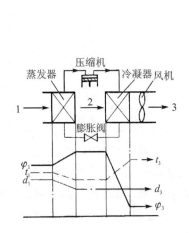

图 6-32　一般型冷冻除湿机工作原理图

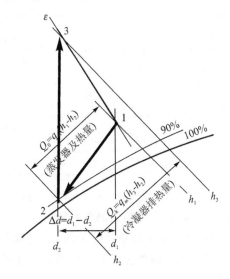

图 6-33　空气处理过程图

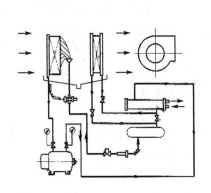

图 6-34　调温型冷冻除湿机结构

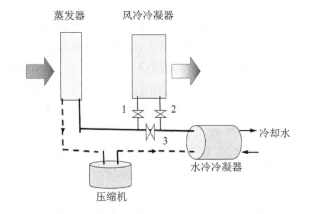

图 6-35　调温型冷冻除湿机工作原理

2. 转轮除湿机

相对于喷水室、表面式换热器和冷冻除湿机的湿式除湿,转轮除湿机是采用固体吸湿剂的干式除湿方法。在了解转轮除湿机前首先介绍固体吸湿剂。

(1) 固体吸湿剂

固体吸湿剂又称为干燥剂,常用的有硅胶、氯化锂和分子筛等。采用固体吸附剂干燥空气,可使空气含湿量变得很低。但干燥过程中释放出来的吸附热又加热了空气,空气的状态变化过程是一个等焓减湿升温的过程。所以最适用于对空气既需要干燥,又需要加热的场合。

固体吸湿剂根据吸湿原理又可以分为吸附式和吸收式两类。

1) 吸附式固体吸湿剂

吸附式固体吸湿剂又称为固体吸附剂,主要有硅胶、沸石、分子筛等,其特点为表面有大量细小孔隙形成的毛细孔。吸湿后自身的化学性质不发生变化,其吸湿过程是纯物理过程。固体吸附剂吸湿的原理为毛细孔表面上的水蒸气分压力低于周围空气中的水蒸气分压力,在此分压力差作用下,空气中的水蒸气向毛细孔的空腔扩散并凝结成水,从而使空气减湿。

在空调工程中广泛采用的吸附剂是硅胶,其通常呈半透明颗粒状,无毒、无臭、无腐蚀性、不溶于水,吸湿率可达自重的 30%,吸湿后可用 150～180 ℃的热风加热干燥再生。硅胶有原色和变色两种:原色硅胶在吸湿过程中不变色;变色硅胶吸湿前为蓝色,吸湿后颜色逐渐变为紫红色,最后变为红色。变色硅胶价格较高,通常将其作为原色硅胶吸湿程度的指示剂。

除硅胶外,也可以利用沸石来干燥空气。沸石是硅铝酸盐的化合物,具有极强的亲水性,其对水的亲和性与所含的 Si/Al 比例大小有关,比值越小,亲水性越好。沸石又分天然沸石和合成沸石(分子筛),其中人工合成沸石(分子筛),具有比较均匀的微孔,可以制成不同孔径的产品,在非常低的水蒸气分压力下,也能达到饱和吸湿量。沸石具有选择性吸附能力,在对空气进行除湿处理时,只能够吸附水分而不吸附其他气体。

2) 吸收式固体吸湿剂

吸收式固体吸湿剂又称为固体液化吸收剂,主要有氯化锂、氯化钾等,其特点为吸收水分后,本身也变成了含有多个结晶水的水化物,如果继续吸收水分,还会从固态溶解(又称潮解)成液态,整个吸湿过程是个物理化学过程。

(2) 转轮除湿机的结构

无论用到上面哪种吸湿剂,当吸附剂达到含湿量的极限时,就失去了吸湿能力。为了重复使用吸附剂,需要对其进行再生处理。因此需要设计一种设备,可以方便地进行吸湿和再生,于是转轮除湿机应运而生,其结构原理如图 6-36 所示。

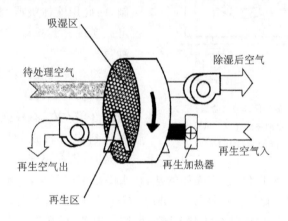

图 6-36 转轮除湿机工作原理

转轮除湿机的主体结构和吸湿部件为蜂窝状转轮,转轮由特殊复合耐热材料制成的波纹状介质构成,这些波纹状介质形成许多密集的蜂窝状小通道,波纹状介质中载有吸湿材料。吸湿区为 270°扇形,再生区为 90°扇形。转轮以每小时数转的速度缓慢旋转,潮湿空气由转轮一侧的 3/4 部分进入干燥区,再生空气从转轮另一侧 1/4 部分进入再生区。

转轮除湿机的特点为构造简单、操作和维护管理方便、转动部件少、转速低、噪声小、转轮性能稳定、运行可靠、使用年限长、除湿量大、再生容易、对低温低湿空气除湿效果显著等。

按结构形式分,转轮除湿机可以分为整体式和组合式两种。整体式转轮除湿机的所有部件均装在一个金属板制作的箱体内,箱体外壳上只留有处理空气和再生空气的进出口。而组合式转轮除湿机除了除湿段外,在除湿段前有过滤段与表冷器段,在除湿段后有表冷器段及风机段,如图6-37所示。

按采用的吸湿材料分,转轮除湿机所用的转轮可以分为氯化锂转轮、硅胶转轮和分子筛转轮是其中氯化锂转轮是将吸湿剂(氯化锂和氯化锰共晶体)和保护加强剂

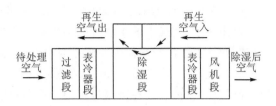

图6-37　组合式转轮除湿机结构

(无机胶料聚合铝)的混合物通过浸渍式涂布均匀地嵌固在吸湿载体(石棉纸)的表面。而硅胶转轮,如图6-38所示,是把硅胶以化学反应方式附着在波纹状介质上。与氯化锂转轮相比,硅胶转轮具有强度高、不会腐蚀、可以清洗等优点,但是价格较高。

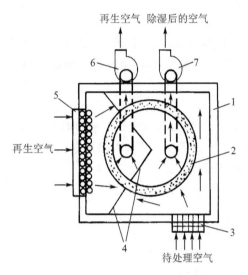

1—箱体;2—硅胶转筒;3—过滤器;
4—隔风板;5—电加热器;6,7—风机
图6-38　硅胶转轮结构

3. 溶液除湿机

(1) 溶液除湿剂

溴化锂、氯化锂和氯化钙的水溶液对空气中的水蒸气有强烈的吸收作用,因此在空调工程中常利用它们来对空气进行除湿处理,并称它们为液体吸湿剂。这些溶液表面水分子较少,水蒸气分压力较低,而且在一定温度下,溶液浓度越高,水蒸气分压力越低,吸湿能力越强。由于溶液的温度可以人为控制,因此用液体吸湿剂对空气进行除湿处理可以实现升温减湿、等温减湿和降温减湿三种过程。

溴化锂(LiBr)在常温下是无色晶体,无毒、无臭、有咸苦味,极易溶于水,溶解度是食盐的3倍左右,有较强吸收水分的能力,对金属材料也有较强的腐蚀性,浓度在60%～70%时,常温下即发生结晶现象。

氯化锂(LiCl)是一种白色、立方晶体的盐,在水中溶解度很大,其水溶液无色、透明、无毒、无臭,黏性小,传热性好,化学稳定性好,不分解、不挥发,吸湿能力强,结晶温度随溶液浓度的增大而增大,当浓度大于40%时在常温下即发生结晶现象,对金属有一定的腐蚀性,但钛和钛合金、含钼的不锈钢、镍铜合金能承受氯化锂溶液的腐蚀。

氯化钙(CaCl₂)为白色、多孔,呈菱形结晶块,略带咸苦味,价格低廉,来源丰富,与固体氯化钙相比,氯化钙溶液的吸湿量明显减小,且对金属有强烈的腐蚀性。

(2) 溶液除湿系统

溶液除湿系统主要由除湿单元、再生单元、热交换器和泵组成,有三种流体参与传热传质过程,分别为空气、溶液和提供冷量或热量的冷媒或热媒;利用液体除湿剂与空气中的水蒸气分压力差来完成二者间的传热传质;除湿单元与再生单元的传热传质性能类似,仅是传递的方向相反。热泵式溶液除湿空气处理机组夏季运行工作原理如图6-39所示。

与固体除湿装置相比,液体除湿装置可以实现升温减湿、等温减湿和降温减湿三种过程,

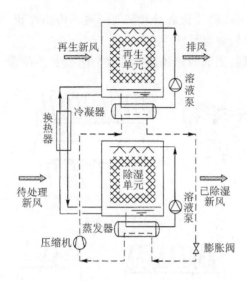

图 6 - 39　热泵式溶液除湿空气处理机组夏季运行工作原理

处理空气量大,除湿量也大,适用范围广,而且可以吸附空气中的部分悬浮微粒,有些溶液还有杀菌作用。但是溶液再生系统太复杂,溶液对金属有一定的腐蚀作用等,使其使用存在一定的限制。

6.3　空气加热与冷却设备

本节详细介绍各种空气的温度调节设备,表面式换热器可加热、冷却、除湿,而电加热器则仅用于加热。

6.3.1　表面式换热器

表面式换热器的本质是将冷、热流体用固体壁面隔开,使二者互不接触,热量由热流体通过壁面传给冷流体的装置,其在空调工程中应用广泛。表面式换热器这个名称在日常生活中并不常听到,是因为在不同应用的场合,工程师常以不同的名称称呼它。在组合式空调机组和柜式风机盘管中用于空气冷却除湿处理时,称其为空气冷却器或表面式冷却器,简称表冷器;用来对空气进行加热处理时,称其为空气加热器;作为风机盘管的部件使用时,称其为盘管;用作各种空调器或空调机四大件中的换热器时,称其为蒸发器(或表面式蒸发器、直接蒸发式表冷器)和冷凝器。按照冷媒的不同,采用冷冻水作为冷媒的表冷器称为水冷式表冷器,采用制冷剂作为冷媒的表冷器称为直接蒸发式表冷器。而空气加热器也分为采用蒸汽作冷媒和热水作冷媒两种形式。

1. 表面式换热器的构造和种类

空调工程中使用的表面式换热器主要是各种金属肋片管的组合体,空气在外部流动,如图 6 - 40 所示的轨迹 1,冷媒在内部流动,如图 6 - 40 所示的轨迹 2。表面式换热器空气侧的对流换热系数一般远小于管内的冷却介质或加热介

图 6 - 40　表冷器原理示意

质的对流换热系数。因此采用肋片管来增大空气一侧的传热面积,增强表面式换热器的换热效果,降低金属耗量和减小换热器尺寸。

根据肋片管的形式不同,表面式换热器中会有不同的形式,如图 6 - 41 所示。

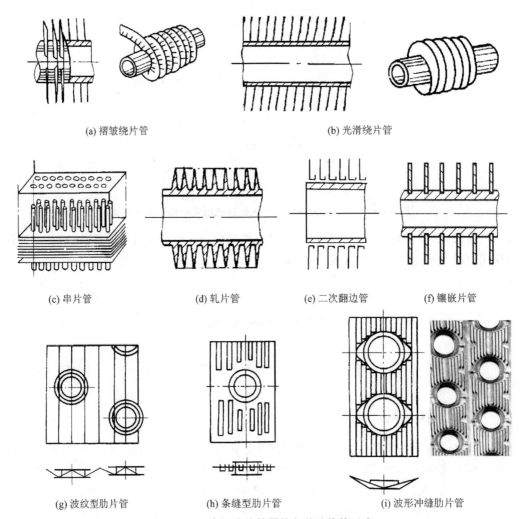

(a) 褶皱绕片管   (b) 光滑绕片管

(c) 串片管   (d) 轧片管   (e) 二次翻边管   (f) 镶嵌片管

(g) 波纹型肋片管   (h) 条缝型肋片管   (i) 波形冲缝肋片管

图 6 - 41　表面式换热器的各种肋片管形式

（1）绕片管

绕片管是用绕片机把铜带或钢带紧紧地缠绕在铜管或钢管上制成的。皱褶绕片既增加了肋片与管子之间的接触面积,又可使空气流过时的扰动增强,从而提高肋片管的传热系数。光滑绕片是用延展性更好的铝带缠绕在钢管上制成的。

（2）串片管

串片管是把事先冲好管孔的肋片与管束串在一起,通过胀管处理使管壁与肋片紧密结合制成的。

（3）轧片管

轧片管是用轧片机在光滑的铜管或铝管表面轧制出肋片得到的。

（4）二次翻边片管

二次翻边片由于翻了二次边,既保证了肋片的间距,又增加了肋片与管壁的接触强度,从而增加了肋片管的传热效果。

（5）镶嵌片管

由于镶嵌片管的肋片镶嵌在管壁表面开的槽中,因此管壁与肋片结合紧密,传热性能较好。

（6）新型肋片管

新型肋片管的片型多采用波纹型、条缝型和波形冲缝等,以增加气流的扰动性,提高管子外表面的换热系数。

2. 间接接触式热湿交换原理

表面式换热器的加热、冷却以及除湿的过程均是流动空气与金属表面进行热湿交换的过程,称为间接接触式热湿交换过程,或称为表面式或间壁式热湿交换过程。热湿交换的结果取决于金属表面的温度。

当金属表面温度高于空气温度时,空气以对流换热方式为主与金属表面间进行显热交换,而使温度提高,此时不会发生质量交换。

当金属表面温度低于空气温度而高于空气露点温度时,空气与金属表面同样以对流换热方式为主进行热交换,仅温度降低。

当金属表面温度低于空气露点温度时,空气中的部分水蒸气将开始在空气侧的金属表面凝结,随着凝结液的不断增多,金属表面会形成一层流动的水膜。与空气相邻的水膜一侧,存在一个温度与水膜温度相等的饱和空气边界层,如图 6-42 所示。空气与金属表面的热交换会因空气与凝结水膜之间存在温差而发生,使得空气温度被降低;质交换则因空气与凝结水膜相邻的饱和空气边界层间存在水蒸气分压力差而发生,使得空气含湿量降低。

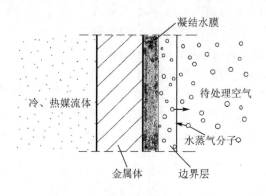

图 6-42　金属表面温度低于空气露点温度时的流体状态示意

3. 表面式换热器空气处理过程与特点

（1）空气处理过程

用表面式换热器处理空气只能实现三种过程,如图 6-43 所示,分别为等湿加热过程（A →B）、等湿冷却过程（A→C）、减湿冷却过程（A→D）。

1）等湿加热过程（A→B）

等湿加热过程简称加热过程,其特征为表面式换热器表面温度高于被处理空气的温度,空气被加热,温度升高而含湿量不变。

2) 等湿冷却过程(A→C)

等湿冷却过程简称干冷过程,其特征为表面式换热器表面温度低于被处理空气的干球温度、高于或等于空气的露点温度,空气被冷却,温度降低而含湿量不变。

3) 减湿冷却过程(A→D)

减湿冷却过程又称为冷却干燥过程或湿冷过程,其特征为表面式换热器表面温度低于被处理空气的露点温度,空气不但温度要降低,含湿量也要减小。

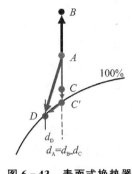

图 6 - 43　表面式换热器
处理空气的过程

(2) 表面式换热器的特点

表面式换热器是空调系统中应用非常广泛的热湿交换设备,与喷水室相比,其结构紧凑、水系统简单、水质无卫生要求、用水量小、体积小、使用灵活、用途广泛,可以使用多种热湿交换介质,耗用有色金属材料,空气处理类型少,无除尘功能。

4. 表面式换热器的安装

表面式换热器可以垂直、水平和倾斜安装。但是在不同的应用场景需要注意一些安装细节,例如对于用蒸汽作热媒的空气加热器,水平安装时为了排除凝结水,应当考虑有 $i=0.01$ 的坡度;对于表冷器,在垂直安装时要使肋片保持垂直,以免肋片积水增加空气的阻力和降低传热系数;为了接纳凝结水并及时将凝结水排走,表冷器的下部应当设置滴水盘和排水管,如图 6 - 44 所示。

表面式换热器在空气流动方向上可以并联、串联或既有并联又有串联。多个表面式换热器组合时,空气量大时采用并联;要求空气的温升或温降大时采用串联。

表面式换热器冷、热媒管路也有并联与串联之分。对于使用蒸汽作热媒的表面式换热器,因为进口余压一定,蒸汽管路与各台换热器之间只能并联。一般相对于空气来说,并联的冷却器其冷水管路也必须并联,串联的冷却器其冷水管路也必须串联,如图 6 - 45 所示。

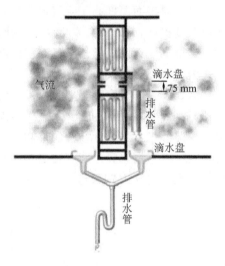

图 6 - 44　滴水盘与排水管的安装

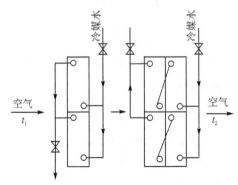

图 6 - 45　相对于空气流向(2 台并联、2 排串联的表冷器)

为便于使用和维修,冷热媒管路上应装设阀门、压力表和温度计,蒸汽加热器的管路上还应设蒸汽压力调节阀和疏水器。为保证换热器正常工作,在水系统最高点应设排气阀,最低点则应设泄水、排污阀门。

6.3.2　电加热器

无论是采用喷水室还是采用表面式换热器对空气进行热湿处理均有一些局限性,如装置的功能不能满足要求,不具备使用条件,装置太大等。因此,在某些情况下还需要配套或单独使用其他一些热湿处理装置,湿度调节设备已经在前文介绍,本小节主要介绍加热设备电加热器。

电加热器的工作原理非常简单,即利用电流通过电阻丝发热来加热空气。因此其结构紧凑、加热均匀、热量稳定、控制方便。电加热器主要适用于空调设备和小型空调系统,也常用于恒温精度控制要求较高的大型全空气空调系统,以控制局部区域的加热升温。但是由于其采用电加热,因此从节能和安全性方面考虑,不宜在加热量较大的场合采用。

电加热器按照基本结构形式可以分为裸线式和管式(或称套管式)

1. 裸线式电加热器

裸线式电加热器由裸露在空气中的电阻丝构成,基本结构如图6-46(a)所示,根据需要,电阻丝可布置成单排或多排,定型产品常做成抽屉式,方便检修,如图6-46(b)所示。这种电加热器具有热惰性小、加热速度快、结构简单等优点,但其安全性极差,在高温下易断丝漏电,因此,必须有可靠的接地装置,并要与风机连锁运行。此外,其电阻丝表面温度高,粘附其上的杂质经烘烤后会产生异味,影响空气质量。

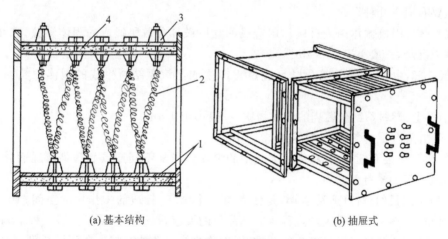

(a) 基本结构　　　　　　　　　　　　(b) 抽屉式

1—钢板;2—电阻丝;3—瓷绝缘子;4—隔热层

图6-46　裸线式电加热器

2. 管式电加热器

管式电加热器由管状电热元件组成。这种电热元件是将电阻丝装在特制的金属套管中,中间填充导热性好的电绝缘材料,如结晶氧化镁等,其结构如图6-47所示。管状电热元件除棒状外,还有U形、W形等其他形状,具体尺寸和功率可查产品样本。还有一种带螺旋翅片的管状电热元件,它具有尺寸小而加热能力更大的优点。管状电热元件的优点是加热均匀、加热量稳定,安全性好,缺点是热惰性大,构造比较复杂。

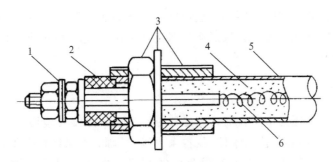

1—接线端子;2—瓷绝缘子;3—紧固装置;4—绝缘材料;5—电阻丝;6—金属套管

图 6-47　管式电加热器

从整体来看,选用电加热器时,先要根据使用要求确定其类型,然后再根据加热量大小和控制精度要求对电加热器进行分级,最后再根据每级电加热器负担的加热量确定其功率。确定电加热器功率时同样应考虑一定的安全系数。

6.4　空气净化设备

6.4.1　空气净化的目的及术语

1. 空气净化的目的

空调系统所处理空气的来源是室外新风和回风的混合物。回风会被室内人的活动、工艺生产和工作过程污染,新风会被室外环境中存在的各种各样的污染源污染。大气中悬浮的污染成分主要有以下几种形式:

① 粉　尘:因机械作用或自然作用造成的物质破坏分散所形成的固体颗粒,它在静止空气中靠重力沉降,一般小于 $100~\mu m$。

② 烟　气:由升华、蒸馏等化学反应过程产生的蒸汽凝结所生成的固体颗粒,一般小于 $1~\mu m$。

③ 烟　尘:燃料不完全燃烧的生成物质,一般小于 $1~\mu m$。

④ 雾:由蒸汽凝结产生,一般为 $15\sim35~\mu m$。

此外,大气中还有细菌、花粉等。大气中的尘埃含量随不同地点和污染情况而异,还与气候、时间、风速等因素有关。

空气净化的目的,对舒适性空调,是使人有一个清新、舒适的工作生活空间;对工艺性空调,是保证电子、精密仪器等生产过程对空气品质的要求,提高产品质量。后一种空调房间,已远远超过人体卫生角度对空气净化的要求,因而称之为工业洁净室。在药品制造、医学科学研究及医院手术室中,要求无菌无尘,这类洁净房间称为生物洁净室。

2. 空气净化术语

空气净化的术语主要用于对于空气净化要求更好的洁净室及其控制的描述,下面介绍了悬浮粒子、描述符以及洁净室占用状态的术语及含义。

（1）悬浮粒子

① 粒　子:用于空气洁净度分级的固体或液体物,其粒径阈值(低限)范围在 $0.1\sim5~\mu m$,并呈累积状态分布。

② 粒　径:由给定的粒径测定仪响应出(与被测粒子作出的响应当量)的球体的直径。

注:离散粒子计数和光散射仪器使用当量光学直径。

③ 粒子浓度:单位体积空气中的单个粒子数。

④ 粒径分布:作为粒径函数的粒子浓度之累积分布。

⑤ 超微粒子:当量直径小于 0.1 μm 的粒子。

⑥ 大粒子:当量直径大于 5 μm 的粒子

⑦ 纤　维:长宽比等于或大于 10 mm 的粒子。

(2) 描述符

① U 描述符:测得或规定的粒子浓度,即含超微粒子的浓度,以 pc/m³ 空气计.

注:U 描述符可认为是采样点平均值的上限(或置信上限,取决于用于确定洁净室或洁净区特性的采样点数目),不能用 U 描述符来定义悬浮粒子洁净度等级,但可以单独引用或与悬浮粒子洁净度等级一起引用。

② M 描述符:测得或规定的每 m³ 空气中大粒子的浓度,以作为所用测试方法特性的当量直径来表示。

注:M 描述符可认为是采样点平均值的上限(或置信上限,取决于用于确定洁净室或洁净区特性的采样点数目),不能用 M 描述符来定义悬浮粒子洁净度等级,但可以单独引用或与悬浮粒子洁净度等级一起引用。

(3) 占用状态

① 空　态:设施已经建成,所有动力接通并运行,但无生产设备、材料或人员在场。

② 静　态:设施已经建成,生产设备已经安装好,并以用户和供应商同意的方式运行,但没有人员在场。

③ 动　态:设施以规定的方式运行,有规定数目的人员在场,并以双方同意的方式进行工作。

6.4.2　室内空气净化标准

一般民用建筑的室内允许含尘浓度用单位体积空气中所含尘埃的质量(mg/m³)表示(质量浓度);洁净房间的净化标准,都用每升空气中大于某一粒径之尘埃的总数表示(计数浓度)。

(1) 一般净化

对于夏季以降温为主要目的的一般空调系统,通常无确定的控制指标,只须采用初效过滤器一次滤尘即可。

(2) 中等净化

通常对空气中悬浮微粒的质量浓度有一定要求。例如,对旅馆的客房、餐厅、宴会厅、多功能厅和康乐设施等,其空气含尘浓度≤0.15 mg/m³。一般采用两级过滤在初效过滤器的下游安装中效过滤器。

(3) 超净净化

净化标准按计数浓度来划分,有 4 个级别,如表 6-6 所列。通常采用三级过滤,即初效、中效、高效过滤器串联。采用何种净化等级由工艺确定。

而对于工业用的洁净室,主要参考依据为洁净室及相关控制环境国际标准(ISO 14644—1),其分级为悬浮粒子洁净度等级,如表 6-7 所列,以 ISO 等级 N 来表示,它表示所考虑的粒径的最大允许浓度（以 pc/m³ 空气计）。分级限定在 ISO 1 级至 ISO 9 级，适用于按国际标准分级的粒径（低阈值）范围限于 $0.1\sim5~\mu m$。分级范围之外的阈值粒径的空气，洁净度可以用 U 或 M 描述符来说明和规定（但不是分级）。ISO 分级可以规定中间等级号，用最小允许递增值 0.1，规定为自 ISO 1.1 至 8.9 级。等级可以按 3 种占用状态规定或实现。

表 6-6 空气洁净度等级

等 级	每立方米（或升）空气中当量直径≥$0.5~\mu m$ 尘粒个数/个	每立方米（或升）空气中当量直径≥$5~\mu m$ 尘粒个数/个
100 级	≤35×100(3.5)	
1 000 级	≤35×1 000(35)	≤250(0.25)
10 000 级	≤35×10 000(350)	≤2 500(2.5)
100 000 级	≤35×100 000(3 500)	≤2 5000(25)

表 6-7 洁净室及洁净区选列的悬浮粒子洁净度等级

ISO 等级序数（N）	大于或等于表中被考虑的粒径的最大浓度限值 PC·m^{-3}，空气浓度限值					
	$0.1~\mu m$	$0.2~\mu m$	$0.3~\mu m$	$0.5~\mu m$	$1~\mu m$	$5~\mu m$
ISO Class 1	10	2	—	—	—	—
ISO Class 2	100	24	10	4	—	—
ISO Class 3	1 000	237	102	35	8	—
ISO Class 4	10 000	2 370	1 020	352	83	—
ISO Class 5	100 000	23 700	10 200	3 520	832	29
ISO Class 6	1 000 000	237 000	102 000	35 200	8 320	293
ISO Class 7	—	—	—	352 000	83 200	2 930
ISO Class 8	—	—	—	3 520 000	832 000	29 300
ISO Class 9	—	—	—	35 200 000	8 320 000	293 000

注：由于涉及测量过程的不确定性，帮要求用三个有效的数据来确定浓度等级水平。

6.4.3 空气过滤器的滤尘机理与过滤效率

工艺性空调，须保证电子、精密仪器等生产过程对空气品质的要求，提高产品质量。其空调系统，在通常的空气加热、冷却、加湿等设备之外，须组装空气过滤器，完成粉尘控制。

1. 空气过滤器的滤尘机理

空气过滤器按滤尘机理来分，可以分为滤料式和静电式。

滤料式过滤器即用纤维、网格等滤料制作的过滤器，其滤尘机理归纳如下：

① 重力作用：尘粒在纤维间运动，由于重力作用沉降到纤维或滤纸、滤布上。

② 惯性作用：当穿过纤维间通路时，气流方向改变了，但尘埃以惯性向前直行，与纤维碰撞而附着在滤料上。

③ 扩散作用：当空气分子做自然运动（布朗运动）时，可以使非常小的粒子随之运动，因扩散作用附着在纤维上。

④ 接触阻留作用：对非常微小的尘粒，可认为它随气流流动，惯性影响可忽略不计。当气

流流线紧靠纤维表面时,其中的尘粒与纤维表面接触而被阻留。

⑤ 静电作用:由于气流的摩擦,在滤料上产生电荷,从而增加了吸附尘粒的能力。

静电过滤器,即通过静电吸附来过滤粉尘,其集尘原理如图 6-48 所示。空调上采用的静电过滤器为二段式结构:第一段为电离段,可使尘粒荷电;第二段为集尘段。电离段在高压下将尘粒电离,形成正负两种离子,然后在集尘段被收集。

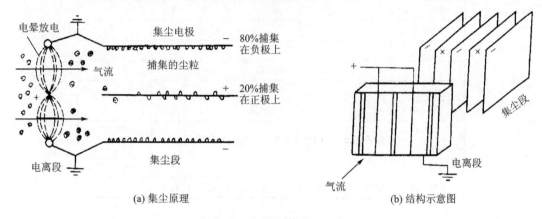

图 6-48　静电过滤器工作原理

2. 空气过滤器的过滤效率

过滤效率是衡量过滤器捕获尘粒能力的一个特性指标,指在额定风速下,过滤器捕获的灰尘量与过滤器前进入过滤器的灰尘量之比。如果认为空气过滤器前后空气量相同,则过滤效率为过滤器前后空气含尘浓度之差与过滤器前空气含尘浓度之比,即

$$\eta = \left(1 - \frac{C_2}{C_1}\right) \times 100\% \qquad (6-1)$$

式中,C_1、C_2——空气过滤前后的空气含尘浓度。

空气过滤器过滤效率在国内外有不同的分级,国内外标准的表述形式也不尽相同。美国过滤效率分级见表 6-8,欧洲过滤效率分级见表 6-9。

表 6-8　美国过滤效率分级(ASHRAE 52.2-1999)

规　格	计重法/%	计径计数法/%		
		$0.30\sim1.3\ \mu m$	$1.0\sim3.0\ \mu m$	$3.0\sim10\ \mu m$
C-1	E<65			
C-2	65≤E<70			
C-3	70≤E<75			
C-4	75≤E<80			
L-5				20≤E<35
L-6				35≤E<50
L-7				50≤E<70
L-8				70≤E<85

续表 6 - 8

规　格	计重法/%	计径计数法/%		
		0.30～1.3 μm	1.0～3.0 μm	3.0～10 μm
M - 9			E＜50	
M - 10			50≤E＜65	
M - 11			65≤E＜80	
M - 12			80≤E＜90	
H - 13		E＜75		
H - 14		75≤E＜85		
H - 15		85≤E＜95		
H - 16		95≤E		
UH - 17	高效过滤器,DOP 法,对 0.3 μm 单分散相 DOP 粒子			≥99.97%
UH - 18				≥99.99%
UH - 19				≥99.999%
UH - 20	ULPA 过滤器,计数法,扫描,对 0.1～0.2 μm 粒子			≥99.999%

表 6 - 9　欧洲过滤效率分级

规　格	计重法/%	计径计数法/%	最易穿透粒径法
G1	E＜65		
G2	65≤E＜80		
G3	80≤E＜90		
G4	90≤E		
F5		40≤E＜60	
F6		60≤E＜80	
F7		80≤E＜90	
F8		90≤E＜95	
F9		95≤E	
H10			85≤E＜95
H11			95≤E＜99.5
H12			99.5≤E＜99.95
H13			99.95≤E＜99.995
H14			99.995≤E＜99.999 5
H15			99.999 5≤E＜99.999 95
H16			99.999 95≤E＜99.999 995
H17			99.999 995≤E

注 1:当试验终阻力为 450 Pa 时,对 0.4 μm 处的平均计数效率值相当于比色法效率值。

注 2:由于是发尘试验,平均计数效率值高于中国现行方法测出的初始效率值。

注 3:欧洲标准化协会新的计数法标准将取代原有 ENT79 中规定的比色法。

对于一般通风用过滤器,中国的标准按新过滤器的计数法效率将过滤器分成五个和四个等级。这两项标准曾对过滤器市场起了很好的规范作用,它在过去的"中效"范围增加了一级"高中效",以适应当时人们对改善洁净室预过滤器性能的要求,具体的过滤效率分级见表6-10。中国现有标准的计数法与国外计数法的主要差别在于:国内仅测量新过滤器效率,国外测量发尘各阶段效率的平均值;国内测量大于某粒径全部粒子的过滤效率,国外测量某粒径段粒子的效率;国外计数测量时使用标准人工粉尘,国内使用大气粉尘。而对于高效过滤器,国家标准规定,高效过滤器为按规定的钠焰法测试,效率≥99.9%的过滤器;对粒径≥0.1 mm的粒子,效率≥99.999%的过滤器。前者指一般高效过滤器,相比之下,国外一般定义高效过滤器的效率为≥99.97%;后者指超高效过滤器。

表6-10 中国过滤效率分级

GB 12218—89 分级	I	II	III	IV	V
粒径/μm	≥5.0		≥1.0		≥0.5
计数效率/%	<40	40≤E<80	20≤E<70	70≤E<99	95≤E<99.9
GB/T 14295—93 分级	粗效		中	高中	亚高
粒径/μm	≥5.0		≥1.0		≥0.5
计数效率/%	20≤E<80		20≤E<70	70≤E<99	95≤E<99.9

6.4.4 常用空气过滤器的种类和构造

1. 粗效过滤器

粗效过滤器主要用于过滤5.0 μm以上的大颗粒灰尘,一般采用粗(中)孔泡沫塑料、玻璃丝和无纺布等作为滤料。它的结构型式有板式、折叠式、袋式和卷绕式四种,如图6-49所示。

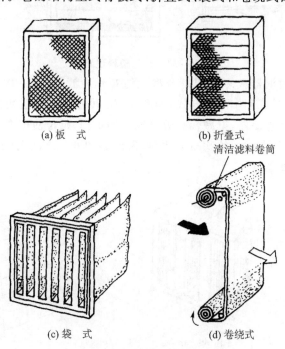

(a) 板 式   (b) 折叠式

清洁滤料卷筒

(c) 袋 式   (d) 卷绕式

图6-49 粗效过滤器的结构型式

目前国产的粗效过滤器大多采用粗效无纺布为滤料,做成板式、袋式居多。也有采用铝板网或锦纶丝网和泡沫塑料的。在净化空调系统中,粗效过滤器作为保护中效、高效过滤器的一种预过滤器来使用。

2. 中效过滤器

中效过滤器它主要用来除去 $1.0~\mu m$ 以上的灰尘,其滤料为玻璃纤维、细孔泡沫塑料、中效无纺布。玻璃纤维过滤器(见图 6-50)做成抽屉式的,沿空气流向竖向布置,便于清洗或更换。细孔泡沫塑料过滤器(见图 6-51)做成袋式的,以增大过滤面积和便于更换滤料。

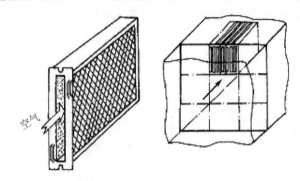

图 6-50　玻璃纤维过滤器

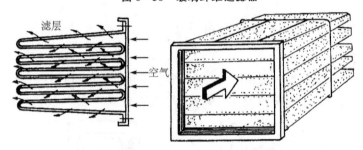

图 6-51　泡沫塑料过滤器

目前国产的中效过滤器大多采用复合型无纺布作为滤料,有一次性使用和可清洗两种。其结构型式有折叠式、袋式和楔形组合式,如图 6-52 所示。中效过滤器在净化空调系统和局部净化设备中作为中间过滤器,以减轻高效过滤器的负担,延长使用寿命。此外有的厂家生产高中效过滤器,它以无纺布或丙纶滤布为滤料,做成如图 6-53 所示的结构型式,其阻力和过滤效率要高于中效过滤器。

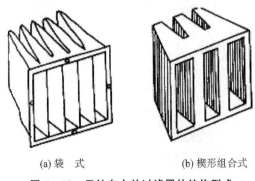

(a) 袋　式　　　　　(b) 楔形组合式

图 6-52　无纺布中效过滤器的结构型式

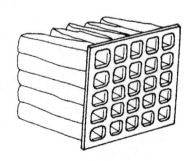

图 6-53　高中效过滤器的结构

3. 高效过滤器

高效过滤器主要用于过滤微小颗粒的灰尘,通常可分为亚高效、高效及超低透过率的过滤器。亚高效过滤器能较好地除去 $0.5\mu m$ 以上的尘埃,其滤料为玻璃纤维滤纸和丙纶纤维滤纸,仅作为一次性使用。为增大过滤面积,其结构型式有折叠式和管式两种(见图 6-54)。亚高效过滤器可作为净化空调系统的中间过滤器和低级别净化空调系统($\geqslant 100\ 000$ 级)的终端过滤器。

高效过滤器和超低透过率过滤器,是净化空调系统的终端过滤设备,采用超细玻璃纤维滤纸作为滤料,其边框由木质、镀锌钢板、不锈钢板、铝合金型材等材料制造。它的结构型式有无分隔板折叠式和有分隔板折叠式两种,如图 6-55 所示。高效过滤器设在净化系统的送风口之前,是一次性使用的。

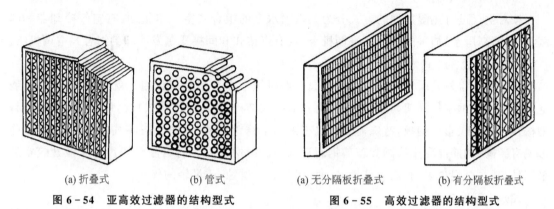

(a) 折叠式　　　　(b) 管式　　　　(a) 无分隔板折叠式　　　(b) 有分隔板折叠式

图 6-54　亚高效过滤器的结构型式　　　**图 6-55　高效过滤器的结构型式**

6.5　组合式空调机组

6.5.1　组合式空调机组的概念

空气处理是一个综合过程,往往需要达到对温度、湿度、洁净度的综合控制,此时需要对各种空气处理设备进行组合从而达到处理的目的。由各种空气处理功能段组装而成的,具有综合处理功能的空调机组,在工程中称为组合式空调机组,它是集中式水冷空调系统中的主要设备。机组功能段可包括:空气混合段、均流段、粗效过滤段、中效过滤段、高中效或亚高效过滤段、一次及二次加热段、喷水段、加湿段、送风机段、回风机段、中间段、消声段等。冷源(冷媒水)和热源(蒸汽或热媒水)需要从外部供应;还需要包含提供动力的送风机(单风机系统)和送、回风机(双风机系统)等设备。图 6-56 展示了一种组合式空调机组的组合方式(具有喷水

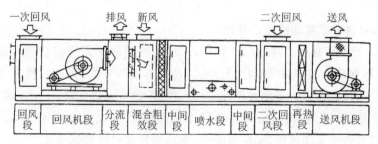

一次回风　　　排风　新风　　　　二次回风　送风

| 回风段 | 回风机段 | 分流段 | 混合粗效段 | 中间段 | 喷水段 | 中间段 | 二次回风段 | 再热段 | 送风机段 |

图 6-56　具有喷水段和再热段的组合式空调机组

段和再热段功能的组合式空气处理机组)。

组合式空调机组其空气处理功能齐全,安装简便、省工,结构紧凑,调节灵活,因此广泛应用于空调系统中。

6.5.2 组合式空调机组的分类及特点

1. 组合式空调机组的分类

组合式空调可以按照热湿处理的方式、外壳所用的材料、用途、空气流动方向、布置方式等进行分类。

(1) 按热湿处理的方式分类

按对空气进行热湿处理的方式分为具有喷水室的组合式空调机组、具有空气冷却器和喷蒸汽(或喷高压水)加湿的组合式空调机组、具有直接式和间接式蒸发冷却的组合式空调机组。

(2) 按外壳所用的材料分类

按空调机组外壳所用的材料分为金属空调机组与非金属空调机组。就结构形式看,金属空调机组由型钢制作框架,分为板式结构和框板式结构,其中以框板式用得最多。面板有镀锌钢板、喷塑钢板、彩色钢板,特殊需要时也有采用不锈钢板的;而非金属空气处理机组,其制作形式有砖砌、钢筋混凝土捣制和玻璃钢制造三种。前两种壳体材料除纺织厂等工业建筑空调采用外,现在已很少采用,而玻璃钢空调机组具有耐腐蚀、质量轻的优点。

(3) 按用途分类

按用途分为恒温恒湿空调机组、净化空调机组、行业专用空调机组、普通空调机组(指用于一般降温性工艺空调和公用建筑的舒适性空调)等。

(4) 按空气流动方向分类

按各功能段的排列顺序与被处理空气流动方向间的相互关系分为左式和右式。当人站在操作面一侧面对空调机组时,空气由右向左流动,称为左式;当人站在操作面一侧面对空调机组时,空气由左向右流动,称为右式。

(5) 按布置方式分类

组合式空调机组是组合而成的,因此其空间布置可以因地制宜,进行变换。当机房长度受到限制时,可将卧式组合式空调机组的某两个功能段,用90°的水平拐弯段相连接的,称为水平转弯式组合式空调机组;当机房没有足够的空间而占地面积受到限制时,可将卧式组合式空调机组分为上、下两个部分,用90°的垂直拐弯段相连接的,称为垂直转弯式(或重叠式)组合式空调机组。

2. 组合式空调机组各功能段的特点

① 回风段:回风段是用于接回风风管的,在该段的顶部或侧部装有对开式多叶风量调节阀。风阀的控制有手动、电动和气动三种形式,凡有自动调节的,要与自控方式相适应。在组合式空调机组中,只有双风机系统才单独设回风段(若是单风机系统,则用新风、回风混合段)。

② 新风段或新回风混合段:新风段用来接新风风管,新风进口有顶进风和侧进风两种形式,配有对开式多叶风量调节阀,同样有手动、电动和气动三种控制形式。

对单风机系统用的新回风混合段,顶部接回风管,侧部接新风管,或者顶部接新风管,侧部接回风管,由设计者根据具体情况而定。若是直流式系统,则封闭回风管口即可。

有的厂家的产品不单独设新回风混合段,而是将它与初效过滤段结合在一起,变成混合初效过滤段。

③ 回风机段:双风机系统有回风机段,配有双进风离心式风机,出风口水平安装。风机与电动机装在特制的钢架上,下部装有弹簧减振器,属于电机内置式。有些厂家将电动机装在机组箱体的顶部,此为电机外置式。当采用外置电动机结构时,整个回风机段做成整体减振,它与相邻功能段之间做柔性接口,以隔断振动的传递。

为便于进行风机性能调节,有的厂家可为用户配用风机变频器或双速电机。

④ 回风调节段:双风机系统有排风回风调节段。该段紧接回风机段,在顶部设有排风口,内部设有回风口,并分别装有对开式多叶风量调节阀,可用手动、电动和气动方式进行控制。本段的功能是使排风和回风在此分流,故又称分流段。

当空调系统按夏季工况、冬季工况运行时,设计时采用最小新风百分比(当然,必须满足空调房间的卫生要求、保持房间正压要求及补偿局部排风等,并取其中的最大值作为新风风量),此时排风量大致略小于新风量,而大部分是回风。在过渡季节采用全新风时,该段内的回风阀关闭,排风阀全开。

若将排风回风调节段与新风段结合在一起,就成为分流混合段,使新风与回风按一定比例进行混合后,进入下一段处理。

⑤ 初效过滤段:初效过滤段内装有初效无纺布为滤料的平板式过滤器或袋式过滤器,经清洗后仍可重复使用;也有装无纺布自动卷绕式过滤器的。

⑥ 加热段:按照加热空气所用热媒的不同,加热段有蒸汽加热段、热水加热段和电加热段三种。通常将新风段或新回风混合段之后的加热段,称为预热段(或第一次加热段);将喷水段或空气冷却器段之后的加热段,称为再热段(或第二次加热段)。

以蒸汽或热水为热媒的加热段,通常设有钢管绕铝片、铜管套铝片等翅片管加热器。只有棉、麻、毛纺织工业的空调系统,才采用光管式加热器。为了能有效地控制加热后的空气温度,空气加热器应设置旁通风门(阀)。随着室外空气温度的上升,可打开旁通风门,让一部分空气不经过加热直接从旁通风门流过,从而达到调节加热后空气温度的目的。这样,也有利于降低非供暖季节里空气侧的压力损失。

电加热段多半用于恒温恒湿空调机组,设在再热段之后,常采用绕片式电热管为加热元件的电加热器,它可按需要分档配备加热量。

⑦ 喷水段:喷水段的箱体可用玻璃钢或钢板内衬玻璃钢制作,并与水槽成为整体。也可用镀锌钢板或按用户需要改用不锈钢制作箱体。

按照热湿处理的功能不同分为单级双排(一顺一逆)喷水段、单级三排(一顺两逆)喷水段和双级 4 排喷水段三种。

本段内的前挡水板(分风板)和后挡水板,用 ABS 工程塑料或铝合金热挤轧一次成型,也有用玻璃钢制作的。

⑧ 冷却段或冷却挡水段:冷却段或冷却挡水段内设有铜管套铜片或铜管套铝片的空气冷却器,凝结水盘(滴水盘)下面设置冷凝水排出管。

　　为防止被处理空气带走空气冷却器表面上的冷凝水,保证空气的冷却减湿处理效果,可在空气冷却器后面装上特制的挡水板,成为冷却挡水段。

　　⑨ 喷水式冷却段:喷水式冷却段因沿空气的流动方向,在空气冷却器的前面设一排喷水管,并有底槽和其他相应的接管。

　　⑩ 冷却加热段:冷却加热段实为冷却段,冬季时兼当加热段使用。需要注意的是,冬季热媒的供水温度为 55~60 ℃,回水温度为 45~50 ℃。这是由空气冷却器的材质和防止换热管内结水垢来决定的。

　　⑪ 蒸发冷却段:对我国的低湿度地区,可采用直接蒸发冷却段来代替空气冷却挡水段或间接加直接蒸发冷却组合段。

　　⑫ 二次回风段:二次回风段在顶部设有第二次回风口,并装有对开式风量调节阀,分手动、电动和气动三种控制方式。二次回风系统有此段。

　　⑬ 加湿段:当夏季用空气冷却器对空气进行冷却减湿处理时,冬季有时需要设加湿段对空气进行加湿处理。

　　本段内如果设有干蒸汽加湿器或电极式加湿器,则称为喷蒸汽加湿段(属于等温加湿);如果设有喷高压水的离心加湿器或高压喷雾加湿器,则称为喷雾(水)加湿段(属于等焓加湿)。该段内应有排水措施;喷高压水的加湿器后面应设波形挡水板。

　　⑭ 送风机段:送风机段设有双进风的离心风机,风机的出口有水平的和垂直向上的两种形式。风机的电动机可以是内置式,也可做成外置式。关于减振的做法与回风段相同。有的厂家可为用户配用风机变频器或双速电机。

　　⑮ 中效过滤段或亚高效过滤段:中效过滤段内设有中效无纺布为滤料的板式过滤器或袋式过滤器。亚高效过滤段内设有玻璃纤维滤纸当滤料的亚高效过滤器。

　　本段应设在送风机段之后,处于系统的正压段,以防止中效过滤器或亚高效过滤器被周围不洁空气所污染。

　　⑯ 消声段:消声段内设有片式消声器或微穿孔板消声器。按空气流动方向,处在回风机段前面的是回风消声段,设在送风机段后面的是送风消声段。

　　⑰ 送风段:送风段设在送风机段之后,为调整送风出口方向(例如,顶部出风或侧面出风)并与送风风管相连接,接口处装对开式多叶送风阀。

　　⑱ 中间段(或称空段):中间段内部不装任何空气处理设备,仅为某些功能段(例如,初效、中效过滤段,空气冷却挡水段、加热段和喷水段等)提供内部检修空间而设置。在操作面一侧设有供人员出入的检修门。此外,在风机段和混合段操作面一侧,同样要设检修门。

　　⑲ 均流段:有些厂家的产品中有均流段,其作用是使机组断面保持有均匀的风速。当风机处于空气过滤段、消声段前面时,建议在风机段之后、消声段(或过滤段)之前增设均流段。

　　目前,国内有些厂家生产的组合式空气处理机组,设有能量回收段。该段为双风机系统运行时,将新风与排风在交叉板式能量回收器中进行热交换,达到回收显热能量的目的。具体地说,冬季利用排风中的热量来预热新风;夏季利用排风中的冷量使新风得到预冷。由于新风、排风互不接触,因此尤其适用于回收直流式系统中排风的能量。

　　为有效地监测初、中效过滤段中的过滤器的积尘情况,在该段的段体外设有压差指示仪表,用户可根据压差读数,判断过滤器是否达到终阻力,以便及时更换过滤器。

为方便组合式空气处理机组的运行管理,在上述有关功能段内,例如过滤段、新回风混合段、风机段、喷水段、冷却挡水段、加热段、送风段等,装有低压防水电灯,供检修时照明用。

6.5.3　组合式空调机组的基本参数

组合式空调机组的基本参数有额定风量、额定供冷量、额定供热量、机组余压等,各基本参数的简单说明如下:

① 额定风量:指机组在规定的运行工况下每小时所处理的空气量,一般应以标准状态下的空气体积流量表示,单位为 m^3/h。目前国内生产的卧式组合式空调机组风量一般在 2 000～200 000 m^3/h。

② 额定供冷量:指机组在规定运行工况下的总除热量,其中包括显热除热量和潜热除热量,单位为 kW。

③ 额定供热量:指机组在规定运行工况下供给的总显热量,单位为 kW。

④ 机组余压:指机组克服自身阻力后在出风口处的动压和静压之和,单位为 Pa。

组合式空调机组的生产厂家在其产品样本中都会列出机组的基本性能参数,以供空调系统设计人员进行设备选型,同时样本中一般会给出相应运行工况的规定说明。一般运行工况规定如下:

① 冷盘管的进水温度为 7 ℃,进、出水温升为 5 ℃;

② 热盘管的进水温度为 60 ℃;

③ 蒸汽盘管的进汽压力为 70 kPa,温度为 112 ℃;

④ 通过盘管的迎面风速为 2.5 m/s。

6.6　蒸发冷却空调机组

6.6.1　蒸发冷却空调系统的概况

由于水在空气中具有一定的蒸发能力,而蒸发冷却空调技术就是一项利用水蒸发吸热制冷的技术。在没有别的热源的条件下,水与空气间的热湿交换过程是空气将显热传递给水,使空气的温度下降。而由于水的蒸发,空气的含湿量不但要增加,而且进入空气的水蒸气带回一些汽化潜热。当这两种热量相等时,水温达到空气的湿球温度。只要空气不是饱和的,利用循环水直接(或通过填料层)喷淋空气就可达到降温的效果。在条件允许时,可以将降温后的空气作为送风以降低室温,这种处理空气的方法称为蒸发冷却空调。蒸发冷却空调技术是一种环保、高效、经济的冷却方式,适应与西北较为干燥的低湿度地区。

6.6.2　蒸发冷却空调机组工作原理

蒸发冷却空调机组工作原理的核心是利用循环水喷淋空气取得降温的效果,但是不同的机组在技术形式上又有不同。技术形式可分为直接蒸发冷却(Direct Evaporative Cooling,DEC)技术、间接蒸发冷却(Indirect Evaporative Cooling,IEC)空调技术。

1. 直接蒸发冷却(DEC)

直接蒸发冷却是利用被处理的空气与水直接接触,通过空气与水的热湿交换,水蒸发吸热达到冷却空气的目的。此过程属于等焓加湿冷却过程。直接蒸发冷却器结构及其空气处理过程如图 6 - 57、图 6 - 58 所示。

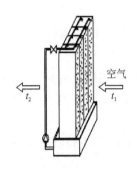 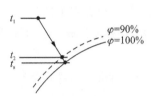

图 6 - 57　直接蒸发冷却器　　　　图 6 - 58　直接蒸发冷却处理过程

2. 间接蒸发冷却(IEC)

被处理的一次空气水平流过间接蒸发冷却器,二次空气在竖直方向上从间接蒸发冷却器下部往上流动与水接触,借助水蒸发形成的湿表面进行冷却。其中一次空气的空气处理过程为等湿冷却,二次空气为增焓降温过程。间接蒸发冷却器结构及其空气处理过程如图 6 - 59、和图 6 - 60 所示。

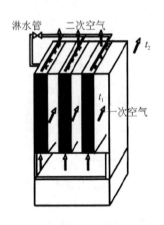 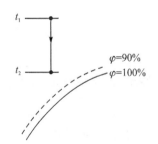

图 6 - 59　间接蒸发冷却器　　　　图 6 - 60　间接蒸发冷却处理过程

6.6.3　蒸发冷却空调机组节能特点

综合来看,蒸发冷却空调机组制冷的驱动力是丰富的干空气能,与传统的空调对比,其不使用压缩机,并且仅有风机和水泵为耗电设备,因而,非常省电。其还以水为制冷剂,不使用氟利昂,对空气友好,并对 PM2.5 和 PM10 等一些空气中的颗粒物有过滤作用。"十三五"规划中鼓励和引导创新,要求去建立资源节约型和环境友好型社会,这样使得蒸发冷却这一节能、经济、低碳、环保的技术具有非常好的发展前景。

蒸发冷却空调机组以直接蒸发冷却技术以及间接蒸发冷却技术为核心,因此,以直接蒸发冷却空调机组及间接蒸发冷却空调机组为代表介绍蒸发冷空调机组的应用特点。

1. 直接蒸发冷却空调机组的特点

无论采用何种形式的空调机组,采用直接蒸发的冷却技术处理空气过程相同,空气与水直接接触,水蒸发吸热冷却空气,同时一部分蒸发的水蒸气进入空气被送入房间,因而送风湿度较高。所有直接蒸发冷却空调机组的冷却性能与室外相对湿度成反比,能够获得的最低的出口空气温度接近于室外空气的湿球温度,并且随着室外湿球温度的升高而升高。在南方炎热潮湿地区,夏季室外空气相对湿度较大,水蒸发的驱动力变小,冷却性能降低,其应用也就受到一定的限制。在北方干燥地区,室外空气相对湿度较小,干湿球温度差较大,因而空气与水直接接触时热湿交换过程得以加强,送风空气的温降也显著提高,与此同时,空气在被冷却的过程中也被加湿,使得室内空气品质及温、湿度都有了明显的改善。因此,在对室内温、湿度要求不是很高的场所,直接蒸发冷却空调具有很好的优势。一般情况下,直接蒸发冷却空调器适用于低湿度地区,如我国海拉尔－锡林浩特－呼和浩特—西宁—兰州—甘孜一线以西的地区;也可作为降温装置应用于工业、农业生产等领域。

直接蒸发冷却空调机组在不同地区的应用效果有所差别,尤其在高湿度地区,降温效果不是特别明显,但平均温降也在 4 ℃左右,且直接蒸发冷却空调机组的效率随着室外气象参数的变化而变化,机组的效率一般在 60%～95%之间,平均效率在 80%左右,机组应用效率不高。

2. 间接蒸发冷却空调机组的特点

间接蒸发冷却空调机组的形式较为多样,下面以最常见的板翅式、热管式以及管式间接蒸发冷却空调机组为例介绍其特征。

板翅式间接蒸发冷却空调机组是目前应用最多的间接蒸发冷却空调机组,其优点是换热效率高、制冷效率可达 60%～80%,结构紧凑、体积小,制造工艺比较成熟。但在西北干燥、风沙灰尘较多且水质不是很好的地区,其弊端尽显,由于流道窄小、易堵塞,随着运行时间的增加,其换热效率急剧降低,造成流动阻力增大;布水不均匀且浸润能力差;金属表面容易结垢,且流道内污垢很难清洗,造成维护成本提高;加工精度低,存在漏水现象。因此,板翅式间接蒸发冷却空调机组的优点无法发挥。

热管式间接蒸发冷却空调机组的优点是结构简单、容易制造、换热效率高(可达 60%～70%),传热是可逆的,冷热流体可以变换;冷、热气流之间的温差较小时,也存在换热效率。其缺点主要是设备成本高于节能成本,且流动阻力较大。因此,热管式间接蒸发冷却空调机组未能大规模应用。

管式间接蒸发冷却空调机组布水均匀、流道较宽,不会产生堵塞现象,流动阻力小,有利于蒸发冷却的进行,单位体积造价相对板翅式要低,主要缺点是换热效率比板翅式要低,但近年来众多学者利用新材料、新技术、新工艺在管内插入螺旋线、管外包覆吸水性材料等来提高换热效率,得到了一定的改善;同时在我国那些干燥、风沙灰尘较多且水质不是很好的地区的室外条件下,管式间接蒸发冷却空调机组又能发挥其优点。

本章小结

本章主要介绍空气加湿与除湿设备、空气加热与冷却设备、空气净化设备等空气调节设备。

1. 空气加湿设备又分为蒸气加湿设备和水加湿设备,种类繁多,主要有蒸汽供给式、蒸气发生式、强制雾化式和自然蒸发式等。应掌握各种加湿器的工作原理、特点、适用场合。

2. 空气除湿设备主要包括冷冻除湿机、转轮除湿机、溶液吸附剂除湿机。应了解各种设备的工作原理、结构特点、适用场合。

3. 空气加热与冷却设备主要包括喷水室、表面式空气换热器、电加热器。应了解各种设备的主要形式、构造、特点。

4. 空气净化设备主要包括空气过滤器,常用的有初效、中效、高效过滤器。应了解空气净化的目的,常用的术语,并掌握净化设备的常见种类、构造特点、适用范围。

5. 组合式空调机组是集中式空调系统中普遍使用的设备,由多个空气处理功能段组合而成。应了解组合式空调机组的主要形式、基本参数的表示方法;认识工程上常用的组合式空调机组。

6. 蒸发冷却空调机组是一种新型的利用水蒸发吸热进行制冷的空调设备,可分为直接蒸发冷却空调机组、间接蒸发冷却空调机组。应了解蒸发冷却技术的基本原理、相应空调机组的形式及特点。

习　题

1. 空气处理可以有许多不同的方案,在夏季工况有哪些方案？冬季工况有哪些方案？

2. 组成喷水室的主要部件有哪些？它们的作用是什么？

3. 空气的加湿方法有哪几种？需要哪些设备来实现？

4. 常用的除湿设备有哪几种？各适用于什么场合？

5. 简述表面式换热器空气处理过程。

6. 电加热器有什么特点？

7. 室内空气净化标准有哪些？

8. 空气过滤器有哪些主要类型？各自有什么特点,说明它们各自适合应用于什么场合。

9. 什么是组合式空调机组？

10. 组合式空调机组主要由哪些功能段组成？

11. 组合式空调机组的基本参数有哪些？

12. 蒸发冷却空调技术的基本原理是什么？

13. 蒸发冷却空调机组可分成哪几类？

14. 常见的几种间接蒸发冷却空调机组的优缺点各是什么？

第7章 空调风系统

影响空调区域内温度、气流速度分布的因素包括空调送风口形式和位置、送风射流的参数（送风量、出口风速、送风温度）、回风口的位置、房间几何形状、热源在室内的位置，其中送风口形式和位置以及送风射流的参数是主要影响因素。酒店等对室内装修要求较高的场所，为了配合装修风格，风口的形式和位置很多情况下并不符合要求，导致气流组织并不合理，空调区内空气参数达不到设计要求。

【教学目标与要求】

(1) 了解送回风口形式；
(2) 掌握送回风口的气流流动规律；
(3) 熟悉气流组织的形式及其特点；
(4) 掌握空调房间气流组织设计计算；
(5) 掌握空调风系统设计原则及方法、步骤。

【教学重点与难点】

(1) 送回风口的气流流动规律；
(2) 空调房间气流组织设计计算方法；
(3) 空调风系统水力计算方法、步骤。

【工程案例导入】

近年来，我国酒店行业发展迅速，五星级酒店数量不断增加，这对室内热舒适提出了更高的要求。某饭店客房内，用卧式暗装风机盘管，靠门的一侧很冷，而房间温度高达 26～27 ℃。究其原因主要是送风口采用单层百叶，导致气流扩散不到边角处，室内温度不匀；某展览馆顶部散流器送风，集中回风。冬季热风下不来，人流区只有 12～13 ℃，而吊顶下湿度可达 20～24 ℃。究其原因主要是用散流器平送，在送风口处形成气流贴附，热风在上，冷空气在下，室内温度层化严重。在散流器的外圈加了一条小边，破坏了气流贴附层，热风下来了，室温达到满意效果。某办公室，吊顶内均匀布置风机盘管，送、回风口采用了同样尺寸的散流器，结果室内温度梯度大，热风下不来，究其原因主要是送、回风口太接近，有一半的送风量直接吸入回风口，造成短路。采取在送风口的散流器顶部加一块盲板，使其在回风口一侧无送风气流从而解决了气流短路问题。因此如何在保证室内舒适度要求的同时，降低空调系统运行能耗，就需要对空调风系统进行良好的设计。

7.1 空调风系统的组成

空调风系统作为中央空调系统的输送部分，主要是将来自空气处理设备的符合舒适及生产工艺过程的空气通过送风风管系统送入空调房间内,同时从房间内抽回一定量的空气(即回风),经过回风管系统送至空气处理设备,其中少量的空气被排至室外,大部分空气被重复利用。

空调风系统包括通风机、送回风风管、风量调节阀、防火阀、消声器、风机减震器和空调房间内的送风散流器、回风口等,如图7-1所示。空调风系统设计的目的是在保证要求的风量分配前提下,合理确定风管布置、尺寸及风机型号,使系统的初投资和运行费用综合最优。

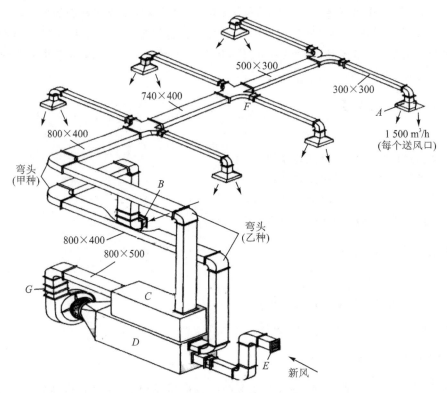

A—送风口;B—回风口;C—消声器;D—空调机组;E—新风口;F—风量调节阀;G—风机

图7-1 中央空调风系统组成图

前面章节已经分别介绍了室内空气品质及空调房间的送风量的确定,如何将符合要求的气体送至空调房间呢? 这就需要确定合理的空调风系统形式。空调送风是通过风系统将满足要求的空气送入空调房间中,形成合理的气流组织,从而实现所需要的热湿环境和空气品质。风管与风机作为送风系统的动力及传输设备,在整个空调输送系统中起着重要的作用,选择合适的风管与风机对空调系统设计及运行具有重要的节能意义。

7.1.1 风管与风机

1. 风管材质与种类

随着我国人民生活水平的不断提高,通风空调工程在建筑工程中的地位越来越重要。风管是中央空调系统的通风管道,它常常被忽视,但却是空调系统的重要组成部分,市场对通风管道材质的要求越来越高,空调通风管道的种类从原来比较单一的镀锌钢板风管向多样性方面发展,消声、节能、环保、重量轻、防火性能高的材料逐渐成为空调通风管道的主导材料。由于各种工程对空调通风管道有着各种不同的要求,各种材质的通风管道应运而生,而相应的施工方法也在不断实践中逐步完善。

空调风道的种类很多,按风道的制作材料分,有金属风管、非金属风管和复合材料风管;按风管道的断面几何形状分,有矩形、圆形和椭圆形风管;按风管道的连接对象分,有主(总)风管和支风管;按风管能否任意弯曲和伸展分,有柔性风管(软管)和刚性风管;按风管道内的空气流速高低分,有低速风管和高速风管等。

2. 风管选择

(1) 风管断面形状选择

① 圆形风管:若以等用量的钢板而言,圆形风管通风量最大、阻力最小、强度大、易加工、保温方便。一般适用于排风及工业厂房管道。该圆形风管强度大、阻力小、消耗材料少,但加工工艺比较复杂,占用空间多,布置时难以与建筑、结构配合,常用于高速送风的通风空调系统。

② 矩形风管:对于公共、民用建筑,为了利用建筑空间,降低建筑高度,使建筑空间既协调又美观,通常采用方形或矩形风管。该风管易加工、好布置,能充分利用建筑空间,弯头、三通等部件的尺寸较圆形风管小。为了节省建筑空间、布置美观,一般民用建筑空调系统送、回风管道的断面形状均以矩形为宜,但当矩形风管的断面积一定,宽高比大于 8:1 时,风管比摩阻增大,因此矩形风管的宽高比一般不大于 4:1,最大取到 6:1。

(2) 风管材料选择

可作风管的材料有很多,应根据使用要求和就地取材的原则选用。金属风管(即镀锌铁皮)是风管常用材料,其适用于各种空调系统。砖、混凝土风道适用于地沟风道或利用建筑、构筑物的空间组合成风道,常用于通风量大的场合。塑料风管、玻璃钢风管适用于有腐蚀作用的风管或空调系统。

3. 风 机

风机是通风系统的动力设备,它是将机械能转变成气体的热能和动能的动力设备。通过风机提供动力,空气才能输送到指定空间。

(1) 分 类

风机的类型很多,按其工作原理不同,可分为轴流式、离心式和贯流式 3 种风机,如图 7-2 所示。目前在通风和空调工程中大量使用的是离心式和轴流式两种类型的风机。贯流式风机主要用于空气幕、风机盘管上和分体式房间空调器的室内机等。

按用途不同,风机又可分为一般用途通风机、排尘通风机、防爆通风机、防腐通风机、排烟通风机、屋顶通风机、射流通风机等,如图 7-3 所示。

(2) 风机性能参数

风机的性能参数较多,通常在风机样本和产品铭牌上看到的性能参数是在标准状态下测试的实验数值,即大气压力 $B=101.3$ kPa,空气温度 $t=20$ ℃,此时空气密度为 1.20 kg/m³。下面分别介绍风机常用的性能参数。

1) 风 量

风机在单位时间内所输送的气体体积流量称为风量或流量,其单位 L/h 或 m³/h 或 m³/s,它通常指的量是在工作状态下输送的气体量。通风机的风量一般用实验方法测量,在同一转数下,当调节风机进口或出口阀门开度的大小时,风量随之改变。

(a) 轴流式风机　　　　　　(b) 离心式风机　　　　　　(c) 贯流式风机

图 7-2　不同工作原理风机类型

  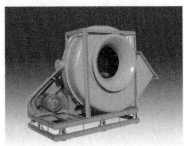

(a) 排尘通风机　　　　　　(b) 防爆通风机　　　　　　(c) 防腐通风机

(d) 排烟通风机　　　　　　(e) 屋顶通风机　　　　　　(f) 射流通风机

图 7-3　不同用途风机类型

2）风　压

风机的风压是指风机出口空气全压与进口全压之差（绝对值之和），也就是空气进入风机后所升高的压力，其国际单位为 Pa。通常风机的风压是指全压，包括动压和静压两部分。

3）功　率

用通风机输送空气时，空气从通风机获得能量来升高压力，而通风机本身则需要消耗外部能量才能运转。通风机在单位时间内传递给空气的能量称为通风机的有效功率。

4）效　率

通风机的有效功率 N_e 与轴功率 N 之比称为通风机的全压效率。

5) 转速(n)

转速是指风机叶轮每分钟旋转的次数,单位为转/分(rpm)。

选用风机时,应先根据系统应用场合,选择不同类型风机,然后再考虑压力、流量等参数,同时考虑风机性能曲线等因素来选取合适型号风机。通风空调工程中常用的离心式通风机有 4-68 型、T4-72 型、4-72 型、4-79 型、11-62 型等多种。不同用途的风机,在制作材料及构造上有所不同。例如,用于一般通风换气的普通风机(输送空气的温度不高于 80 ℃,含尘浓度不大于 150 mg/m^3),通常用钢板制作,小型的风机也有用铝板制作的。

7.1.2　送回风口形式

对于空调房间来说,风口是整个空调系统的末端装置,同时也是整个空调系统唯一可见的装置。它在整个系统起着重要作用,一个房间风口选取的形式及数量不同将直接影响整个房间气流的混合程度、气流断面形状等。空调风口包括送风口和回风口,空调房间不论是夏季供冷还是冬季供暖,均是通过送风口把经过空调设备处理过的冷(热)风送至室内,经吸热、吸湿或放热、放湿后又通过回风口返回(或部分返回)到空调设备再处理。显然,空调风口的形式对空调房间内气流、温度、湿度等空气参数的分布情况有很大影响,另外其外观还应与室内装饰相协调,从而使空调房间的美观性与实用性相统一。

1. 送风口

送风口也称空气分布器,它的形式及其紊流系数大小对射流的扩散及气流流型的形成有直接影响。根据空调精度、气流形式、送风口安装位置以及建筑装修的艺术配合等方面的要求,可以选用不同形式的送风口。

送风口的种类繁多,按送出气流形式不同可分为轴向送风口,线形送风口、扩散型送风口和面形送风口 4 种类型。其中,轴向送风口将气流沿送风口轴线方向送出,这类风口有格栅送风口,百叶送风口,喷口、条缝送风口等。这类送风口诱导室内空气的作用小,送风速度衰减慢,射程远。线形送风口将气流从狭长的线状风口送出,如长宽比很大的条缝形送风口。扩散型送风口将气流以辐射状向四周扩散送出,如盘式散流器、片式散流器等。这类送风口具有较大的诱导室内空气的作用,送风温度衰减快,射程较短。面形送风口将气流从大面积的平面上均匀送出,如孔板送风口。这类送风口送风温度和速度分布均匀,衰减快。除此之外,按送风口的安装位置不同可将送风口分为顶棚送风口、侧墙送风口、窗下送风口及地面送风口等。实际工程中,常常将安装在侧墙上或风管侧壁上的送风口,如格栅送风口、百叶送风口、条缝送风口等,统称为侧送风口。下面介绍几种常见的送风口。

(1) 侧送风口

侧送风口通常是指装于管道或侧墙上用作侧送风的风口,图 7-4 为空调工程常用的侧送风口外观图,表 7-1 所列为常用侧送风口形式。工程上用得最多的是百叶风口,其百叶做成活动可调的,既能调节风量大小,也能调节出风方向。百叶风口常用的有单层百叶风口(叶片横装的可调仰角或俯角,叶片竖装的可调节水平扩散角)和双层百叶风口(外层叶片横装,内层叶片竖装;外层叶片竖装,内层叶片横装),除了百叶风口外,还有格栅送风口(叶片固定的与叶片可调的两种,还可用薄板制成带有各种图案的空花格栅)和条缝送风口,这两种风口可与建筑装饰很好的配合。

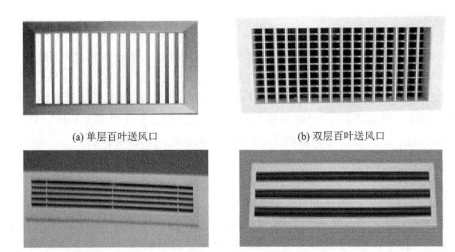

(a) 单层百叶送风口   (b) 双层百叶送风口

(c) 条缝型送风口   (d) 带出口隔板的条缝型送风口

图 7 - 4　空调工程常见侧送风口外观图

表 7 - 1　常用侧送风口形式

风口图示	风口名称及应用范围
	格栅送风口(叶片或空花图案的格栅) 用于一般空调工程
平行叶片	单层百叶送风口 叶片活动,可根据冷、热射流调节送风的上下部倾角,用于一般工程
对开叶片	双层百叶送风口 叶片可活动,内层对开叶片用以调节风量,用于较高精度空调工程
	三层百叶送风口 叶片可活动,有对开叶片用以调节风量,有垂直叶片可调节上下部倾角和射流扩散角,用于高精度空调工程
	带出口隔板的条缝形风口 常用于工业车间截面变化均匀的送风管道上,用于一般精度的空调工程

风口图式	射流特点及应用范围
	条缝形送风口 常配合静压箱使用,可作为风机盘管、诱导器的出风口,适用于一般精度的民用建筑空调工程

（2）散流器

散流器是一类安装在顶棚或暴露于风管底部作为下送风口使用的风口,造型美观,易与房间装饰要求配合,其射流方向沿表面呈辐射状流动。风口可以与顶棚下表面平齐,也可以在顶棚下表面以下。图 7-5 为空调工程中常用的几种散流器风口外观图。根据散流器的形状不同,可分为圆形、方形或矩形;根据其结构形式不同,可分为盘式、直片式和流线形;另外还有将送回风口做成一体的形式,称为送吸式散流器。圆形散流器有多层同心的平行导向叶片(也称为扩散圈),该叶片一般为流线型,叶片下部有一小翻边,因此又称为流线形散流器;方形或矩形散流器的送风气流为平送流型,可控制的范围较大,散流片的倾斜方向不同,各向散流片所占散流器的面积比例不同,还可以根据需要安排气流的方向及分配各向送风量的比例,以适应各种建筑平面形状及散流器位置的要求;盘式散流器的送风气流呈辐射状,适用于层高较低的房间,但冬季送热风易产生温度分层现象;片式散流器设有多层散流片,片的间距有固定的、也有可调的,使送风气流呈辐射形或锥形扩散,可满足冬、夏季不同的需要。表 7-2 所列为常用散流器的形式。

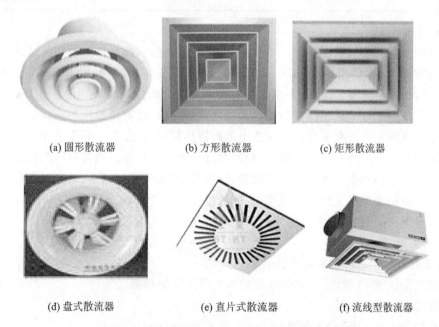

(a) 圆形散流器　　　　(b) 方形散流器　　　　(c) 矩形散流器

(d) 盘式散流器　　　　(e) 直片式散流器　　　　(f) 流线型散流器

图 7 - 5　空调工程中常用的几种散流器风口外观图

表 7－2　常用散流器的形式

风口图示	风口名称及气流流型
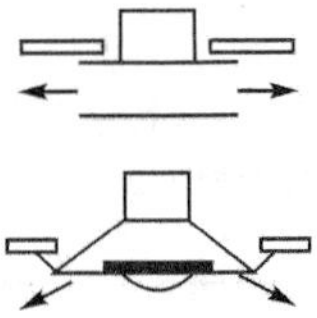	盘式散流器 属于平送流型,用于层高较低的房间挡板上,可贴吸声材料,起消声作用
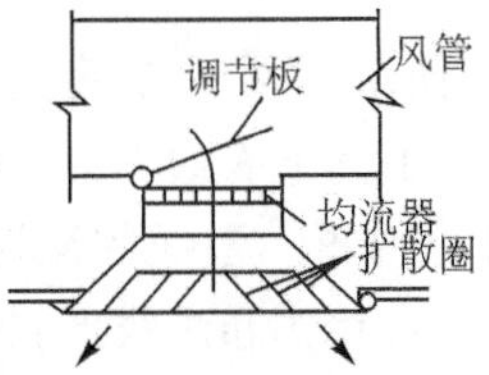 调节板　风管 均流器 扩散圈	直片式散流器 平送流型或下送流型(降低扩散圈在散流器中的相对位置时可得到平送流型,反之则可得下送流型)
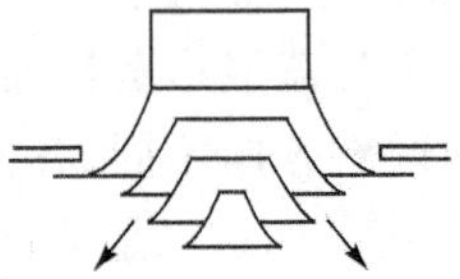	流线型散流器 属于下送流型,适用于净化空调工程
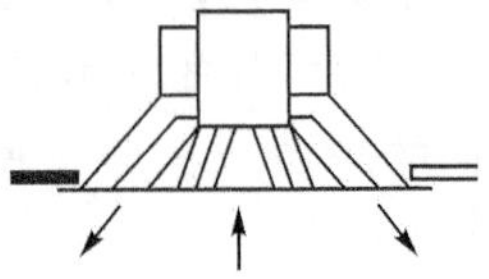	送吸式散流器 属于平送流型,可将送、回风口结合在一起

（3）孔板送风口

空气经过开有若干圆形或条缝形小孔的孔板而进入室内,此风口称为孔板送风口,其材料通常采用镀锌钢板、硬质塑料板、铝板、铝合金板或不锈钢板,通常与空调房间的顶棚合为一体,既是送风口,又是顶棚。图 7－6 为空调工程常用的孔板送风口外观图。孔板送风方式是经过处理的空气由风管道送入楼板与开孔顶棚之间的空间,在静压的作用下,再通过大面积分布的众多小孔进入室内。根据孔板在顶棚上的布置形式不同,分为全面孔板和局部孔板两种。全面孔板是指在空调房间的整个顶棚上(除照明灯具所占面积外),均匀布置的孔板;局部孔板是指在顶棚的一个局部位置或多个局部位置,成带形、梅花形、棋盘形或其他形式布置的孔板。孔板送风口最适用于要求工作区气流均匀,区域温差较小的房间及某些层高较低或净空较小的公共建筑空调房间,如高精度恒温室与平行流洁净室。孔板送风的主要优点:

① 送风均匀,噪声小;

② 射流的速度和温度都衰减很快;

③ 在直接控制的区域内,能够形成比较均匀的速度场和温度场;

④ 区域温差小,可达到±0.1 ℃的要求。

采用孔板送风时,应符合下列要求:

① 孔板上部稳压层的高度应按计算确定,但净高不应小于 0.2 m;

② 向稳压层内送风的速度宜采用 3～5 m/s;除送风射程较长的以外,稳压层内可不设送风分布支管;在送风口处,宜装设防止送风气流直接吹向孔板的导流片或挡板。

(a) 局部孔板

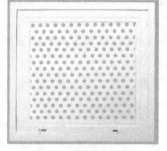
(b) 全面孔板

图7-6 空调工程中常用的孔板送风口外观图

(4) 喷射式送风口

喷射式送风口在工程上简称喷口,通常作为侧送风口使用,主要用于远距离送风。它是一个减缩圆锥台形短管,高速气流在经过其阀体喷口时对指定方向送风,气流喷射方向可在顶角为35°的圆锥形空间内前后左右方便地调节,气体流量也可通过阀门开合程度来调节。图7-7所示为用于远程送风的喷口,属于轴向型风口。喷口一般具有较小的收缩角度,并且无叶片遮挡物,因此噪声低、紊流系数小、送风气流诱导的室内风量小,射程长,可以送较远的距离,射程一般可达到10~30 m,甚至更远。通常在大空间,如体育馆、候机大厅中作为侧送风口来用。如风口既送冷风又送热风,则应选用可调角度喷口,角度调节范围为30°。送冷风时,风口水平或上倾;送热风时,风口下倾。根据其形状不同,喷射式送风口分为圆形喷口、矩形喷口和球形旋转风口。为了提高喷射送风口的使用灵活性,还可将其做成既能调方向又能调风量的喷口形式。喷射式送风口适用于高大屋顶高速送风或局部供冷的场合,如机场候机大厅,室内体育场、宾馆、厨房等。

(a) 圆形喷口

(b) 球形喷口

图7-7 喷射式送风口

喷口将空气以较高的速度、较大的风量集中由少数几个风口送出,沿途诱引大量室内空气,致使射流流量增至送风量的3~5倍,并带动室内空气进行强烈混合,可保证大面积工作区中温度场和速度场的均匀性。

采用喷口送风时,应符合下列要求:

① 生活区或工作区宜处于回流区;

② 喷口直径可采用0.2~0.8 m;

③ 喷口的安装高度,应根据房间高度和回流区的分布位置等因素确定,但不宜低于房间高度 0.5 倍;

④ 兼作热风采暖时,应考虑具有改变射流出口角度的可能性。

(5) 旋流送风口

旋流送风口是依靠起旋器或旋流叶片等部件,使轴向气流起旋形成旋转射流,图 7-8 所示为旋流式风口,按出风方向不同分为下送式和上送式两种。其中,图 7-8 (a)所示是顶送式风口,风口中有起旋器,空气通过风口后成为旋转气流,并贴附于顶棚上流动。由于旋转射流的中心处于负压区,它能诱导周围大量空气与之混合,然后送至工作区,这种风口具有诱导室内空气能力大,温度和风速衰减快的特点,适宜在送风温差大、层高低的空间中应用。旋流式风口的起旋器位置可以上下调节,当起旋器下移时,可使气流变为吹出型。图 7-8(b)所示是用于地板送风的旋流式风口,属于上送式旋流式风口,它的工作原理是来自地板下面静压箱或送风风管的空调送风,经旋流叶片切向进入集尘箱,形成旋转气流后由出风格栅送出。其主要优点为:

① 送风气流与室内空气混合较好,速度衰减快;

② 格栅和集尘箱可以随时取出清扫。

(a) 顶送型旋流风口   (b) 地板送风旋流风口

图 7-8 旋流送风口

2. 回风口

回风口的气流流动类似于流体力学的汇流,由于回风口附近气流速度急剧下降,对室内气流组织和热质交换效果影响不大。因而回风口构造比较简单,类型也不多。另外,回风口的安装位置通常比较隐蔽,对回风功能要求很低,外观对室内环境美化作用影响不大。

常用的回风口有单层百叶风口、格栅风口、网式风口及活动算板式回风口,通常要与建筑装饰相配合。图 7-9(a)所示是一种矩形网式回风口。为了适应建筑装饰的需要,可以在孔口上装各种图案的格栅。为了在回风口上直接调节回风量,可以像百叶送风口那样装活动百叶。图 7-9(b)所示是活动算板式回风口,双层算板上开有长条形孔,内层篦板左右移动可以改变开口面积,以达到调节回风量的目的。

回风口的形状和位置根据气流组织要求而定回风口大多装在顶棚和侧墙上,设在房间下部时,为避免灰尘和杂物吸入,风口下缘离地面至少 0.15 m。在空调工程中,风口均应能进行风量调节,若风口上无调节装置,则应在支风管上考虑增加调节阀。顺便指出,虽然回风口对

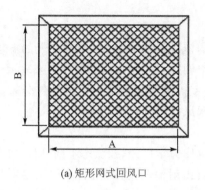
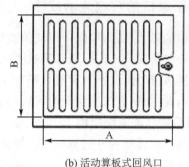

(a) 矩形网式回风口　　　　　　　　(b) 活动算板式回风口

图 7 - 9　回风口

气流组织影响较小,但却对局部地区有影响,因此应根据回风口的所在位置选择适当的风速。此外,对净化、温湿度及噪声无特殊要求的情况下,可利用多房间的中间走廊回风以简化回风系统。一般来说,回风口的布置应符合以下要求:

① 回风口多装在顶棚和侧墙上;

② 布置在顶部时,需要注意送回风管道避免交叉布置,以免对吊顶高度产生影响;

③ 若回风口和回风管设在房间下部,则风口下缘离地面至少 0.15 m。需要注意如何布置回风口和回风管而尽量不影响房间的使用;

④ 回风口不应设在射流区内和人员长时间停留的地点,采用侧送时,宜与送风口的同侧;

⑤ 条件允许时,可采用集中回风或走廊回风,但走廊的断面风速不宜过大;

⑥ 回风口形式可以简单,但要求应有调节风量的装置。回风口的吸风速度见表 7 - 3。

表 7 - 3　回风口的吸风速度

回风口的位置		回风速度/(m·s⁻¹)
房间上部		4.0～5.0
房间下部	不靠近人经常停留的地点	3.0～4.0
	靠近人经常停留的地点	1.5～2.0
	用于走廊回风	1.0～1.5

7.2　气流流动规律及气流组织设计

空调房间的气流组织也称空气分布,是指室内空气的流动形态和分布。其好坏程度将直接影响空调房间内空气的温度、湿度、流动速度、洁净度、区域温差和人的舒适感等能否满足舒适条件或工艺要求。合理的气流组织是实现室内热湿环境和保证空气品质的最终环节。因此需要根据房间用途对送风温湿度、风速、噪声、空气分布特性的要求,结合房间特点、内部装修、工艺设备或家具布置等情况进行认真、合理的气流组织设计。众所周知,影响室内气流组织的因素很多,如房间的几何形状、送回风口的位置、送风口的形式及数量、送风量及室内的各种障碍物和扰动等,其中送回风口的气流流动是影响气流组织的重要因素。

7.2.1 送回风口的气流流动规律

气流组织的形式不同,房间内气流的流动状况,流速的分布状况,乃至空气的温度、湿度、含尘浓度的分布状况均不同。通常用送回风口在空调房间内设置的相对位置来表示气流组织形式。由于送风口射出的空气射流呈辐射状,进入室内的送风射流对室内空气分布具有重要影响作用。因此,在研究气流组织时,应首先了解送风口的空气流动规律。

1. 送风口的气流流动规律

空气经孔口或管嘴的外射流动称为射流。由流体力学可知,按流态不同,射流可分为层流射流和紊流射流;按进入空间的大小,射流可分为自由射流和受限射流;按送风温度与室温的差异,射流可分为等温射流和非等温射流;按喷嘴形状不同,射流还可分为圆射流和扁射流等。在空调工程中,由于送风速度较大、射程长,同时送风温度与室内空气不同,因此射流均属于紊流非等温受限(或自由)射流。下面介绍空调工程中常见的射流及其流动规律。

（1）自由射流

自由射流是指将空气自喷嘴喷射到比射流体积大得多的房间中,可不受限制地扩大的射流。按进入房间时射流主体与周围空气温度是否相同,分为等温射流和非等温射流。

1）等温自由射流

当空气自风口喷射到比射流体积大得多的同温介质房间时,射流可不受限制的扩大,形成如图7-10所示的等温自由射流。由于紊流的横向脉动和涡流的出现,其射流边界与周围气体不断发生横向动量交换,周围空气不断地被卷入,射流断面不断扩大。因而射流断面速度场从射流中心开始逐渐向边界衰减并沿射程不断变化,结果流量沿射程方向增加,射流直径加大,但由于送风射流

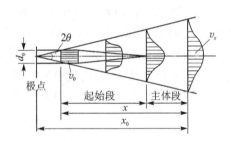

图 7 – 10　等温自由射流

主体温度与室温的差异为零,所以没有显热交换,射流不发生弯曲,整个射流呈锥体状。随着动量交换的进行,射流速度不断减小,首先从边界开始,逐渐扩至轴心,而起初轴心速度并未受影响。保持 v_0 不变的部分称为起始段,此后均为主体段。在主体段,轴心速度逐渐减小至完全消失。在整个射程中,射流静压与周围空气静压相同,沿程动量不变。

射流起始段长度的大小取决于喷嘴的形式,一般均很短。进入空调房间被调区域空间的射流主要是主体段,其射流轴心速度的衰减公式为

$$\frac{v_x}{v_0} = \frac{0.48}{\dfrac{ax}{d_0} + 0.145} \tag{7-1}$$

射流横断面直径计算公式为

$$\frac{d_x}{d_0} = 6.8\left(\frac{ax}{d_0} + 0.145\right) \tag{7-2}$$

式中,v_x——以风口为起点在射程 x 处的射流轴心速度,m/s;

v_0——风口出流的平均速度,m/s;

x——风口出口到计算断面的距离,m;

d_0——风口直径，m；

d_x——射程 x 处射流的直径，m；

a——风口紊流系数。

式(7-2)中，风口紊流系数 a 值取决于风口结构形式及射流扩散角 θ 的大小，a 值小，即气流横向脉动小，扩散角 θ 也就小，射程就大。对于图 7-10 所示的圆断面自由射流来说，实验得出的紊流系数 a 和扩散角 θ 存在 $\tan\theta=3.4a$ 的关系，表 7-4 列出了不同风口的 a 值。

表 7-4 不同风口的 a 值

风口形式		紊流系数 a
圆射流	收缩极好的喷口	0.066
	圆管	0.076
	扩散角为 8°～12° 的扩散管	0.09
	矩形短管	0.1
	带可动导叶的喷口	0.2
	活动百叶风口	0.16
平面射流	收缩极好的扁平喷口	0.108
	平壁上带锐缘的条缝	0.115
	圆边口带导叶的风管纵向缝	0.155

由上可知，在实际应用中，要想增大射流的射程，可以提高送风口速度 v_0 或者减小风口紊流系数 a 或加大喷嘴直径 d_0；要想增大射流扩散角，则可以选用 a 值较大的送风口。须指出，公式(7-1)仅适用于圆射流；当喷嘴为方形或矩形时，可化为当量直径进行计算；但当喷嘴两邻边之比大于 10 时，射流扩散仅能在垂直于长边的平面内进行，此时就须按流体力学的平面射流(扁射流)公式进行计算。

2) 非等温自由射流

上文提到的射流规律是指等温自由射流，而在空调工程中，通常射流出口温度与周围空气温度是不相同的，当射流出口温度与周围空气温度不相同时，这种射流称为非等温射流或"温差射流"。送风温度低于室内空气温度的射流为冷射流，高于室内空气温度的射流为热射流。对于非等温自由射流，射流与室内空气的掺混过程中不仅会引起射流动量交换，而且还会带来热量交换和质量的交换，且热量交换较动量交换快，即射流的温度扩散角大于速度扩散角，因而温度衰减较速度衰减快。由于空调的送风温差不大，轴心温度衰减通过定量研究，得出

$$\frac{\Delta T_x}{\Delta T_0}=\frac{0.35}{\dfrac{ax}{d_0}+0.145} \tag{7-3}$$

式中，T_0——射流出口温度，K；$\Delta T_0=T_0-T_n$；

T_x——距风口 x 处射流轴心温度，K；$\Delta T_x=T_x-T_n$；

T_n——周围空气温度，K；

比较式(7-3)和式(7-1)，可知热量扩散比动量扩散要快，且有

$$\frac{\Delta T_x}{\Delta T_0}=0.73\frac{v_x}{v_0} \tag{7-4}$$

对于非等温射流，由于射流与周围介质的密度不同，在重力和浮力不平衡条件下，射流将发生弯曲变形，即水平射出的射流主轴将发生弯曲。冷射流向下弯，热射流向上弯，但仍可视作以中心线为轴的对称射流。其弯曲程度的判据为阿基米德数 Ar，它是表征浮力和惯性力的无因次比值，即

$$Ar = \frac{gd_0(T_0 - T_n)}{\upsilon_0^2 T_n} \tag{7-5}$$

式中，g——重力加速度（m/s²）。

阿基米德数 Ar 随着送风温差的提高而加大，随着出口流速的增加而减小。Ar 值越大，射流弯曲越大。当 Ar=0 时，是等温射流；当|Ar|<0.001 时，可忽略射流轴的弯曲而按等温射流计算；当|Ar|>0.001 时，射流轴弯曲的轴心轨迹可用下式计算：

$$\frac{y}{d_0} = \frac{x}{d_0}\tan\beta + Ar\left(\frac{x}{d_0\cos\beta}\right)^2\left(0.51\frac{ax}{d_0\cos\beta} + 0.35\right) \tag{7-6}$$

式中，d_0——风口当量直径；a——风口紊流系数；其他符号的意义见图 7-11；Ar 的正负和大小，决定射流弯曲的方向和程度。

（2）受限射流

通常空调房间对于送风射流大多不是无限空间，气流扩散不仅受顶棚的限制，而且受四周壁面的限制，出现与自由射流完全不同的特点，这种射流称为"受限射流"或"有限空间射流"（一般认为，送风射流的断面积与房间横断面之比大于 1:5 者为"受限射流"）。

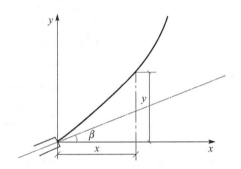

图 7-11　弯曲射流的轴线轨迹图

受限射流按受限程度不同，分为贴附射流和非贴附射流两种。当送风口位于房间顶棚时，射流在顶棚处不能卷吸空气，造成流速大、静压小，而射流下部流速小、静压大，在上下压力差的作用下，射流被上举，使得气流贴附于顶棚流动，这样的射流称为贴附射流。由于壁面处不可能混合静止空气，也就是卷吸量减少了，因此贴附射流的射程比自由射流更长，而由于贴附射流仅一面卷吸室内空气，故其速度衰减较慢，同室内空气的热量交换和质量交换也须较长的时间才能充分进行。此外，当射流为冷射流时，气流下弯，贴附长度将受影响。贴附长度与阿基米德数 Ar 有关，Ar 愈小则贴附长度愈长。

除贴附射流外，空调房间四周的围护结构可能对射流扩散构成限制，出现与自由射流完全不同的特点，这种射流称为有限射流或有限空间射流。图 7-12 所示为有限空间内贴附与非贴附两种受限射流的运动情况。如图 7-12（a）所示，当送风口位于房间中部时（h=0.5H），射流为非贴附情况，射流区呈橄榄型，在其上下形成与射流流动方向相反的回流区。如图 7-12（b）所示，当送风口位于房间上部（h≥0.7H）时，射流贴附于顶棚，房间上部为射流区，下部为回流区，受限射流的气流分布比较复杂，且随模型尺寸而变化。在实际工程中，当射流占据房间中部的整个高度时，工作区流速就不应按转折面处的回流速度值来考虑，而应以射流平均速度考虑。

由于有限空间射流的回流区一般是工作区,控制回流区的最大平均风速具有实际意义,回流最大平均风速计算式为

$$\frac{v_h}{v_0}\frac{\sqrt{F_n}}{d_0}=0.69 \tag{7-7}$$

式中,v_h——回流区的最大平均风速,m/s;

　　F_n——每个风口所管辖的房间的横截面面积,m^2;

　　$\sqrt{F_n}/d_0$——射流自由度,表示受限的程度用。

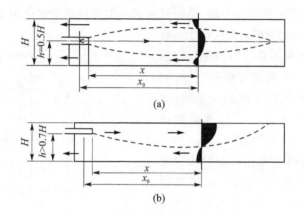

(a)

(b)

图 7-12　受限射流流动规律

（3）平行射流

在空调送风中常常会遇到多个送风口自同一平面沿平行轴线向同一方向送出的平行射流。当两股平行射流距离比较近时,射流将相互汇合。在汇合之前,每股射流独立发展;汇合之后,射流边界相交,互相干扰并重叠,逐渐形成一股总射流。由于平行射流间的相互作用,其流动规律不同于单独送出时的流动规律。一般情况下,平行射流的轴线速度比单独自由射流同一距离处的轴线速度大,距离愈大,差别愈显著。

（4）旋转射流

气流通过具有旋流作用的喷嘴向外射出,气流本身一面旋转,一面又向静止介质中扩散前进,这种射流称为旋转射流。

由于射流的旋转,使得射流介质获得向四周扩散的离心力。与一般射流相比,旋转射流的扩散角要大得多,射程短得多,并且在射流内部形成一个回流区。对于要求气流快速混合的通风场合,送风口选择旋转射流方式是很合适的。

2. 回风口空气流动规律及设置

（1）回风口空气流动规律

回风口与送风口的空气流动规律是完全不相同的。送风射流是以一定的角度向外扩散,而回风气流则从四面八方流向回风口,流线向回风口集中形成点汇,等速面以此点汇为中心近似于球面,如图 7-13 所示。

由于通过点汇作用范围内各球面的流量都相等,故有

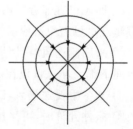

图 7-13　回风点汇图

$$\frac{v_1}{v_2} = \frac{\dfrac{L}{4\pi r_1^2}}{\dfrac{L}{4\pi r_2^2}} = \frac{r_2^2}{r_1^2} \tag{7-8}$$

式中,L——流向点汇的流量,m^3/s;

     v_1,v_2——任意两个球面上的流速,m/s;

     r_1,r_2——这两球面点汇的距离,m。

结果表明,在吸风气流作用区内,任意两点间的流速变化与距点汇的距离平方成反比。这就使点汇速度场的气流速度迅速下降,使吸风所影响的区域范围变得很小。

点汇处的空气流动规律可近似应用于实际回风口,图 7-14 为回风不受限时的速度实测图。当 $v_1/v_2 = 50\%$ 时,从曲线可查出 $x/d_0 = 0.22$,即回流速度为回风口速度的一半时,此点至回风口距离仅为 $0.22d_0$。与射流相比较,根据射流公式(7-1)可知,当 $v_x/v_0 = 0.5$ 时,$x \approx 11d_0$(d_0 为圆喷嘴直径),即射流速度衰减为出口速度的一半时,此点至送风口距离可以达到 $11d_0$。由此可见,送风射流较之回风气流的作用范围大得多,因而在空调房间中,气流流型及温度与浓度分布主要取决于送风射流。

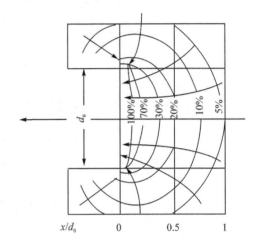

图 7-14 回风口的流速分布

实际回(排)风口的速度衰减在风口边长比大于 0.2 且在 $0.2 \leqslant x/d_0 \leqslant 1.5$ 范围内,可用下式计算:

$$\frac{v_0}{v_x} = 0.75 \frac{10x^2 + F}{F} \tag{7-9}$$

回(排)风口速度衰减快的特点,决定了它的作用范围的有限性。因此在研究空间的气流分布时,主要考虑送风口射流的作用,同时考虑排风口的合理位置,以便实现预定的气流分布模式。

(2)回风口的设置及吸风速度速度

回风口对气流组织和区域温差影响较小,但对回风口所在局部区域仍有较大影响,因此对其设置问题需要符合下列要求:

① 回风口宜邻近室内冷、热、湿源,不应设在射流区内和人员长时间或经常停留的地点,还应注意尽量避免造成射流短路和产生"死区"等现象。

② 采用侧送风时,回风口宜设在送风口的同侧;采用散流器和孔板下送风时,回风口宜设在房间下部。回风口设在房间下部时,其下边缘离地面不小于 0.15 m。

③ 如冬季要送热风,回风口不能设在房间上部。

④ 条件允许时,可采用集中回风或走廊回风。

对于室温允许波动范围 ≥1 ℃,且室内控制参数相同或相近的多房间共用空调系统,可采用走廊回风,此时各房间与走廊的隔墙或门的下部,应开设百叶回风口。走廊断面风速应小于

0.25 m/s,且应保持走廊与非空调区之间的密封性。走廊通向室外的门也应有一定的严密性。

⑤ 对于吸烟多的会议室、休息室等,由于烟雾会滞留在顶棚下面,因此在采用侧回风时,除了设置侧墙回风口外还须设置顶棚排风口,使 10%~20%的总回风量由顶棚排风口排出。

7.2.2 气流组织形式

空调房间对工作区内的温度、相对湿度及气流速度等均有一定的精度要求。除要求有均匀、稳定的温度场和速度场外,有时还要控制噪声和含尘浓度,而这些都直接受气流流动和分布状况影响。所谓气流组织,就是送风、排风口位置的合理布置,选用合理的风口形式,合理分配风量,以便用最小的通风量达到最佳的通风效果。气流组织的形式不同,房间内气流的流动状态、流速的分布状况,乃至空气的温度、湿度、含尘量的分布状况均不同。气流的流动状态和分布状况又取决于送风口的构造形式、尺寸、送风的温度、速度和气流方向、送风口的位置等。气流组织形式一般分为:

1. 上送下回

上送下回气流组织是最基本的,同时也是最常用的气流组织形式。它是将送风口安装在房间的侧上部或顶棚上,而回风口则设在房间的下部。常用的送风口是散流器和孔板送风口,如图 7-15 所示。上送下回送风的主要优点是送风气流在进入工作区之前就已经与室内空气充分混合,易形成均匀的温度场和速度场;另外,侧送侧回送风射程较长,可采用较大的送风温差,从而降低送风量。上送下回气流组织适用于温湿度和洁净度要求较高的空调房间。其缺点:一是回风口如要接风管回风,风管布置较困难;二是集中回风口直接回风,机房噪声的影响较大。鉴于其以上优缺点,上送下回气流组织适用有恒温要求和洁净度要求的工艺性空调或以冬季送热风为主且空调房间层高较高的舒适性空调。

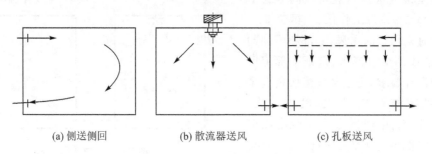

(a) 侧送侧回　　　　　　(b) 散流器送风　　　　　　(c) 孔板送风

图 7-15　上送下回方式

2. 上送上回

在工程中,采用下回风方式布置管路有时有一定的困难,因此常采用上送风上回风方式,这种气流组织形式是把送风口和回风口布置在房间上部,气流从上部送风口送下,经过工作区后回流向上进入回风口,图 7-16 所示是上送上回的几种常见布置方式。图 7-16(a)所示为单侧上送上回形式,送回风管叠置在一起,明装在室内,气流从上部送下,经过工作区后回流向上进入回风管。如果房间进深较大,可采用双侧外送式,如图 7-16(b)所示。如果房间净高允许的话,还可设置吊顶,将管道暗装或者采用图 7-16(c)所示的送吸式散流器。这三种方式的主要特点是施工方便,但影响房间的有效空间使用,且如设计计算不准确,会造成气流短路,影响空调送风品质,这三种布置比较适用于有一定美观要求的民用建筑。

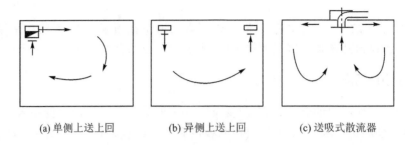

(a) 单侧上送上回　　　　　(b) 异侧上送上回　　　　　(c) 送吸式散流器

图 7 - 16　上送上回方式

上送上回气流组织形式的主要优点如下:

① 送回风管均设在房间的上部或隐藏在吊顶内,不占用房间使用面积,容易与室内装修协调。

② 当使上部房间空间也成为回风通道时(俗称吊顶回风或顶棚回风),吊顶内由房间照明装置散发的部分发热量可由回风气流带走,夏季可减小工作区的冷负荷量。

上送上回气流组织形式的主要缺点:

① 部分工作区处于射流区,部分工作区处于回流区,不易形成均匀的温湿度场和速度场。

② 风口布置不当,易造成送回风气流短路。

鉴于其以上优缺点,上送上回气流组织适用于以夏季降温为主,房间层高较低的房间或下部无法布置回风口的房间。

3. 中送风

对于某些高大空间来说,采用上述两种方式需要大量送风,空调耗热量也大,房间上部和

下部的温差也较大。一般将空间分为上下两个区域,下部为工作区,上部为非工作区。这时采用中间送风,上部和下部同时排风,形成两个气流区,保证下部工区达到空调设计要求,而上部气流区负责排走非空调区的余热量,送风方式如图 7 - 17 所示。中送风方式一般是在房间高度的中部位置上设置侧送风口或喷口进行送风。

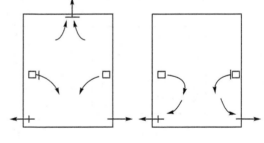

图 7 - 17　中送风方式

4. 下送风

下送风气流组织形式的送风口布置

在房间下部,而回风口则布置在上部。图 7 - 18(a)所示为地面均匀送风、上部集中排风。此种方式送风直接进入工作区,为满足生产或人的要求,送风温差必然远小于上送风方式,因而加大了送风量。同时考虑到人的舒适感,送风速度也不能大,一般不超过 0.5～0.7 m/s,这就必须增大送风口的面积或数量,因此给风口布置带来困难。此外,地面容易积聚污物,影响送风的清洁度,但下送风方式能使新鲜空气首先通过工作区,同时由于是顶部排风,因而房间上部余热(照明散热、上部围护结构传热等)可以不进入工作区而直接排走,故能达到一定的节能效果,同时有利于改善工作区的空气质量。因此在夏季,从人的感觉来看,虽然要求送风温度

较小(例如 2 ℃),却能起到温差较大的上送下回方式的效果,这就为提高送风温度,使用温度不太低的天然冷源如深井水、地道风等创造了条件。因而,下面均匀送风、上面排风方式常用于空调精度不高,人员暂时停留的场所,如会堂及影剧院等。在工厂中可用于室内照度高和产生有害物的车间(由于产生有害物的车间空气易被污染,故送风一般都用空气分布器直接送到工作区)。

图 7-18(b)和(c)所示为送风口设于窗台下面送风的形式,这样可在工作区形成均匀的气流流动,同时能阻挡通过窗户进入室内的冷热气流直接进入工作区。工程中风机盘管和诱导系统常采用这种布置方式。

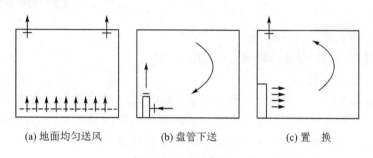

(a) 地面均匀送风　　　　(b) 盘管下送　　　　(c) 置　换

图 7-18　下送风方式

综上所述,空调房间的气流组织方式有很多种,在实际使用中尚须根据工程对象的需要,灵活选择。同时,房间内气流组织还与室内热源分布、玻璃窗的冷热对流气流、工艺设备及人员流动等因素有关。因此,组织好室内气流是一项复杂的任务。

7.2.3　气流组织设计

一般来说,室内气流组织是指一定的送风口形式和送风参数所带来的室内气流分布。其中,送风口的形式包括风口的位置、形状、尺寸,送风参数包括送风的风量、风速的大小和方向以及风温、湿度等。气流组织设计的任务是合理地组织室内空气的流动与分布,确定送风口的形式、数量和尺寸,使工作区的风速和温差满足工艺要求及人体舒适感的要求。

空调房间的气流大多属于受限射流,它受许多因素的影响,现阶段还不能综合各种因素进行理论计算。目前所用的公式主要是基于实验条件下的半经验公式,因此计算方法较多,公式的局限性也较大。但是,随着计算技术的发展及电子计算机的应用,为直接以流体力学计算气流组织创造了条件,并在实际工程中得以运用。下面介绍几种常用气流组织的设计计算。

1. 侧送风气流组织计算

除了大空间中的侧送风气流可以看作自由射流外,大部分房间的侧送风气流都是受限射流。射流的边界受房间顶棚、墙等限制影响。

侧送风方式的气流流型宜设计为贴附射流,在整个房间截面内形成一个大的回旋气流,也就是使射流有足够的射程能够送到对面墙(对双侧送风方式,要求能送到房间的一半),整个工作区为回流区,避免射流中途进入的工作区。侧送贴附射流流型如图 7-19 所示(图中断面 I-I 处,射流断面和流量都达到了最大,回流断面最小,此处的回流平均速度最大即工作区的最大平均速 v_h)。这样设计流型可使射流有足够的射程,在进入工作前其风速和温差可以充分衰减,以使工作区达到较均匀的温度和速度,同时使整个工作区为回流区,可以减小区域温差。因此,在空调房间中,通常设计这种贴附射流形式。

布置送风口时,为使射程增大,风口应尽量靠近顶棚,使射流贴附于顶棚。另外,为了不使射流直接进入工作区,需要一定的射流混合高度,因此侧送风的房间不得低于如下高度:

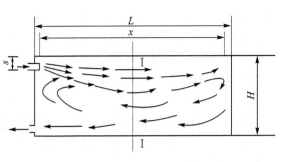

图 7-19　侧送贴附射流流型

$$H' = h + 0.07x + s + 0.3m \tag{7-10}$$

式中,h——工作区高度,1.8~2.0 m;

　　　s——送风口下缘到顶棚的距离,m,见图 6-10;

　　0.3 m——安全系数。

合理的气流组织应使气流到达工作区时,其流速符合工艺条件及人体的卫生要求,同时轴心温差小于空调的精度范围。根据这两点可以求得所需要的送风温差、风口面积、出口流速、风口数量及其他有关参数。侧送风气流组织的设计步骤如下:

1) 根据允许的射流温度衰减值,求出最小相对射程

在空调房间内,送风温度与室内温度有一定温差,射流在流动过程中,不断掺混室内空气,其温度逐渐接近室内温度。因此,要求射流的末端温度与室内温度之差 Δt_x 小于要求的室温允许波动范围。射流温度衰减与射流自由度、紊流系数、射程有关,对于室内温度波动允许大于 1 ℃ 的空调房间,射流末端的 Δt_x 可为 1 ℃ 左右,此时可认为射流温度衰减只与射程有关。中国建筑科学研究院通过对受限空间非等温射流的实验研究,提出温度衰减的变化规律,见表 7-5。

表 7-5　受限射流温度衰减规律

x/d_x	2	4	6	8	10	15	20	25	30	40
$\Delta t_x/\Delta t_0$	0.54	0.38	0.31	0.27	0.24	0.18	0.14	0.12	0.09	0.04

注:①Δt_x 为射流处的温度 t_x 与工作区温度 t_n 之差;Δt_0 为送风温差。

　　②试验条件:$\sqrt{F_n}/d_0 = 21.2 \sim 27.8$。

2) 计算风口的最大允许直径 $d_{0,\max}$

根据射流的实际所需贴附长度和最小相对射程,计算风口允许的最大直径 $d_{0,\max}$,从风口样本中预选风口的规格尺寸。对于非圆形的风口,按面积折算为风口直径,即

$$d_0 = 1.128\sqrt{F_0} \tag{7-11}$$

式中,F_0——风口的面积,m^2。

从风口样本中预选风口的规格尺寸,$d_0 \leqslant d_{0,\max}$。

3) 选取送风速度 v_0,计算各风口送风量

送风速度 v_0 取值较大,对流温差衰减有利,但会造成回流平均风速即要求的工作区风速 v_h 太大。v_h 与 v_0 及 $\sqrt{F_n}/d_0$ 有关,见式(7-7),而 v_h 可根据要求的工作区风速或按工作区要求的温湿度来确定。

为了防止送风口产生噪声,建议送风速度采用 $v_0=2\sim5$ m/s;当 $v_h=0.25$ m/s 时,其最大允许送风速度见表 7-6。

表 7-6　最大允许送风速度

射流自由度 $\sqrt{F}/d_0$	5	6	7	8	9	10	11	12	13	15	20	25	30
最大允许送风速度 $v_0/(\mathrm{m\cdot s^{-1}})$	1.81	2.17	2.54	2.88	3.26	3.62	4.0	4.35	4.71	5.4	7.2	9.8	10.8
建议采用 $v_0/(\mathrm{m\cdot s^{-1}})$	2.0				3.5				5.0				

确定送风速度后,即可得到送风口的送风量:

$$L_0=Cv_0\frac{\pi}{4}d_0^2 \tag{7-12}$$

式中,C——为风口有效断面的系数,可根据实际情况计算确定,或从风口样本上查找,一般送风口 C 为 0.95;对于双层百叶风口,C 为 0.70～0.82。

4) 计算送风口数量 n 与实际送风速度

$$n=\frac{L_0}{l_0} \tag{7-13}$$

实际送风速度:

$$v_0=\frac{L_0/n}{\frac{\pi}{4}\times d_0^2} \tag{7-14}$$

5) 校核送风速度

根据房间的宽度 W 和风口数量,计算出射流服务区断面:

$$F_n=WH/n \tag{7-15}$$

由此可计算出射流自由度 $\sqrt{F_n}/d_0$,由式(6-7)可知,当工作区允许风速为 0.2～0.3 m/s 时,允许的风口最大出风风速为

$$v_{0,\max}=(0.29\,0.43)\frac{\sqrt{F_n}}{d_0} \tag{7-16}$$

如果实际出口风速 $v_0\leqslant v_{0,\max}$,则认为合适;如果 $v_0>v_{0,\max}$,则表明回流区平均风速超过规定值,超过太多时,应重新设置风口数量和尺寸,重新计算。

6) 校核射流贴附长度

贴附射流的贴附长度主要取决于阿基米德数 Ar,Ar 数愈小,射流贴附的长度愈长;Ar 数愈大,贴附射程愈短。中国建筑科学研究院空气调节研究所通过实验,给出阿基米德数与相对射程之间的关系,见表 7-7。

表 7-7　射流贴附长度

Ar/($\times10^{-3}$)	0.2	1.0	2.0	3.0	4.0	5.0	6.0	7.0	9.0	11	13
x/d_0	80	51	40	35	32	30	28	26	23	21	19

从表 7-7 中查出与阿基米德数 Ar 对应的相对射程,便可求出实际的贴附长度。若实际贴附长度大于或等于要求的贴附长度,则设计满足要求;若实际的贴附长度小于要求的贴附长

度,则须重新设置风口数量和尺寸,重新计算。

【例7-1】 已知房间的尺寸 $L=6$ m, $W=21$ m,净高 $H=3.5$ m,房间的高符合侧送风条件,总送风量 $L_0=3\ 000$ m³/h,送风温度 $t_0=20$ ℃,工作区温度 $t_n=26$ ℃。试进行房间的气流组织设计。

解 $L_0=3\ 000$ m³/h $=0.83$ m³/s。

① 取 $\Delta t_x=1$ ℃,则 $\Delta t_x/\Delta t_0=1/6=0.167$;由表6-5查得射流最小相对射程 $x/d_0=16.6$。

② 设在侧墙靠顶棚安装风管,风口离墙为 0.5 m ,则射流的实际射程 $x=(6-1)$ m $=5$ m;由最小相对射程求得送风口最大直径 $d_{0,max}=(5/16.6)$ m $=0.3$ m 。选用双层百叶风口,规格为 300 mm×200 mm。根据式(7-11)计算风口面积当量直径:

$$d_0=1.128\sqrt{0.3\times0.2}=0.276 \text{ m}$$

③ 取 $v_0=3$ m/s, $C=0.8$,计算每个送风口的送风量 l_0:

$$l_0=(0.8\times3\times\frac{\pi}{4}\times0.276^2) \text{ m}^3/\text{s}=0.14 \text{ m}^3/\text{s}$$

④ 计算送风口数量 n。

$$n=\frac{L_0}{l_0}=\frac{0.83}{0.14}=5.9 \text{个} \approx 6 \text{个}$$

从而实际的风口送风速度为:

$$v_0=\left(\frac{0.83/6}{\frac{\pi}{4}\times0.276^2}\right) \text{ m}^3/\text{s}=2.31 \text{ m}^3/\text{s}$$

⑤ 校核送风速度。

射流服务区断面积: $F=WH/n=(21\times3.5/6)$ m² $=12.25$ m²

射流自由度: $\sqrt{F_n}/d_0=\sqrt{12.25}/0.276=12.68$

若以工作区风速不大于 0.2 m/s 为标准,则

$$v_{0,max}=0.29\frac{\sqrt{F_n}}{d_0}=0.29\times12.68\text{m/s}=3.7 \text{ m/s}$$

因 $v_0<v_{0,max}$,可以达到回流平均区风速≤0.2 m/s 的要求。

⑥ 校核射流贴附长度。

根据式(7-5),有

$$\text{Ar}=\frac{9.81\times0.276\times6}{2.31^2\times(273+26)}=0.01$$

从表7-7可查得,相对贴附射程为 21 m,因此,贴附射程为 $21\times0.276\text{m}=5.8$ m>5 m,满足要求。

以上的计算步骤与实例适用于对温度波动范围的控制要求并不严格的空调房间。对于恒温恒湿空调房间的气流分布设计可参阅有关文献。

2. 散流器送风气流组织计算

散流器应根据《采暖通风国家标准图集》和生产厂选取。散流器送风的气流流型分平送风和下送风两种,在此仅讨论平送风方式。

平送流型散流器可分为盘式散流器、圆形直片式散流器、方形片式散流器和直片形送吸式

散流器。它们的送风射流均沿着顶棚径向流动形成贴附射流,使工作区容易具有稳定而均匀的温度和风速,当有吊顶可以利用或有设置吊顶的可能性时,采用平送流型散流器送风既能满足使用要求,又比较美观,是常用的送风形式。

散流器平送风可根据空调房间面积的大小和室内所要求的参数设置一个或多个散流器,并布置为对称形或梅花形,如图 7-20 所示。梅花形布置时每个散流器送出气流有互补性,气流组织更为均匀。为使室内空气分布良好,送风的水平射程与垂直射程($h_x = H - 2$)之比宜保持在 0.5~1.5 范围内,圆形或方形散流器相应送风面积的长宽比不宜大于 1:1.5,并注意散流器中心离墙距离一般应大于 1 m,以便射流充分扩散。

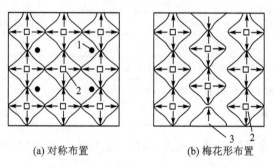

(a) 对称布置   (b) 梅花形布置

1—柱;2—方形散流器;3—三面送风散流器

图 7-20 散流器平面布置图

布置散流器时,散流器的间距及离墙的距离,一方面应使射流有足够射程,另一方面又应使射流扩散效果较好。布置时充分考虑建筑的结构特点,散流器平送方向不得有障碍物(如,柱)。每个圆形或方形散流器所服务的区域最好为正方形或接近正方形。如果散流器服务区的长宽比大于 1.25,宜选用矩形散流器。如果采用顶棚回风,则回风口应布置在距散流器最远处。

散流器送风气流组织的计算主要是选用合适的散流器,使房间内风速满足设计要求。根据 P.J·杰克曼(P.J.Jackman)对圆形多层锥面和盘式散流器实验结果综合的公式,散流器射流的速度衰减方程为

$$\frac{v_x}{v_0} = \frac{KF_0^{1/2}}{x + x_0} \tag{7-17}$$

式中,x——射程 m;样本中的射程指散流器中心到风速为 0.5 m/s 处的水平距离;

v_x——在 x 处的最大风速,m/s;

v_0——散流器出口风速,m/s;

x_0——平送射流原点与散流器中心的距离,m;多层锥面散流器取 0.07 m;

F_0——散流器的有效流通面积,m^2;

K——送风口常数,多层锥面散流器为 1.4,盘式散流器为 1.1。

工作区平均风速 v_m(m/s)与房间大小、射流的射程有关,可按下式计算:

$$v_m = \frac{0.381x}{(l^2/4 + H^2)^{1/2}} \tag{7-18}$$

式中,l——散流器服务区边长,m;当两个方向长度不等时,可取平均值;

H——房间净高,m。

式(7-18)是等温射流的计算公式。当送冷风时，v_m 应增加 20%；当送热风时，v_m 应减小 20%。

散流器平送气流组织的设计计算可按以下步骤进行：

① 按照房间(或分区)的尺寸布置散流器，计算每个散流器的送风量。

② 初选散流器。按表 7-8 选择适当的散流器颈部风速 v'_0，层高较低或要求噪声低时，应选低风速；层高较高或噪声控制要求不高时，可用高风速。选定风速后，进一步选定散流器规格，可参考相关散流器样本选择。

表 7-8 送风颈部最大允许风速

使用场合	颈部最大风速/(m·s⁻¹)
播音室	3～3.5
医院门诊室、病房、旅馆客房、接待室、居室、计算机房	4～5
剧场、剧场休息室、教室、音乐厅、食堂、图书馆、游艺厅、一般办公室	5～6
商店、旅馆、大剧场、饭店	6～7.5

选定散流器后可算出实际的颈部风速，散流器实际出口面积约为颈部面积的 90%，因此

$$v_0 = \frac{v'_0}{0.9} \tag{7-19}$$

③ 计算射程。

由式(7-18)推得

$$x = \frac{K v_0 F_0^{1/2}}{v_x} - x_0 \tag{7-20}$$

④ 校核工作区的平均速度。

若 v_m 满足工作区风速要求，则认为设计合理；若 v_m 不满足工作区风速要求，则重新布置散流器，重新计算。

【例 7-2】 某 15 m×15 m 的空调房间，净高 3.5 m，送风量为 1.62 m³/s，试选择散流器的规格和数量。

解 ① 布置散流器。采用图 7-20(a)所示的布置方式，即共布置 9 个散流器，每个散流器负责 5 m×5 m 的送风区域。

② 初选散流器。本例题按 $v'_0 = 3$ m/s 左右选取风口，选用颈部尺寸为 D257 的圆形散流器，颈部面积为 0.052 m²，则颈部风速为

$$v_0 = \frac{1.62}{9 \times 0.052} \text{ m/s} = 3.46 \text{ m/s}$$

散流器实际出口面积约为颈部面积的 90%，即 $F_0 = 0.052 \times 0.9$ m² $= 0.046\,8$ m²；

散流器出口风速为

$$v_0 = (3.46/0.9) \text{m/s} = 3.85 \text{ m/s}$$

③ 按式(7-17)求射流末端速度为 0.5 m/s 的射程，即

$$x = \frac{K v_0 F_0^{1/2}}{v_x} - x_0 = \left[\frac{1.4 \times 3.85 \times (0.046\,8)^{1/2}}{0.5} - 0.07 \right] \text{m} = 2.26 \text{ m}$$

④ 校核工作区的平均速度：

$$v_m = \frac{0.381x}{(l^2/4 + H^2)^{1/2}} = \left[\frac{0.381 \times 2.26}{(5^2/4 + 3.5^2)^{1/2}}\right] \text{m/s} = 0.2 \text{ m/s}$$

如果送冷风，则室内平均风速为 0.24 m/s；如果送热风，则平均风速 0.16 m/s。故所选散流器符合要求。

3. 孔板送风的计算

目前关于孔板送风的研究还不充分，计算方法也不够完善，但在工程上近似计算还是可以满足要求的。孔板送风计算的主要内容和步骤可归纳为：

① 确定孔板送风的形式，即选用全面孔板还是局部孔板（如用局部孔板则须确定其在顶棚上的布置）。

② 确定孔板送风口的送风速度。

③ 确定送风温差，根据房间负荷计算送风量。

④ 根据送风速度及送风量计算所需要的孔板开孔面积及净孔面积比。

⑤ 确定孔口直径、孔口中心距、孔口数目及其布置。

⑥ 计算工作区最大风速。

⑦ 计算工作区温度差。

⑧ 计算稳压层净高。

4. 喷口送风的计算

集中送风计算的目的是根据所需的射程、落差及工作区流速，设计出喷口直径、速度、数量及其余参数。射程是指喷口至射流断面平均速度为 0.2 m/s 间的距离，此后射流返回为回流。

考虑到集中送风主要用于舒适性空调，根据实测，其空间纵横方向温度梯度均很小（可低到 0.04 ℃/m），因而计算时可忽略温度衰减的验算。

① 在考虑计算参数时，根据经验应注意以下问题：

a. 为满足长射程的要求，送风速度和风口直径必然较大，送风速度以 4～10 m/s 为宜，超过 10 m/s 时，将产生较大的噪声；送风口直径一般在 0.2～0.8 m 范围内，过大则轴心速度衰减慢，导致室内速度场、温度场的均匀性变差。

b. 集中送风因射程长，与周围空气有较多混合的可能性，因此射流流量较之出口流量大得多，所以设计时可适当加大送风温差，减小出口风量。送风温差宜取 8～12 ℃。

c. 考虑到体育馆等建筑的空调区地面有一倾斜度，因而送风亦可有一向下倾角。对于冷射流一般为 0～12°，热射流易于浮升，应小于 15°。

d. 喷口高度一般较高。喷口太低则射流易直接进入工作区，太高则使回流区厚度增加，回流速度过小。两者均影响舒适感。

大空间内集中送风射流规律与紊流自由射流规律基本相符。因此，可采用紊流自由射流计算式进行集中送风设计。

② 由于喷口直径和送风速度等参数均为未知数，因此须采用试算法求解，可按以下步骤计算：

a. 确定射流落差。

b. 确定射程长度。

c. 选择送风温差,计算总风量。

d. 假设喷口直径、喷口角度、喷口高度。

e. 计算出射流末端平均速度。

如果喷口速度和射流末端平均速度不满足要求,则须重新假设喷口直径或喷口角度另行计算,直到满足要求为止。

7.3　空调风系统的设计

通风空调系统设计合适与否,直接影响通风系统运行的有效性和节能性,关系到整个空调系统的造价、运行的经济性和运行效果。风管内空气流动阻力可分为两种:一种是由于空气本身的黏滞性以及与管壁间的摩擦而产生的沿程能量损失,称为沿程阻力或摩擦阻力;另一种是空气流经局部构件或设备时由于流速的大小和方向变化造成气流质点的紊乱和碰撞,由此产生涡流而造成比较集中的能量损失,称为局部阻力。沿程阻力和局部阻力计算见第 2 章,此处不再赘述。

7.3.1　风管设计原则

空调风系统水力计算通常包括设计计算和校核计算两种类型。当已知空调系统通风量时,设计计算是指满足空调方面要求的同时,解决好风道所占的空间体积、制作风道的材料消耗量、风机所耗功率等问题,即如何经济合理地确定风道的断面尺寸和阻力,以便选择合适的风机和电动机功率。校核计算是指当已知空调系统形式和风道尺寸时,计算空调风管道的阻力,校核风机能否满足要求。设计计算主要包括设计原则、设计步骤、设计方法及设计中的有关注意事项。

一个好的空调风管系统设计应该布置合理,占用空间少,风机能耗小,噪声水平低,总体造价低。为此,在进行空调风管系统设计时应把握以下几个原则。

(1) 风管系统要简单、灵活与可靠

在平面布置上,能不用风管的场所尽量不用风管;必须使用风管的地方,风管长度要尽可能短,尽量走直线,分支管和管件要尽可能少;避免使用复杂的管件,以减少系统管道局部阻力损失,便于安装、调节与维修。

(2) 风管的断面形状要因建筑空间制宜

在不影响生产工艺操作的情况下,充分利用建筑空间组合成风管。风管的断面形状要与建筑结构相配合,使其达到巧妙、完美与统一。

(3) 风管断面尺寸要标准化

为了最大限度地利用板材,使风管设计简便,实现风管设计、制作、施工标准化、机械化和工厂化,风管的断面尺寸(直径或边长)应采用国家标准 GB 50243—2016《通风与空调工程施工质量验收规范》中规定的规格来下料。钢板制圆形风管的常用规格见表 7-9,钢板制矩形风管的常用规格见表 7-10。

表 7-9　钢板制圆形风管的常用规格(mm)

管径断面直径	管径断面直径	管径断面直径	管径断面直径
D100	D120	D140	D160
D180	D200	D220	D250
D280	D320	D360	D400
D450	D500	D560	D630
D700	D800	D900	D1000
D1120	D1250	D1400	D1600
D1800	D2000	—	—

表 7-10　钢板制矩形风管的常用规格 a(mm)×b(mm)

矩形风管规格	矩形风管规格	矩形风管规格	矩形风管规格
120×120	160×120	160×160	200×120
200×160	200×200	250×120	250×160
250×200	250×250	320×160	320×200
320×250	320×320	400×200	400×250
400×320	400×400	500×200	500×250
500×320	500×400	500×500	630×250
630×320	630×400	630×500	630×630
800×320	800×400	800×500	800×630
800×800	1000×320	1000×400	1000×500
1000×630	1000×800	1000×1000	1250×400
1250×500	1250×630	1250×800	1250×1000
1600×500	1600×630	1600×800	1600×1000
1600×1250	2000×800	2000×1000	2000×1250

(4) 正确选用风速,是设计好风管的关键

选用风速时,要综合考虑建筑空间、风机能耗、噪声以及初投资和运行费用等因素。如果风速选得高,虽然风管断面小,管材耗用少,占用建筑空间小,初投资小,但是空气流动阻力大,风机能耗高,运行费用增加,而且风机噪声、气流噪声、振动噪声也会增大。如果风速选得低,虽然运行费用低,各种噪声也低,但风管断面大,占用空间大,初投资也大。因此,必须通过全面的技术经济比较来确定管内风速的数值,具体可参考表 7-11 和表 7-12 选取,其中有消声要求的空调系统风管内风速应按表 7-11 给出的数据选用。

表 7-11　风管内的风速

室内允许噪声级/dB	主管风速/(m·s^{-1})	支管风速/(m·s^{-1})	新风入口风速/(m·s^{-1})
25~35	3~4	≤2	3
35~50	4~7	2~3	3.5
50~65	6~9	3~5	4~4.5
65~80	8~12	5~8	5

表 7 – 12　风管内的风速

部　　位	低速风管/(m·s⁻¹)						高速风管/(m·s⁻¹)	
	推荐			最大			推荐	最大
	居住	公共	工业	居住	公共	工业	一般建筑	
新风入口	2.5	2.5	2.5	4.0	4.5	6	3	5
风机入口	3.5	4.0	5.0	4.5	5.0	7.0	8.5	16.5
风机出口	5~8	6.5~10	8~12	8.5	7.5~11	8.5~14	12.5	25
主风管	3.5~4.5	5~6.5	6~9	4~6	5.5~8	6.5~11	12.5	30
水平支风管	3.0	3.0~4.5	4~5	3.5~4.0	4.0~6.5	5~9	10	22.5
垂直支风管	2.5	3.0~3.5	4.0	3.25~4.0	4.0~6.0	5~8	10	22.5
送风口	1~2	1.5~3.5	3~4.0	2.0~3.0	3.0~5.0	3~5	4	—

7.3.2　风管设计方法及步骤

空调风管系统设计计算(又称为阻力计算、水力计算)的目的一是确定风管各管段的断面尺寸和阻力,二是对各并联风管支路进行阻力设计平衡,三是计算出选择风机所需要的风压。

1. 风管设计方法

空调风管系统的阻力计算方法较多,主要有假定流速法、压损平均法和静压复得法。下面分别介绍。

(1)假定流速法

假定流速法也称为控制流速,其特点是先按技术经济比较推荐的风速初选管段的流速(查表 7 - 11 和表 7 - 12),再根据管段的风量确定其断面尺寸,并计算风道的流速与阻力(进行不平衡率的检验),最后选定合适的风机。目前空调工程常用此方法。

(2)压损平均法

压损平均法也称为当量阻力法,是以单位长度风管具有相等的阻力为前提的,这种方法的特点是在已知总风压的情况下,将总风压按干管长度平均分配给每一管段,再根据每一管段的风量和分配到的风压计算风管断面尺寸。在风管系统所用的风机风压已定时,采用该方法比较方便。

(3)静压复得法

当流体的全压一定时,流速降低则静压增加。静压复得法就是利用这种管段内静压和动压的相互转换,由风管每一分支处复得的静压来克服下游管段的阻力,并据此来确定风管的断面尺寸。

2. 风管设计步骤

以假定流速法为例,空调风道系统设计的一般步骤为:

① 确定空调系统方案,绘制系统轴测图,标注各管段长度和风量。

根据各个房间或区域空调负荷计算出的送回风量,结合气流组织的需要确定送回风口的形式、设置位置及数量。根据工程实际确定空调机房或空调设备的位置,选定热湿处理及净化设备的形式,布置以每个空调机房或空调设备为核心的子系统送回风管的走向和连接方式,绘制出系统轴测简图,并标注各管段长度和风量。

② 选定最便利环路,并对各管段编号。

最不利环路是指阻力最大的管路,一般指最远或配件和部件最多的环路。

③ 根据风管设计原则,初步选定各管段风速。

根据风管设计原则,初步选定各管段风速(有消声要求的空调系统风管内风速应按表 7-11 给出的数据选用,也可参考表 7-12 选用)。

④ 确定各风管断面形状及尺寸。

根据风量和风速,计算管道断面尺寸,并使其符合表 7-9 和表 7-10 中所列的通风管道统一规格,再用规格化了的断面尺寸及风量,算出管道内的实际风速。

⑤ 确定风管单位长度的摩擦阻力。

根据风量和管道断面尺寸,查附录 C-2 得到单位长度摩擦阻力 R_m。

⑥ 对各管段进行阻力计算。

计算各管段的沿程阻力及局部阻力,并使各并联管路之间的不平衡率不超过 15%。当差值超过允许值时,要重新调整断面尺寸,若仍不满足平衡要求,则应辅以阀门调节。

⑦ 确定风机型号及电机功率。

计算出最不利环路的风管阻力,加之设备阻力,并考虑风量与阻力的安全系数,进而确定风机型号及电机功率。

7.3.3 风管水力计算实例

【例 7-3】 某直流式空调系统如图 7-21 所示。风管全部采用镀锌钢板制作,已知消声器阻力为 50 Pa,空调箱阻力为 290 Pa。试确定该系统的风管断面尺寸和所需的风机风压。

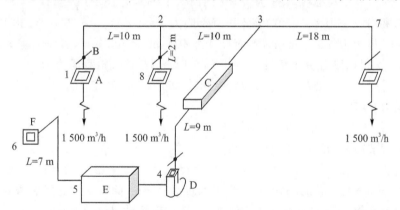

A—孔板送风口;B—风量调节阀;C—消声器;D—风机;E—空调器;F—新风口

图 7-21 某直流式空调系统图

解 ① 首先对各管段进行编号,并确定最不利环路为 1—2—3—4—5—6,如图 7-21 所示。

② 根据各管段的风量和选定的流速,确定最不利环路各管段的断面尺寸及沿程阻力和局部阻力,详见表 7-13。

管段 1—2:风量为 = 1 500 m³/h,初选风速 $v_1 = 4$ m/s,查附录 C-2 得断面尺寸为 320 mm × 320 mm,则实际流速为 $v_1 = \dfrac{L_1}{3\,600 F_1} = \dfrac{1\,500}{3\,600 \times 0.32 \times 0.32}$ m/s $= 4.07$ m/s,

$R_m = 0.667$ Pa/m(采用内插法求得)。故该段摩擦阻力为

$$\Delta p_{m1-2} = R_m l = 0.667 \times 9 \text{ Pa} = 6.0 \text{ Pa}$$

局部阻力部分：

孔板送风口:风口面风速 $v = \dfrac{1\,500}{3\,600 \times 0.6 \times 0.6}$ m/s = 1.16 m/s

与其对应的动压为

$$\frac{\rho v^2}{2} = \frac{1.2 \times 1.16^2}{2} \text{Pa} = 0.81 \text{ Pa}$$

根据孔板净孔面积比为 0.3,查附录 D 得 $\zeta = 13$,则该风口局部阻力 $Z = 13 \times 0.81 = 10.5$ Pa。

同理可查附录 D 得到

接送风口的渐扩管:$\alpha = 45°$,$\zeta = 0.9$;

90°矩形弯头:$R/b = 1.0$、$a/b = 1.0$,$\zeta = 0.2$;

多叶风量调节阀:全开时,$\zeta = 0.25$;

三通直通:$\dfrac{L_2}{L_1} = 0.5$、$\dfrac{F_2}{F_1} = 0.64$,$\zeta = 0.10$(对应总管流速)。

该管段局部阻力 Z:

$$Z = \left[10.5 + (0.9 + 0.2 + 0.25) \times \frac{1.2 \times 4.07^2}{2} + 0.1 \times \frac{1.2 \times 5.2^2}{2} \right] \text{Pa} = 25.54 \text{ Pa}$$

管段 2—3:风量为 3 000 m³/h,断面尺寸为 320 mm × 500 mm,实际流速为 $v = 5.2$ m/s。

由附录 C-2 查得该管段的单位长度摩擦阻力 $R_m = 0.823$ Pa/m(采用内插法求得),故该段摩擦阻力

$$\Delta P_{m2-3} = R_m l = 0.823 \times 5 \text{ Pa} = 4.16 \text{ Pa}$$

查附录 D 得分叉三通 $\zeta = 0.27$,该管段局部阻力 $Z = (0.27 \times 16.22) = 4.38$ Pa。

管段 3—4:风量为 4 500 m³/h,断面尺寸为 400 mm × 500 mm,实际流速 $v = 6.25$ m/s。

查附录 C-2 得该段沿程比摩阻 $R_m = 0.985$ Pa/m,故该段沿程阻力为

$$\Delta P_{m3-4} = R_m l = 0.985 \times 9 \text{ Pa} = 8.87 \text{ Pa}$$

已知消声器阻力 50 Pa。

90°矩形弯头:$R/b = 1.0$、$a/b = 0.8$,$\zeta = 0.2$。

多叶风量调节阀:全开、$n = 3$,$\zeta = 0.25$。

初选风机为 4-72-11N04.5A,出口断面尺寸为 315 mm × 360 mm,故渐扩断面为 315 mm × 360 mm→400 mm × 500 mm,取其长度 360 mm,此时 $\alpha = 22℃$。查得风机出口变径管的局部阻力系数 $\zeta = 0.15$(对应小头流速)。故该管段局部阻力为

$$Z = 50 + (0.2 + 0.25) \times \frac{1.2 \times 6.25^2}{2} + 0.15 \times \frac{1.2}{2} \left(\frac{4500}{3600 \times 0.315 \times 0.36} \right)^2 = 71.4 \text{ Pa}$$

管段 4—5:该段为空调箱,风量为 4 500 m³/h。

空调箱阻力 290 Pa。

管段 5—6:风量为 4 500 m³/h,断面尺寸为 400 mm × 500 mm,实际流速 $v = 6.25$ m/s。

查附录 C-2 得 $R_m = 0.985$ Pa/m,故该段沿程阻力为

$$\Delta P_{m5-6} = 0.985 \times 6 = 5.91 \text{ Pa}$$

渐缩管: $\alpha \leqslant 45°$, 查得 $\zeta = 0.1$。

90°弯头 2 个: 查得 $\zeta = 0.2 \times 2$。

突扩管: 查得 $\zeta = 0.64$。

新风入口选用固定百叶窗, 其外形尺寸为 630 mm×500 mm, 面风速为

$$\upsilon = \frac{4\ 500}{3\ 600 \times 0.63 \times 0.5} = 4\ m/s$$

查得 $\zeta = 0.9$(对应面风速)。该段局部阻力为

$$Z = (0.9 \times 9.6 + 1.14 \times 23.44)\ Pa = 35.36\ Pa$$

(3) 支路计算与阻力平衡

管段 7—3: 风量为 1 500 m³/h, 断面尺寸为 320 mm×320 mm, 实际流速 $\upsilon = 4.07$ m/s。

查附录 C-2 得 $R_m = 0.677$ Pa/m, 故沿程阻力为

$$\Delta P_m = 0.677 \times 13 = 8.80\ Pa$$

孔板送风口(与管段 1—2 相同): $\zeta = 13$。

渐缩管(扩角 45°): $\zeta = 0.9$。

多叶风量调节阀: $\zeta = 0.25$。

渐缩管: $\zeta = 0.1$。

弯头: $\zeta = 0.2$。

分流三通: $\zeta = 0.27$。

因此, 该管段局部阻力为

$$Z = (0.81 \times 13.0 + 1.15 \times 9.94 + 0.27 \times 23.44)\ Pa = 31.27\ Pa$$

管段 8—2: 风量为 1 500 m³/h, 断面尺寸为 320 mm×320 mm, 实际流速 $\upsilon = 4.07$ m/s。

查附录 C-2 表得 $R_m = 0.677$ Pa/m, 故沿程阻力为

$$\Delta P_m = 0.677 \times 2 = 1.35 Pa$$

孔板送风口: $\zeta = 13.0$。

接孔板的渐扩管: $\zeta = 0.9$。

多叶风量调节阀: $\zeta = 0.25$。

三通分支管: $\zeta = 0.42$(对应总管流速)。

因此, 该管段局部阻力

$$Z = (13.0 \times 0.81 + 1.15 \times 9.94 + 0.42 \times 16.22) Pa = 28.77\ Pa$$

验算并对各并联管段进行阻力平衡。

管段 1—2 总阻力为

$$\Delta P_{1-2} = 6.0 + 25.54 = 31.54\ Pa$$

管段 8—2 总阻力为

$$\Delta P_{8-2} = 1.35 + 28.77 = 30.12\ Pa$$

则

$$\frac{\Delta P_{1-2} - \Delta P_{8-2}}{\Delta P_{1-2}} = \frac{31.54 - 30.12}{31.54} = 0.045 = 4.5\% < 15\%$$

两管路的阻力平衡达到要求。

对另一并联支路(: 管路 1—2—3 与管路 7—3)进行阻力平衡。

管段 1—2—3 的总阻力为

$$\Delta P_{1-3} = 31.54 + 8.54 = 40.08 \text{ Pa}$$

管段 7—3 的总阻力为

$$\Delta P_{7-3} = 8.80 + 31.27 = 40.07 \text{ Pa}$$

则

$$\frac{\Delta P_{1-3} - \Delta P_{7-3}}{\Delta P_{1-3}} = \frac{40.08 - 40.07}{40.08} = 0.02\% < 15\%$$

两管路的阻力平衡已达到要求。

（4）系统总阻力的计算与风机的选择。

系统总阻力为最不利环路 1—2—3—4—5—6 的阻力之和，即

$$\Delta P = \Delta P_{1-2} + \Delta P_{2-3} + \Delta P_{3-4} + \Delta P_{4-5} + \Delta P_{5-6} = 453.62 \text{ Pa}$$

故根据系统总风量及计算阻力选用风机型号为 4-72-11N04.5A 右 90°，其性能如下：

风量 $L = 1.275 \text{ m}^3/\text{s}$；风压 $\Delta P = 510 \text{ Pa}$；转速 $n = 1\ 450 \text{ r/min}$；功率 $N = 1.1 \text{ kW}$。

（5）风管设计中有关注意事项

1）风管布置

① 短线布置。所谓短线布置就是要求主风管走向要短，支风管要少，达到少占空间、简洁与隐蔽。并且要便于施工安装、调节、维修与管理。

② 科学合理、安全可靠地划分系统。系统的划分要考虑到室内参数、生产班次、运行时间等，另外还要考虑防火要求。

③ 新风口的位置要求见第 1 章有关内容。

2）风管断面形状的选择

① 圆形风管：若以等用量的钢板而言，圆形风管通风量最大、阻力最小、强度大、易加工、保温方便，一般适用于排风管道。

② 矩形风管：对于公共、民用建筑，为了利用建筑空间，降低建筑高度，使建筑空间既协调又美观，通常采用方形或矩形风管。但当矩形风管的断面积一定，宽高比大于 8:1 时，风管比摩阻增大，因此矩形风管的宽高比一般不大于 4:1，最大取到 6:1。

3）风管材料的选择

可用制作风管的材料很多，应根据使用要求和就地取材的原则选用。镀锌铁皮（金属风管）是风管常用材料，适用于各种空调系统。砖、混凝土风道适于用作地沟风道或利用建筑、构筑物的空间组合成风道，常用于通风量较大的场合。塑料风管、玻璃钢风管适用于有腐蚀作用的风管或空调系统。

表 7-13　例 7-3 控制风速法风管水力计算表

管段编号	流量/ $(\text{m}^3 \cdot \text{h}^{-1})$	长度 l/m	风管尺寸 $a \times b/$ $(\text{mm} \times \text{mm})$	流速 $v/$ $(\text{m} \cdot \text{s}^{-1})$	动压 Pd/Pa	局部阻力系数 $\sum \zeta$	局部阻力 Z/Pa	比摩阻 $R_m/$ $(\text{Pa} \cdot \text{m}^{-1})$	摩擦阻力 $R_m l/\text{Pa}$	管段总阻力 $(R_m l + Z)/\text{Pa}$	备注
1—2	1 500	9	320×320	4.07	9.94 0.81 16.22	1.35 13.0 0.1	25.54	0.667	6.0	31.54	

管段编号	流量/ (m³·h⁻¹)	长度 l/m	风管尺寸 a×b/ (mm×mm)	流速 v/ (m·s⁻¹)	动压 Pd/Pa	局部阻力系数 Σζ	局部阻力 Z/Pa	比摩阻 Rₘ/ (Pa·m⁻¹)	摩擦阻力 Rₘl/Pa	管段总阻力 (Rₘl+Z)/Pa	备注
2—3	3 000	5	500×320	5.2	16.22	0.27	4.38	0.823	4.16	8.54	
3—4	4 500	9	500×400	6.25	23.44 72.90	0.45 0.15	71.4	0.985	8.87	80.27	消声器阻力为 50Pₐ
4—5	4 500	—	—	—	—	—	290	—	—	290	
5—6	4 500	6	500×400	6.25	23.44 9.6	1.14 0.9	35.36	0.985	5.91	41.27	
7—3	1 500	13	320×320	4.07	9.94 0.81 23.44	1.15 13.0 0.27	31.27	0.677	8.80	40.07	
8—2	1 500	2	320×320	4.07	9.94 0.81 16.22	1.15 13.0 0.42	28.77	0.677	1.35	30.12	

本章小结

空调风系统是空调系统的主要组成部分,它把空调设备和送回风口连成一个整体,承担着空气的输送与分配任务,使经过处理的空气能够源源不断地合理分配到各个空调房间或区域,满足有关参数的控制要求。本章主要介绍了空调风系统的组成、风管与风机、送回风形式、送回风口的气流流动规律、常见的气流组织形式、气流组织设计方法及步骤、风系统设计原则、方法及步骤,并以具体实例说明风管水力计算的具体步骤及有关注意事项,进而在保证空调系统使用效果满足用户要求的前提下,使空调工程的初投资和运行费用最省,风管占用建筑空间最小。

习 题

1. 气流组织有哪几种方式?各自适用什么场合?
2. 风管的摩擦阻力系数与哪些因素有关?如何确定?
3. 如何减小通风空调系统的局部阻力?
4. 计算系统阻力的方法有哪些?常用的是哪一种?
5. 通风空调系统中的噪声来源有哪些?如何控制?
6. 选择消声器要考虑哪些问题?

7. 按有隔振器的设备产生共振的原因是什么？如何消除共振现象？

8. 有一表面光滑的砖砌风道($K=3$ mm)，断面尺寸为 1 250 mm×800 mm，流量 $L=4$ m³/s 求单位长度摩擦阻力。

9. 如何确定通风机的工作点？

10. 通风机安装时应注意哪些问题？

11. 一个面积为 6 m×4 m×3.2 m(长×宽×高)的空调房间，室温要求 20±0.5 ℃，工作区风速不得大于 0.25 m/s，净化要求一般，夏季的显热冷负荷为 1 500 W，试进行侧送风得气流组织计算。

12. 某空调房间，室温要求 20±0.5 ℃，室内长、宽、高分别为 6 m×6 m×3.6 m，工作区风速不得大于 0.25 m/s，夏季的显热冷负荷为 150 W，采用散流器平送，试确定各有关参数。

第8章 空调水系统设计

现代的高层建筑通常具备多种功能用途,特别是公共建筑,往往具备多种功能区域,例如酒店、办公室、会议室、商场、餐饮娱乐中心等。公共建筑常见的空调方式是大空间区域较多采用集中式空调系统;而对于小空间区域,例如酒店的客房,目前采用最多的是水-空气系统,即风机盘管加新风系统。公共建筑无论采用何种空调系统,均需要集中配置冷热源,以实现暖通空调设备的集约化运行与能耗管理,而空调水系统,就是连接空调冷热源与空调末端,实现冷热量交换与输配、保持各个功能区域环境舒适性的主要因素。本章将详细介绍空调水系统的相关知识。

【教学目标与要求】

(1)了解空调水系统的组成与分类,理解不同的分类方法,以及各类系统的特点与适用场合;

(2)理解空调水系统的分区与定压方法;

(3)熟悉冷冻水系统、冷却水系统、冷凝水系统设计步骤与关键问题;

(4)掌握空调水系统设计的主要内容,具备水系统形式确定与工程设计的基本能力。

【教学重点与难点】

(1)空调冷热水系统的分类和形式;

(2)空调水系统的分区和定压方式;

(3)水系统的设计原则与关键问题。

【工程案例导入】

由于公共建筑建筑面积大、建筑内部各种功能性区域较多,因此其空调系统较为复杂。例如,商场、影剧院、餐饮娱乐中心等,可采用集中式全空气空调系统;而办公室、酒店客房等,较适宜采用半集中式(风机盘管加新风)空调系统。故公共建筑多采用集中设置空调冷热源,各区域根据房间类型分别设计空调系统。

空调水系统就是连接空调冷热源与空调末端(冷热水系统)、空调冷源与室外(冷却水系统),实现建筑内部热量交换与运输的关键一环,也是影响空调系统运行能耗高低、室内舒适效果好坏的主要因素,因此了解并掌握空调水系统相关知识非常重要。

空调水系统具体有哪些形式,各自适用于什么场合,具体如何设计,都将通过本章内容的学习得到答案。

8.1 空调水系统组成及分类

相对于空气而言,水的比热容更高、密度更大,因此相比于风系统而言,以水作为冷(热)媒的水系统占地空间小、能量输配效率高,适用于各类型建筑中的集中式空调系统与半集中式空调系统。就空调工程的整体而言,空调水系统包括冷冻水系统、冷却水系统和冷凝水系统。

8.1.1 空调水系统的组成

空调水系统的作用就是以水作为介质在空调建筑物之间和建筑物内部传递冷量或热量。典型空调系统原理如图 8-1 所示。制冷机组制取的冷量通过冷冻水系统输送给空气处理装置,从而实现向空调区域提供冷量的目的。冷冻水系统是指由冷水机组(或换热器)制备出的冷水的供水,由冷水循环泵通过供水管路输送至空调末端设备,释放出冷量后的冷水的回水,经回水管路返回冷水机组(或换热器)。对于高层建筑,该系统通常为闭式循环环路,除循环泵外,还设有膨胀水箱、分水器和集水器、自动排气阀、除污器和水过滤器、水量调节阀及控制仪表等。对于冷水水质要求较高的冷水机组,还应设软化水制备装置、补水水箱和补水泵等。值得一提的是冷冻水系统既指夏季降温除湿用的低温水,同时也指冬季输送热量的热水,此时习惯称之为空调热水。

根据能量守恒定律可知,冷冻水吸热带回的热量、水泵能耗以及制冷机组能耗产生的热量都要经过冷却水系统散发到室外环境中去。冷却水系统是指利用冷却塔向冷水机组的冷凝器供给循环冷却水进行降温排热的水系统。

同时,在空调运行过程中,由于空调系统对房间的湿量调节会产生冷凝水,需要及时的排除,因此空调水系统除冷冻水系统与冷却水系统之外,需要设计冷凝水系统,对凝水进行专门的输配及时排出。冷凝水系统即指空调末端装置在夏季工况时用来排出冷凝水的管路系统。

综上,冷冻水系统是为了实现制冷机组向空调设备(或室内末端)输送冷量,冷却水系统则是为了将空调区域的热量排到建筑之外,冷凝水系统是及时将除湿后的凝水排出室外。这 3 个系统和相关设备的联合运行,才能实现建筑空调系统的热平衡,维持所设计的空调环境。由于它们对制冷机组以及空调系统的性能影响很大,因此空调水系统的设计至关重要。正确合理地设计空调水系统是整个空调系统正常运行的重要保证,同时也能有效地节省电能消耗。

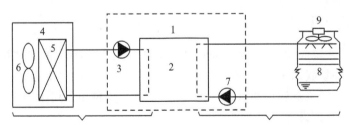

1—制冷机房;2—制冷机组(冷水机组);3—冷冻水泵;4—空气处理装置;
5—空调设备换热器;6—风机;7—冷却水泵;8—冷却塔;9—冷却塔风机

图 8-1　典型空调系统原理示意图

《民用建筑供暖通风与空气调节设计规范》(GB 50736—2012)中,对空气调节冷冻水、冷却水、冷凝水做如下规定:

① 采用冷水机组直接供冷时,空调冷水供水温度不宜低于 5 ℃,空调冷水供回水温差不应小于 5 ℃;有条件时,宜适当增大供回水温差。

② 采用市政热力或锅炉供应的一次热源通过换热器加热的二次空调热水时,其供水温度宜根据系统需求和末端能力确定。对于非预热盘管,供水温度宜采用 50～60 ℃;用于严寒地

区预热时,供水温度不宜低于 70 ℃。空调热水的供回水温差,严寒和寒冷地区不宜小于 15 ℃,夏热冬冷地区不宜小于 10 ℃。

③ 当建筑物所有区域只要求按季节同时进行供冷和供热转换时,应采用两管制的空调水系统。当建筑物内一些区域的空调系统须全年供应空调冷水、其他区域仅要求按季节进行供冷和供热转换时,可采用分区两管制空调水系统。当空调水系统的供冷和供热工况转换频繁或须同时使用时,宜采用四管制水系统。

④ 当空调热水管道利用自然补偿不能满足要求时,应设置补偿器。

⑤ 空调水系统应设置排气和泄水装置。

⑥ 空调凝水盘的泄水支管沿水流方向坡度不宜小于 0.010;冷凝水干管坡度不宜小于 0.005,不应小于 0.003,且不允许有积水部位。

8.1.2　空调水系统的分类

1. 冷冻水系统分类

空调冷冻水系统由水泵、管道、定压设备、阀8 1换热器、除污器等主要部件构成。针对不同类型建筑及空调系统的特征,上述设备可以构成不同形式的冷冻水系统,下面主要介绍冷冻水系统的主要形式及其特征和适用场合,并针对典型的冷冻水系统进行分析。

空调水系统,可按以下方式进行分类:①按循环方式不同,可分为开式循环系统和闭式循环系统;②按供、回水制式(管数)不同,可分为两管制水系统、四管制水系统;③按供、回水管路的布置方式不同,可分为同程式系统和异程式系统;④按运行调节的方法不同,可分为定流量系统和变流量系统;⑤按系统中循环泵的配置方式不同,可分为一级泵系统和二级泵系统。

(1) 开式循环系统和闭式循环系统

1) 开始循环系统

开式循环系统(见图 8-2)的下部设有冷冻水箱(或蓄冷水池),管路系统是与大气相通的。空调冷水流经末端设备(例如风机盘管机组等)释放出冷量后,回水靠重力作用集中进入回水箱或蓄冷水池,再由循环泵将回水打入冷水机组的蒸发器,经重新冷却后的冷水被输送至整个系统。

开式循环系统的特点是:①水泵扬程高(除克服环路阻力外,还要提供几何提升高度和末端资用压头)输送耗电量大;②循环水易受污染,水中总含氧量高,管路和设备易受腐蚀;③管路容易引起水锤现象;④该系统与蓄冷水池连接比较简单(蓄冷水池本身存在无效耗冷量)。

2) 闭式循环系统

闭式循环系统(见图 8-3)的冷水在系统内进行密闭循环,不与大气接触,仅在系统的最高点设膨胀水箱(其功用是接纳水体积的膨胀,对系统进行定压和补水)。

闭式循环系统的特点是:①水泵扬程低,仅须克服环路阻力,与建筑物总高度无关,故输送耗电量小;②循环水不易受污染,管路腐蚀程度轻;③不用设回水池,制冷机房占地面积减小,但须设膨胀水箱;④系统本身几乎不具备蓄冷能力,若与蓄冷水池连接,则系统比较复杂。

开式与闭式系统的水泵扬程相差较大。在闭式系统中,水泵的扬程为管道、制冷机组、换热器、阀门等闭式循环水路中各个部件压力损失的总和。而在开式系统中,水泵除承担管道等部件的压力损失外,还要克服将水从开式水箱提升到管路最高点的能耗,因此,当建筑内空调水系统高度比较高时,开式系统水泵的扬程比较高,系统的能耗也比较大。此外,对于开式系统,设计时还应注意水泵吸水真空高度的问题,应防止水泵吸入口汽化,必须保证水泵吸入口的水压力大于水的汽化压力。对于闭式系统,为保证系统的可靠运行,在水泵吸入口设置定压水箱(见图 8-3),保证水系统任何一点的最低运行压力为 5 kPa 以上,防止系统中任何一点出现负压,否则有可能将空气吸入水系统中(抽空)或造成部分软连接向内收缩等问题。

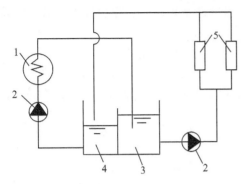

1—制冷机组;2—水泵;3—冷冻水箱;4—回水箱;5—用户

图 8-2　开式冷冻水系统

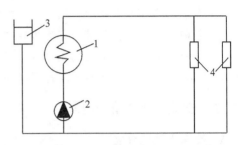

1—制冷机组;2—水泵;3—定压水箱;4—用户

图 8-3　闭式冷冻水系统

《民用建筑供暖通风与空气调节设计规范》(GB 50736—2012)8.5.2 小节指出"除采用直接蒸发冷却器的系统外,空调水系统应采用闭式循环系统"。当必须采用开式系统时,应设置蓄水箱,蓄水箱的蓄水量宜按系统循环水量的 5%～10%确定。

(2)两管制系统与四管制系统

1)两管制水系统

两管制水系统(见图 8-4)是指仅有一套供水管路和一套回水管路的水系统,供水管路夏季供冷水,冬季供热水;而回水管路是夏季和冬季合用的,在机房内进行夏季供冷或冬季供热的工况切换。这种系统构造简单、布置方便、占用建筑面积及空间小、节省初投资;运行时,冷、热水的水量相差较大;缺点是该系统内不能实现同时供冷和供热。

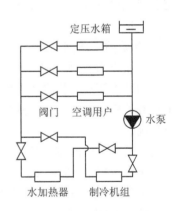

图 8-4　两管制水系统

《民用建筑供暖通风与空气调节设计规范》(GB 50736—2012)8.5.3 小节指出"当建筑物所有区域只要求按季节同时进行供冷和供热转换时,应采用两管制的空调水系统"。我国高层建筑特别是高层旅馆建筑大量建设的实践表明,从我国的国情出发,两管制系统能满足绝大部分旅馆的空调要求,同时也是多层或高层民用建筑广泛采用的空调水系统方式。对于小型建筑,除特殊要求外,尤其是功能比较单一、负荷特性比较一致(即末端用户需要同时制冷或制热)且不须频繁冷热转换的空调系统,比较适合采用两管制系统。

工程上也曾采用过三管制水系统,即冷水和热水供水管路分开设置,而回水管路共用的水系统。该系统在末端设备接管处进行冬、夏工况自动转换,实现末端设备独立供冷或供热。这种系统存在的问题是:①系统冷、热量相互抵消的情况极为严重,能量损耗大;②末端控制和水量控制较为复杂;③较高的回水温度直接进入冷水机组,不利于冷水机组的正常运行。因此,目前在空调工程中几乎不予采用。

2）四管制水系统

随着经济的发展和社会的进步,现代建筑日益呈现出一些不同于以前的特点:①建筑面积不断加大,进深越来越深,导致内外区空调负荷不同的矛盾日益突出,冬季在外区供热的同时内区却存在大量的余热;②随着计算机和信息产业的迅猛发展,建筑内部出现了越来越多的大型计算机站房,对空调系统提出了全年供冷的要求;③建筑标准越来越高,功能越来越全。一方面对舒适度的要求不断提高,另一方面为满足各种不同功能的区域对温、湿度的要求,空调系统被更多地要求同时提供冷风和热风。现代建筑的上述特点,使得两管制空调水系统的局限性显露出来。这也是在标准很高的新建筑里采用四管制水系统日渐增多的主要原因。

四管制水系统是指冷水和热水的供回水管路全部分开设置的水系统。就末端设备而言,有单一盘管和冷、热盘管分开的两种形式。冷水和热水可同时独立送至各个末端设备(见图 8-5)。

四管制系统的优点是:①各末端设备可随时自由选择供热或供冷的运行模式,相互没有干扰,所服务的空调区域均能独立控制温度等参数;②节省能量,系统中所有能耗均可按末端的要求提供,不像三管制系统那样存在冷、热抵消的问题。

四管制系统的缺点是:①投资较大(投资的增加主要是由于各一套水管环路而带来的管道及附件、保温材料、末端设备、占用面积及空间等所增加的投资),运行管理相对复杂;②由于管路较多,系统设计

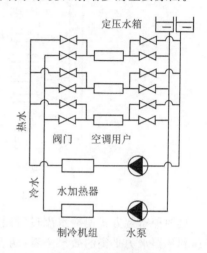

图 8-5　四管制系统

变得较为复杂,管道占用空间较大。由于这些缺点,使该系统的使用受到一些限制。

从空调空间能源利用效率和房间舒适度上看,四管制系统有着非常明显的优势。《公共建筑节能设计标准》(GB 50189—2015)和《民用建筑供暖通风与空气调节设计规范》(GB 50736—2012)同时规定:全年运行过程中,供冷和供热工况频繁交替转换或须同时使用的空气调节系统,宜采用四管制水系统。因此,四管制水系统较适用于内区较大,或建筑空调使用标准较高且投资允许的建筑中。

（3）同程式系统与异程式系统

1）同程式系统

水流通过各末端设备时路程都相同(或基本相等)的系统称为同程式系统。同程式系统各末端环路的水流阻力较为接近,有利于水力平衡,因此系统的水力稳定性好,流量分配均匀。但这种系统管路布置较复杂、管路长、初投资相对较大。

一般来说,当末端设备支环路的阻力较小,而负荷侧干管环路较长,且阻力所占的比例较大时,应采用同程式系统。

同程式系统的管路布置形式有以下几种:

① 垂直(竖向)同程的管路布置。图 8-6 所示为垂直(竖向)同程的管路布置方式。图 8-6(a)所示为供水总立管从机房引出后向上走,直到最高层的顶部,然后再往下走,分别与各层的末端设备管路相连接;图 8-6(b)所示为与各层末端设备相连接的回水总立管,从底层起向上走,直到最高层顶部,然后向下走,返回冷水机组。

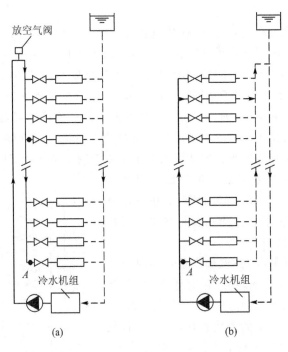

图 8-6　垂直(竖向)同程的管路布置

　　这两种布置方式使冷水流过每层环路的管路总长度都相等,体现了同程式的特征,从便于达到环路水力平衡的效果来看,两者是相同的。

　　② 水平同程的管路布置。水平同程的管路布置有两种方式:一种是供水总立管和回水总立管在同侧(见图 8-7(a)),另一种是供水总立管和回水总立管分别在两侧,只需一根回程管(见图 8-7(b));若水平管路较长,宜采用后种方式。以上两种方式的供回水总立管都在竖井内敷设。

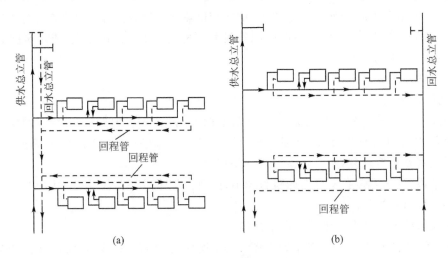

图 8-7　水平同程的管路布置

　　③ 垂直同程和水平同程的管路布置。图 8-8(a)和图 8-8(b)所示分别表示垂直同程和

水平同程的两种管路布置方式,前者是通过供水总立管的布置达到垂直同程,而后者是通过回水总立管的布置达到垂直同程的。当建筑物总高度高、水系统的静压大时,工程上优先采用图 8 - 8(a)所示方案。

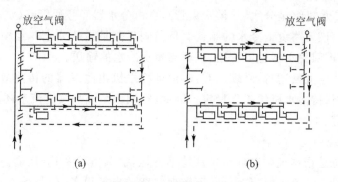

图 8 - 8　垂直同程与水平同程的管路布置

垂直(竖向)同程主要解决各个楼层之间的末端设备环路的阻力平衡问题;而水平同程则解决由每一组末端设备之间环路的阻力平衡问题。如果受土建竖井尺寸的影响,按垂直同程总立管布置不下,总立管也可不用垂直同程,但必须人为地将总立管的管径型号放大,以求得各楼层之间的水力平衡。如果土建条件允许,应尽可能地将系统管路布置成同程式,使各环路的阻力平衡从系统构造上得到保证,从而确保该系统按设计要求进行流量分配。

值得注意的是,当末端支路的阻力相差悬殊时,同程系统也难以保证各支路的水力平衡,因此同样需要进行系统的水力计算,管路系统安装必要的调节阀门。

2) 异程式系统

异程式系统的水流经每个末端设备的路程是不相同的。采用这种系统的主要优点是管路配置简单、管路长度短、初投资低。由于各环路的管路总长度不相等,故环路间的阻力不平衡,从而导致了流量分配不均的可能性。在支管上安装流量调节可使流量分配不均匀的程度得以改善。异程式系统的管路布置见图 8 - 9。

一般来说,当管路系统较小,支管环路上末端设备的阻力大,其阻力占负荷侧干管环路阻力的 2/3～4/5 时,可采用异程式系统。例如,在高层民用建筑中,裙房内由空调机组组

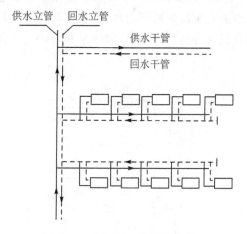

图 8 - 9　异程式系统的管路布置

成的环路通常采用异程式系统。另外,如果末端设备都设有自动控制水量的阀门,也可采用异程式系统。

开式水系统中,由于回水最终进入水箱,到达相同的大气压力,故不需要采用同程式布置。如果遇到管路的阻力先天就难以平衡,或者为了简化系统的管路布置,决定安装平衡阀来进行环路水力平衡的,就可采用异程式。有资料表明,近年来随平衡阀技术的不断成熟,现有的动态流量平衡阀已经能够满足水力平衡调节的要求,因此在系统中安装动态平衡阀时,应尽量采

用异程式,以节约水系统的投资、占地空间及运行能耗。

(4) 定流量系统与变流量系统

整个冷水循环环路可分为冷源侧环路和负荷侧环路两部分。冷源侧环路是指从集水器(回水集管)经过冷水机组至分水器(供水集管),再由分水器经旁通管路(定流量系统可不设旁通管)进入集水器,该环路负责冷水的制备。负荷侧环路是指从分水器经空调末端设备(冷水在那里释放冷量)返回集水器这段管路,该环路负责冷水的输送。

冷源侧应保持定流量运行,其理由有:①保证冷水机组蒸发器的传热效率;②避免蒸发器因缺水而冻裂;③保持冷水机组工作稳定。因此,空调水系统是按定流量还是按变流量运行均指负荷侧环路而言。

1) 定流量系统

定流量水系统是指系统中循环水量保持不变,当空调负荷变化时,通过改变供、回水的温差来适应。定流量系统简单、操作方便,不需要复杂的自控设备,但是输水量是按照最大空调冷负荷来确定的,因此循环泵的输送能耗处于最大值,特别是空调系统处于部分负荷时运行费用大,系统原理如图 8 - 10 所示。

该系统一般适用于间歇性使用建筑(例如体育馆、展览馆、影剧院、大会议厅等)的空调系统,以及空调面积小,只有一台冷水机组和一台循环水泵的系统。高层民用建筑尽可能避免采用这种系统。

2) 变流量系统

变流量系统是指系统中供、回水温差保持不变,当空调负荷变化时,通过改变供水量来适应,系统原理如图 8 - 11 所示。变流量系统管路内流量随系统负荷变化而变化,因此,输送能耗也随着负荷的减小而降低,水泵容量及电耗也相应减小和减少。系统的最大输水量是按照综合最大冷负荷计算的,循环泵和管路的初投资降低。

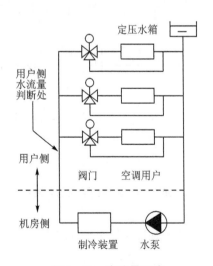

图 8 - 10　定流量系统

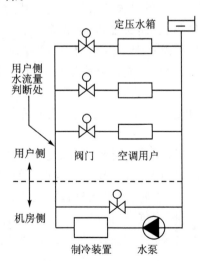

图 8 - 11　变流量系统

《民用建筑供暖通风与空气调节设计规范》(GB 50736—2012)8.5.4 小节指出:"冷水水温和供回水温差要求一致且各区域管路压力损失相差不大的小型工程,宜采用变流量一级泵系统;单台水泵功率较大时,经技术和经济比较,在确保设备的适应性、控制方案和运行管理可靠的前提下,可采用冷水机组变流量方式。"

变流量系统适用于大面积的高层建筑空调全年运行的系统。

(5) 一级泵系统与二级泵系统

在冷源侧和负荷侧合用一组循环泵的称为一级泵(或称单式泵)系统;在冷源侧和负荷侧分别配置循环泵的称为二级泵(或称复式泵)系统。

1) 一级泵定流量系统

图 8-12 所示为只有一台冷水机组(或换热器)和循环泵的一级泵定流量系统的原理,在空调末端设备上设置电动三通阀,通过冷水机组的水流量为定值。在机房内进行夏、冬季供冷或供暖工况的转换。在一次泵系统中,用一级冷冻水泵克服制冷机组、输配管路以及末端设备的全部沿程与局部阻力,一次泵系统组成简单,控制容易,运行管理方便。

2) 一级泵变流量系统

图 8-13 所示为一级泵变流量系统的工作原理。在负荷侧空调末端设备的回水支管上安装电动两通阀,按变流量运行。当负荷减小时,部分电动两通阀相继关闭,停止向末端设备供水。这样,通过集水器返回冷水机组的水量大幅减小,给冷水机组的正常工作带来危害。为了不让冷源侧水量减小,仍按定流量运行,必须在冷源侧的供、回水总管之间(或者分水器和集水器之间)设置旁通管路,在该管路上设置由压差控制器控制的电动两通阀。

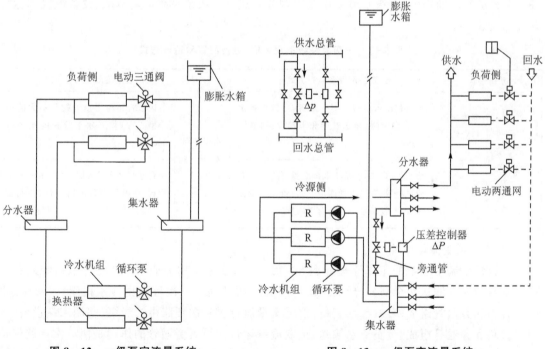

图 8-12　一级泵定流量系统　　　　　图 8-13　一级泵变流量系统

随着负荷侧电动两通阀的陆续关闭,供、回水总管之间(或者分水器与集水器之间)的压差将超过预先的设定值。此时,压差控制器让旁通管路上的电动两通阀打开,使一部分冷水从旁通管路流过,供、回水的压差也随之逐渐降低,直至系统达到稳定。从旁通管流入的水与系统回水合并后进入循环泵,从而使送入冷水机组的水流量保持不变。当负荷增大时,原先关闭的电动两通阀重新打开,继续向末端设备供水,于是供、回水总管之间的压差恢复到设定值,旁通管路上的电动两通阀也随之关闭。

由图 8-13 可以看出,冷水机组与循环泵一一对应布置,并将冷水机组设在循环泵的压出口,使得冷水机组和水泵的工作较为稳定。只要建筑高度不太高,这种布置方式是可行的,也是目前用得较多的一种方式。如果建筑高,系统静压大,则将循环泵设在冷水机组蒸发器出口,以降低蒸发器的工作压力。

当空调负荷减小到相当的程度,通过旁通管路的水量基本达到一台循环泵的流量时,就可停止一台冷水机组和循环泵的工作,从而达到节能的目的。旁通管上电动两通阀的最大设计水流量应是一台循环泵的流量,旁通管的管径按一台冷水机组的冷水量确定。

一级泵变流量系统简单、自控装置少、初投资较低、管理方便,因此应用广泛。但是,它不能调节水泵的流量,难以降低输送能耗,特别是当各供水分区彼此间的压力损失相差较为悬殊时,这种系统就无法适应。因为循环泵的扬程是按照克服负荷侧最不利环路的阻力来确定的,而对于分区中压力损失较小的环路,显然供水压力有较大富余,只好借助于分水器上该支路的调节阀将其消耗掉,造成能量的浪费,同时也给系统的水力平衡带来一定的难度。因此,对于系统较小或各环路负荷特性或压力损失相差不大的中小型工程,宜采用一级泵系统。在经过包括设备的适应性、控制系统方案等技术论证后,在确保系统运行安全可靠且具有较大的节能潜力和经济性的前提下,一级泵可采用变速调节方式。一级泵系统适用范围、设备配置和运行方式见表 8-1。

表 8-1 一级泵系统适用范围、设备配置和运行方式

系统形式		设备配置和运行方式	适用范围	
一级泵变流量系统	变流量运行定流量	水泵和冷水机组一对一配置,冷源设备定流量、负荷侧(输送管网和末端设备)变流量运行	水温和温差要求一致	各区域管路压力损失相差不大的中小型工程(供回水干管长度不超过 500 m)
	冷水机组变流量	冷水机组与冷水循环水泵配置可不一一对应,应采用共用集管连接方式;负荷侧变流量、冷源设备在一范围内变流量运行		单台水泵功率较大时,经技术和经济比较,在确保设备的适应性、控制方案和运行管理可靠的前提下采用

3)二级泵变流量系统

二级泵变流量系统的工作原理如图 8-14 所示,该系统用旁通管 AB 将冷水系统划分为冷水制备和冷水输送两个部分,形成一次环路和二次环路。一次环路由冷水机组、一级泵、供回水管路和旁通管组成,负责冷水制备,按定流量运行。二次环路由二级泵、空调末端设备、供回水管路和旁通管组成,负责冷水输送,按变流量运行。设置旁通管的作用是使一次环路保持定流量运行。旁通管上应设流量开关和流量计,前者用来检查水流方向和控制冷水机组、一级泵的启停,后者用来检测管内的流量。旁通管将一次环路和二次环路两者连接在一起。就整个水系统而言,其水路是相通的,但两个环路的功能互相独立。由图 8-14 可知,一级泵与冷水机组采取"一泵对一机"的配置方式,而二级泵的配置不必与一级泵的配置相对应,它的台数可多于冷水机组数,有利于适应负荷的变化。二次环路的变流量可采取以下两种方式来实现:一是多台并联水泵分别投入运行方式,即台数调节;二是采用变频调速水泵调节转速方式。

二级泵变流量系统较复杂,自控程度较高,初投资大,在节能和灵活性方面具有优点。它可以实现变水量运行工况,降低水系统输送能耗;水系统总压力相对较低,能适应供水分区不同压降的需要。二级泵系统中,设备运行台数的控制是以系统实际运行情况为基础的,必须通过一系列的检测和计算,因此,设计二级泵系统,必须以相应的自动控制系统来辅助才能发挥其节能的优势。因此,凡系统作用半径较大、设计水流阻力较高、各环路负荷特性(例如,不同时使用或负荷高峰出现的时间不同)相差较大,或压力损失相差悬殊(阻力相差 100 kPa 以上)时,或环路之间使用功能有重大区别以及区域供冷时,应采用二级泵变流量系统。当各环路的设计水温一致且设计水流阻力接近时,二级泵宜集中设置;各环路的设计水流

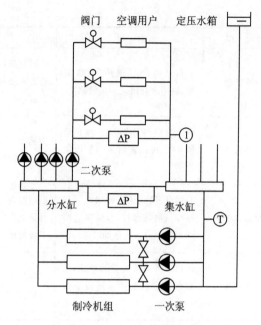

图 8 - 14　二级泵变流量系统

阻力相差较大或各系统水温或温差要求不同时,宜按区域或系统分别设置二级泵。二级泵宜根据流量需求的变化采用变速变流量调节方式。

冷源设备集中设置且用户分散的区域供冷等大规模空调冷水系统,当二级泵的输送距离较远且各用户管路阻力相差较大,或者水温(温差)要求不同时,可采用多级泵系统。

综上,空调水系统不同形式及优缺点的汇总见表 8 - 2。

表 8 - 2　空调水系统分类及优缺点

类　型	特　征	优　点	缺　点
开式	管路系统与大气相通	与水蓄冷系统的连接相对简单	系统中的溶解氧多,管网和设备易腐蚀;需要增加克服静水压力的额外能耗;输送能耗高
闭式	管路系统与大气不相通或仅在胀水箱处局部与大气有接触	氧腐蚀的概率小;不需要克服静水压力,水泵扬程低,输送能耗少	与水蓄冷系统的连接相对复杂
同程式(顺流式)	供水与回水管中水的流向相同,流经每个环路的管路长度相等	水量分配比较均匀;便于水力平衡	须设回程管道,管路长度增加,压力损失相应增大;初投资高
异程式(逆流式)	供水与回水管中水的流向相反,流经每个环路的管路长度不等	不须设回程管道,不增加管道长度;初投资相对较低	当系统较大时,水力平衡较困难,应用平衡阀时,不存在此缺点
两管制	供冷与供热合用同一管网系统,随季节的变化而进行转换	管网系统简单,占用空间少;初投资低	无法同时满足供冷与供热的要求

类　型	特　征	优　点	缺　点
三管制	分别设供冷与供热管路，但冷、热回水合用同一条管路	能同时满足供冷与供热要求；管道系统较四管制简单；初投资居中	冷、热回水流入同一管路，能量有混合损失；占用建筑空间较多
四管制	供冷与供热分别设置两套管网系统，可以同时进行供冷或供热	能满足同时供冷或供热的要求；没有混合损失	管路系统复杂，占用建筑空间多；初投资高
分区两管制	分别设置冷、热源并同时进行供冷与供热运行，但输送管路为两管制，冷、热分别输送	能同时对不同区域（如内区和外区）进行供冷和供热；管路系统简单，初投资和运行费省	需要同时分区配置冷源与热源
定流量	冷（热）水的流量保持恒定，通过改变供水温度来适应负荷的变化	系统简单，操作方便；不要复杂的控制系统	配管设计时，不能考虑同时使用系数；输送能耗始终处于额定的最大值，不利于节能
变流量	冷（热）水的供水温度保持恒定，通过改变循环水量来适应负荷的变化	输送能耗随负荷的减少而降低；可以考虑同时使用系数，使管道尺寸、水泵容量和能耗都减小	系统相对要复杂些；必须配置自控装置；单式泵时若控制不当有可能产生蒸发器结冰事故
单式泵（一次泵）	冷、热源侧与负荷侧合用一套循环水泵	系统简单，初投资低；运行安全可靠，不存在蒸发器结冻的危险	不能适应各区压力损失悬殊的情况；在绝大部分运行时间内，系统处于大流量、小温差的状态，不利于节约水泵的能耗
复式泵（二次泵）	冷、热源侧与负荷侧分成两个环路，冷源侧配置定流量循环泵即一次泵，负荷侧配置变流量循环泵即二次泵	能适应各区压力损失悬殊的情况，水泵扬程有把握可能降低；能根据负荷侧的需求调节流量；由于流过蒸发器的流量不变，能防止蒸发器发生结冰事故，确保冷水机组出水温度稳定；能节约一部分水泵能耗	总装机功率大于单式泵系统；自控复杂，初投资高；易引起控制失调的问题；在绝大部分运行时间内，系统处于大流量、小温差的状态，不利于节约水泵的能耗

2．冷却水系统分类

冷却水系统承担着将空调系统的冷负荷与制冷机组能耗散发到室外环境的功能，也是整个建筑空调系统中必不可少的环节。合理地选用冷却水源和冷却水系统对制冷机组的运行费用和初投资具有重要意义。为了保证制冷机组的冷凝温度不超过制冷压缩机的允许工作条件，冷却水进水温度一般应不高于 32 ℃。

（1）按流动方式分

冷却水系统可分为直流式（采用自然水源，经过制冷机组的冷凝器后直接排走）、混合式（采用深井水等较低水温的水源，经过制冷机组冷凝器后的冷却水一部分与新补充的低温冷却水混合后再送往各台制冷机组使用）和循环式（经过制冷机组冷凝器后的冷却水在蒸发冷却装置中冷却后再送入各台制冷机组使用,只需少量补水即可)三种。直流式和混合式冷却水系统由于受水源条件的限制,并且水的消耗量非常大,不能广泛使用,而循环式冷却水系统是目前空调系统中最为普遍的系统形式。

（2）按冷却塔形式分

冷却水系统的核心部件为冷却塔,图 8-15 所示为典型冷却塔的结构组成。

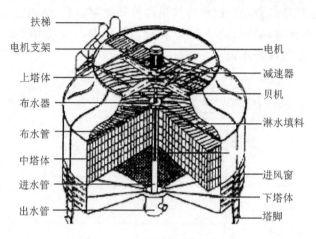

图 8-15　冷却塔结构组成

冷却塔主要有两种类型,一种是自然通风冷却循环系统,另一种是机械通风冷却循环系统。在蒸发式冷却装置中,如果冷却水与空气充分接触,水通过该装置后,其温度可降至比空气的湿球温度高 3~6 ℃。

1）自然通风冷却水系统

图 8-16 是自然通风冷却循环系统示意图。采用水泵将流出冷凝器的冷却水从喷水池上的喷嘴喷出,增加水与空气的接触面积,以促进水被蒸发冷却的效果。这种喷水冷却池构造简单,但是占地面积大,当喷水压力为 0.5 bar（表压）时,每平方米冷却池可冷却的水量只有 0.3~1.2 m³/h。自然通风冷却水系统只适用于空气温度较低、相对湿度较小地区的小型制冷系统。当然,有时也可与绿化水景相结合,用于公共建筑的空调系统。

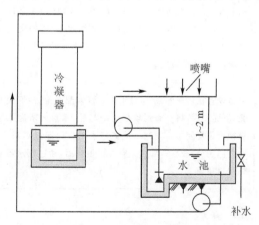

图 8-16　自然通风冷却循环系统

2）机械通风冷却水系统

机械通风冷却循环系统（见图8-17）主要由制冷机组冷凝器、冷却水泵、冷却塔、循环水管、补水装置及水质处理装置等组成。流出制冷机组冷凝器的冷却水由上部进入冷却塔，喷淋在塔内填充层上，以增大水与空气的接触面积，被冷却后的水从填充层流至下部水盘内，通过水泵再送入制冷机组冷凝器中循环使用。冷却塔顶部装有通风机，使室外空气以一定流速自下通过填充层，以加强冷却效果。这种冷却塔的冷却效率较高、结构紧凑、适用范围广，有定型产品可供选用。在机械通风冷却循环系统中，冷却塔根据不同应用情况，可以放置在地面或屋面上，可以配置或不配置冷却水池。

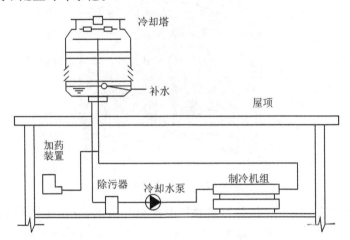

图8-17　机械通风冷却循环系统

冷却塔的分类及主要特点见表8-3。

图8-3　冷却塔的分类及特点

通风方式	名　称	特　点	备　注
自然通风	逆流湿式冷却塔	水由管道通过竖管（竖井）送入布水系统，然后通过喷溅设备，将水洒到填料上；经填料后成雨状落入蓄水池，冷却后的水被抽走重新使用。塔筒底部为进风口，用人字柱或交叉柱支承。在塔内外空气密度差的作用下，塔外空气从进风口进入塔体，穿过填料下的雨区，和水流动成相反方向流过填料，再从塔筒出口排出	
	横流湿式冷却塔	填料设置在塔筒外，水通过上水管流入配水池，池底设布水孔，下连喷嘴，将水洒到填料上冷却后，水落入塔底水池后被抽走重复使用。空气从进风口水平方向穿过填料，与水流方向正交，故称横流式。空气出填料后，通过收水器从塔筒出口排出	

通风方式	名　称	特　点	备　注
机械通风	逆流湿式冷却塔	机械通风逆流湿式冷却塔有方形和圆形两种；水通过上水管进入冷却塔，通过配水系统，使热水沿塔平面呈网状均匀分布；然后通过喷嘴将热水洒到填料上，穿过填料，成雨状通过空气分配区，落入塔底水池，变成冷却后的水待重复使用。空气从进风口进入塔内，穿过填料下的雨区，与水成相反方向(逆流)穿过填料，通过收水器、抽风机，从风筒排出	机械通风逆流湿式冷却塔分鼓风式和抽风式两种。鼓风式塔从塔底部进风口用风机向塔内鼓风，现使用不多
	横流湿式冷却塔	横流湿式冷却塔的主要原理和自然通风横流式冷却塔一样，只是采用风机来通风。配水用盘式，盘底打孔，装喷嘴将热水洒向填料，然后流入底部水池	
	多风机湿式冷却塔	多风机冷却塔即一座塔上安装多台风机，分横流式冷却塔和逆流式，其原理与单风机塔相同	
	干式冷却塔	热水在散热翅管内流动，靠与管外空气的温差形成接触传热而冷却。特点是：①没有水的蒸发损失，也无风吹和排污损失，因此干式冷却塔(密闭式冷却塔)适于缺水地区；②水的冷却靠接触传热，冷却极限为空气的干球温度，效率低、冷却水温高	需要大量的金属管(钢管、铝管或铜管)，因此造价比同容量湿式塔贵得多
	干湿式冷却塔	冷却水在密闭盘管中进行冷却，管外循环水蒸发冷却对盘管间接换热。另有一种是干部在上，湿部在下，采用这种塔的目的是消除从塔出口排出的饱和空气的凝结	需要大盘的金属管(钢管、铝管或铜管)，因此造价比同容量湿式塔贵4~6倍

因冷却水系统利用水分蒸发吸热的原理进行降温，因此工程所在地的气候条件(主要为干球温度和湿球温度)对冷却水温度具有重要影响，进而影响空调系统的运行效果、制冷效率与能耗。空调系统对冷却水温的要求如下：

① 一般蒸气压缩式制冷机组的冷却水进水温度要求不宜低于 15.5 ℃(不包括水源热泵等特殊设计机组)，否则容易引起冷凝压力和蒸发压力过低、膨胀阀前后压差过小，导致蒸发器的制冷剂供液量不足，制冷量与能效比降低。

② 吸收式制冷机组的冷却水进水温度要求不低于 24 ℃，否则容易引起溶液结晶。

③ 由于冷却水温度降低时制冷机组的 COP 增大，因此只要在制冷机组允许的情况下，应尽量降低冷却水温度。

④ 在过渡季和冬季，冷却塔能够产生较低温度的冷却水，可以直接作为冷冻水用来供冷，实现"免费供冷"。在冬季仍须制冷机组制冷运行时，也必须运行冷却塔。在工程设计时必须注意，对于冬季仍然运行的冷却塔须采取措施进行温度控制，以防止冷却塔结冰。

8.2 空调水系统的分区及定压

8.2.1 空调水系统的分区

空调水系统的分区通常有两种方式,即按水系统承压能力来分区和按承担空调负荷的特性来分区。

1. 按承压能力分区

水系统的竖向要不要分区应根据制冷、空调设备、管道及各种附件等的承压能力来确定。分区的目的是避免因压力过大造成系统泄漏,如果制冷、空调设备、管道及附件等的承压能力处在允许范围内就不应分区,以免造成浪费。

竖向分区的原则:当建筑总高度(包括地下室高度)$H \leqslant 100$ m 时,即冷水系统静压不大于 1.0 MPa 时,冷水系统竖向可不分区(此时,冷水泵为吸入式,即冷水机组的蒸发器处在水泵的吸入侧),可"一泵到顶",这是因为标准型冷水机组蒸发器的工作压力为 1.0 MPa(换热器的工作压力也是 1.0 MPa),其他末端设备及附件的承压也在允许范围之内。当建筑总高度 $H > 100$ m,即系统静压大于 1.0 MPa 时,冷水系统应竖向分区。高区宜采用高压型冷水机组(其工作压力有 1.7 MPa 和 2.0 MPa 两种),低区宜采用标准型冷水机组。对于 100 m 以上的超高层建筑,制冷机也可集中设置不分区,在制冷机承压范围内可直接供冷,超过制冷机承压允许范围部分的高区采用板式换热器,利用换热后的二次水降温。高区冷热源设备布置在中间设备层或顶层时,应妥善处理设备噪声及振动问题。

空调水系统中,冷水机组的布置方式主要有以下几种:

① 将冷水机组设置在塔楼以外的裙房顶层,设两个系统分别向塔楼和裙房供冷水,如图 8-18 所示。冷却塔(图中未画出)设在裙房的屋顶上。

② 将冷水机组设置在塔楼中部的技术设备层内,分别向高区和低区供冷水,如图 8-19 所示。高区的冷水机组设在水泵的吸入侧,低区的冷水机设在水泵的压出侧。采用这个方案,应处理好设备噪声和振动问题。

③ 将冷水机组设置在塔楼的顶层,如图 8-20 所示。冷水机组处于水泵的压出侧,仅底部的末端设备承压大,对隔振和防止噪声问题必须进行专门的处理,且冷水机组整体吊装就位和日后维修更换都有一定的困难。故采用时需要特别慎重。

④ 将冷水机组设置在地下室设备层,对于冷水系统静压不大于 1.0 MPa 的低区可直接供冷,超过 1.0 MPa 的高区采用板式换热器换热供冷,也就是说,在塔楼中部的技术设备层内布置水-水板式换热器,使静水压力分段承受。板式换热器将整个水系统分隔成上、下两个独立的系统,并耦合传递冷量,如图 8-21 所示。采用这种方案时,冷水换热温差取 0.5～1.5 ℃(热水换热温差取 2～3 ℃)。例如,夏季将来自冷水机组的供水为 7 ℃、回水为 12 ℃的冷水(称为一次冷水)送到板式换热器中,热交换成供水为 8.59 ℃、回水为 13.59 ℃的二次冷水,供高区空调使用。高区空调末端设备的供冷量应按二次冷水的水温进行校核。

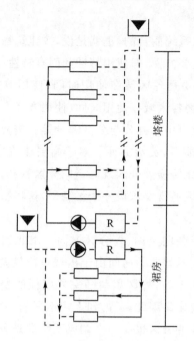

图 8-18　冷水机组设置在裙房的顶层

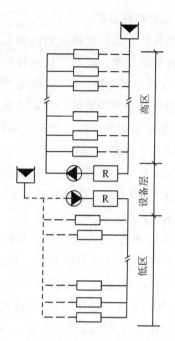

图 8-19　冷水机组设置在塔楼中部的设备层内

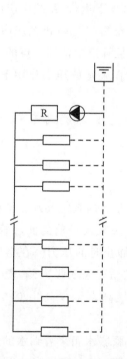

图 8-20　冷水机组设置在塔楼的顶层

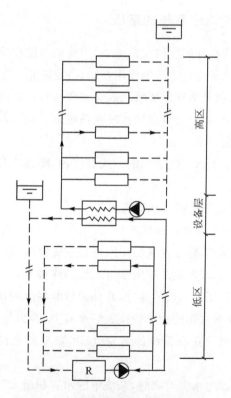

图 8-21　冷水机组设置在地下设备层，
在塔楼的技术设备层设水-水换热器

2. 按负荷特性分区

按负荷特性分区仅仅是针对两管制风机盘管水系统而言的,也就是说,按建筑物的朝向和内外区进行管路布置。负荷特性本身包括了两个主要方面,即使用特性和固有特性。

① 按负荷使用特性分区,从使用性质上看,主要是各区域在使用时间、使用方式上的区别。由于现代综合性建筑的功能越来越复杂,建筑物各区域在使用时间、使用方式上的差异也越来越大,如酒店建筑中的客房与公共部分,办公建筑中的办公与公共部分等。按使用性质分区可以各区独立管理,不用时可以最大限度地节省能源,灵活方便。对于高层建筑,通常在公共部分与标准层之间都有明显的建筑形式转换,因此转换处分区既对竖向分区有利,也对使用方式上的分区有利,是一种较好的方式。但这一分区通常要求设一个设备层,这将影响建筑形式以及增加初投资。

② 按负荷固有特性分区,负荷的固有特性是指朝向及内、外分区方面。南北朝向的房间由于日照不同,过渡季节时的要求有可能不一致,东西朝向的房间由于出现负荷最大值的时间不一致,在同一时刻也会有不同的要求。从内、外区上看,外区负荷随室外气候的变化较为明显;而内区负荷相对比较稳定,全年以供冷的时间较多。因此,考虑到上述不同的要求,可以对水系统进行合理的分区或分环路设置,同时,水系统的分区也应与空调风系统的划分结合起来考虑。

8.2.2 空调水系统的定压

在闭式循环的空调水系统中,为使水系统在确定的压力水平下运行,系统中应设置定压设备。对水系统进行定压的作用在于,一是防止系统内的水"倒空",二是防止系统内的水汽化。具体地说,就是必须保证系统的管道和所有设备内均充满水,且管道中任何一点的压力都应高于大气压力,否则会有空气被吸入系统中。同时,冬季运行时在确定的压力作用下,防止管道内热水汽化。

目前空调水系统定压的方式有三种,即高位开式膨胀水箱定压、隔膜式气压罐定压和补给水泵定压。

1. 高位开式膨胀水箱定压

(1) 膨胀水箱定压原理

如前所述,膨胀水箱的作用是对系统定压、容纳水体积膨胀和向系统补水。空调水系统的定压点(即膨胀水箱的膨胀管与系统的连接点)宜设在循环水泵吸入口前的回水管路上,这是因为该点是压力最低的地方,系统运行时各点的压力均高于静止时的压力。在空调工程设计中,常将膨胀水箱的膨胀管接到集水器上,因为集水器就处在循环泵的吸入侧,便于管理。膨胀水箱通常设置在系统的最高处,其安装高度应比系统的最高点至少高出 0.5 m(5 kPa)为宜。

当系统中水温升高时,系统中的水容积增大,如果不外接膨胀水箱来容纳水的这部分膨胀量,势必造成系统内的水压升高,将影响正常运行。利用开式膨胀水箱来容纳系统的水膨胀量,可减小系统因水的膨胀而造成的水压波动,提高了系统运行的安全可靠性。

当系统由于某种原因漏水或降温时,开式膨胀水箱的水位下降,此时,可利用膨胀管(兼作补水管)自动向系统补水。

总之,由于高位开式膨胀水箱具有定压简单、可靠、稳定和省电等优点,是目前工程上最常用的定压方式,也是推荐优先采用的方式。

(2)膨胀水箱及其配管要求

膨胀水箱按构造分为圆形和方形两种。当计算出水系统的有效膨胀容积时,就可按《国家采暖通风标准图集 T905—2》选取型号,查得外形尺寸,以及各种配管的管径,并按国标图集制作。方形膨胀水箱,主要由箱体、箱上的各种配管、玻璃管水位计、人孔和内外人梯等部分组成,外形如图 8-22 所示。

膨胀水箱上各种配管(见图 8-23)的作用及安置要求如下:

① 膨胀管:主要用来接至系统的定压点并向水系统补水。膨胀管上严禁安装阀门,否则会因误操作引起系统超压事故。

② 信号管:主要用来检查膨胀水箱内是否有水,一般将它接到制冷机房工人容易观察的地方(例如洗手池),信号管上应安装阀门。当水系统安装、清洗完毕,需要向系统注水时,可打开阀门查看,如信号管有水流出,说明水已注到膨胀水箱的正常水位,此时即可停止注水。若水箱设置了远程水位显示控制仪表,建议还是设信号管,以备水位显示控制仪表失灵时使用。

③ 溢水管:当系统内水体积的膨胀超过溢水管的管口时,水会自动溢出,该管不需安装阀门。从节能节水的目的出发,膨胀水应予回收(例如,对于使用软化水的系统,尽可能将膨胀水引至补水箱等)。由图 8-17 可知,膨胀水箱内从信号管口至溢水管口之间的容积,称为有效膨胀容积。

④ 排水管:用来清洗水箱和放空箱内的脏水,管上应安装阀门。

⑤ 循环管:设置循环管的目的是防止冬季水箱里的水结冰,将该管接至定压点前水平回水干管上,该点与定压点之间应保持 1.5~3.0 m 的距离。当膨胀水箱内的水在冬季无结冰可能时,也可不设循环管,循环管上应严禁安装阀门。

(3)膨胀水箱的容积计算

膨胀水箱的容积是由系统中的水容量和最大的水温变化幅度决定的,膨胀水量 V_P(L)可按下式计算:

$$V_p = \alpha V_c \Delta t \tag{8-1}$$

式中,α——水的膨胀系数,℃^{-1},取 0.000 6/℃

V_C——系统的水容量,L,可按表 8-4 确定;当空调水系统采用双管制系统时,膨胀水箱有效容积应按冬季工况来确定;

Δt——水的平均温差,冷水取 15 ℃,热水取 45 ℃。

估算时膨胀量 V_P:冷水约 0.1 L/kW,热水约 0.3 L/kW,膨胀水箱的容积宜取 1.5 V_P。从以上计算得到膨胀水量 V_P 的单位为 L,还应除以 1 000,换算成立方米(m^3)后,方可从采暖通风标准图集上选定相应的规格型号。

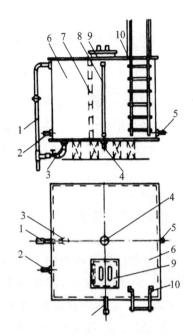

1—溢水管；2—信号管；3—排水管；4—膨胀管；5—循环管；
6—箱体；7—内人梯；8—玻璃管水位计；9—人孔；10—外人梯

图 8-22　方形膨胀水箱外形图

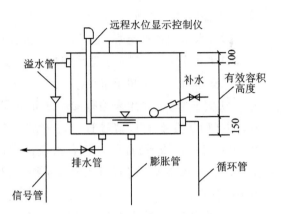

图 8-23　膨胀水箱配管示意图

表 8-4　系统的单位水容量　（单位：L/m² 建筑面积）

项　　目	全空气系统	水-空气空调系统
供冷时	0.40～0.55	0.70～1.30
供暖时	1.25～2.00	1.20～1.90

按式(8-1)计算系统的膨胀水量时，是将水的膨胀系数 α 视为常数，但实际上水的膨胀系数随温度的变化而变化，而且变化幅度不可忽视。同时，表 8-3 中给出的是每平方米建筑面积对应的系统水容量的经验值，为了克服上述计算方法的不确定性，使计算工作简便、迅速，建议按照以下公式进行计算：

$$V_{\mathrm{p}} = \left(\frac{1}{p_2} - 1\right) V_{\mathrm{c}} = \beta V_{\mathrm{c}}$$

式中，β——水箱系数。

系统内单位体积(L)水从 4 ℃升温到 t_2 时的膨胀量(L)，见表 8-5。

表 8-5　水的密度、比体积、水箱系数

水温/℃	密度 ρ/(kg·m⁻³)	比体积 V/(L·kg⁻¹)	水箱系数 β
4	1 000.00	1.000 00	—
7	999.87	1.000 14	—
10	999.73	1.000 34	—

水温/℃	密度 ρ/(kg·m^{-3})	比体积 V/(L·kg^{-1})	水箱系数 β
20	998.83	1.001 85	—
30	995.67	1.004 42	0.004
35	993.95	1.006 09	0.006
40	992.24	1.007 89	0.008
45	990.16	1.009 94	0.010
50	988.07	1.012 16	0.012
55	985.73	1.014 48	0.014
60	983.24	1.017 13	0.017
65	980.59	1.019 79	0.020
70	977.81	1.022 76	0.023
75	974.89	1.025 76	0.026
80	971.83	1.029 03	0.029
85	968.65	1.032 37	0.032
90	965.34	1.035 93	0.036
95	961.92	1.039 54	0.040
100	—	1.043 44	—
120	—	1.060 31	—
140	—	1.079 72	—

工程上由于受建筑条件的限制或其他原因,设置高位开式膨胀水箱定压有困难时,也可采用隔膜式气压罐定压或补给水泵变频定压方式。

2. 气压罐定压

气压罐定压俗称低位闭式膨胀水箱定压。气压罐不但能解决系统中水体积的膨胀问题,而且可实现对系统进行稳压、自动补水、自动排气、自动泄水和自动过压保护等功能。与高位开式膨胀水箱相比,它要消耗一定的电能。

工程上用来定压的气压罐是隔膜式的,罐内空气和水完全分开。气压罐的布置比较灵活方便,不受位置高度的限制,可安装在制冷机房、热交换站和水泵房内,也不存在防冻的问题。

图 8 - 24 所示为采用气压罐方式定压的空调水系统工作原理。气压罐装置主要由补给水泵、补气罐、气压罐、软水箱和各种阀门、控制仪表所组成。它的工作原理是利用气压罐内的压力来控制空调水系统的压力状况,从而实现自动补水、自动排气、自动泄水、过压保护等功能。

3. 补给水泵定压

补给水泵的定压方式如图 8 - 25 所示,其适用于大中型空调冷热水系统。氮气加压落地膨胀水箱的容积一般为系统每小时泄漏量的 1~2 倍。补水定压点安全阀的开启压力宜为连接点的工作压力加上 50 kPa 的富余量。补水泵的启停,宜由装在定压点附近的电接点压力表或其他形式的压力控制器来控制。电接点压力表上下触点的压力应根据定压点的压力确定,通常要求补水点压力波动范围为 30~50 Pa。如果补水点压力波动范围太小,则触点开关动作频繁、易损坏,对水泵寿命也不利。

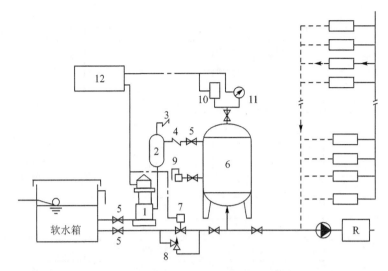

1—补给水泵；2—补气罐；3—吸气阀；4—止回阀；5—闸阀；6—气压罐；
7—泄水电磁阀；8—安全阀；9—自动排气阀；10—压力控制器；11—电接点压力表；12—电控箱

图 8－24　气压罐方式定压的空调水系统工作原理

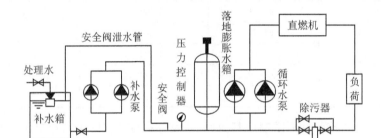

图 8－25　补给水泵的定压方式

8.3　空调水系统的设计

8.3.1　空调冷热水系统设计

1．水系统的水力计算

（1）空调水系统压力损失的构成

空调水系统的主要压力损失由以下几项构成：

① 冷水机组的压力损失（冷冻水系统为蒸发器、冷却水系统为冷凝器）、具体数据由机组厂家提供，一般为 $60\sim100$ kPa（$6\sim10$ mH_2O）。

② 管路系统压力损失：包括摩擦压力损失（沿程阻力）和局部压力损失（局部阻力）。

③ 空调末端装置的压力损失：冷热水系统的末端装置主要有风机盘管机组、组合式空调机组等换热末端，它们的压力损失是根据设计提出的空气进、出空调盘管的参数、冷量、水温差等由制造厂经过盘管配置计算后提供的，许多额定工况指在产品样本上能查到，此项压力损失

一般在 $20\sim50$ kPa($2\sim5$ mH$_2$O)范围内。冷却水系统的末端装置压力主要为冷却塔的布水器(喷嘴)的局部阻力,以及喷嘴的资用压头。

④ 调节阀等管件的压力损失。

空调水系统中最不利环路的上述各项压力损失之和,即为空调水系统的总压力损失,也即为水泵的扬程。

(1) 沿程阻力损失计算

沿程阻力损失:

$$\Delta P_y = \frac{\lambda}{d} \times l \times \frac{\rho v^2}{2} \tag{8-2}$$

式中,ΔP_y——沿程阻力损失,Pa;

　　λ——摩擦阻力系数;

　　d——管道内径,m;

　　l——管道长度,m;

　　v——流体在管道内的流速,m/s;

　　ρ——流体的密度,kg/m^3。

由式(8-2)可知,沿程阻力与沿程阻力系数成正比,也即与管壁的粗糙度成正比,与管道的内径 d 成反比,与管道内速度 v 的平方成正比。

单位管道长度上的压力损失即为比摩阻(单位为 Pa/m)。实际工程中,也通常利用比摩阻的计算公式计算沿程阻力。

液体管网流量 G 常用单位为 kg/h。在液体管网水力计算中,通常根据相应的管径及合理的流速,求出单位长度上管道的摩擦阻力(即比摩阻),进而求得管网最不利环路的总阻力及总资用压头。比摩阻的计算公式为

$$R_m = 6.25 \times 10^{-8} \frac{\lambda}{\rho} \cdot \frac{G^2}{d^5} (\text{Pa/m})$$

式中,λ——管道摩擦阻力系数(其与管壁粗糙度 K、流态雷诺数及管道内径有关);

　　ρ——液体密度,kg/m^3;

　　G——管内流量,kg/h;

　　d——管道内径,m。

摩擦阻力系数 λ 的公式与流态有关,室内空调冷热水官网几乎处于紊流过渡区,室外官网大多处于阻力平方区,因此大多利用下式计算摩擦阻力系数:

$$\lambda = 0.11 \left(\frac{K}{d} + \frac{68}{Re} \right)^{0.25} \tag{8-3}$$

室内冷热水管网(热水采暖和空调冷冻水)用的钢管粗糙度 K,直接影响管道摩擦阻力系数,一般情况下,闭式管网钢管粗糙度 $K=0.2$ mm,开式及室外管网 $K=0.5$ mm。

设计手册中常根据式(8-3)制成管道摩擦阻力计算图表,以减少计算工作量。图 8-26 所示为按 $K=0.3$ mm,水温 20 ℃条件制作的计算图,可用于冷水管网阻力计算,在雷诺数 Re 为 $10^4\sim10^7$ 范围内,图表法与公式法偏差不超过 5%。

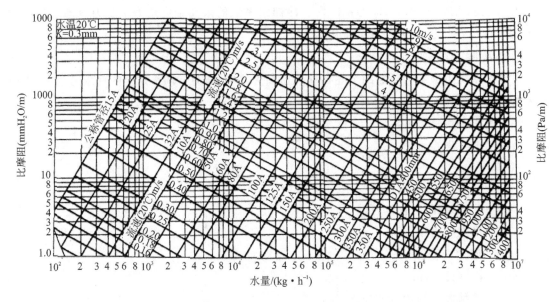

图 8-26 液体管路水力计算图

液体管网性质不同,所处的位置不同,液体将具有不同的推荐流速。液体流速过小,尽管水阻力较小,对运行及控制较为有利,但在水流量大时,其管径将要求加大,既带来投资(管道及保温等)的增加,又占用了较大的空间;流速过大,则水流阻力加大,运行能耗增加。当流速超过 3 m/s 时,还将对管件内部产生严重的冲刷腐蚀,影响使用寿命。因此,必须合理地选用管内流速。不同管段管内流速推荐值按表 8-6 选用。

表 8-6 不同管径内的推荐水流流速

管径/mm		15	20	25	32	40	50	65	80
流速 /(m·s⁻¹)	闭式系统	0.4~0.5	0.5~0.6	0.6~0.7	0.7~0.9	0.8~1.0	0.9~1.2	1.1~1.4	1.2~1.6
	开式系统	0.3~0.4	0.4~0.5	0.5~0.6	0.6~0.8	0.7~0.9	0.8~1.0	0.9~1.2	1.1~1.4

管径/mm		100	125	150	200	250	300	350	400
流速 /(m·s⁻¹)	闭式系统	1.3~1.8	1.5~2.0	1.6~2.2	1.8~2.5	1.8~2.6	1.9~2.9	1.6~2.5	1.8~2.6
	开式系统	1.2~1.6	1.4~1.8	1.5~2.0	1.6~2.3	1.7~2.4	1.7~2.4	1.6~2.1	1.8~2.3

(3)局部阻力计算

局部阻力使用通用公式计算:

$$\Delta P_j = \xi \times \frac{\rho v^2}{2}$$

式中,ΔP_j——空气在管道内流动时的局部阻力,Pa;

ξ——局部阻力系数。

计算局部阻力的关键是确定局部阻力系数 ξ,表 8-7 列出了一些阀门管件的局部阻力系数,表 8-8 列出了典型三通的局部阻力系数,表 8-9 列出了空调水系统中一些设备的阻力。更多的局部阻力系数可以从相应专业设计手册、或产品样本中查取。

表 8-7 部分阀门管件局部阻力系数

序号	名称		局部阻力系数						
1	截止阀	直杆式 斜杆式	DN	15	20	25	32	40	50
			阻力系数	16.0	10.0	9.0	9.0	8.0	7.0
			阻力系数	1.5	0.5	0.5	0.5	0.5	0.5
2	止回阀	升降式 旋启式	DN	15	20	25	32	40	50
			阻力系数	16.0	10.0	9.0	9.0	8.0	7.0
			阻力系数	5.1	4.5	4.1	4.1	3.9	3.4
3	旋塞阀(全开时)		DN	15	20	25	32	40	50
			阻力系数	4.0	2.0	2.0	2.0	—	—
4	蝶阀(全开时)		0.1~0.3						
5	闸阀(全开时)		DN	15	20—50	80	100	150	200—250	300—450
			阻力系数	1.5	0.5	0.4	0.2	0.1	0.08	0.07
6	变径管	渐缩	0.10(对应小断面的流速)						
		渐扩	0.30(对应小断面的流速)						
7	焊接弯头	90° 45°	DN	80	100	150	200	250	300	350
			阻力系数	0.51	0.63	0.72	0.72	0.78	0.87	0.89
			阻力系数	0.26	0.32	0.36	0.36	0.39	0.44	0.45
8	普通弯头	90° 45°	DN	15	20	25	32	40	50	65
			阻力系数	2.0	2.0	1.5	1.5	1.0	1.0	1.0
			阻力系数	1.0	1.0	0.8	0.8	0.5	0.5	0.5
9	弯管(煨弯)(R—弯曲半径;D—直径)		D/R	0.5	1.0	1.5	2.0	3.0	4.0	5.0
			阻力系数	1.2	0.8	0.6	0.48	0.36	0.30	0.29
10	括弯		DN	15	20	25	32	40	50
			阻力系数	3.0	2.0	2.0	2.0	2.0	2.0
11	水箱接管	进水口	1.0						
		出水口	0.50(箱体上的出水管在箱内与壁面保持平直,无凸出部分)						
		出水口	0.75(箱体上的出水管在箱体内凸出一定长度)						
12	水泵入口		1.0						
13	过滤器		2.0~3.0						
14	除污器		4.0~6.0						
15	吸水底阀	无底阀	2.0~3.0						
		有底阀	DN	40	50	80	100	150	200	250	300	500
			阻力系数	12	10	8.5	7	6	5.2	4.4	3.7	2.5

表 8-8　三通的局部阻力系数

序　号	形式简图	流　向	局部阻力系数	序　号	形式简图	流　向	局部阻力系数
1	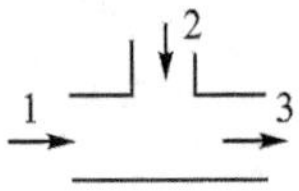	$2 \to 3$	1.5	6	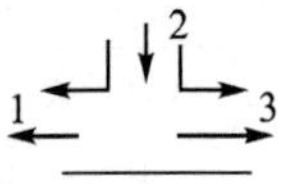	$2 \to \frac{1}{3}$	1.5
2	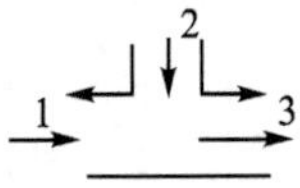	$1 \to 3$	0.1	7	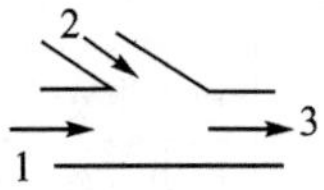	$2 \to 3$	0.5
3	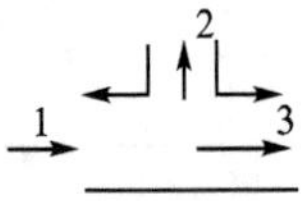	$1 \to 2$	1.5	8	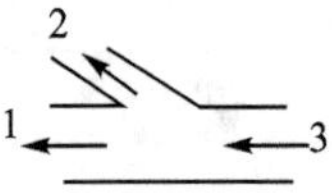	$3 \to 2$	1.0
4		$1 \to 2$	0.1	9		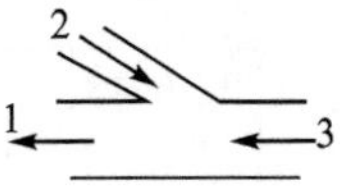 $2 \to 1$	3.0
5	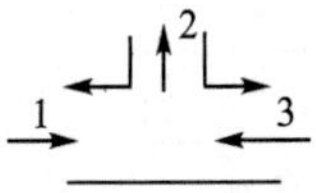	$\frac{1}{3} \to 2$	3.0	10	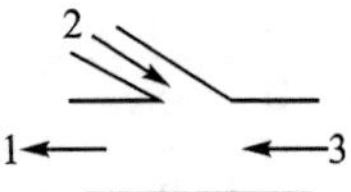	$3 \to 1$	0.1

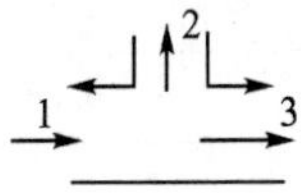

表 8-9　部分设备阻力

设备名称		压力损失/kPa	备　注
离心式冷水机组	蒸发器	30~80	
	冷凝器	50~80	
螺杆式冷水机组	蒸发器	30~80	
	冷凝器	50~80	
冷热水盘管		20~50	水流速度:$v=0.8~1.5$ m/s
吸收式冷热水机组	蒸发器	40~100	
	冷凝器	50~140	
热交换器		20~50	
风机盘管机组		10~20	随机组容量的增大而增大
自动控制调节阀		30~50	
冷却塔		20~80	

综上,空调水系统的总阻力即为最不利环路上水流动过程中各管段沿程阻力与局部阻力之和:

$$\Delta P = \Delta P_y + \Delta P_j = \sum_{i=1}^{n} (R_m l + \Delta P_j)_i$$

（4）压力损失平衡与不平衡率计算

只用在设计流量条件下，管路的计算压力损失等于管路的作用压力，管网运行时的实际流量才与设计流量相等。因此在水力计算中，需要通过调整管径、设置调节阀等技术手段，使管路在设计流量下的计算压力损失与其作用压力相等。工程上将此称为"压损平衡"或"平衡压力损失"。

并联环路的压力损失包括共用管路的压力损失和独用管路的压力损失。由于共用管路的压力损失涉及若干并联管路，在进行某一并联环路（最不利环路除外）的压力损失平衡时，一般是通过调整独用管路的压力损失，使得整个环路的计算压力损失与环路资用压力相平衡。为了表示计算压力损失与资用压力相平衡的程度，定义压力损失不平衡率 x 如下：

$$x = \frac{\Delta P' - \Delta P_l}{\Delta P'} \times 100\%$$

式中，$\Delta P'$——管路资用压力，Pa；

ΔP_l——管路计算压力损失，Pa。

只有当各并联环路的资用压力相等时，"压力损失平衡"才能简化为各并联管路间的"阻力平衡"，一般要求不平衡率不应大于 $\pm 15\%$。若超过此范围，应采用改变管径或配置平衡阀门的措施进行平衡。

2. 循环泵的流量、扬程及水泵选型

（1）循环泵的流量

一级冷水泵的流量，应为所对应冷水机组的冷水流量；二级冷水泵的流量，应为按该区冷负荷综合最大值计算出的流量。选择冷水泵时所用的计算流量，应将上述流量乘以 $1.05 \sim 1.1$ 的安全系数。

（2）循环泵的扬程

根据水系统水力计算，最不利环路的总阻力即为循环水泵的扬程。

① 闭式循环一级泵系统，冷水泵扬程为管路、管件阻力，冷水机组的蒸发器阻力和末端设备的空气冷却器（或冷却盘管）的阻力之和。

② 闭式循环二级泵系统，一级冷水泵扬程为一次管路、管件阻力和冷水机组的蒸发器阻力之和；二级冷水泵扬程为二次管路、管件阻力及末端设备的空气冷却器（或冷却盘管）阻力之和。

③ 设有蓄冷水池的开式循环一级泵系统，冷水泵的扬程除按第①条计算外，还应包括从蓄冷水池最低水位到末端设备空气冷却器之间的高差。

④ 闭式循环热水系统，热水泵的扬程为管路、管件阻力，换热器阻力和末端设备的空气加热器（或加热盘管）阻力之和。

⑤ 所有上述系统的水泵扬程，应分别乘以 $1.05 \sim 1.1$ 的安全系数后，作为选择水泵用的计算扬程。

（3）循环泵的选型要求

对于大多数多层和高层建筑来说，空调冷（热）水系统主要为闭式循环系统，冷水泵的流量较大，但扬程不会太高。据统计，一般情况下，20 层以下的建筑物，空调冷水系统的冷水泵扬程大多在 $16 \sim 28$ mH₂O（$157 \sim 274$ kPa）之间，乘上 1.1 的安全系数后最大也就是 30 mH₂O（294 kPa）。所以，在选择冷水泵时，一定要选择水泵制造厂专为空调、制冷行业设计制造的单级离心泵。一般选用单吸泵,当流量大于 50 m³/h 时,宜选用双吸泵。同时,在设计高层建筑空调水系统时,应明确提出对水泵的承压要求。为了降低噪声,一般选用转速为 1 450 r/min 的水泵。

3. 冷热水循环泵的配置

(1) 冷热水循环泵是否分开设置的问题

由于冬、夏两季空调水系统的流量及系统阻力相差很大,因此对于大中型工程的两管制空调水系统,按照现行《民用建筑供暖通风与空气调节设计规范》(GB 50736—2012)8.5.11 小节的规定,宜分别设置冷水循环泵和热水循环泵。这是因为对于多层或高层民用建筑,一般夏季供、回水温差为 5 ℃,而冬季的供、回水温差为 10 ℃(冬季供回水温差约为夏季的 2 倍)。通常在南方地区冬季空调供热负荷要比夏季空调供冷负荷小(在北方寒冷地区冬季热负荷比夏季冷负荷大一些),因此冬季工况系统所需的水流量要比夏季工况的水流量大约减少一半。冬季常用的汽-水换热器或水-水换热器的阻力远比冷水机组蒸发器的阻力小。这样使得两管制水系统冬季工况的运行阻力比夏季工况小得多。

如果冬夏两季合用循环泵,工程上一般是按系统的供冷运行工况来选择循环泵,供热运行时系统和水泵工况不相吻合,往往使得水泵不在高效率区运行,或者系统的运行成为小温差大流量,造成电能浪费,因此不宜合用。对于小型工程的两管制系统,可用冷水泵兼作冬季的热水泵使用,此时须校核供热工况时水泵的工作特性是否在高效率区,并确定水泵合适的运行台数。必要时,可调节水泵转速以适应冬季供热工况对流量和扬程的要求。分区两管制和四管制系统的冷热水均为独立系统,因此循环泵必然是分别设置的。

(2) 循环泵的台数

① 一级冷水泵的台数。冷源侧一级冷水泵的配置,宜与冷水机组相对应,采取"一泵对一机"的方式,一般不要求设备用泵。这样,就可保证流经冷水机组蒸发器的水量恒定,并随冷水机组运行台数的调整,向用户提供适应负荷变化的空调冷水流量。但对于全年连续运行等特殊性质的工程,要不要设备用泵设计规范未作硬性规定。

② 二级冷水泵的台数。负荷侧二级冷水泵的配置,不必与一级冷水泵的配备相对应。二级冷水泵的台数应按系统的分区和每个分区的流量调节方式来确定。

二级冷水泵的流量调节,可通过台数调节或水泵变速调节来实现;即使是流量较小的系统,也不宜少于 2 台水泵,考虑到在小流量运行时,水泵可以轮流检修,一般工程可不设备用泵。二级冷水泵通常设在制冷机房内或设在分区负荷区域内,区域供冷时设在每栋建筑物内。

③ 热水泵的台数。热水泵的台数应根据供热系统规模和运行调节方式确定。热水泵一般为流量调节,多数时间是在小于设计流量状态下运行,只要水泵不少于 2 台,即可做到轮流检修。但考虑到严寒及寒冷地区对供暖的可靠性要求较高,而且设备管道等有冻结的危险,当水泵设置台数不超过 3 台时,宜设置备用泵,以免水泵检修时,流量减少过多。有条件时,热水泵也可采用变频控制。

4. 冷水机组与冷水泵之间的连接

(1) 冷水机组和水泵通过管道一对一连接

如图 8 - 27(a)所示,这种方式机组与水泵之间的水流量一一对应,系统控制及运行管理简洁方便,各台冷水机组相互干扰少,水量变化小,水力稳定性好。某台冷水机组不运行时,由于水泵出口止回阀的作用,水不会通过停运的冷水机组及水泵回流到正常运行的水泵中。但在实际工程中,由于接管相对较多,施工安装难度较大,这种一对一的配置方式往往难以实现。

(2) 冷水机组和水泵通过共用集管连接

如图 8-27(b)所示,这种方式是将多台冷水泵并联后通过集管与冷水机组连接,能做到机组和水泵检修时的交叉组合互为备用。由于接管相对较为方便,机房布置简洁、有序,因此目前采用较多。这种方式要求每台冷水机组入口或出口管道上宜设电动阀,电动阀宜与对应运行的冷水机组和冷水泵连锁。这是因为当只有一台机组投入使用、另外几台停运时,如果不关闭通向冷水机组的水路阀门,水流将会均分流经各台冷水机组,无法保证蒸发器的水流量。当空调水系统设置自控设施时,应设电动阀随着冷水机组的使用或停运而开启或关闭。对应运行的冷水机组和冷水泵之间存在着连锁关系,而且冷水泵应提前启动和延迟关闭,因此电动阀开启或关闭与对应水泵连锁。

图 8-27 中冷水机组处在冷水泵的压出侧,优点是冷水机组和水泵的工作较为稳定,这种方式仅适用于建筑高度不高的多层建筑。对于高层建筑,空调水系统的静压力大,为了减少冷水机组蒸发器的承压,应将冷水机组设在冷水泵的吸入侧。

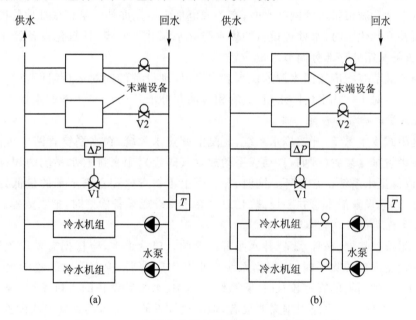

图 8-27　一级泵变流量系统冷水机组和水泵的连接

5. 补水、排气、泄水与除污

(1) 水系统的补水

空调冷热水系统在运行过程中,由于各种原因漏水通常是难以避免的。为保证系统的正常运行,需要及时向系统补充一定的水量。

① 系统补水量。要确定系统补水量,首先要知道系统的泄漏量。泄漏量应按空调系统的规模和不同系统形式计算水容量后确定。必须注意,系统水容量与循环水量无关,两者相差很大。系统的小时泄漏量,宜按系统水容量的 1% 计算,系统补水量则按系统水容量的 2% 取值。

② 补水点及补水泵的选择。空调水系统的补水点,宜设置在循环水泵的吸入段,当补水压力低于补水点压力时,应设置补水泵。将补水点设在循环水泵的吸入段,是为了减小补水点处的压力及补水泵的扬程。

补水泵的流量取补水量的 2.5～5 倍;补水泵的扬程应保证补水压力比系统静止时补水点的压力高 30～50 kPa,还要加上补水泵至补水点的管道阻力。

通常补水泵间歇运行,有检修时间,一般可不设备用泵;但考虑到严寒及寒冷地区冬季运行应有更高的可靠性,因此对于空调热水用补水泵及冷热水合用的补水泵,宜设置备用泵。

③ 补水的水质要求。空调水系统的补水应经软化处理,仅在夏季供冷时使用的空调水系统,也可采用静电除垢的水处理设施。对于给水水质较软地区的多层或高层民用建筑,工程上也可利用设在屋顶水箱间的生活水箱,通过浮球阀向膨胀水箱进行自动补水,此时膨胀水箱要比生活水箱低一定的高度。

当所在地区的给水硬度较高时,空调热水系统的补水宜进行化学软化处理。这是因为热水的供水平均温度一般为 60 ℃左右,已达到结垢水温,且直接与高温次热媒接触的换热器表面附近的水温则更高,结垢后危险更大。为了不影响系统传热、延长设备的检修时间和使用寿命,对补水进行化学软化处理或采用对循环水进行阻垢处理,是十分必要的。

④ 补水调节水箱设置补水泵时,空调水系统应设补水调节水箱(简称补水箱)。这是因为当空调冷水直接从城市供水管网补水时,有关规范规定不允许补水泵直接抽取管网的水;当空调冷热水须补充软化水时,水处理设备的供水与补水泵并不同步,且软化设备经常间断运行。因此,须设置补水箱储存部分调节水量。

补水箱的调节容积应按照水源的供水能力、水处理设备的间断运行时间及补水系稳定运行等因素确定。对于软化水(补)水箱,其容积按储存补水泵 0.5～1.0 h 的水量考虑。

(2) 水系统的排气和泄水

不论是闭式冷水系统、开式冷水系统,还是空调热水系统,在水系统管路中可能积聚空气的最高处应设置排气装置(例如,自动或手动放空气阀等),用来排放水系统内积存的空气,消除"气塞",以保证水系统正常循环。同时,在管道上下拐弯处和立管下部的最低处,以及管路中的所有低点,应设置泄水管并装设阀门,以便在水系统或设备检修时,把水放掉。

(3) 水系统设备入口的除污

冷水机组或换热器、循环水泵、补水泵等设备的入口管道上,应根据需要设置过滤器或除污器。考虑设备入口的除污时,应根据系统大小和实际需要,确定除污装置的设置位置。例如,系统较大、产生污垢的管道较长时,除系统冷热源、水泵等设备的入口须设置外,各分环路或末端设备、自控阀门前也应根据需要设置,但距离较近的设备可不重复串联设置除污装置。

6. 水管的坡度与伸缩

在两管制空调水系统中,供水管夏季供冷水、冬季供热水,管道敷设应有一定的坡度,干管尽量抬头走。这是因为冬季按供暖运行时,有利于使水中分离出来的空气泡(或者少量补水带入系统的空气)与水同向流动,以便在系统的最高处将空气排出。但是,在多层或高层民用建筑中,空调供回水管道通常布置在吊顶内,受吊顶空间高度的限制,设置坡度有困难。因此,供水管道可无坡度敷设,但管内的水流速度不得小于 0.25 m/s。因为只有当水流速度达到 0.25 m/s 时,方能把管内的空气泡携带走,使之不能浮升,同时在供水干管的末端设自动放气阀排气。

空调水管应考虑热膨胀,对于水平管道一般利用其自然弯曲部分进行补偿即可。对于垂直管道,当长度超过 40 m 时,应设置补偿器。由于管道整井内距离狭小,常用波纹管伸缩器。

7. 水系统附属设备

（1）分水器和集水器

在空调水系统中，为了便于连接通向各个空调分区的供水管和回水管，设置分水器和集水器，不仅有利于各空调分区的流量分配，而且便于调节和运行管理，同时在一定程度上也起到均压的作用。分水器用于冷（热）水的供水管路，集水器用于回水管路。

分水器和集水器的筒身直径，可按各个并联接管的总流量通过筒身时的断面流速为 $1.0\sim1.5\ \mathrm{m/s}$ 确定。或按经验公式估算，即 $D=(1.5\sim3.0)\,d_{\max}$，其中 $d_{\max}$ 为各支管中的最大管径。

图 8-28(a)为某工程的分水器和集水器与各个空调分区的供、回水管连接示意图，该工程的空调冷（热）源采用直燃型溴化锂吸收式冷热水机组，夏季提供冷水，冬季提供热水。空调水系统为一级泵变流量系统，在分水器与集水器之间设置由压差控制器控制的电动两通阀。

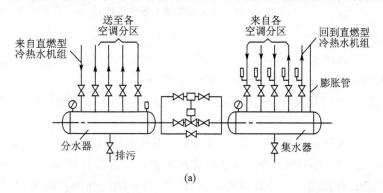

(a)

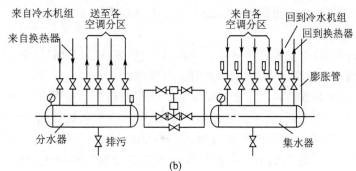

(b)

图 8-28　分水器和集水器与各个空调分区的供、回水管连接示意图

图 8-28(b)为冷水来自冷水机组、热水来自换热器的分水器和集水器与各空调分区供回水管的连接示意图。

分水器和集水器为受压容器，应按压力容器进行加工制作，其两端应采用椭圆形的封头。各配管的间距，应以阀门的手轮或扳手之间便于操作来确定（其尺寸详见国标图集）。图 8-29(a)和 8-29(b)分别为分水器和集水器的结构示意图。

（2）平衡阀

工程中常用设置平衡阀来解决空调水系统的水力平衡问题，特别是对于那些阻力先天不平衡的支管环路。为了确保系统中各个分区能分配到设计规定的水流量，对于规模较大的水系统，有条件时，宜在各个分支管路处安装平衡阀。

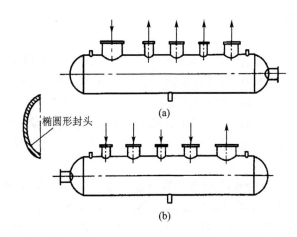

图 8 - 29　分水器和集水器的结构

平衡阀的主要功能有以下 4 种：

① 测量流量。通过测压孔测得水流经平衡阀时的压力差，将压差信号通过专用的压差变送器，传递给专用的智能仪表，可读出被测的流量值。

② 调节流量。通过旋转手轮，读出阀门的开度值。一旦设定阀门的开度后可以加以锁定。

③ 隔断功能。阀门处于全关位置时，可以完全截断流量，相当于一个截止阀。

④ 排污功能。对于小口径的阀门，接有排污短接管。通过排污口，可以排除管段中的积水。选择平衡阀时，按照生产厂家提供的流量、压差、口径的选择线算图进行。根据水系统管路的水力计算结果和应由平衡阀来消除的剩余压头，确定平衡阀的口径。

（3）过滤器与除污器

除污器（或过滤器）应安装在用户入口供水总管、热源（冷源）、用热（冷）设备、水泵、调节阀等入口处，用于阻留杂物和污垢，防止堵塞管道与设备。

除污器分立式和卧式两种。图 8 - 30 为立式除污器构造示意图，它是一个钢制圆筒形容器，水进入除污器，流速降低，大块污物沉积于底部，经出水管将较小污物截留，除污后的水流向下面的管道。其顶部有放气阀，底部有排污用的丝堵或手孔。除污器应定期清通。

图 8 - 31 是 Y 形过滤器的构造示意图，它是利用过滤网阻留杂物和污垢。过滤网为不锈钢金属网，过滤面积约为进口管面积的 2～4 倍。Y 形过滤器有螺纹连接和法兰连接两种，小口径过滤器为螺纹连接。Y 形过滤器有多种规格（$DN15～DN450$）。它与立式或卧式除污器相比有体积小、质量轻，可在多种方位的管路上安装，阻力小等优点。使用时应定期将过滤网卸下清洗。

（4）压力表和温度计

分水器和集水器须进行保温，并安装压力表和温度计。压力表应设置在分水器、集水器、冷水机组的进出水管、水泵进出口，及分水器和集水器各分路阀门以外的管道上。温度计应设置在冷水机组和换热器的进出水管、分水器、集水器各个支路阀门后、空调机组和新风机组供回水支管上。

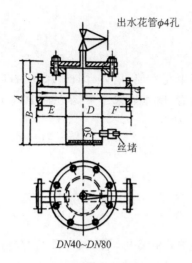

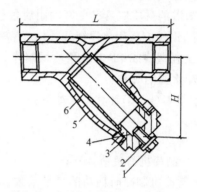

图 8 - 30 立式除污器构造示意图

1—螺栓;2、3—垫片;4—封盖;5—阀体;6—网片

图 8 - 31 Y 形过滤器

8. 空调水系统管材的选择

随着材料技术的发展,水管管材也品目众多,特点各异。空调水系统的管道材质,需要根据其输配的水温度、压力、管道使用环境等的不同,进行合理选择,推荐管材见表 8 - 10。

表 8 - 10 空调水系统适用管材

序 号	用 途	适用管材种类
1	输送 $t>95$ ℃的热水或蒸汽	焊接钢管、无缝钢管、镀锌钢管
2	输送 $t≤95$ ℃的热水	焊接钢管、无缝钢管、镀锌钢管、铝塑复合管、PB 管、PE—X 管
3	输送 $t≤60$ ℃的热水或冷水	焊接钢管、无缝钢管、镀锌钢管、PP—R 塑铝稳态管、铝塑复合管、PB 管、PE—X 管、PE—RT 管、PP—R 管
4	冷却水供、回水管	焊接钢管、无缝钢管、镀锌钢管、球墨铸铁管
5	排水管	PVC 管、UPVC 管
6	冷凝水管	镀锌钢管、PE 管、PVC 管、UPVC 管

8.3.2 空调冷却水系统设计

1. 冷却塔的选型

冷却塔选型须根据建筑物功能、周围环境条件、场地限制与平面布局等诸多因素综合考虑。对塔型与规格的选择还要考虑当地气象参数、冷却水量、冷却塔进出水温、水质以及噪声、散热和水雾对周围环境的影响,最后经技术经济比较确定。也就是说选择冷却塔时主要考虑热工指标、噪声指标和经济指标。冷却塔的选型应注意以下几点:

① 制造厂须提供经试验实测的热力性能曲线。

② 风机和电机匹配良好,无异常振动与噪声,运行噪声达到标准要求。

③ 重量小。

④ 对有阻燃要求的冷却塔,玻璃钢氧指数不应低于 28。

⑤ 布水均匀,不易堵塞,壁流较少,除水效率高,水滴飞溅少,没有明显的飘水现象,底盘

积水深度应确保在水泵启动时至少 1 min 内不抽空。

⑥ 塔体结构稳定。

⑦ 维护管理方便。

⑧ 冷却塔的材质应具有良好的耐腐蚀性和耐老化性能,塔体、围板、风筒、百叶格宜采用玻璃钢制作,钢件应采用热浸镀锌,淋水填料、配水管、除水器采用聚氯乙烯(PVC),喷溅装置采用 ABS 工程塑料或 PP 改性聚丙烯制作。

2. 冷却水量的确定

冷却水量 G(kg/s)计算公式如下:

$$G = \frac{kQ_0}{c(t_{w1} - t_{w2})}$$

式中,Q_0——制冷机冷负荷,kW;

K——制冷机制冷时耗功的热量系数,对于压缩式制冷机,取 1.2~1.3;对溴化锂吸收式制冷机,取 1.8~2.2;

C——水的比热容,kJ/(kg·℃);

t_{w1}、t_{w2}——冷却塔的进、出水温度,压缩式制冷机取 4~5 ℃,溴化锂吸收式制冷机取 6~9 ℃;当地气候比较干燥,湿球温度较低时,可采用较大的进出水温差。

3. 冷却塔位置设置

冷却塔的设置位置应通风良好,远离高温或有害气体,避免气流短路以及建筑物高温高湿排气或非洁净气体对冷却塔的影响。同时,也应避免所产生的飘逸水影响周围环境,防止产生冷却塔失火事故。工程上常见的冷却塔设置位置大体上有以下 3 种:

① 制冷站设在建筑物的地下室,冷却塔设在通风良好的室外绿化地带或室外地面上。

② 制冷站为单独建造的单层建筑时,冷却塔可设置在制冷站的屋顶上或室外地面上。

③ 制冷站设在多层建筑或高层建筑的底层或地下室时,冷却塔设在高层建筑裙房的屋顶上。如果没有条件这样设置时,只好将冷却塔设在高层建筑主(塔)楼的屋顶上,应考虑冷水机组冷凝器的承压在允许范围内。

4. 冷却塔补水量确定

冷却塔的补水量包括风吹飘逸损失、蒸发损失、排污损失和泄漏损失。一般按冷却水量的 1%~2% 作为补水量。不设集水箱的系统,应在冷水塔底盘处补水;设置集水箱的系统,应在集水箱处补水。

① 蒸发损失。冷却水的蒸发损失与冷却水的温降有关,一般当温降为 5 ℃时,蒸发损失为循环水量的 0.93%;当温降为 8 ℃时,蒸发损失则为循环水量的 1.48%。

② 飘逸损失。由于机械通风的冷却塔出口风速较大,会带走部分水量,国外有关设备其飘逸损失约为循环水量的 0.15%~0.3%;国产质量较好的冷却塔的飘逸损失约为循环水量的 0.3%~0.35%。

③ 排污损失。由于循环水中矿物成分、杂质等浓度不断增加,因此需要对冷却水进行排污和补水,使系统内水的浓缩倍数不超过 3~3.5。通常排污损失量为循环水量的 0.3%~1%。

④ 其他损失。包括在正常情况下循环泵的轴封漏水,个别阀门、设备密封不严引起的渗漏,以及前面提到的当设备停止运转时,冷却水外溢损失等。

5. 冷却水系统形式

① 下水箱(池)式冷却水系统。制冷站为单层建筑,冷却塔设置在屋面上。当冷却水水量较大时,为便于补水,制冷机房内应设置冷却水箱(池)。此时,冷却水的循环流程为:来自冷却塔的冷却供水→机房冷却水箱(加药装置向水箱加药)→除污器→冷却水泵→冷水机组的冷凝器→冷却回水返回冷却塔,如图 8-32 所示。这是开式冷却水系统,这种系统也适用于制冷站设在地下室,冷却塔设在室外地面上或室外绿化地带的场合。这种系统的好处就是冷却水泵从冷却水箱(池)吸水后,将冷却供水压入冷凝器,水泵总是充满水,可避免水泵吸入空气而产生水锤。

冷却水泵的扬程相应的压力,应是冷却水供、回水管道和部件(控制阀、过滤器等)的阻力,冷凝器的阻力,冷却水箱(池)最低水位至冷却塔布水器的高差相应的压力,以及冷却塔布水器所需的喷射压力(大约为 5 mH_2O(49 kPa))之和,再乘以 1.05～1.10 的安全系数。

由于制冷站建筑的高度不高,这种开式系统所增加的水泵扬程不大。如果制冷站的建筑高度较高时,可将冷却水箱设在屋面上(就成了上水箱式冷却水系统),这样可减小冷却水泵的扬程,节省运行费用。

② 上水箱式冷却水系统。制冷站设在地下室,冷却塔设在高层建筑主楼裙房的屋面上(或者设在主楼的屋面 A 上)。冷却水箱也设在屋面上冷却塔的近旁。此时,冷却水的循环流程仍为:来自冷却塔的冷却供水→屋面冷却水箱(加药装置向水箱加药)→除污器→冷却水泵→冷水机组的冷凝器→冷却回水返回冷却塔,如图 8-33 所示。

冷却水泵的扬程相应的压力,应是冷却水供、回水管道和部件(控制阀、过滤器等)的阻力、冷凝器的阻力、冷却塔集水盘水位至冷却塔布水器的高差相应的压力,以及冷却塔布水器所需的喷射压力(大约为 5 mH_2O(49 kPa))之和,再乘以 1.05～1.10 的安全系数。

显然,这种系统冷却塔的供水自流入屋面冷却水箱后,靠重力作用进入冷却水泵,然后将冷却供水压入冷凝器,有效地利用了从水箱至水泵进口的位能,减小水泵扬程,节省了电能消耗。同时,保证了冷却水泵内始终充满水。

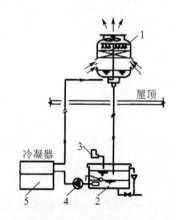

1—冷却塔;2—冷却水箱(池);3—加药装置;
4—冷却水泵;5—冷水机组

**图 8-32　在室内设冷却水箱(池)
的冷却水循环流程**

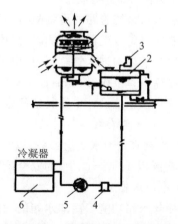

1—冷却塔;2—冷却水箱;3—加药装置;
4—水过滤器;5—冷却水泵;6—冷水机组

**图 8-33　在屋顶上设冷却水箱的
冷却水循环流程**

6. 冷却塔的防冻

冬季有些建筑物要求冷却塔直接提供空气调节冷水时,或者在冬季冷却塔冷却水系统 停运时,都有可能因室外气温过低而引起冷却塔、阀门、水管、水泵、主机的某些部位结冰,因此必须采取有效防冻措施。

① 冷却塔进风口结成冰帘,减小了进风口的有效面积;填料表面结冰,降低了填料的散热效果。这些都会直接影响冷却塔的冷却效果。

② 阀门、水管、水泵、主机内因存水而结冰,体积膨胀 9%,导致阀门、水管、水泵、主机冻裂。

冬季防冻措施如下:

① 寒冷地区在冬季使用冷却塔时,集水盘内可增设防冻电加热器,冷却水管保温层内加设电伴热设施。

② 冷却塔进风口上增设一圈防冻管与进水管连接,进水向下喷,可防止结冰。

③ 冷却塔的进水管上加接通往集水盘的旁通管,冷却水系统开始启动或停机时,将循环水直接送往集水盘,待正常运行后,关闭旁通管。也可由旁道管调节进水量,从而调节集水盘水温,确保在零度以上。

④ 运行时使冷却塔风机倒转,将"热空气"从塔的进风口排出塔外。

⑤ 调节冷却塔进风口处百叶格角度,以调节进风量,避免结冰。

⑥ 防止冷却水系统结冰。首先对室外管道和构件要做好保温,要有足够厚度的保温层,特别对易吸潮的保温材料,更要做好防潮层,密封完善,不允许雨水渗入保温材料。同时对冬季停止运行的系统,及时打开系统最低点的放水阀,将积水放尽;打开集水盘的排污阀,使雨水及时排掉;同时关闭冷却塔出水阀。

⑦ 冬季机房内温度低于 0 ℃时,要将主机和水泵的积水排净。

7. 冷却水泵的确定

冷却水泵选型时,需要确定其流量和扬程。冷却水泵的流量即为冷却水流量。冷却水泵的扬程由以下几部分构成:

① 冷却水系统管路的沿程阻力和局部阻力。

② 制冷机组冷凝器的水侧阻力(约 $5\sim10$ mH$_2$O)。

③ 冷却塔内的进水管总阻力(由所选择的冷却塔确定)。

④ 喷嘴出口余压(约 3mH$_2$O)(由所选择的冷却塔确定)。

8. 冷却水系统设计中的其他问题

(1) 冷却水泵台数

冷却水泵宜按冷水机组台数,以"一机对一泵"的方式配置,不设备用泵。冷却水泵的流量及扬程,应乘以 $1.05\sim1.10$ 的安全系数。

(2) 冷却水箱

① 冷却水箱功能。冷却水箱的功能是增加系统的水容量,使冷却水泵能稳定地工作,保证水泵吸入口充满水不发生空蚀现象。这是由于冷却塔在间断运行时,塔内的填料基本上是干燥的,为了使冷却塔的填料表面首先润湿,并使水层保持正常运行时的水层厚度,然后才能流向冷却塔的集水盘,达到动态平衡。刚启动水泵时,集水盘内的水尚未达到正常水位的短时间内,会引起水泵进口缺水,导致制冷机无法正常运行。为此,冷却塔集水盘及冷却水箱的有

效容积,应能满足冷却塔部件由基本干燥到润湿成正常运转情况所附着的全部水量。

② 冷却水箱容量。对于一般逆流式斜波纹填料玻璃钢冷却塔,在短期内使填料层由干燥状态变为正常运转状态所需附着水量约为标称小时循环水量的 1.2%。因此,冷却水箱的容积数值应不小于冷却塔小时循环水量的 1.2%。如所选冷却水循环水量为 200 t/h,则冷却水箱容积应不小于 200 m³×1.2% ＝2.4 m³。

③ 冷却水箱配管。冷却水箱的配管主要有冷却水进水管和出水管、溢水管和排污管及补水管。冷却水箱内如设浮球阀进行自动补水,则补水水位应是系统的最低水位,而不是最高水位,否则,将导致冷却水系统每次停止运行时会有大量溢流以致浪费。其配管尺寸形式可参见图 8－34。

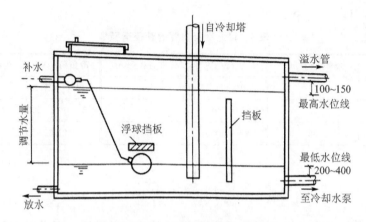

图 8－34　冷却水箱的配管形式

④ 冷却水的水质要求。循环冷却水系统对水质有一定的要求,既要阻止结垢,又要定期加药,并在冷却塔上配合一定量的溢流来控制 pH 值和藻类生长。

8.3.3　空调冷凝水系统设计

在空气冷却处理过程中,当空气冷却器的表面温度等于或低于处理空气的露点温度时,空气中的水气便将在冷却器表面冷凝。因此,诸如单元式空调机、风机盘管机组、组合式空气处理机组、新风机组等设备,都设置有冷凝水收集装置和排水口。为了能及时、顺利地将设备内的冷凝水排走,必须配置相应的冷凝水排水系统。

设计冷凝水排水系统时,应注意下列事项:

① 水平干管必须沿水流方向保持不小于 2/1 000 的坡度;连接设备的水平支管,应保持不小于 1/100 的坡度。当冷凝水管道坡度设置有困难时,应减小水平干管长度或中途加设提升泵。

② 当冷凝水收集装置位于空气处理装置的负压区时,出水口处必须设置水封;水封的高度应比凝水盘处的负压(相当于水柱高度)值大 50% 左右。水封的出口,应与大气相通,一般可通过排水漏斗与排水系统连接。

③ 由于冷凝水在管道内是依靠位差自流的,因此极易腐蚀。管材宜优先采用塑料管,如PVC、UPVC 管或钢衬塑管,避免采用无防锈功能的金属管道。

④ 设计冷凝水系统时,必须结合具体环境进行防结露验算;若表面有结露可能时,应对冷凝水管进行绝热处理。

⑤ 冷凝水立管的直径应与水平干管的直径保持相同。

⑥ 冷凝水立管的顶部应设置通向大气的透气管。

⑦ 设计冷凝水系统时，应充分考虑对系统定期进行冲洗的可能性。

⑧ 冷凝水管的管径，应根据冷凝水量和敷设坡度通过计算确定。一般情况下，每 1 kW 冷负荷，每 1 h 约产生 0.4 kg 左右冷凝水；在潜热负荷较高的场合，每 1 kW 冷负荷，每 1 h 可能要产生 0.8 kg 冷凝水。

⑨ 通常，可根据冷负荷大小来估算选择确定冷凝水管的公称直径 DN(mm)，见表 8-11。

⑩ 冷凝水排入污水系统时，应有空气隔断措施，冷凝水管不得与室内密闭雨水系统直接连接。以防臭味和雨水从空气处理机组冷凝水盘外溢。为便于定期冲洗、检修，冷凝水水平干管始端应设扫除口。

表 8-11　冷凝水管的管径选择表

冷负荷/kW	公称直径/mm	冷负荷/kW	公称直径/mm	冷负荷/kW	公称直径/mm
7	20	101~176	40	1 056~1 512	100
7.1~17.6	25	177~598	50	1 513~12 462	125
17.7~100	32	599~1 055	80	>12 462	150

本章小结

本章主要介绍了空调水系统的 5 种分类形式，综合对比各形式的优缺点及适用场合。介绍了空调水系统的分区与定压方式，以及需要注意的细节。全面讲解了空调冷热水系统、空调冷却水系统、空调冷凝水系统在工程设计中须注意的规范性问题。最后简要介绍了空调水系统水力计算流程与方法。本章内容应重点掌握空调水系统的不同分类形式与各类形式的优缺点，理解空调水系统的分区原则，掌握空调水系统设计的注意事项，为将来的各类空调水系统的工程应用设计打下理论基础。

习　题

1. 开式循环和闭式循环水系统各有什么优缺点？

2. 两管制、四管制水系统各有哪些特点？

3. 什么是定流量和变流量系统？

4. 一级泵系统、二级泵系统的区别何在？它们分别适用于哪些场合？

5. 高层建筑空调水系统需要分区的原因何在？系统中承压最薄弱的环节是什么？

6. 常用的空调水系统定压方式有哪几种？带有开式膨胀水箱的水系统是开式系统还是闭式系统？为什么？

7. 空调水系统的定压点如何确定？

8. 空调冷热水与冷却水不经水处理的危害性是什么？

9. 空调水系统的设计原则是什么？

10. 简述冷却塔的工作原理及如何选择冷却塔。

第9章 空调系统的运行调节

前面章节已经阐述了用 $h-d$ 图来分析和确定空调系统的空气处理方案和空气处理设备的容量,这些处理设备能满足冬、夏季室外空气状态处于设计参数、室内负荷在最不利条件时的空调要求。但是,从全年来看,室外空气状态等于设计计算参数的时间是极少的,绝大部分时间均随着春、夏、秋、冬不同而发生季节性的变化,即使在一天之中,室外空气状态参数也是在不断发生变化的,并随时影响着室内状态参数的变化;室内余热和余湿量也是经常变化的。如果空调系统不做相应的调节,则在室外空气参数和室内负荷不断变化的情况下,将会使室内参数发生相应的变化或波动,这样就不能满足设计要求,而且又浪费了空调冷量和热量,增加系统运行的能耗(电、气、油、煤等消耗)和费用开支。因此,一个完善的空调系统应根据室外气象条件和室内负荷变化情况随时进行调节,以达到供需平衡。

【教学目标与要求】

(1) 掌握定风量空调系统在室外参数和室内负荷变化时的调节方法;
(2) 掌握定风量空调系统中一、二次回风系统的调节方法;
(3) 了解变风量空调系统的调节方法;
(4) 掌握风机盘管机组的局部调节及全年运行调节方法。

【教学重点与难点】

(1) 定风量空调系统在室外参数变化时的运行调节;
(2) 定风量空调系统在室内负荷变化时的运行调节;
(3) 一、二次回风空调系统的运行调节;
(4) 风机盘管机组的局部调节及全年运行调节。

【工程案例导入】

空调系统安装好后,经过调试,一般都能达到设计要求。但是,在实际运行过程中,室外空气参数会因气候的变化而与设计计算参数有差异;室内冷、热、湿负荷也会因室外气象参数条件的变化以及室内人员的变化、灯光和设备的使用情况而变化。因此,空调系统若不根据实际的负荷变化情况做出调整,而始终按最大负荷工作,室内空气参数将达不到设计要求,并会造成空调系统冷量和热量的不必要浪费,增加系统运行的能耗。为避免上述现象的产生,应根据室外气象条件的变化,制订出合理的空调系统运行调节方案,以保证中央空调系统既能发挥出最大效能,满足用户的空调要求,又能用最经济节能的方式运行,延长使用寿命长。

9.1 负荷变化时空调系统的运行调节

空调系统的设备容量是在空气处于设计参数下选定的,并且能满足室内最大负荷的要求。

利用焓湿图分析空气处理过程时,一般认为室内空气状态参数是一点。但实际的室内状态参数是一个以该点为中心,以空调精度 Δt 和 $\Delta \varphi$ 为波动范围的近似菱形区域,如图 9-1 所示,图中的阴影面积称为"温湿度允许波动区"。进行空调系统运行调节时,只要室内空气参数落在这一阴影面积的范围内,就可认为满足要求。而允许波动区(阴影面积)的大小,会根据空调工程的性质(工艺空调或舒适性空调)或冬、夏季的变化而不同。

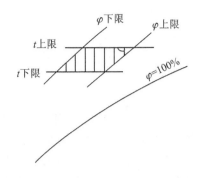

图 9-1 室内空气温湿度允许波动

对于一个空调工程来说,室外空气状态变化和室内负荷变化一般是同时发生的,但为了分析问题方便,下面把室内负荷变化和室外空气状态变化这两个方面的调节问题分开加以讨论。

9.1.1 室内负荷变化时的运行调节

空调系统的设备容量是在空气处于设计参数下选定的,并且能满足室内最大负荷的要求。空调房间内热湿负荷变化可由室内产生热、湿量变化引起,如工作人员的多少、照明灯具以及工艺生产设备投入的多少、生产工艺过程的改变等;也可由室外气象参数的变化引起。为了满足空调房间内所要求的温、湿度参数,就必须对空调系统进行相应的调节。如果不做出相应调节,室内参数将发生变化,一方面达不到设计参数的要求,另一方面也浪费空调装置的冷量和热量,因此必须根据变化随时做出调整措施。

根据室内热湿负荷变化的特点,可将室内负荷变化分为两种情况:热负荷变化而湿负荷基本不变;热湿负荷均变化。

1. 室内热负荷变化而湿负荷基本不变

这种室内负荷变化常用的调节方法是定机器露点变再热调节法。此种调节方法适用于围护结构传热变化,室内设备散热发生变化,而人体、设备散湿量相对稳定等情况。

此变化在焓湿图上的过程分析如图 9-2 所示。设计工况下,空气从机器露点 L 点沿 ε 变化到 N 点。如果余热减少,而余湿量不变,其室内热湿比 $\varepsilon = Q/W$ 将会变小,热湿比由 ε 减小到 ε'。如果房间送风量 G 保持不变,系统的送风状态点 L 也保持不变,空调系统在此状态下运行时,处于 L 状态点的空气进入房间后,室内的空气状态将会沿着热湿比线 ε' 变化至 ε' 与等湿线 d_N 的交点 N' 处。若 N' 仍在允许波动范围内,则不用调节;若 N' 超出了允许波动范围,可采用调节再热量的方法进行调节来满足空调房间对温、湿度的要求。具体调节再热量的方法如图 9-3 所示,通过先使送风状态点由 L 预热为 O,再由 ε' 送风,达到室内状态点 N''。由图可看出,N'' 对 N 的偏离程度远小于 N' 对 N 的偏离程度,且 N'' 在室温允许波动范围之内。

2. 室内热湿负荷均变化

在空调房间内,由于人员变化及生产设备的工作时间间隔等因素的变化,经常会出现当室内余热量、余湿量同时发生变化情况,这就导致热湿比也发生变化。如果空调房间内的余热量和余湿量同时减小时,根据两者的变化程度不同,则有可能使变化后的热湿比 ε' 小于原来的热湿比 ε,也有可能使变化后的热湿比 ε' 大于原来的热湿比 ε。如图 9-4 所示,在维持露点不变的情况下,新的状态点 N' 偏离了原来的状态 N。当室内热湿负荷变化较小,空调精度要求不严格,且 N' 仍在允许范围内,则不必重新调节。如新的状态点超出了允许参数范围,则只能改变机器露点调节。常用的改变机器露点调节方法有调节预热器再热量、调节新回风混合比、调节一二次回风混合比、调节空调箱旁通风门及调节送风量等方法,具体如下:

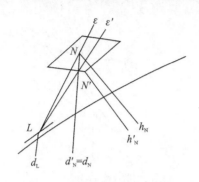

图 9-2　室内状态点波动范围

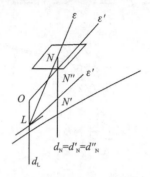

图 9-3　定露点再热调节图

(1) 调节预热器加热量

如图 9-5 所示,在新回风混合比不变时,提高预热器的加热量。加热后的状态点由原来的 C 变为 C';再绝热加湿到 L',最后由送风状态点 O' 沿 ε' 送风,达到状态点 N。

(2) 调节新回风混合比

如图 9-6 所示,如室外气温较高,不需要预热,可调节新回风混合比,使新的混合点 C' 位于过新机器露点 L' 的等焓线上,之后沿 ε' 送风,达到状态点 N。

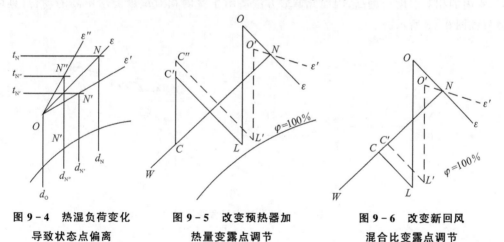

图 9-4　热湿负荷变化
导致状态点偏离

图 9-5　改变预热器加
热量变露点调节

图 9-6　改变新回风
混合比变露点调节

(3) 调节一二次回风混合比

1) 不调冷冻水温

当热湿比减小时的调节方法为开大二次回风门,减小一次回风门,结果露点有所降低,可用图 9-7(a) 所示的不调节冷冻水温的调节方法。

2) 调节喷水室(或表冷器)的冷冻水温变露点送风

送入房间的总风量一定,当负荷变化时,同时改变一、二次回风量和进入空调设备的冷冻水温,使室内状态点回到室内气象区内,具体如图 9-7(b) 所示。

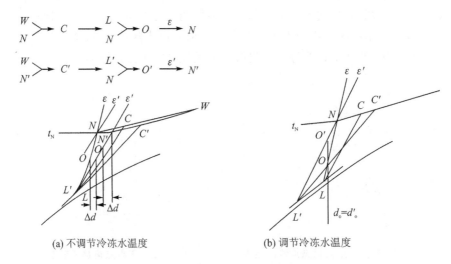

(a) 不调节冷冻水温度　　　　　(b) 调节冷冻水温度

图 9 - 7　调节一二次回风混合比

（4）调节空调箱旁通风门

调节空调箱旁通风门方法是在新风和一次回风混合后，对部分已经混合的空气不经处理而旁通经过空调处理箱的风量进行调节的方法。空调箱旁通方式与一、二次回风混合方式相比，由于部分室外空气未经任何热湿处理而直接旁通进入室内，故当室外空气参数发生变化时对室内相对湿度影响较大。当热湿比减小时可打开旁通风门进行调节。当旁通的新回风量较大时，室内的相对湿度会偏高，因而此调节方法适用于室内相对湿度要求不高的场合，具体调节过程如图 9 - 8 所示。

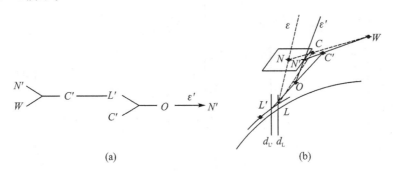

(a)　　　　　　　　　　(b)

图 9 - 8　调节空调箱旁通风门

（5）调节送风量

前面所介绍的几种方法都是在送风量不变的条件下进行的，属于定风量系统的运行调节，不是很节能。由第 4 章的送风量公式可知，当室内负荷减小时，变露点调节方法也可采用减小风量而保持送风温差不变来适应室内负荷的变化。当室内负荷量减小时，该系统在减小送风量、满足舒适需要的同时，还具有良好的节能效果。调节过程在 $h - d$ 图上的表示如图 9 - 9 所示。

1）不调节冷冻水温度

若室内湿负荷不变，则减少风量就降低了风量吸收湿负荷的能力，从而会使室内相对湿度增加。如图 9 - 9(a) 所示，此调节方法适应于对湿度控制要求不是很严格的场所。

2）调节冷冻水温度

从前面的调节方法可看出用单纯的变风量调节方法只能保证房间的温度恒定,而不能保证房间的湿度恒定。因此要保证房间恒温恒湿的要求,则必须在减少风量的基础上,再联合其他的调节方法才能满足要求。如图 9-9(b)所示,在变风量的同时,再通过降低冷冻水温度来调节室内的湿度。

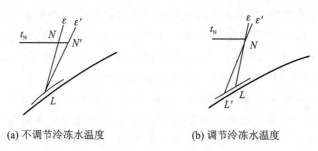

(a) 不调节冷冻水温度　　　　　　　(b) 调节冷冻水温度

图 9-9　调节送风量

3. 多服务对象空调系统的调节

前面介绍的各种调节方法都是针对一个服务对象。实际上空调系统面对多个服务对象,即多个房间。以图 9-10 所示的三个房间为例,它们的室内设计参数相同,但各房间负荷不同,热湿比分别为 ε_1、ε_2 和 ε_3。在 ε_1、ε_2 和 ε_3 相差不大的情况下,可根据其中一个最主要房间的热湿比 ε_2 确定送风状态。在利用焓湿图分析空气处理过程时,常常认为室内空气状态参数是一点,但实际上室内状态参数是一个以该点为中心,以空调精度为波动范围的近似菱形区域。虽然另外两个房间的状态点虽然偏离了设计工况,但只要温湿度参数仍在允许波动范围内,还是可以满足设计要求的。但是当 ε_1、ε_2 和 ε_3 相差较大时,可在每个空调房间设再热器,对空气进行再热,根据需要采用不同的送风状态点(见图 9-11),如仍不能满足要求,则应按实际情况把负荷相近的房间划分为一个系统,每个系统分别进行调节。

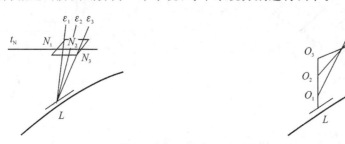

图 9-10　同一送风状态多房间的运行调节图　　　**图 9-11　不同送风状态多房间的运行调节**

9.1.2　室外气象参数变化时的运行调节

一年四季气候的变更,使室外气象参数发生很大变化,空调系统应随其变化做相应的调整。室外空气状态的变化主要会从两方面影响室内空气状态:一方面是当空气处理设备不做相应的调节时,会引起空调系统送风参数的变化,从而造成空调房间内空气状态参数的波动;另一方面,由于室外气象参数的变化引起围护结构传热量的变化,从而引起室内负荷的变化,导致室内空气状态的波动。因而,这两种变化的任何一种都会影响空调房间的室内状态。为

讨论问题方便,设定下面条件:

① 空调房间的室内热湿负荷(即工作人员数、运转设备的台数、电热设备数以及照明设备开启的数量等)保持不变。

② 空调房间在全年使用中所要求的空气状态参数、温度 t_N、相对湿度 φ_N 均为一定值。

尽管空调房间室内的热、湿负荷保持不变,但由于室外空气的温、湿度在随着季节和天气情况的变化导致空调房间热、湿负荷的变化,从而使空调房间的热湿比 ε 也在变化。当室内温度 t_N 大于室外温度,即空调系统处于冬季运行状态时,由于空调房间内外温度差的作用,空调房间将失去一部分热量,使其热湿比减小;当室内温度 t_N 小于室外空气温度时,在室内外温差的作用下,空调房间将获得一部分热量,使其热湿比增加。

室外空气状态在一年中波动范围很大,根据当地气象站近 10 年的逐时实测统计资料,可得到室外空气状态的全年变化范围。室外空气状态变化过程通常在焓湿图上分析。若把全年各时刻干湿球温度状态点在焓湿图上的分布进行统计,算出这些点全年出现的频率值,就可得到一张焓频图,这些点的边界线称气象包络线,图 9-12 可清楚显示室外空气焓值的频率分布。

我国大多数地区的全年室外空气参数均是按春、夏、秋、冬做季节性的变化。对于某一个空调系统而言,可根据其特点把焓频图划分为若干个空调工况区。空调工况区划分的原则是:在保证室内温、湿度要求的前提下,各分区中系统运行经济;同时保证空调系统在各分区一年中有一定的运行时数。而空气的焓值则是衡量冷量和热量的依据,且焓可以利用干、湿球温度计测得。于是在讨论空调工况分区时,就将焓作为空调工况分区的指标,工况区不同则运行调节方法也不同。

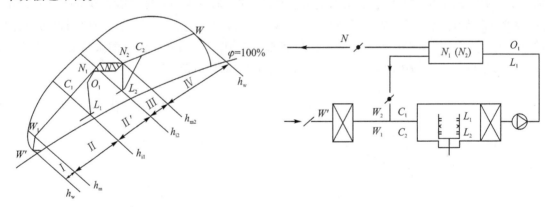

图 9-12 季节变化工况分区

空调工况分区的原则是:在保证室内温湿度要求的前提下,使运行调节设备简单可靠,经济合理。同时应考虑各分区在一年中出现的累计小时数。例如,当室外空气参数在某一分区出现的频率很小时,则可将该区合并到其他区,以利于简化空调系统的调节设备。图 9-12 中,L_1 和 L_2 为冬夏季室内状态点不同时的机器露点,N_1 和 N_2 为夏季室内空气设计参数点。

每一个空调工况区,空气处理应尽可能按最经济的运行方式进行,而相邻的空调工况都能自动转换。图 9-12 所示为在室外设计空气参数下的一次回风空调系统的流程及冬夏季的处理工况。按照室外的空气状态全年的变化情况,将全年室外空气状态所处的位置划分为四个区域,冬夏季允许有不同的室内状态点,如图中的 N_1 和 N_2 点。在焓频图上用等焓线作为分界线来分区,这样比较方便。第一条等焓线是在冬季寒冷季节,为满足室内要求的最小新风百分比 $m\%$,新风阀门开度最小时经计算所得。

$$h_{W1} = h_{N1} - \frac{h_{N1} - h_{L1}}{m\%} \qquad (9-1)$$

式中,h_{N1}——冬季室内空气设计参数点的焓值;

　　h_{L1}——冬季空气处理的机器露点;

　　$m\%$——最小新风比。

这样就将全年室外空气状态点出现的区域分为 Ⅰ、Ⅱ、Ⅲ、Ⅳ 四个区,其中 Ⅱ 区为冬夏季室内设计参数不同所特有的,否则不存在这个区。下面分别以一、二次回风空调系统为例,分析在室外空气状态点位于每个工况区内时的空调系统的运行调节方法。

9.2　定风量空调系统的运行调节

定风量空调系统的特点是保持送风量全年固定不变,即空调送风量不能随负荷变化而改变。故这种系统的运行调节只能从改变送风温度、调节新回风混合比等角度来考虑。下面分别以一、二次回风空调系统为例,根据焓频图室外空调工况分区不同来分析其调节过程。

9.2.1　一次回风系统的全年运行调节

① 第 Ⅰ 区域:室外空气焓值在 h_{W1} 以下,则有 $h_W < h_{W1}$,此时为冬季寒冷季节。从节能角度考虑,可把新风阀门开最小,按最小新风比送风,加热器投入工作,将新风处理至的 h_{W1} 等焓线上。在一些冬季特别冷的地区,还应对新风进行预热,防止过冷的新风和室内回风混合产生结露现象。常规处理过程如图 9-13 和图 9-14 所示,其流程如下:

$$\begin{matrix} W' \to W_1 \\ N_1 \end{matrix} \Big\} \to C_1 \to L_1 \to O_1 \xrightarrow{\varepsilon} N_1$$

一次加热,也可在室外空气和室内空气混合后进行,流程如下:

$$\begin{matrix} W' \\ N_1 \end{matrix} \Big\} \to C_1' \to C_1 \to O_1 \xrightarrow{\varepsilon} N_1$$

如果冬季不用喷水室而采用喷蒸汽加湿($C \to O_1$),则处理过程如下:

$$\begin{matrix} W' \to W_2 \\ N_1 \end{matrix} \Big\} \to C \to O_1 \xrightarrow{\varepsilon_1} N_1$$

对于有蒸汽源的地方,这是经济实用的方法。

② 第 Ⅱ 区域:如图 9-15 所示,室外空气焓值在 h_{W1} 和 h_{L1} 之间。当室外空气状态到达该阶段时,这时应是所谓的冬季区。如果仍按最小新风比混合新风,则混合点 C' 在 h_{L1} 以上,此时若不进行相应的调节,则在冬季工况就需要开启冷冻站,这显然是不节能的。此时应增大新风量,使新回风混合点仍在 h_{L1} 线上;之后喷循环水把空气处理到露点,经二次加热后送到室内。这种方法不但节约能量,而且符合卫生要求。室外空气焓值等于 h_{L1} 时,可采用 100% 新风。另外,为了防止室内正压过大,可开大排风阀门,使正压值维持在比较合理的水平。该季

节的调节方法为:新风阀(由最小)逐渐加大(改变新回风混合比),直到有100%的新风。

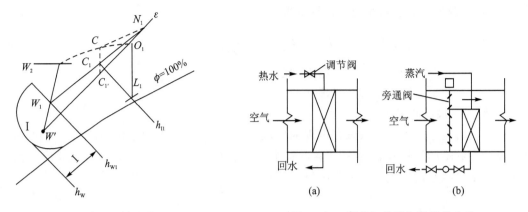

图 9-13 第Ⅰ区域调节过程   图 9-14 调节加热器加热量的方法

③ 第Ⅱ'区域:如图9-16所示,这时应是所谓的过渡季,即春季或秋季该区域是室外焓值在冬夏的露点焓值之间的区域。如果室内参数允许在一定的范围内波动,则新回风阀门不用调节,室内状态点随着新风状态而变化。如果室内参数允许波动范围较小,则可将室内状态点调整到夏季的参数,采用Ⅱ区的方法,即改变新风比进行调节,从而使混合后的空气状态点落在 h_{L2} 线上,并经绝热加湿到 L_2 点上,再经二次加热送入室内。如果机器露点仍保持在 L_1 点上,则在Ⅱ'区内就要启动冷源。由上述分析可以看出,用改变室内整定值的方法,可推迟使用冷源,从而节约冷量。

④ 第Ⅲ区域:如图9-17所示,室外空气焓值在 h_{L2} 和 h_{N2} 之间,这时已进入了夏季。从图中可以看出,室内空气焓值大于室外空气的焓值。如果再利用室内回风将会使混合点的焓值比原有室外空气的焓值更高,显然是不合理的,所以为了节约冷量,应全部关掉一次回风,采用全新风。但因新风状态点已超过 h_{L2} 线,用循环喷水已不能处理到 L_2 点,从这一阶段开始,需要启动制冷机,冷冻水在此时应投入使用,而且随着室外空气状态焓值的增加,可由高到低地调节喷水温度来保证混合后的空气能够处理到所要求的 L_2 点,对空气处理过程由降温加湿($W' \rightarrow L_2$)改为降温减湿($W'' \rightarrow L_2$)处理。

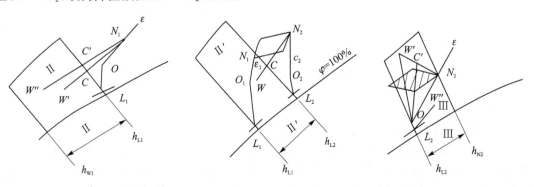

图 9-15 第Ⅱ区域调节过程   图 9-16 第Ⅱ'区域调节过程   图 9-17 第Ⅲ区域调节过程

⑤ 第Ⅳ区域:室外空气焓值在 h_{N2} 和 h_W 之间,此时已进入夏季炎热区。在这一阶段内,室内空气的焓值始终高于室内空气的焓值。如果继续全部使用室外新风,将会增加冷量的消

耗,为了节约冷量,应充分利用回风并采用最小新风比送风,如图9-18所示。此阶段喷水室或表冷器进行的是冷冻减湿处理,而且是采用改变喷水温度的调节方法,而新风比不变(最小新风比 $m\%$)。

需要说明的是,对于不同的全年气候变化情况,不同的空调系统和设备、不同的室内参数要求以及不同的控制方法,可以有各种不同的分区方法和相应的最佳运行工况,应视具体情况加以确定。

一次回风喷水空调系统的全年运行调节的分区及全年运行中的热、风量和冷量的变化情况见图9-19和表9-1。

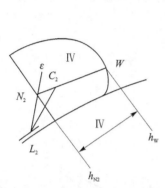

图9-18　第Ⅳ区域调节过程图

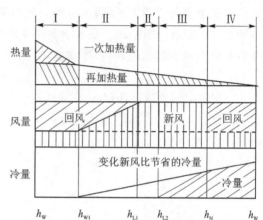

图9-19　一次回风系统全年运行调节图

表9-1　一次回风喷水系统的调节方法

气象区	室外空气参数范围	房间相对湿度控制	房间温度控制	调节内容					转换条件
				一次加热	二次加热	新风	回风	喷雾过程	
Ⅰ	$h_w < h_{w1}$	一次加热	二次加热	$\varphi_N \uparrow$ 加热量↓	$t_N \uparrow$ 加热量↓	最小 (mG)	最大 (G_1)	喷循环水	一次加热器全关后转到Ⅱ区
Ⅱ	$h_{w1} < h_w < h_{L1}$	新、回风比例	二次加热	停	$t_N \uparrow$ 加热量↓	$\varphi_N \uparrow$ 新风量↓	$\varphi_N \uparrow$ 回风量↓	喷循环水	新风扇门关至最小后转到Ⅰ区;$h_w \geqslant h_1$,转到Ⅱ′区
Ⅱ′	$h_{L1} \leqslant h_w < h_{L2}$	新、回风比例	二次加热	停	$t_N \uparrow$ 加热量↓	$\varphi_N \uparrow$ 新风量↓	$\varphi_N \uparrow$ 回风量↓	喷循环水	$h_w < h_t$ 转到Ⅱ区;回风阀门全关后转到Ⅲ区
Ⅲ	$h_{L2} < h_w \leqslant h_N$	喷水湿度	二次加热	停	$t_N \uparrow$ 加热量↓	全开	全关	$\varphi_N \uparrow$ 喷水温度↓	冷水全关转Ⅱ′区,$h_w \geqslant h_N$ 转到Ⅳ区
Ⅳ	$h_w > h_N$	喷水湿度	二次加热	停	$t_N \uparrow$ 加热量↓	最小 (mG)	最大 (G_1)	$\varphi_N \uparrow$ 喷水温度↓	$h_w \leqslant h_N$ 转Ⅲ区

注:当室外空气 $h_w < h_{11}$ 时,采用冬季整定值 $N_1(t_{N_1}, \varphi_{N_1})$;当 $h_w \geqslant h_{t_1}$ 时,采用夏季整定值 $N_2(t_{S_2}, \varphi_{S_2})$,Ⅱ区 $h_{t_2} \leqslant h_w < h_t$),调节方法与Ⅱ区相同。

9.2.2 二次回风系统的全年运行调节

由前面的一次回风系统的全年运行调节方法可知,一次回风系统由于使用再热,多耗费了系统一部分冷量和热量。如果采用二次回风系统,特别是在回风量较大的场合,则可以利用部分回风的热量,节省空调系统的运行能耗。

与一次回风系统的全年运行调节工况相似,二次回风采用喷水室处理空气时的全年运行调节也分为四个阶段进行,如图9-20所示。

1. 第Ⅰ工况区的运行调节方法(预热量调节阶段)

当室外空气状态处于第Ⅰ区域时,室外空气的焓值在 $h_w' \leqslant h_w \leqslant h_{w1}$ 之间变化,空气的处理过程如图9-21所示。图中,h_w' 是冬季室外设计参数下的焓值,h_{w1} 是判别是否设一次加热器的临界室外空气状态的焓值,可由下式确定:

$$h_{w1} = h_N - (h_N - h_{C1})/m \tag{9-2}$$

式中,h_N——室内空气的焓值,kJ/kg;

h_{C1}——一次回风混合点的焓值,kJ/kg;

m——最小新风比。

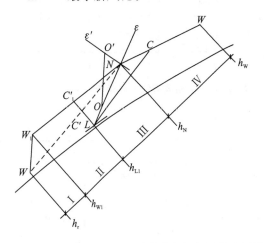

图9-20 二次回风空调系统的全年运行调节分区图

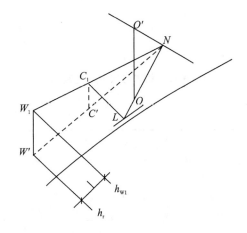

图9-21 第一区域调节过程图

当室外空气焓值 $h_w < h_{w1}$ 时,由于新风焓值较低,则需要用预热器将新风状态点预热到 h_{w1} 等焓线上,此时可使新风与一次回风混合后的状态点落在过机器露点 L 的等焓线上,然后就可通过喷循环水的方法,使一次混合点经绝热加湿后处理到 L 点,从而保证与二次回风混合后达到所设计的送风状态点。在这个阶段里,随着室外新风状态的变化,只须调节预热器的加热量即可,预热器的加热量由下式确定:

$$Q_1 = G_w(h_{w1} - h_w') \tag{9-3}$$

式中,h_w'——设计状态时的室外空气的焓值,kJ/kg;

h_{w1}——预热器的临界室外空气焓值,kJ/kg;

G_w——设计最小新风量,kg/s。

随着室外空气焓值的增加,可逐步减少一次加热量。当室外空气焓值等于 h_{w1} 时,室外新风和一次回风的混合点也就自然落在 h_{L1} 线上。此时,一次加热器关闭,预加热量为零,预热器调节阶段结束。

2. 第Ⅱ工况区的运行调节方法(新风、一次回风混合比调节阶段)

第Ⅱ工况区室外空气焓值在 $h_{w1}<h_w\leqslant h_L$ 之间变化,空气的处理过程如图 9 - 22 所示。由焓频图可以看出,当室外空气状态到达该区域时,如果室外新风和一次回风仍然按照最小新风比进行混和合,一次回风混合点就会落在过机器露点 L 的等焓线上方的 C' 点,采用绝热加湿后的机器露点将偏离到 L' 点,使室内空气的相对湿度增大。此时就不能再用喷循环水的方法,而要启动制冷设备,用一定温度的低温水处理空气才能达到 L 点的等焓线上,这显然是不经济的。为了保证机器露点 L 不变和推迟制冷设备的启动时间,节省运行费用,可采用保持二次回风 G_2 不变,用增加新风量 G_w 和减少一次回风量 G_1 的办法,使一次

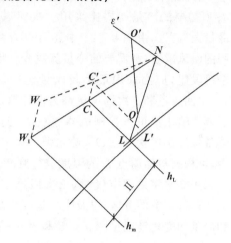

图 9 - 22　第Ⅱ区域调节过程图

回风混合点 C 调整到过机器露点 L 的等焓线 h_L 上来,经喷循环水进行绝热加湿把空气处理到 L 点后,再与二次回风混合达到所设计的送风状态的含湿量 d_0' 线上。

在这个调节阶段中,一次回风逐渐减小到零,新风逐渐增加到 $G_L(G_L=G-G_2)$,当室外空气的焓值 h_w 等于机器露点的焓值 h_L 时,新风阀门全开,一次回风阀门全关,新风和一次回风混合比调节阶段结束。

3. 第Ⅱ′工况区的运行调节方法(春秋两季)

第Ⅱ区是冬季和夏季要求室内参数不同时才有的工况区,即室外空气焓值在冬、夏季的露点焓值之间的区域。如果室内参数在允许的波动范围内,则新、回风阀门不用调节,这时室内状态随新风状态变化而变化。如果工艺要求室内参数有相对稳定性,为了继续利用室外新风的冷量,推迟使用制冷设备的时间,节省运行费用,则可将室内参数的整定值调整到夏季的参数,这样,当室外空气的焓值在冬、夏季设计工况的机器露点的焓值 $h_L<h_w\leqslant h_{L'}$ 之间时,就可以继续用改变新风和一次回风混合比的方法把混合状态点调整到过夏季工况的机器露点 L 的等焓线 h_L 上,然后再与二次回风混合到所要求的送风状态点 O,处理图可参考第Ⅱ区域。

4. 第Ⅲ工况区的运行调节方法(喷水温度调节阶段)

当室外空气的焓值 $h_w>h_L$ 时,室内参数转入夏季工况,这时,室外空气的焓值在 $h_{L'}<h_w\leqslant h_N$ 之间变化,空气的处理过程如图 9 - 23 所示。

由于新风的焓值 $h_w>h_L$,开始启动制冷设备,把空气处理到所要求的机器露点 L。从 $h-d$ 图上可以看到,在这个阶段里,如果使用回风,将会使混合点的焓值比原有室外空气的焓值更高,所需要的冷量比把室外空气直接处理到机器露点所需要的冷量大,这显然是不经济的。为了节省空气处理所需要的冷量,在这一个调节阶段里,应当尽量多用新风,即:新风量 $G_w=G-G_2$,一次回风 $G_1=0$,二次回风量 G_2 保持不变。随着室外空气焓值的升高,逐渐降低喷水温度来保证所要求的机器露点 L,二次回风混合后调节再热量保证送风状态点。

5. 第Ⅳ工况区的运行调节方法(调节喷水温度)

当室外空气的焓值 $h_w>h_N$ 时,空气状态处于全年的高温高湿季节,空气的处理过程如

图 9-24 所示。这时如果继续采用最大新风量 $(G_w = G_L)$ 运行，把空气减焓降温处理到机器露点 L 所需的冷量就要比采用一次回风时需要的冷量大，而且，由图 9-24 中还可以看到，如果使用的回风越多，则需要的冷量就越少。因此，在这个阶段里，应当采用最小新风量运行，即新风量、一次回风量和二次回风量都为设计值，仍然是通过调节喷水温度来控制机器露点 L，调节补充再热量保证送风状态点 O。喷水温度调节得合适与否，可根据机器露点 L 的温度进行判断。

采用喷水室处理空气时，二次回风空调系统的全年运行调节的分区，以及全年运行中热量、风量和冷量的变化情况见图 9-25 和表 9-2。

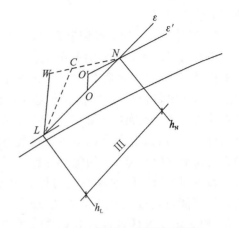

图 9-23　第Ⅲ区域调节过程图

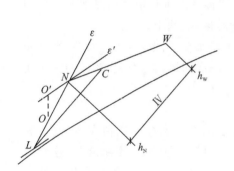

图 9-24　第Ⅳ区域调节过程

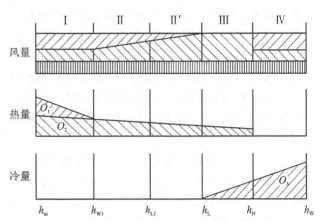

图 9-25　二次回风空调系统全年运行调节图

表 9-2　二次回风喷水系统的调节方法

调节量	调节阶段				
	Ⅰ	Ⅱ	Ⅱ′	Ⅲ	Ⅳ
	$h_{w'} \leqslant h_w \leqslant h_{w1}$	$h_{w1} < h_w \leqslant h_{L'}$	$h_{L'} < h_w \leqslant h_L$	$h_L < h_w \leqslant h_N$	$h_w > h_N$
G_w	mG	$mG \longrightarrow G-G_2$		$G-G_2$	mG
G_1	$G_{1,max}$	$G_{1,max} \longrightarrow 0$		0	$G_{1,max}$
G_2	$G_{2,max}$				
Q_1	$Q_{1,max} \longrightarrow 0$	0	0	0	0
Q_0	0	0	0	$0 \longrightarrow Q_{0,max}$	
Q_2	$Q_{2,max} \longrightarrow 0$				0

9.3　变风量空调系统的运行调节

在全年的运行调节中,送风量保持不变的空调系统称为定风量系统。在定风量空调系统中,空调房间内的送风量又是按照房间内的最大冷(热)负荷和湿负荷来确定的。但空调系统在全年的运行调节中,由于室外气象条件的变化、空调房间内负荷的变化都直接影响空调房间内冷(热)负荷与湿负荷的变化。在送风量不变的条件下,为了保证空调房间内所要求的空气温度和相对湿度,夏季就须减小空调系统的送风温差,冬季则是加大空调系统的送风温差,即通过提高送风温度来保证室内所要求的温、湿度,这样就使部分冷、热量相互抵消,但浪费了一定的能量。

为了有效地节约空调系统在运行调节中所消耗的能量,人们便采用了变风量空调系统。变风量空调系统是一种较先进的空调系统,它可根据室内负荷的变化自动调节送风量。如果室内负荷下降,该系统在减小送风量,满足舒适需要的同时,还可达到非常显著的节能效果。发达国家在 20 世纪 70 年代就对变风量系统有所研究和应用。我国从 20 世纪 80 年代起对其进行研究,并在工程中得到应用。但因诸多方面的原因,我国变风量空调系统成功运行的工程实际极少。从长远的观点看,这种系统很有发展潜力,下面对其运行方式进行简要介绍。

9.3.1　室内负荷变化时的运行调节

变风量空调系统是随着空调房间内热、湿负荷的变化,由变风量末端装置通过控制系统的作用来改变送风量以实现空调房间内温、湿度的相对稳定,因此末端装置在变风量空调系统中起着非常重要的作用。一个变风量空调系统运行性能的好坏,在某种程度上取决于末端装置。变风量末端装置的主要功能有以下几项:

① 根据空调房间内温度的变化,由温度控制器接收信号并发出指令,改变房间的送风量。

② 当空调房间的送风量减小时,能保证房间原来的气流组织形式。

③ 当系统送风管内的静压力升高时,保证房间的送风量不超过设计的最大送风量。

④ 当空调房间内的热、湿负荷减少时,能保证房间的最小送风量,以满足最小新风量的要求。

变风量空调系统种类繁多,调节方式复杂,但归纳起来主要有以下 4 种方式:

1. 使用节流型末端装置进行调节

节流型变风量末端装置主要是通过改变空气流通面积来改变通过末端装置的风量。当房间负荷变化时,装在房间内的温控器发出指令,使末端装置内的节流阀动作,来改变房间内的送风量。如果多个房间负荷减小,那么多个节流阀节流,则风管内静压升高。压力变化信号送给控制器,控制器按一定规律计算,把控制信号送给变频器,来降低风机转速,进而减小总风量。系统原理如图 9-26 所示,调节过程的焓湿图见图 9-27,设计工况下处理过程如下:

$$\left.\begin{array}{c} W \\ N \end{array}\right\} \to C \to L \xrightarrow{\varepsilon} N$$

负荷减小时处理过程如下:

$$\left.\begin{array}{c} W \\ N' \end{array}\right\} \to C' \to L' \xrightarrow{\varepsilon'} N'$$

节流型末端装置一般能满足下述要求：

① 能根据负荷变化自动调节风量；

② 能防止系统中因其余风口进行风量调节而导致的管道内静压变化，从而引起风量的重新分配；

③ 能避免风口节流时产生噪声及对室内气流分布产生不利的噪声。

节流型变风量末端装置最大缺点是存在风压耦合；当几个房间节流减小风量后，会造成风管内总压升高，导致一些没有负荷变化的房间风量增大，如此形成连锁效应，造成系统振荡。

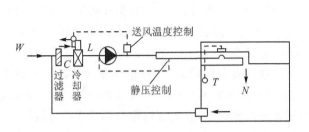

图 9-26 节流型变风量空调系统

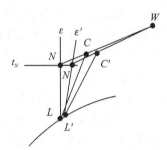

图 9-27 节流型变风量系统调节过程

2. 使用旁通型末端装置进行调节

旁通型变风量末端装置是将风量一部分送入室内，一部分经旁通直接返回空气处理室，从而使室内的送风量发生变化。

旁通型变风量空调系统原理是：在顶棚内安装旁通型末端装置，并根据室内恒温器的指令使装置的执行机构动作。当室内负荷减小时，部分空气回至顶棚，并由回风道返回至空调器，而系统的总风量不变。它的优点是在一定程度上可解决风压耦合问题。旁通型变风量系统随负荷变化的调节过程如图 9-28 和图 9-29 所示。

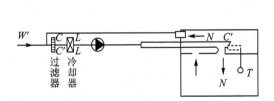

图 9-28 旁通型变风量空调系统

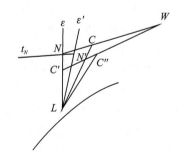

图 9-29 旁通型变风量系统调节过程

设计负荷下，处理过程如下：

$$\left.\begin{array}{c}W\\N\end{array}\right\} \to C \to L \xrightarrow{\varepsilon} N$$

负荷减小时，处理过程如下：

$$L \searrow \quad C' \searrow \quad C'' \to L \xrightarrow{\varepsilon'} N'$$
$$N' \nearrow \quad W \nearrow$$

3. 使用诱导型末端装置进行调节

空气处理室送来的一次风经末端诱导器时,将室内或顶棚的二次空气诱导与之混合,以达到调节的目的,诱导型末端变风量空调系统如图 9-30 所示。在通往每个空调房间的送风管道上(或每个房间的送风口之前)安装诱导型变风量末端装置。诱导型末端装置可根据空调房间内热负荷的变化,由室内温控器发出指令产生动作,调节二次空气侧的阀门,使室内或顶棚内热的二次空气(与一次空气相比)与一次空气相混合后送入室内,满足负荷变化需要,以达到室内温度的调节。

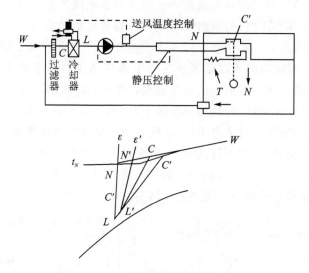

图 9-30　诱导型末端变风量空调系统

4. 使用多风机变风量系统进行调节

多风机变风量空调系统也称变频变风量空调系统。我国近几年有较多文献中对此系统工作原理和性能做过探讨。国内有生产该种系统设备、配件的厂家,也有较成功的工程实例。变频变风量空调系统原理如图 9-31 所示。其调节过程为:室内温控器检测室内温度,与设定温度进行比较,当检测温度与设定温度出现差值时,温控器改变风机盒内风机的转速,减小送入房间的风量,直到室内温度恢复为设定温度为止。室内温控器在调节变风量风机盒转速的同时,通过串行通信的方式,将信号传入变频控制器,变频控制器根据各个变风量风机盒的风量

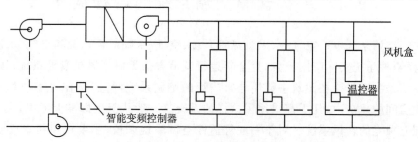

图 9-31　变频变风量空调系统

之和调节空调机组的送风机的送风量,以达到变风量目的。

9.3.2　全年运行调节

变风量空调系统全年运行调节有下列 3 种情况:

① 全年有恒定冷负荷,或负荷变化不大时,可以用没有末端再热装置的变风量系统,由室内恒温器调节送风量,温控器根据室内温度变化调节送风量,控制室内参数维持在允许波动区。在过渡季节可充分利用新风来"自然冷却",既节能,又能保证室内空气品质。

② 系统各房间冷负荷变化较大时,可以用有末端再热装置的变化量系统。送风量不能随着负荷的减小而无限制降低,因为当风量减小到一定程度后,会带来一系列问题,如风量过小,室内温度分布会不均等。所以为避免风量极端减小而造成换气量不足,新风量过少和温度分布不均匀等现象,当负荷很小时,通常启动末端再热装置来加热空气,向室内补充热量来保持一定的室温。最小送风量应不小于每小时 4 次的换气量,其调节过程如图 9-32 所示。

③ 夏季冷却和冬季加热的变风量系统是用于供冷和供热季节转换的变风量空调系统。夏季冷却和冬季加热的变风量空调系统调节过程如图 9-33 所示。在最炎热的季节送风量最大,随着室内冷负荷的不断降低,送风量逐渐减小,在减至最小送风量时,风量不再减小,而通过末端再热装置来调节室温。进入冬季后,系统则由送冷风转为送热风,开始仍以最小送风量进行,随着气温进一步降低,送风量逐渐增大,直至最大。在大型建筑物中(冬季),周边区常设单独的供热系统(定风量、诱导、风机盘管或暖气系统),该供热系统一般承担围护结构的传热损失,而风温或水温则根据室外空气温度进行调节。

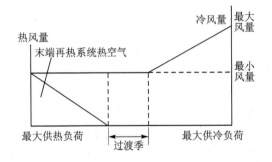

图 9-32　末端再热变风量空调系统全年运行工况　　图 9-33　季节转换的变风量空调系统全年运行工况

9.4　风机盘管空调系统的运行调节

半集中式空调系统包括空气-水风机盘管系统、空气-水辐射板系统和空气-水诱导器三种方式,因后面两种系统实际应用较少,且全年运行调节方法类似于风机盘管系统,故不做介绍。风机盘管系统是我国目前在建筑中使用非常广泛的空调系统,特别是在写字楼和酒店这类有大量小面积房间的建筑内,几乎都采用了这样的系统。一般从卫生标准上考虑,大多数风机盘管系统都配有独立的新风系统。对于一般舒适性空调系统来说,主要由风机盘管负担空调负荷,其调节过程非常简单。而对于要求较高的场所,新风和风机盘管对空调负荷有明确的分工,其调节过程相对复杂。本节重点通过风机盘管加独立新风系统的局部调节和全年运行调节来说明其运行调节方法。

9.4.1　风机盘管机组的局部调节

风机盘管是风机盘管机组的简称,属于小型的空气处理机组。这种空调系统的末端装置能够根据其所安装的房间或作用范围的温度变化,方便灵活地进行单机调节,以适应各空调房间内冷热负荷的变化,保证空调房间内的温度在一定的范围内变化,以达到控制房间内温度的作用。风机盘管空调系统中,风机的转速有高、中、低三挡,冷、热水系统又可以调节水温和水量,因此,风机盘管空调系统可以灵活地调节各空调房间的温度。风机盘管机组承担室内全部负荷的调节方法适用于大多数风机盘管承担。为了适应房间瞬变负荷的变化,该调节主要有以下 3 种局部调节方法:调节水量、调节风量、调节旁通风门。

(1) 水量调节

当室内冷负荷减小时,通过水量调节阀减小进入盘管的水量,以减小冷水在盘管内的吸热量。如图 9-34 所示,在设计工况下,空气在盘管内进行冷却减湿处理,从状态点 N 变化到状态点 L,然后送到室内。水量调节是由温控器控制的比例式电动两通阀或三通阀,随室内冷热负荷的增大或减小相应地改变阀门的开度,以增加或减小进入盘管的冷热水量,来适应室内冷热负荷的变化,保持室温在设定的波动范围内。当负荷减小时,室内温控器自动调节电动两通或三通阀,以减小进入盘管的水量,盘管中的水温随之上升。露点从 L 变为 L_1,室内状态点从 N 变为 N_1,新的室内状态点含湿量较原来的有所增加。由于送风的含湿量增大,故使室内相对湿度随之增大。水量调节法负荷调节范围小,一般为 $75\% \sim 100\%$。此外,这种系统中的温控器和电动阀的造价较高,故系统总投资较大。

(2) 风量调节

风量调节,即改变风机盘管送风量的调节方式,一般通过改变风机的转速来实现。当室内冷负荷减小时,降低风机转速,减小通过盘管的风量,以减小室内循环空气在盘管中的放热量。如图 9-35 所示,在设计工况下,风机盘管对空气的处理过程为从状态点 N 至状态点 L。如果系统负荷减小,则应降低风机转速,以减小风量。风机转速可根据需要在三速开关的高、中、低三挡之间进行切换(也有的风机盘管可进行无级调速)。风速降低后,盘管内冷水温度下降,露点由 L 下移到 L_2,通过送风达到室内要求。调节过程中,室内相对湿度不会变化太大,但当风机在最低挡运行时,风量最小,室内温度偏低,容易在风口表面结露,且室内气流分布不理想。风量法负荷调节范围小,一般为 $70\% \sim 100\%$,且应用广泛。

(3) 旁通风门调节

旁通风门调节方式的负荷调节范围大($20\% \sim 100\%$),且初投资低,调节效果好,可使室内达到 $\pm 1 \, ℃$ 的精度。如图 9-36 所示,因为负荷减小时,旁通风门开启,而使流经盘管的风量较小,冷水温度低,L 点位置降低,再与旁通空气混合,送风含湿量变化不大,故室内相对温度较稳定,室内气流分布也较均匀。但总风量不变,风机消耗功率并不降低。故这种调节方法仅用在室内参数控制要求较高的场合。

9.4.2　风机盘管加新风系统的全年运行调节

与风机盘管系统配合使用的空调房间新风供给方式有:由室内排风造成的负压渗入新风,风机盘管自接管引入新风,独立新风系统供给新风等。其中,以独立新风系统使用最多,它与风机盘管系统配合组成了空气-水空调系统中一种最主要的形式,即风机盘管加独立新风系统。当新风系统与风机盘管共同承担室内冷(热)负荷时,随着室外空气温度的下降或上升,可相应提高或降低新风机组的送风温度,以适应室内负荷的变化。独立新风系统按其负担室内负荷的方式分为:新风处理到室内空气焓值,不承担室内负荷;新风处理后的焓值低于室内空气焓值,承担部分室内负荷;新风系统只承担围护结构传热负荷,盘管承担其他瞬时变化负荷。

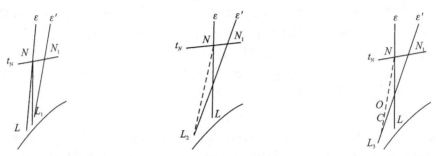

图 9-34　风机盘管系统水量调节　图 9-35　风机盘管系统风量调节　图 9-36　风机盘管系统旁通风门调节

(1) 负荷性质和调节方法

一般可把室内冷热负荷分为瞬变负荷和渐变负荷两部分。瞬变负荷是指室内照明、设备、人体散热和太阳辐射热产生的负荷,这部分负荷由于受房间的朝向、外窗朝向以及室内灯具、设备的使用情况和人员多少等因素影响,各个房间都不同,变化无规律且随机性大,房间差异很大。要消除瞬变负荷,又能满足房间使用者对室温的要求,采用风机盘管的个别调节方式是比较合适的,既方便又适用。风机盘管可根据室内恒温器调节水温或水量(通过二通或三通调节阀)调节,或根据盘管旁通风门的开启程度调节。渐变负荷是通过围护结构的室内外温差传热所形成的负荷,显然,这部分负荷的变化只与室内外温度有关,而室内温度在一个季节内(如夏季),同一用途的房间(如写字间、客房)都有相近的控制值,室外温度则有较大变化。除了一天早、中、晚的变化外,一年四季的变化幅度最大,和瞬变负荷相比较,渐变负荷比较稳定,且大多数房间差异不大,这部分负荷可通过集中调节新风温度来适应,即由新风负担室内的渐变负荷,由新风温度来适应。

(2) A/T 比与系统分区的关系

A/T 比是指新风量与通过该房间外围护结构(内外温差为 1 ℃)的传热量之比。显然,对于同一个系统,要进行集中的再热调节,必须建立在每个房间都有相同的 A/T 比的基础上。对于一个建筑物的所有房间来说,A/T 比不一定都是一样的,那么不同的 A/T 比的房间随室外温度的变化要求新风升温的规律也就不一样。为了解决这个矛盾,可采用两种方法:一是对于 A/T 比不同的房间统一取它们中的最大 A/T 比(加大 A 新风量),对于这些房间来说,加大送风量会使室内温度偏低即偏于安全;二是把 A/T 比相近的房间划为一个区,每个区采用一个分区再热器(有利于节约一次风量和冷量),一个系统就可以按几个分区来调节不同的新风温度,这对节省一次风量和冷量是有利的。

(3) 双水管系统的调节

如果新风系统不承担室内负荷,则风机盘管不仅要承担日常变化性质的瞬变负荷,还要承担季节变化性质的渐变负荷。由于双水管风机盘管系统在同一时刻只能供应冷水或热水,因此不能满足同时供冷、供热的需要(如加大型建筑的内区可能全年要求供冷,而外区在冬季却要求供热）。三水管系统和四水管系统具有同时供冷、供热的功能，但造价较高，使用较少。对于双水管系统，夏季运行时，随着室外空气温度的变化，集中调节新风的送风温度，以抵消室内外温差传热的负荷变化。进入风机盘管的水温一般保持不变，通过调节水量以消除室内因照明、设备、人员散热及太阳辐射的瞬变负荷。到了春秋过渡季节，只供新风就能吸收室内冷（热）负荷时，可供全新风。随着室外温度的降低，实行季节转换，提高盘管供水温度，调节盘管加热量，以满足冬季室内负荷要求。下面主要介绍双水管系统在季节转换时的两种调节方法。

1）不转换系统

所谓不转换系统的运行调节是将新风和风机盘管负担的负荷进行较严格的区分，即新风负担渐变的传热负荷，而风机盘管负担瞬变的室内负荷，互相不做转换，不为对方负担。不转换系统的投资较少，管理方便。但存在的问题是当冬季特别冷时，温差传热占最主要的地位，如果不做转换，则新风负担室内全部热负荷，造成新风管道尺寸过大，集中加热设备的容量过大。图 9-37 所示为不转换系统随季节变化的调节过程。夏季运行时，该系统使用冷的新风和冷水。随着室外气温的降低，集中调节再热量以适应渐变负荷的减小。

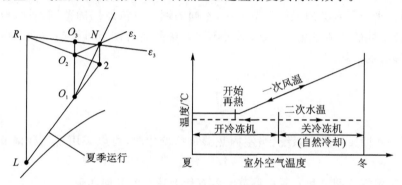

图 9-37　不转换系统

2）转换系统

转换系统的特点是：在适当的时间，对新风和风机盘管作以转换，互相承担对方的角色，比较节能。夏季运行时，转换系统仍采用冷的新风和冷水，新风和风机盘管各自承担相应的负荷。当室外气温降低到某一温度时，可关闭盘管，转换为由新风承担室内的瞬变负荷，如图 9-38 所示。调节过程随着室外气温的进一步降低，可能达到瞬变负荷远小于传热负荷。这时可由风机盘管供热水，即由风机盘管承担传热负荷。转换系统可根据负荷的性质对系统运行做相应调整，但它也存在一定的缺点，如因为室外气温的变化，可能在短期内发生多次转换的现象，这对系统运行的稳定很不利。

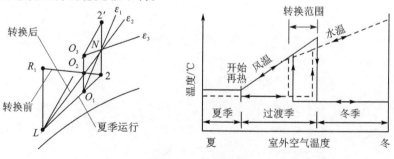

图 9-38　转换系统

因此,系统是否转换,应在全面分析比较后确定。采用转换与不转换系统有一个技术经济比较的问题,主要考虑要充分节省运行调节费用,从而使在冬季或较冷的季节里,尽量较少使用制冷系统。

本章小结

本章系统地讲述了各种空调系统的运行调节方法,包括定风量系统的运行调节方法、变风量系统的运行调节方法以及风机盘管加新风系统的运行调节方法。对于定风量系统来说,随着室内热湿负荷的变化情况不同,可采用定机器露点和变机器露点的调节方法。当室外气象条件变化时,应针对不同的空调工况区采用不同的调节方法,目的是使系统更加节能,并使室内参数相对稳定。变风量系统的运行调节主要从两方面进行,即室内负荷变化时的运行调节和全年运行调节,室内负荷变化时的运行调节方法主要是利用不同的末端装置来进行调节。而风机盘管加新风系统的运行调节主要分为局部调节和全年运行调节,局部调节方法主要有水量调节、风量调节以及旁通风门调节方法,不同的调节方法适用的范围不同,应根据房间的具体情况选择不同的调节方法。总之,通过不同方法的运行调节可提高空调系统的工作质量及降低系统能量的消耗。

习　题

1. 具有一次回风的空调系统,当室内热湿负荷变化时,可以采用哪几种调节方法? 各有什么特点?

2. 什么是定露点调节和变露点调节? 各有什么特点? 如何实现?

3. 具有一次回风的空调系统,当室外空气状态变化时,应如何进行全年运行调节?

4. 当室内负荷变化时,变风量系统如果进行调节,在 $h-d$ 图上分析其过程。

5. 试讨论变风量空调系统的全年运行调节过程。

6. 试讨论风机盘管加新风系统的全年运行调节。

第10章　通风与空调工程综合设计实例

空调工程设计是一项庞大的系统工程,涉及许多工种(如土木结构、建筑、给排水、消防、建筑电气、装修、暖通空调、通信等),各工种在项目开始进行时就要不断地进行协调配合。为了使空调工程设计能与社会、经济发展水平相适应,达到经济效益、社会效益和环境效益相统一的目标,对于设计者而言,除要求具有一定的理论基础外,还需要对暖通空调工程设计前的准备、暖通空调工程设计的步骤和内容,以及有关设计文件的组成有较详尽的了解。设计时应做到:既要设计合理,又要满足建设方要求;既要积极采用先进技术、先进设备和新型材料,又要注意节能和环保。

【教学目标与要求】

(1) 了解空调方面的有关规范和技术标准;
(2) 会根据建筑类型选择最优的空调方案;
(3) 掌握民用建筑空调工程的设计方法及步骤。

【教学重点与难点】

(1) 空调工程现行设计规范和标准;
(2) 空调工程设计文件编写;
(3) 大型民用建筑空调工程设计方法及步骤;

【工程案例导入】

暖通空调系统是为解决建筑内部热湿环境、空气品质问题而设置的建筑设备系统,空调工程作为营造良好室内环境的核心,其设计是一个由粗到细、由整体到部分且不断深入和完善的过程。它的设计质量不仅决定着工程投资的大小,而且还会影响空调系统的性能和能耗。如,某商场采用一次回风系统,由于设计考虑不周导致冬季商场内部室温过高,分析原因主要是大型商场进深较大,内外区负荷特性相差大,尤其冬季或过渡季,外区须送热,内区过热须送冷,因此空调系统应分内外区分别进行设计。其中,内区可大量用室外空气消除内区余热,而外区则可采用内区的部分余热进行供热从而节约能源。故对于设计者而言,在设计前应熟悉有关规范和技术标准,了解设计任务书对空调的要求,并收集相关资料。准备好必要的设计资料是确定设计方案、保证设计质量、加快设计速度、保证设计具有一定的先进性的前提条件。

10.1　通风与空调工程设计概述

空调工程的设计过程通常分为方案设计、初步设计和施工图设计 3 个阶段,其是一个由粗到细,由整体到部分,逐步深入和完善的过程。大型和重要的民用建筑工程设计,在初步设计之前,一般要进行方案设计并优选;小型和技术要求简单的建筑工程设计,经有关主管部门同意,并且合同中有不做初步设计的约定时,可在方案设计审批后直接进入施工图设计阶段。

不论什么类型的空调设计,设计前,都要熟悉有关规范和技术标准,了解设计任务书对空调的要求并收集相关资料。

10.1.1 暖通空调设计与施工的有关规范和技术标准

国家和政府部门颁布的规范和技术标准是设计工作必须遵循的准则,其规定的原则、技术数据及要求是设计的重要依据,也是评价设计文件的主要标准。规范和技术标准所提供的结论和数据,既是实践经验和科研成果的高度概括与浓缩,同时也集中反映了国家和政府部门在经济、能源、安全、环保等方面的现行政策,具有权威性和约束性。

规范和技术标准的条文在执行过程中,一般有两种情况:一种是必须严格执行的条文,又称为强制性条文,应该坚决执行。如果遇到特殊原因,在条文执行过程中确实存在困难或严重不合理而不能执行时,应该提出新的、技术可靠的措施,而且应该通过上级主管职能部门审批同意后方可采用。另一种是原则上应该执行的条文,如一般的技术数据、布置形式等,若遇到特殊情况不能按规范和标准规定执行时,应在把握规范和标准规定有关条文的精神实质基础上,提出解决方案,报给技术会议研究,上级主管职能部门审定后执行。

空调工程设计常用的部分规范和技术标准如下。

建筑与暖通空调工程制图标准:

① 房屋建筑制图统一制标准(GB/T50001—2010);

② 暖通空调制图标准(GB/T50114—2010);

③ 民用建筑设计规范(GB 50352—2019)。

通用设计规范(部分):

① 采暖通风与空气调节设计规范(GB 50019—2015);

② 民用建筑供暖通风与空气调节设计规范(GB 50736—2012);

③ 工业建筑供暖通风与空气调节设计规范(GB 50019—2015);

④ 民用建筑热工设计规范(GB 50176—2016);

⑤ 建筑设计防火规范(GB 50016—2014);

⑥ 高层民用建筑设计防火规范(GB 50045—2019);

⑦ 民用建筑隔声设计规范(GB 50118—2010);

⑧ 工业企业噪声控制设计规范(GB/T 50087—2013);

⑨ 声环境质量标准(GB 3096—2008)。

专用设计规范(部分):

① 人民防空地下室设计规范(GB 50038—2019);

② 汽车库、修车库、停车场设计防火规范(GB 50067—2014);

③ 办公建筑设计规范(JGJ/T 67—2019);

④ 电影院建筑设计规范(JGJ 58—2008);

⑤ 旅馆建筑设计规范(JGJ 62—2014);

⑥ 商店建筑设计规范(JGJ 48—2014);

⑦ 洁净厂房设计规范(GB 50073—2013)。

暖通空调工程施工及验收规范:

① 通风与空调工程施工及验收规范(GB 50243—2016);

② 风机、压缩机、泵安装工程施工及验收规范(GB 50275—2010);

③ 制冷设备、空气分离设备安装工程施工及验收规范(GB 50274—2010);

④ 工业管道工程施工及验收规范(GB 50235—2010);

⑤ 建筑给水排水及采暖工程施工质量验收规范(GB 50242—2019)。

10.1.2　空调工程设计前的准备

(1) 了解工程情况,收集原始资料

① 明确建筑物的性质、规模和功能划分,了解建设方对空调的具体要求,掌握当地水、电、汽、燃料等能源的供应情况(包括价格)是恰当选择空调方案,进行空调分区和系统划分的依据,也是确定空调设备类型和冷热源类型的重要依据之一。

② 明确建筑物在总图中的位置、四邻建筑物及其周围管线敷设情况,以作为计算负荷时考虑风力、日照等因素及决定冷却塔安装位置、管道外网设置方式的参考。

③ 明确建筑物所在地室外空气计算参数和建筑物中各类不同使用功能的空调房间的室内空气设计参数要求,这是空调负荷计算、管路系统设计计算和设备选择的依据。

④ 确定建筑物层数、层高及建筑物的总高度,看其是否属于高层建筑。按现行的规范规定:十层及十层以上的住宅、建筑高度超过 24 m 的其他民用建筑,应遵守高层民用建筑设计防火规范的有关规定。

⑤ 明确各类功能房间、走廊、厅堂的空调面积,各朝向的外墙及屋面的尺寸和面积、构造做法和热工性能,外窗的大小和层数,外窗框与玻璃的种类和热工性能,为计算通过围护结构的传热做准备。

⑥ 明确各空调房间的使用时间、人员数量和活动情况,以及室内照明、电动机、电子设备等散热设备的散热量和使用情况,以作为计算负荷及划分空调子系统的依据。

⑦ 了解建筑结构形式,梁的位置和高度、柱的布置和尺寸、吊顶高度、各层空间的实际尺寸以及剪力墙的位置,为设备和管道的布置做准备。

⑧ 明确建筑防火分区的划分、防烟分区的划分、防火墙的位置,以及火灾疏散路线,以便于划分空调子系统及决定防火阀的设置位置。

⑨ 了解可能提供做冷热源机房和空调机房的位置,冷却塔可能放置的位置和设备层的安排,热力点位置等,以便充分、合理地利用。

⑩ 了解其他专业,如电器、给水、排水、消防、通信、装修的要求及初步设计方案,便于与其他专业协调,减少后续施工中的矛盾。

⑪ 了解甲方对空调系统的具体要求,考虑其合理性并提出参考意见。

(2) 参考书籍和技术手册的准备

空调设计是一项复杂的工作,不同功能的建筑物对空调的要求不同,在设计上也有较大的差别。暖通专业人士在设备选型方面、空调设计方面,积累了丰富又切实可行的经验。因此,要求设计者在设计时,能够避免设计中常见的毛病,充分吸取前人成功的设计经验,把设计做得更好。除了上面列出的有关规范和技术标准外,在进行空调工程设计时还要用到以下专业设计资料,也应事先准备好。

① 专业设计手册、技术措施、参考书籍。

② 冷热源设备、空调设备、辅助设备、有关装置等的产品选型资料,包括生产厂家、品种规格、产品质量、市场使用情况及价格等。

③ 若干相同或类似工程的设计资料(如图纸)、有关文字资料(如工程设计总结、技术报告、论文等)等。在有条件的情况下,最好能对若干相同或类似工程进行现场考察、调研。了解使用效果和存在的问题;走访原设计者,了解其设计思想和心得,以便在设计时能取长补短。当重复利用其他工程的图纸时,更应详细了解原图使用的条件和内容,并做必要的核算和修改,以满足新设计项目的需要。

10.1.3　空调工程设计内容与步骤

1. 方案设计

方案设计阶段主要是建筑设计方案优选,空调专业人员只进行配合设计。方案设计文件的编制深度一般应满足编制初步设计文件和控制概算的需要,对于投标方案,设计文件的编制深度应满足标书的要求。方案设计是空调设计中的重要组成部分,将为后面的设计打下坚实的基础。方案设计阶段要做必要的准备,主要考虑中央空调风水管道敷设路线,设备所占用的空间位置,竖井位置等,内容包括:

① 设计准备,参见空调工程设计前的准备有关内容。

② 确定室内外设计参数及冷热负荷的估算指标。

③ 与建筑专业人员配合,提出机房、管井面积与位置,估计水电用量并与电气专业人员初步配合。

④ 确定空调方案,编写方案说明。

2. 初步设计

方案设计通过有关部门审批后,方可开始初步设计。初步设计阶段应将本专业内容的设计方案或重大技术问题的解决方案,进行综合技术经济分析,论证技术上的先进性、适应性和经济上的合理性。初步设计的内容如下:

(1) 空调系统设计

根据建筑专业提供的建筑各层平面布置图、剖面图、立面图和文字资料以及其他专业提出的设计任务资料,详细了解房间使用功能、使用特点和对空调专业设计所提出的要求。以空调房间为单元,确定空气设计参数,估算各个房间的空调冷热负荷及送风量。初步选定空调设备的型号及主要管道的规格。

(2) 冷热源系统设计

根据估算的建筑最大小时冷负荷、热负荷值,初步选择冷、热源设备及附属设备的类型、数量及规格。合理布置机房,确定设备的初步布置方案,主要管道的走向、管径等。

(3) 与有关专业配合,互相提供资料

1) 与建筑专业配合

与建筑专业人员配合,互相提供的信息包括制冷机房、空调机房、新风机房、通风机房、泵房、热力站等设备用房的平面布置、尺寸、净高及位置要求;管道井、竖向风道的位置及尺寸;各种使用场所要求的管道、风道的空间高度及吊顶标高要求等;地沟的平面位置、新风的引入口、排风口的位置与大小;大型设备的安装入口及尺寸。

2）与结构专业配合

与结构专业人员配合,互相提供的信息包括各剪力墙、楼板预留孔洞位置及尺寸;空调设备的质量、振动及减振基础的位置和尺寸;设备在楼板上安装时的载荷、位置及转速。

3）与给排水专业配合

与给排水专业人员配合,互相提供的信息包括冷冻机房、热力站、空调机房用水点及排水点的位置、用水量及水压等要求;膨胀水箱、冷却塔的补水量及排水要求;协商合用管道井内管道布置;协商吊顶内管道的布置原则及布置位置。

4）与建筑电气专业配合

与建筑电气专业人员配合,互相提供的信息包括冷水机组、空调机组、水泵、排风机等用电设备的位置,电机型号、容量、电压、使用与备用的台数;防排烟系统的控制要求;各种设备的联锁控制要求;空调系统的监测与调节方式。

（4）绘制图纸

初步设计阶段应绘制空调水系统原理图、空调系统平面图、防排烟系统平面及系统图、冷热源机房平面图。其中,空调水系统原理图最为关键,它是平面设计中的指导性资料。在绘制各层空调及水系统平面时,又可对水系统原理图进行修改和完善。

（5）编制初步设计说明书

初步设计说明书中包含设计说明、主要设备材料表、主要设备技术指标、遗留及待审批的问题四大部分。

① 设计说明:包括设计依据、设计范围、设计内容,室内外气象参数,设计标准,空调风水系统的形式,空调自动控制系统的选择,空调冷热耗量及冷热媒参数,消声减振措施,防排烟系统的运行说明,风系统的防火、建筑热工要求,管道材料及保温,环境保护措施及节能措施等。

② 主要设备材料表:包括冷水机组、空调机组、水泵、风机、风机盘管、冷却塔、热交换器等主要设备的性能参数、使用数量、使用地点,电动风阀、水阀等主要附件及材料的性能要求等。

③ 主要设备技术指标:包括冷热耗量及单位面积指标,空调设备电气安装容量及面积指标,蒸汽耗量及其他经济技术指标。

④ 遗留及等审批的问题:与施工图相比,初步设计不能完全深入,因此在初步设计过程中,存在一些需要以后解决的问题。例如,需要提请市政部门或初步设计审批部门审查的问题,需要市政部门配合解决的问题(如热源、气源等),及需要在施工图中各专业进一步详细配合解决的问题等。

3. 施工图设计

施工图设计是工程设计的最后一个阶段,也是最重要的设计阶段。由于工程施工以施工图为依据,因此对施工图的基本要求是消除错、漏、缺,表达完整、准确、清晰、无误。在设计过程中,应遵循已审批的初步设计,不宜对基本方案和原则进行大的修改,并要落实初步设计中遗留的问题。要严格遵守相关规范和标准,做好工种协调。施工图设计一般按以下程序进行。

（1）调整设计方案

根据初步设计审批意见,建筑专业人员提供的平、剖面图和文字资料以及其他专业人员提出的设计要求,对初步设计计算和设备选择进行详细计算,如设计条件改变,则根据变更条件,修正设计方案和设备选择。制订统一的技术条件,包括完整统一的图例、图纸比例、图幅、图纸表达深度、计算方法、单位制、设备管道连接安装方式、系统及设备的统一标号等。

（2）做好专业协调

在设计开始之前，与水电专业人员协商空间分隔，防止管道相互碰车。管道占用空间的一般原则是：风道位于最高层，电缆桥架次之，再其次是消防、空调及生活水管，排水管道及凝结水管道位于最低层。

（3）设计计算

设计计算是施工图设计的基础和依据。在初步设计阶段，各种计算均按估算指标进行，但对具体工程来说，这些指标有其不合理之处。因此施工图设计阶段要进行详细设计计算。一般来说，设计计算包含以下内容：

① 冷热负荷及湿负荷计算。

② 各系统的空气处理过程计算、系统风量（包括送风量、回风量、新风量、排风量）计算。

③ 风量平衡校核计算。

④ 空气处理设备的选择与校核计算。

⑤ 气流组织计算。

⑥ 风管与水管的水力计算。

⑦ 冷热源设备及辅助设备的选型计算。

⑧ 消声与减振计算。

（4）施工图绘制

图纸应包括主要设备材料明细表、平面图、剖面图、系统图、详图等。设计图纸要求图面整洁、图纸内容布置合理，标题栏按照统一规定格式绘制，图例及绘制方法执行国家有关制图规范。

1）平面图

平面图包括各层风管、水管平面图，空调机房平面图，冷热源设备与管道平面布置图，防排烟系统平面图，排风系统平面图等。平面图上应标明风水管线的规格、坡度、坡向，设备与管道的定位尺寸，设备与附件的编号、型号、规格，防火阀、排烟阀的位置，风水系统的编号等。

2）剖面图

剖面图包括通风空调剖面图，各种机房剖面图等。剖面上应说明设备、附件的竖向位置、尺寸及编号，设备、风水管线的标高，管线的长度、坡度、坡向等。其图名编号应与平面图剖切位置处编号一致。

3）系统图

系统图包括空调风管系统图，水管系统图，防排烟系统图等。系统图中管道空间走向应与平、剖面相符。在系统上要标明设备、附件的编号，以及管径、标高、坡度、坡向和送排风口的风量等内容。

4）详　图

各种设备及零部件施工安装，应注明采用的标准图、通用图的图名和图号。凡无现成图纸可选，且需要交代设计意图的，均须绘制安装详图，绘出设备及零部件的安装方法、与建筑物之间的关系尺寸，并标注安装所用的材料。

简单的详图，可就图引出，绘局部详图；安装复杂的详图应单独绘制。对于无定型产品，又无标准图、通用图可利用的非标准件，应按标准图格式绘制详图，绘出构造图形，标注加工尺寸和要求，说明使用材料的类型和规格。

（5）编写设计施工说明

1）设计说明

施工图设计说明是对工程施工图设计的总体描述和设计解释，以便建设方和施工方有一个整体概念。其主要内容包括设计概况，空调室内外设计参数，空调冷热负荷，空调系统形式和划分（分区），冷热源的形式、冷热媒参数、设备配置及参数，设备和构件的选型，自动控制方案及系统组成，绝热、消声和隔振措施，节能措施等。必要时，须说明空调系统的使用操作要点，如空调系统在季节变化时的转换方式等。

2）施工说明

施工要求的总则是根据国家标准《通风与空调工程施工质量验收规范》（GB 50243—2016）来执行的，此部分说明仅是设计者就一些施工中须特别注意的事项及特殊要求向施工方做出的说明，其内容大致包括：冷水机组、空调机组、冷却塔、水泵等设备的安装要求；风管的制作、安装要求；水管的安装、连接方式；空调水系统的压力试验；空调系统试运行及设备的调试。

3）设备及材料明细表

设备及材料明细表是编制施工进度计划、工程预算的重要依据。在表中应标明设备、附件、材料的型号、规格、数量、主要性能。

10.1.4 空调工程设计文件的编写整理

设计计算书和说明书应有封面、前言、目录、必要的计算过程；在确定设计方案时，应有一定的技术经济比较（如设备的选型等）说明；内容应分章节编写，重复计算尽量采用表格形式，应列出参考资料；设计计算书和说明书应不少于 3 万字。要求设计说明书文理通顺、书写工整、叙述清晰、观点明确、论据正确，应将建筑概况和设计方案交代清楚；说明书应装订成册，具体包括以下内容：

① 封面：按规定的统一格式。

② 成绩记录表：按规定的统一格式。

③ 设计任务书：按规定的统一格式。

④ 摘要：简介设计课题、设计内容，提出本人见解和结论，并有中外文对照。

⑤ 目录：按设计书成册后编目、页次编号。

⑥ 前言。

⑦ 设计施工说明。

⑧ 设计计算及其结论列表汇总。

⑨ 主要技术经济指标汇总。

⑩ 参考文献目录（按标准列出）。

10.2 通风与空调工程设计实例

九江市某一综合办公楼，共三层，第一层为大厅、票证房、服装库房和办公室，层高 4.2 m；第二层为会议室、数据处理中心、档案室、资料室和办公室，除档案室、数据处理中心层高 4.5 m 外，其余层高 3.6 m；第三层为行政办公室、小型会议室和网络机房，层高 3.6 m。该综合办公楼总建筑面积约 2 000 m²，底层为车库。要求设计本办公楼夏季和冬季中央空调系统和部分房间的通风系统,从而为整个建筑提供一个舒适的办公环境。因篇幅所限,下面只对办公楼一层夏季供冷用中央空调系统的设计过程进行介绍。

10.2.1 原始资料

(1) 地　点

九江市。

(2) 室外气象条件

① 夏季空调室外计算干球温度 t_w:35.6 ℃;

② 夏季空调室外计算湿球温度 t_s:27.9 ℃;

③ 夏季空调室外日平均温度 $t_{w,p}$:32.1 ℃;

④ 夏季通风室外计算温度:33 ℃;

⑤ 夏季室外计算相对湿度:75%;

⑥ 夏季室外平均风速:2.7 m/s;

(3) 室内设计计算参数

① 夏季室内设计计算干球温度:26 ℃;

② 夏季室内设计计算相对湿度:60%。

(4) 围护结构条件

① 外墙:厚度为 370 mm 的 II 型墙,传热系数为 1.50 W/(m²·℃);

② 内墙:总厚度为 280 mm 的 III 型墙,传热系数为 1.97 W/(m²·℃);

③ 屋顶:加气混凝土保温屋面,厚度为 200 mm,传热系数为 0.49 W/(m²·℃);

④ 外窗:单层透明玻璃(3 mm),传热系数为 5.9 W/(m²·℃);

⑤ 外门:单层 3 mm 厚的玻璃木门,结构修正系数为 0.7,传热系数为 2.00 W/(m²·℃)。

(5) 室内负荷条件

① 人员:室内人数按照 3 m²/人计算,办公室及会议室群集系数为 0.93,大厅群集系数为 0.89。

② 照明:采用暗装荧光灯照明,功率为 25 W/m²。

③ 散热设备:室内设有电脑及音响设备,设每个办公室有 1 台式 2 台电脑,每台电脑的散热量按稳定传热 450 W 计算。

(6) 其他条件

空调设备运行时间为 7:00~19:00,室内空气压力稍高于室外大气压。

10.2.2 空调负荷计算

空调负荷计算采用冷负荷系数法,空调房间负荷由围护结构传热、门窗日射及传热、室内照明、设备和人员产热等部分组成。

① 外墙和屋面瞬变传热引起的冷负荷:

$$LQ_\tau = AK[(t_{L,\tau} + t_d) \cdot K_a \cdot K_\rho - t_n]$$

式中,LQ_τ——外墙和屋面瞬变传热引起的逐时冷负荷,W;

A——外墙和屋面的面积,m²;

K——外墙和屋面的传热系数,W/(m² · ℃),可由附录 H-5 查取;

t_n——室内计算温度,℃;

$t_{L,\tau}$——外墙和屋面冷负荷计算温度的逐时值,可℃;可由附录 H-2 及 H-3 查取;

t_d——地点修正值,可由附录 H-7 查取;

K_α——外表面换热系数修正值,可由表 4-7 查取;

K_ρ——外表面换热系数修正值。

以一楼票证房为例,其东外墙见表 10-1。

表 10-1 票证房东外墙冷负荷

时 间	7:00	8:00	9:00	10:00	11:00	12:00	13:00	14:00	15:00	16:00	17:00	18:00	19:00
$t_{L,\tau}$	36.4	36	35.5	35.2	35	35	35.2	35.6	36.1	36.6	37.1	37.5	37.9
t_d	2.4												
$t'_{L,\tau}$	38.8	38.4	37.9	37.6	37.4	37.4	37.6	38	38.5	39	39.5	39.9	40.3
$t'_{L,\tau}-t_n$	12.8	12.4	11.9	11.6	11.4	11.4	11.6	12	12.5	13	13.5	13.9	14.3
K	1.5												
F	26.46												
$LQ_{C,\tau}$	508	492	472	460	452	452	460	476	496	516	536	552	568

② 外玻璃窗温差瞬变传热引起的冷负荷:

$$LQ_\tau = AK[(t_{L,\tau} + t_d) \cdot K_\alpha \cdot - t_n]$$

式中,LQ_τ——外玻璃窗瞬变传热引起的冷负荷,W;

K——外玻璃窗传热系数,W/(m² · ℃),$K = 5.9$ W/(m² · ℃);

A——窗口面积,m²;

$t_{L,\tau}$——外玻璃窗的冷负荷温度的逐时值,℃,可由附录 H-4 查得;

t_d——玻璃窗的地点修正系数,℃;可由附录 H-10 查得。

以一楼票证房为例,其东外窗传热冷负荷见表 10-2。

表 10-2 票证房东外窗传热冷负荷

时 间	7:00	8:00	9:00	10:00	11:00	12:00	13:00	14:00	15:00	16:00	17:00	18:00	19:00
$t_{L,T}$	26	26.9	27.9	29	29.9	30.8	31.5	31.9	32.2	32.2	32	31.6	30.8
t_d	3												
$t'_{L,T}$	29	29.9	30.9	32	32.9	33.8	34.5	34.9	35.2	35.2	35	34.6	33.8
$t'_{L,T}-t_n$	3	3.9	4.9	6	6.9	7.8	8.5	8.9	9.2	9.2	9	8.6	7.8
K	5.9												
F	2.04												
$LQ_{C,T}$	36.1	46.9	59	72.2	83	93.9	102	107	111	111	108	104	93.9

③ 透过玻璃窗的日射得热引起的冷负荷:

$$LQ_{f,\tau} = F \cdot C_a \cdot C_s \cdot C_n \cdot D_{j,max} \cdot C_L$$

式中，C_a——面积系数，可由表 4-11 查得；

  F——窗口面积，m^2；

  C_s——窗玻璃的遮阳系数，可由表 4-12 查得；

  C_n——窗内遮阳设施的遮阳系数，由表 4-13 查得；

  $D_{j,max}$——日射得热因数，由表 4-10 查得 30 纬度带的日射得热因数；

  C_L——窗玻璃冷负荷系数，无因次，可由附录 H-11～H-14 查得。

以一楼票证房为例，其东外窗日射冷页荷见表 10-3。

表 10-3 票证房东外窗日射冷负荷

时 间	7:00	8:00	9:00	10:00	11:00	12:00	13:00	14:00	15:00	16:00	17:00	18:00	19:00
C_L	0.41	0.49	0.6	0.56	0.37	0.29	0.29	0.28	0.26	0.24	0.22	0.19	0.17
F	1.734												
C_s	1												
C_n	0.6												
$D_{j,max}$	530												
$Q_{F,\tau}$	226	270	331	309	204	160	160	154	143	132	121	105	93.7

④ 照明散热形成的冷负荷：

$$荧光灯 \quad LQ_\tau = n_1 n_2 N \cdot C_L$$

式中，LQ_τ——灯具散热形成的冷负荷，W；

  N——照明灯具所需功率，W；

  n_1——镇流器消耗功率系数，明装荧光灯 $n_1 = 1.2$；

  n_2——灯罩隔热系数，$n_2 = 1.0$；

  C_L——照明散热冷负荷系数，可由附录 H-15 查得。

注：由于客房、办公室的空调系统仅在有人时才运行，取 $C_L = 1$。计算照明冷负荷时，根据空调房间的功能特点，单位面积照明冷负荷均为 25 W/m^2。

⑤ 人体散热形成的冷负荷：

a. 人体显热散热量：

$$Q_s = n_1 \cdot n_2 \cdot q_s$$

式中，q_s——不同室温和活动强度下，成年男子的显热散热量，见表 4-16；

  n_1——室内全部人数；

  n_2——群集系数，见表 4-15；

b. 人体潜热散热量：

$$Q_r = n_1 \cdot n_2 \cdot q_r$$

式中，q_r——不同室温和活动强度下，成年男子的潜热散热量，见表 4-16；

c. 人体得热引起的瞬时冷负荷：

$$LQ_\tau = Q_s \cdot C_L + Q_r$$

式中，C_L——人体的冷负荷系数，见附录 H-18。

⑥ 设备散热形成的冷负荷：办公室考虑设备的散热量，设每个办公室有 1 或 2 台电脑，每

台电脑的散热量按稳定传热 450 W 计算。

⑦ 湿负荷的计算：

$$W = n_1 \cdot n_2 \cdot w$$

式中，W——人体散湿量，g/s；

　　　w——成年男子的小时散湿量，g/h，可查表 4-16；

　　　n_1——室内全部人数；

　　　n_2——群集系数，见表 4-15。

⑧ 新风负荷计算：

夏季空调新风冷负荷：　　　　　$LQ_{c,o} = M_o(h_w - h_n)$

式中，$LQ_{c,o}$——夏季新风冷负荷，kW；

　　　M_o——新风量，kg/s；

　　　h_w——室外空气的焓值，kJ/kg；

　　　h_n——室内空气的焓值，kJ/kg。

⑨ 夏季空调负荷计算结果汇总：根据各项计算公式，办公楼一、二、三层共有 22 个房间，得到夏季空调冷湿负荷计算结果汇总见表 10-4。

表 10-4　夏季空调冷湿负荷计算结果汇总表

计算时刻	7:00	8:00	9:00	10:00	11:00	12:00	13:00	14:00	15:00	16:00	17:00	18:00	19:00
冷负荷/W	39 890	186 068	210 956	217 369	221 908	74 062	65 955	208 048	227 568	229 686	230 713	79 022	64 745
湿负荷 /(g·s⁻¹)	0.000	55.11	55.11	55.11	55.11	0.000	0.000	55.11	55.11	55.11	55.11	0.000	0.000

最大冷负荷(包括新风)出现在 17 点，其冷负荷为 230 713 W。

10.2.3　空调方案设计

1. 冷热源的确定

由于本工程没有预留可利用的专用制冷机房和锅炉房，所在地域也没有城市热网可利用，经查我国最适合使用空气源热泵的地区在东经 105°~125°，北纬 27.5°~32.5°的范围内，该地区大致包括上海、南京、武汉、重庆、长沙、合肥、南昌等地。考虑到九江地区所处的地理位置和气象参数，冬季温度并不是很低(冬季室外空调计算温度-3 ℃)，可以考虑采用风冷热泵作为夏季的冷源，同时作为冬季的热源。另外由于我国地下水资源的利用受技术、经济和国家一些制度的制约，故以空气作为热泵的热源最容易实现，而且又环保。空气源热泵冷热水机组作为空调冷热源，可一机两用。故本设计采用空气源热泵冷热水机组作为空调冷热源，将其放置在三楼屋面上。

全楼室内冷负荷和新风负荷总计 230 717 W。考虑机组本身和介质在泵、风机、管道中升温及泄漏的损失，取系数为 1.1，制冷系统总制冷量取 230.717×1.1＝254 kW。取冷冻水进出口温度为 12 ℃、7 ℃时，冷冻水流量为 254/[4.18×(12-7)]＝12.1 kg/s(43.54 t/h)。冬季总供热量取 123.01×1.1＝135.31 kW，根据以上负荷选择约克 AWHC-L75 机组一台，其主要技术参数见表 10-5。

表 10 - 5　约克 AWHC - L75 机组的技术参数

型　号	制　冷		制　热		压缩机	冷凝器		蒸发器		机组尺寸			运输重量	运行重量
	制冷量/kW	输入功率(压缩机)/kW	制热量/kW	输入功率(压缩机)/kW	容量控制等级	风机数目	720 r/min 每台功率/kW	水容量/L	水管接口/mm	长/mm	宽/mm	高(到风机顶部)/mm	铝翘片/kg	铝翘片/kg
AWHC -L75	276	77	255	76	3	4	2.2	90	150	3 055	2 275	2 280	3 130	3 245

2. 空调系统方案确定

一、二层房间空间大,人员密集,冷负荷密度大,室内热湿比小。选择一次回风的定风量单风道全空气系统,为节约能源和投资,进行露点送风。

因一、二层没有空调机房,所以一、二楼空调设备分别吊装在吊顶内,同时也可节省建筑有效使用面积。三层房间较小,各房间空调的使用时间也不同步,因此采用风机盘管+独立新风空调方式。

三层选一台新风处理机组提供三层空调所需的新风,机组吊装在走廊的吊顶内。现对风机盘管+独立新风系统对空气的处理过程进行分析,当新风处理到室内空气的焓值线上,不承担室内负荷,而由风机盘管承担室内所有冷负荷。根据室内冷负荷来选风机盘管,在满足舒适型空调的要求下,既合理又快捷。

3. 系统风量确定及设备选型

以办公楼第一层为例进行设计计算。空调系统送风状态和送风量的确定可在 h - d 图上进行,具体步骤如下:

① 在 h - d 图上找出室内状态点 N,室外状态点 W,如图 10 - 1 所示。

② 热湿比 $\varepsilon = \dfrac{Q}{W} = \dfrac{40.5}{0.003\ 03} = 133\ 22$ kJ/kg。

③ 确定送风状态点。

在 h - d 图上确定 N 点,$h_N = 58.86$ kJ/kg,$d_n = 12.48$ g/kg,过 N 点作 $\varepsilon = 13\ 322$ 线,采用机器露点送风,风机管道温升 2 ℃,确定送风状态点 O,由 O 下降 2 ℃,与 $\varphi = 90\%$ 相交,即得露点 L,$t_L = 17.8$ ℃,$h_L = 48$ kJ/kg;$t_o = 19.8$ ℃,$h_o = 49.8$ kJ/kg,$d_o = 11.8$ g/kg。

④ 计算送风量:

$$G = \frac{Q}{i_n - i_o} = \frac{40.5}{58.86 - 49.8} = 4.47 \text{ kg/s} = 13\ 410 \text{ m}^3/\text{h}$$

$$G = \frac{W}{d_n - d_o} = \frac{3.04}{12.48 - 11.8} = 4.47 \text{ kg/s}$$

新风量取 30 m³/(h·人),$G_w = 1\ 427$ m³/h。

⑤ 确定新回风混合状态点:

由 $\dfrac{G_w}{G} = \dfrac{\overline{NC}}{\overline{NW}} = \dfrac{1\ 427}{13\ 410} = 10.6\%$,可用作图法在 NW 线上确定 c 点,$h_C = 61.99$ kJ/kg。

⑥ 求系统需要的冷量：

$$Q_L = G(h_c - h_L) = 4.47 \times (61.99 - 48) = 62.54 \text{ kW}$$

根据送风量和系统冷量为一层选用空调机组，经查样本选用上海联合开利空调有限公司生产的 DBFP(X)薄型吊装空气处理机组 DBFP8 机组两台，各自承担一半的负荷，其机组性能见表 10 - 6。

表 10 - 6　DBFP(X)薄型吊装空气处理机组技术参数

机　组	额定风量 m³	长×宽×高/mm³	电机 kW -级数	风机数量	机组全压/Pa	制冷量/kW	制热量/kW	水量/t/h	水阻力/kPa	噪声/dB	机组重量/kg
DBFP8	8 000	1 710×1 413×595	0.8～6	2	175	46.9	89.1	8.11	28	64	230

4. 风系统设计

1) 风管材料和形状的确定

对于民用舒适性空调，风管材料一般采用薄钢板涂漆或镀锌薄钢板，本设计采用镀锌薄钢板，该种材料做成的风管使用寿命长，摩擦阻力小，风道制作快速方便，通常可在工厂预制后送至工地，也可在施工现场临时制作。矩形风管具有占地面积较小，易于布置、明装较美观的特点。本设计采用矩形风管，而且矩形风管的高宽比控制在 2.5 以下。

本建筑因层高较高，所以可充分利用吊顶，在走廊的吊顶内可以放置新风机组，在房间的吊顶内可放置风机盘管，实现上送风，在满足舒适性的前提下，又不影响室内美观，因此本设计中均采用上送上回方式。选择、布置风口时，考虑了使得活动区处于回流区，以增强房间舒适度。

2) 送、回风管的布置和管径确定

风管用镀锌钢板制作，用带玻璃布铝箔防潮层的离心玻璃棉板材（容量为 48 kg/m³）保温，保温层厚度 δ = 30 mm。按房间的空间结构布置送回风管的走向，并计算各管段的风量。吊顶中留给空调的高度约为 700 mm。由于建筑空间的局限，回风管干管安置在送风干管下部。根据室内允许噪声的要求，风管干管流速取 5～6.5 m/s，支管取 3～4.5 m/s 来确定管径。

3) 各房间风量确定及风口的选型

按负荷计算各房间风量，确定风口数量及尺寸。送风选择四面吹方形散流器，回风选择单层百叶回风口。根据《空气调节设计手册》，采用散流器上送上回方式的空调房间，为了确保射流有必需的射程，并不产生较大的噪声，风口风速控制在 3～4 m/s 范围内，最大风速不得超过 6 m/s，回风百叶风口风速取 4～5 m/s，卫生间不回风。按各房间负荷出现最大时刻选型，列于表 10 - 7，按房间大小及形状布置风口（见图 10 - 1）。

表 10 - 7　房间风口的选型

房间号	101	102	103	104	105	106	总　计
负荷/W	9 570	4 234	18 171	2 823	3 006	2 732	40 536
送风量/m³·h⁻¹	3 166	1 401	6 011	934	994	904	13 410
送风口数/个	10	2	10	2	2	2	28

房间号	101	102	103	104	105	106	总　计
送风口型/cm	18×18	24×24	24×24	18×18	18×18	18×18	—
吼部风速/m·s⁻¹	3.38	3.2	3.2	3.34	3.55	3.07	—
回风量/(m³·h⁻¹)	2 829	1 252	5 371	835	888	808	11 983
回风口数/个	4	1	6	1	1	1	14
回风口型/cm	20×25	25×30	25×25	15×30	15×30	15×30	—
吼部风速/m·s⁻¹	4.2	4.45	4.66	4.38	4.65	4.02	—

4）风管的水力计算

绘制全空气系统最不利环路的轴测图,标出各段标号、长度、流量、管径(查附录)。镀锌钢板粗糙度 K 取 0.15。采用假定流速法进行风管水力计算,列表计算压力损失,校核空调机组的余压值是否满足需要。

5. 空调系统消声减振的设计方案

空调系统的消声和减振是空调设计中的重要一环,它对减小噪声和振动,提高人们大额舒适感和工作效率,延长建筑物的使用年限有着极其重要的意义。

噪声的控制方法主要有隔声、吸声和消声三种。本空调系统的噪声主要是风道系统中气流噪声和空调设备产生的噪声。隔声是减小噪声对其他室内干扰的方法。一个房间隔声效果的好坏取决于整个房间的隔墙、楼板及门窗的综合处理,因此,凡是管道穿过空调房间的围护结构,其孔洞四周的缝隙必须用弹性材料填充密实。

(1)空调系统的消声设计

① 由于风管内气流流速和压力的变化以及对管壁和障碍物的作用而引起的气流噪声,设计中相应考虑风速选择,总干管风速 5～6.5 m/s,支管风速 3～4.5 m/s,新风管风速<3 m/s。从而降低气流噪声。

② 在机组和风管接头及吸风口处都采用软管连接,同时管道的支架、吊架均采用橡胶减振。

③ 风机盘管、空调处理机组均吊装于吊顶内,可适当降低噪声。另外风机盘管带回风箱亦可降低噪声。

④ 空调机组和新风机组静压箱内贴有 5 mm 厚的软质海绵吸声材料。

⑤ 将风冷式冷热水机组置于三楼屋面上,可大大降低其对各空调房间的噪声影响。

(2)空调系统减振设计

① 水泵和风冷螺杆式冷水机组固定在隔振基座上,隔振基座用钢筋混凝土板加工而成。

② 水泵的进、出口采用橡胶柔性接头同水管连接。

③ 水泵、冷水机组、风机盘管、空调机组等设备供回水管用橡胶或不锈钢柔性软管连接,以不使设备的振动传递给管路。

④ 空调机组和新风机组风机进出口与风管间的软管采用帆布材料制作,软管的长度为200～250 mm。

⑤ 水管、风管敷设时,在管道支架、吊卡、穿墙处作隔振处理。管道与支吊、吊卡间应有弹性料垫层,管道穿过围护结构处,其周围的缝隙应用弹性材料填充。

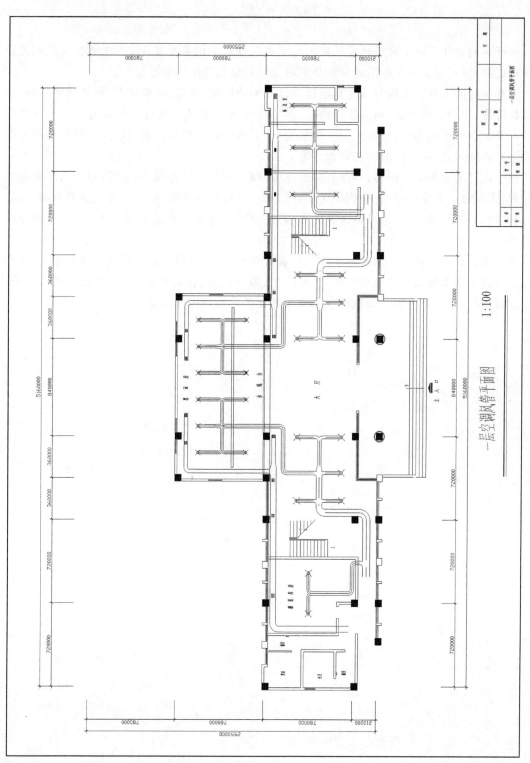

一层空调风管平面图

1:100

图10-1　一层空调风系统设计平面图

本章小结

进行空调设计前应了解清楚设计对象与空调设计有关的基本情况,并收集必要的相关设计基础资料;而有齐备的专业设计资料是提高设计质量和速度的基本保证。

方案设计的重点工作内容首先是根据设计对象的性质、规模、结构特点、内部功能划分、空调负荷特性、设计参数要求、同期使用情况、设备管道的布置安装和调节控制的难易等因素综合考虑确定空调系统形式,可以采用一种系统形式,也可以采用多种系统形式。其次是根据选定的空调系统形式,确定匹配的冷热源方案。

初步设计的主要工作内容:一是划分子系统,确定主要管道走向,估算管道尺寸,绘制系统流程图、主要楼层系统平面图、空调机房平面图和冷热源机房平面图;二是在估算的基础上,初步选择空气处理设备、冷热源设备及辅助设备;三是相关专业提出配合设计要求,并提供相应资料。

施工图设计的主要工作内容除了进行精确计算外,主要是对初步设计的图纸补充、完善和细化。对施工图纸的基本要求是要详实,消除错、漏、碰、缺,使其表达完整、准确、清晰、规范,便于交流,保证施工方能够正确地理解图纸所表达的内容并能按图施工。

附　录

附录 A　居住区大气中有害物质的最高容许浓度(摘录)

编　号	物质名称	最高容许浓度 mg·m⁻³		编　号	物质名称	最高容许浓度 mg·m⁻³	
		一次	日平均			一次	日平均
1	一氧化碳	3.00	1.00	18	环氧氯丙烷	0.20	—
2	乙醛	0.01	—	19	氟化物(换算成 F)	0.02	0.007
3	二甲苯	0.30	—	20	氨	0.20	—
4	二氧化硫	0.50	0.15	21	氧化氮(换算成 NO_2)	0.15	—
5	二氧化碳	0.04		22	砷化物(换算成 As)	—	0.003
6	五氧化二磷	0.15	0.05	23	敌百虫	0.10	—
7	丙烯腈	—	0.05	24	酚	0.02	—
8	丙烯醛	0.10		25	硫化氢	0.01	—
9	丙酮	0.80		26	硫酸	0.30	0.10
10	甲基对硫磷(甲基 E605)	0.01		27	硝基苯	0.01	0
11	甲醇	3.00	1.00	28	铅及其无机化合物(换算成 Pb)	—	0.000 7
12	甲醛	0.05	—	29	氯	0.10	0.03
13	汞	—	0.003	30	氯丁二烯	0.10	—
14	吡啶	0.08	—	31	氯化氢	0.05	0.015
15	苯	2.40	0.80	32	铬(六价)	0.001 5	
16	苯乙烯	0.01	—	33	锰及其化合物(换算成 MnO_2)	—	0.01
17	苯胺	0.10	0.03	34	飘尘	0.50	0.15

注:1. 一次最高容许浓度,指任何一次测定结果的最大容许值。

　　2. 日平均最高容许浓度,指任何一日的平均浓度的最大容许值。

　　3. 本表所列各项有害物质的检验方法,应该现行的《大气监测检验方法》执行。

　　4. 灰尘自然沉降量,可在当地清洁区实测数值的基础上增加 3~5 t/(km²·月)。

附录B 通风管道单位长度摩擦阻力线算图

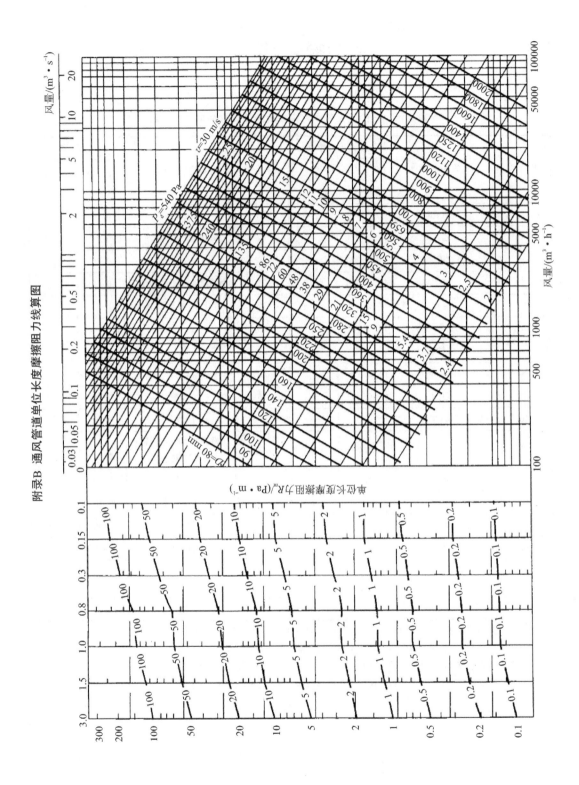

附录 C-1 钢板圆形风管计算表

附录 C-2 钢板矩形风管道计算表

速度/ (m·s⁻¹)	动压/ Pa	\multicolumn{9}{c}{风管断面宽(mm)×高(mm) 上行:风量/(m³·h⁻¹),下行:单位摩擦阻力/(Pa·m⁻¹)}								
		120	160	200	160	250	200	250	200	250
		120	120	120	160	120	160	160	200	200
1.0	0.60	50	67	84	90	105	113	140	141	176
		0.18	0.15	0.13	0.12	0.12	0.11	0.09	0.09	0.08
1.5	1.35	75	101	126	135	157	169	210	212	264
		0.36	0.30	0.27	0.25	0.25	0.22	0.19	0.19	0.16
2.0	2.40	100	134	168	180	209	225	281	282	352
		0.61	0.51	0.46	0.42	0.41	0.37	0.33	0.32	0.28
2.5	3.75	125	168	210	225	262	282	351	353	440
		0.91	0.77	0.68	0.63	0.62	0.55	0.49	0.47	0.42
3.0	5.40	150	201	252	270	314	338	421	423	528
		1.27	1.07	0.95	0.88	0.87	0.77	0.68	0.66	0.58
3.5	7.35	175	235	294	315	366	394	491	494	616
		1.68	1.42	1.26	1.16	1.15	1.02	0.91	0.88	0.77
4.0	9.60	201	268	336	359	419	450	561	565	704
		2.15	1.81	1.62	1.49	1.47	1.30	1.16	1.12	0.99
4.5	12.15	226	302	378	404	471	507	631	635	792
		2.67	2.25	2.01	1.85	1.83	1.62	1.45	1.40	1.23
5.0	15.00	251	336	421	449	523	563	702	706	880
		3.25	2.74	2.45	2.25	2.23	1.97	1.76	1.70	1.49
5.5	18.15	276	369	463	494	576	619	772	776	968
		3.88	3.27	2.92	2.69	2.66	2.36	2.10	2.03	1.79
6.0	21.60	301	403	505	539	628	676	842	847	1 056
		4.56	3.85	3.44	3.17	3.13	2.77	2.48	2.39	2.10
6.5	25.35	326	436	547	584	681	732	912	917	1 144
		5.30	4.47	4.00	3.68	3.64	3.22	2.88	2.78	2.44
7.0	29.40	351	470	589	629	733	788	982	988	1 232
		6.09	5.14	4.59	4.23	4.18	3.70	3.31	3.19	2.81
7.5	33.75	376	503	631	674	785	845	1 052	1 059	1 320
		6.94	5.86	5.23	4.82	4.77	4.22	3.77	3.64	3.20
8.0	38.40	401	537	673	719	838	901	1 123	1 129	1 408
		7.84	6.62	5.91	5.44	5.39	4.77	4.26	4.11	3.61

速度/ (m·s⁻¹)	动压/ Pa	风管断面宽(mm)×高(mm) 上行:风量/(m³·h⁻¹),下行:单位摩擦阻力/(Pa·m⁻¹)								
		120	160	200	160	250	200	250	200	250
		120	120	120	160	120	160	160	200	200
8.5	43.35	426	571	715	764	890	957	1 193	1 200	1 496
		8.79	7.42	6.63	6.10	6.04	5.35	4.78	4.61	4.06
9.0	48.60	451	604	757	809	942	1 014	1 263	1 270	1 584
		9.80	8.27	7.39	6.80	6.73	5.96	5.32	5.14	4.52

速度/ (m·s⁻¹)	动压/ Pa	风管断面宽(mm)×高(mm) 上行:风量/(m³·h⁻¹),下行:单位摩擦阻力/(Pa·m⁻¹)								
		320	250	320	400	320	500	400	320	500
		160	250	200	200	250	200	250	320	250
1.0	0.60	180	221	226	283	283	354	354	363	443
		0.08	0.07	0.07	0.06	0.06	0.06	0.05	0.05	0.05
1.5	1.35	270	331	339	424	424	531	531	544	665
		0.17	0.14	0.14	0.13	0.12	0.12	0.11	0.10	0.10
2.0	2.40	360	441	451	565	566	707	708	726	887
		0.29	0.24	0.24	0.22	0.21	0.20	0.18	0.18	0.17
2.5	3.75	450	551	564	707	707	884	885	907	1 108
		0.44	0.36	0.37	0.33	0.31	0.30	0.28	0.26	0.25
3.0	5.40	540	662	677	848	849	1 061	1 063	1 089	1 330
		0.61	0.50	0.51	0.46	0.43	0.42	0.39	0.37	0.35
3.5	7.35	630	772	790	989	990	1 238	1 240	1 270	1 551
		0.81	0.66	0.68	0.61	0.58	0.56	0.51	0.49	0.46
4.0	9.60	720	882	903	1 130	1 132	1 415	1 417	1 452	1 773
		1.04	0.85	0.87	0.79	0.74	0.72	0.66	0.63	0.60
4.5	12.15	810	992	1 016	1 272	1 273	1 592	1 594	1 633	1 995
		1.29	1.06	1.08	0.98	0.92	0.90	0.82	0.78	0.74
5.0	15.00	900	1 103	1 129	1 413	1 414	1 769	1 771	1 815	2 216
		1.57	1.29	1.32	1.19	1.12	1.09	1.00	0.95	0.90
5.5	18.15	990	1 213	1 242	1 554	1 556	1 945	1 948	1 996	2 438
		1.88	1.54	1.57	1.42	1.33	1.31	1.19	1.13	1.08
6.0	21.60	1 080	1 323	1 354	1 696	1 697	2 122	2 125	2 177	2 660
		2.22	1.81	1.85	1.68	1.57	1.54	1.40	1.33	1.27
6.5	25.35	1 170	1 433	1 467	1 837	1 839	2 299	2 302	2 399	2 881
		2.57	2.11	2.15	1.95	1.83	1.79	1.63	1.55	1.48

速度/ (m·s⁻¹)	动压/ Pa	风管断面宽(mm)×高(mm) 上行:风量/(m³·h⁻¹),下行:单位摩擦阻力/(Pa·m⁻¹)								
		320	250	320	400	320	500	400	320	500
		160	250	200	200	250	200	250	320	250
7.0	29.40	1 260	1 544	1 580	1 978	1 980	2 476	2 479	2 540	3 103
		2.96	2.42	2.47	2.24	2.10	2.06	1.87	1.78	1.70
7.5	33.75	1 350	1 654	1 693	2 120	2 122	2 653	2 656	2 722	3 325
		3.37	2.76	2.82	2.55	2.39	2.34	2.13	2.03	1.93
8.0	38.40	1 440	1 764	1 806	2 261	2 263	2 830	2 833	2 900	3 546
		3.81	3.12	3.18	2.88	2.70	2.65	2.41	2.30	2.19
8.5	43.35	1 530	1 874	1 919	2 420	2 405	3 007	3 010	3 085	3 768
		4.27	3.50	3.57	3.23	3.03	2.97	2.71	2.58	2.45
9.0	48.60	1 620	1 985	2 032	2 544	2 546	3 184	3 188	3 266	3 989
		4.76	3.90	3.98	3.61	3.38	3.31	3.02	2.87	2.73

速度/ (m·s⁻¹)	动压/ Pa	风管断面宽(mm)×高(mm) 上行:风量/(m³·h⁻¹),下行:单位摩擦阻力/(Pa·m⁻¹)								
		400	630	500	400	500	630	500	630	800
		320	250	320	400	400	320	500	400	320
1.0	0.60	454	558	569	569	712	716	891	896	910
		0.04	0.04	0.04	0.04	0.03	0.04	0.03	0.03	0.03
1.5	1.35	682	836	853	853	1 068	1 073	1 337	1 344	1 363
		0.09	0.09	0.08	0.08	0.07	0.07	0.06	0.06	0.07
2.0	2.40	909	1 115	1 137	1 138	1 424	1 431	1 782	1 792	1 819
		0.15	0.15	0.14	0.13	0.12	0.12	0.10	0.10	0.11
2.5	3.75	1 136	1 394	1 422	1 422	1 780	1 789	2 228	2 240	2 274
		0.23	0.23	0.21	0.20	0.17	0.19	0.15	0.16	0.17
3.0	5.40	1 363	1 673	1 706	1 706	2 136	2 147	2 673	2 688	2 729
		0.32	0.32	0.29	0.28	0.24	0.26	0.21	0.22	0.24
3.5	7.35	1 590	1 951	1 990	1 991	2 492	2 504	3 119	3 136	3 183
		0.43	0.43	0.38	0.37	0.33	0.35	0.28	0.29	0.32
4.0	9.60	1 817	2 230	2 275	2 275	2 848	2 862	3 564	3 584	3 638
		0.55	0.55	0.49	0.47	0.42	0.44	0.36	0.37	0.40
4.5	12.15	2 045	2 509	2 559	2 560	3 204	3 220	4 010	4 032	4 093
		0.68	0.68	0.61	0.59	0.52	0.55	0.45	0.46	0.50
5.0	15.00	2 272	2 788	2 843	2 844	3 560	3 578	4 455	4 481	4 548
		0.83	0.83	0.74	0.72	0.63	0.67	0.55	0.56	0.61

速度/ (m·s⁻¹)	动压/ Pa	风管断面宽(mm)×高(mm) 上行:风量/(m³·h⁻¹),下行:单位摩擦阻力/(Pa·m⁻¹)								
		400	630	500	400	500	630	500	630	800
		320	250	320	400	400	320	500	400	320
5.5	18.15	2 499	3 066	3 128	3 129	3 916	3 935	4 901	4 929	5 002
		0.99	0.99	0.89	0.86	0.76	0.80	0.65	0.67	0.73
6.0	21.60	2 726	3 345	3 412	3 413	4 272	4 293	5 346	5 377	5 457
		1.17	1.17	1.04	1.01	0.89	0.94	0.77	0.79	0.86
6.5	25.35	2 935	3 624	3 696	3 697	4 627	4 651	5 792	5 825	5 912
		1.36	1.36	1.21	1.18	1.03	1.10	0.90	0.92	1.00
7.0	29.40	3 180	3 903	3 980	3 982	4 983	5 009	6 237	6 273	6 367
		4.57	1.56	1.40	1.35	1.19	1.26	1.03	1.06	1.15
7.5	33.75	3 405	4 148	4 265	4 266	5 339	5 366	6 683	6 721	6 822
		1.78	1.78	1.59	1.54	1.36	1.44	1.17	1.21	1.31
8.0	38.40	3 635	4 460	4 549	4 551	5 695	5 724	7 158	7 169	7 276
		2.02	2.01	1.80	1.74	1.53	1.63	1.33	1.36	1.48
8.5	43.35	3 862	4 739	4 833	4 835	6 051	6 082	7 574	7 617	7 731
		2.26	2.25	2.02	1.96	1.72	1.82	1.49	1.53	1.67
9.0	48.60	4 089	5 018	5 118	5 119	6 407	6 440	8 019	8 065	8 186
		2.52	2.51	2.25	2.18	1.92	2.03	1.66	1.71	1.86

附录 D 局部阻力系数

序 号	名 称	图形和断面	局部阻力系数 ζ（ζ 值以图内所示速度 ν 计算）				

序号 1 渐扩管

$\dfrac{F_1}{F_0}$	α				
	10°	15°	20°	25°	30°
1.25	0.02	0.03	0.06	0.06	0.07
1.50	0.03	0.06	0.10	0.12	0.13
1.75	0.05	0.09	0.14	0.17	0.19
2.00	0.06	0.13	0.20	0.23	0.26
2.25	0.08	0.16	0.26	0.38	0.33
3.50	0.09	0.19	0.30	0.36	0.39

序号 2 渐扩管

α	22.5°	30°	45°	90°
ζ	0.6	0.8	0.9	1.0

序号 3 突扩

$\dfrac{F_1}{F_2}$	0	0.1	0.2	0.3	0.4	0.5	0.6	0.7	0.9	1.0
ζ_1	1.0	0.81	0.64	0.49	0.36	0.25	0.16	0.09	0.01	0

序号 4 突缩

$\dfrac{F_1}{F_2}$	0	0.1	0.2	0.3	0.4	0.5	0.6	0.7	0.9	1.0
ζ_2	0.5	0.47	0.42	0.38	0.34	0.30	0.25	0.20	0.09	0

序号 5 矩形弯头

r/b	a/b										
	0.25	0.5	0.75	1.0	1.5	2.0	3.0	4.0	5.0	6.0	8.0
0.5	1.5	1.4	1.3	1.2	1.1	1.0	1.0	1.1	1.1	1.2	1.2
0.75	0.57	0.52	0.48	0.44	0.40	0.39	0.39	0.40	0.42	0.43	0.44
1.0	0.27	0.25	0.23	0.21	0.19	0.18	0.18	0.19	0.20	0.27	0.21
1.5	0.22	0.20	0.19	0.17	0.15	0.14	0.14	0.15	0.16	0.17	0.17
2.0	0.20	0.18	0.16	0.15	0.14	0.13	0.13	0.14	0.14	0.15	0.15

序号 6 圆方弯管

| 序 号 | 名 称 | 图形和断面 | 局部阻力系数 ζ（ζ值以图内所示速度 ν 计算） | | | | | | | | | | | |

局部阻力系数 $\zeta\left(\begin{matrix}\zeta_1\\\zeta_2\end{matrix}\text{值以图内所示速度}\begin{matrix}v_1\\v_2\end{matrix}\text{计算}\right)$

序号 7　合流三通

图形：$V_1F_1 \longrightarrow$，$V_3F_3 \longrightarrow$，a，V_2F_2，$F_1+F_2=F_3$，$\alpha=30°$

F_2/F_3 \ L_2/L_3	0.00	0.03	0.05	0.1	0.2	0.3	0.4	0.5	0.6	0.7	0.8	1.0
ζ_2												
0.06	−0.13	−0.07	−0.30	1.82	10.1	23.3	41.5	65.2	—	—	—	—
0.10	−1.22	−1.00	−0.76	0.02	2.88	7.34	13.4	21.1	29.4	—	—	—
0.20	−1.50	−1.35	−1.22	−0.84	0.05	1.4	2.70	4.46	6.48	8.70	11.4	17.3
0.33	−2.00	−1.80	−1.70	−1.40	−0.72	−0.12	0.52	1.20	1.89	2.56	3.30	4.80
0.50	−3.00	−2.80	−2.6	−2.24	−1.44	−0.91	−0.36	−0.14	0.56	0.84	1.18	1.53
ζ_1												
0.01	0	0.06	0.04	−0.10	−0.81	−2.10	−4.07	−6.60	—	—	—	—
0.10	0.01	0.10	0.08	0.04	−0.33	−1.05	−2.14	−3.60	5.40	—	—	—
0.20	0.06	0.10	0.13	0.16	0.06	−0.24	−0.73	−1.40	−2.30	−3.34	−3.59	−8.64
0.33	0.42	0.45	0.48	0.51	0.52	0.32	0.07	−0.32	−0.83	−1.49	−2.19	−4.00
0.50	1.40	1.40	1.40	1.36	1.26	1.09	0.86	0.53	0.15	−0.52	−0.82	−2.07

序号 8　合流三通分支管

图形：$V_1F_1 \longrightarrow$，a，$V_3F_3 \longrightarrow$，V_2F_2，$F_1+F_2>F_3$，$F_1=F_2$，$\alpha=30°$

L_2/L_3 \ F_2/F_3	0.1	0.2	0.3	0.4	0.6	0.8	1.0
ζ_2							
0	−1.00	−1.00	−1.00	−1.00	−1.00	−1.00	−1.00
0.1	0.21	−0.46	−0.57	−0.60	−0.62	−0.63	−0.63
0.2	3.1	0.37	−0.06	−0.20	−0.28	−0.30	−0.35
0.3	7.6	1.5	0.50	0.20	0.05	−0.08	−0.10
0.4	13.50	2.95	1.15	0.59	0.26	0.18	0.16
0.5	21.2	4.58	1.78	0.97	0.44	0.35	0.27
0.6	30.4	6.42	2.60	1.37	0.64	0.46	0.31
0.7	41.3	8.5	3.40	1.77	0.76	0.56	0.40
0.8	53.8	11.5	4.22	2.14	0.85	0.53	0.45
0.9	58.0	14.2	5.30	2.58	0.89	0.52	0.40
1.0	83.7	17.3	6.33	2.92	0.89	0.39	0.27

序　号	名　称	图形和断面	局部阻力系数 ζ（ζ值以图内所示速度 ν 计算）						

序号 9　合流三通分直管

$V_1 F_1$　$V_3 F_3$　α
$V_2 F_2$
$F_1 + F_2 > F_3$
$F_1 = F_3$
$\alpha = 30^0$

L_2/L_3	F_2/F_3						
	0.1	0.2	0.3	0.4	0.6	0.8	1.0
	ζ_1						
0	0.00	0	0	0	0	0	0
0.1	0.02	0.11	0.13	0.15	0.16	0.17	0.17
0.2	−0.33	0.01	0.13	0.18	0.20	0.24	0.29
0.3	−1.10	−0.25	−0.01	0.10	0.22	0.30	0.35
0.4	−2.15	−0.75	−0.30	−0.05	0.17	0.26	0.36
0.5	−3.60	−1.43	−0.70	−0.35	0.00	0.21	0.32
0.6	−5.40	−2.35	−1.25	−0.70	−0.20	0.06	0.25
0.7	−7.60	−3.40	−1.95	−1.2	−0.50	−0.15	0.10
0.8	−10.1	−4.61	−2.74	−1.82	−0.90	−0.43	−0.15
0.9	−13.0	−6.02	−3.70	−2.55	−1.40	−0.80	−0.45
1.0	−16.30	−7.70	−4.75	−3.35	−1.90	−1.17	−0.75

序号 10　90°矩形断面吸入三通

$V_3 F_3$　$V_1 F_1$　$V_2 F_2$

L_2/L_1	F_2/F_3			F_2/F_3	
	0.25	0.50	1.00	0.50	1.00
	ζ_2			ζ_3	
0.1	−0.6	−0.6	−0.6	0.20	0.20
0.2	0.0	−0.2	−0.3	0.20	0.22
0.3	0.4	0.0	−0.1	0.10	0.25
0.4	1.2	0.25	0.0	0.0	0.24
0.5	2.3	0.40	0.10	−0.1	0.20
0.6	3.6	0.70	0.2	−0.2	0.18
0.7	—	1.0	0.3	−0.3	0.15
0.8		1.5	0.4	−0.4	0.00

序号 11　矩形三通

$V_1 F_1$　$V_2 F_2$　$V_3 F_3$

F_2/F_1		0.50	1.00
分流		0.304	0.247
合流		0.233	0.072

序号 12　直角三通

V_2　V_2　V_1

v_2/v_1	0.6	0.8	1.0	1.2	1.4	1.6
ζ_{12}	1.18	1.32	1.50	1.72	1.98	2.28
ζ_{21}	0.6	0.8	1.0	1.6	1.9	2.5

序号	名称	图形和断面	局部阻力系数 ζ（ζ 值以图内所示速度 ν 计算）					

序号 13 矩形送出三通

$v_1/v_2 < 1$ 时可不计，$v_1/v_2 \geqslant 1.0$ 时						
χ	0.25	0.5	0.75	1.0	1.25	$\Delta H = \zeta \dfrac{\rho v_1^2}{2}$
$\zeta_{直通}$	0.21	0.07	0.05	0.15	0.36	
$\zeta_{分支}$	0.30	0.20	0.30	0.40	0.65	
表中：$\chi = \left(\dfrac{v_3}{v_1}\right) \times \left(\dfrac{a}{b}\right)^{1/4}$						

序号 14 矩形吸入三通

v_1/v_3	0.4	0.6	0.8	1.0	1.2	1.5	
$F_1/F_3 = 0.75$	-1.2	-0.3	0.35	0.8	1.1	—	$\Delta H = \zeta \dfrac{\rho v_3^2}{2}$,
0.67	-1.7	-0.9	-0.3	-0.1	0.45	0.7	ζ 为直通之值
0.60	-2.1	-0.3	-0.8	0.4	0.1	0.2	
$\zeta_{分支}$	-1.3	-0.9	-0.5	0.1	0.55	1.4	$\Delta H = \zeta \dfrac{\rho v_3^2}{2}$

序号 15 侧孔吸风

	L_2/L_0				
F_2/F_1	0.1	0.2	0.3	0.4	0.5
	ζ_0				
0.1	0.8	1.3	1.4	1.4	1.4
0.2	-1.4	0.9	1.3	1.4	1.4
0.4	-9.5	0.2	0.9	1.2	1.3
0.6	-21.2	-2.5	0.3	1.0	1.2

	L_2/L_0			
F_2/F_1	0.1	0.2	0.3	0.4
	ζ_1			
0.1	0.1	-0.1	-0.8	-2.6
0.2	0.1	0.2	-0.01	-0.6
0.4	0.1	0.3	0.3	0.2
0.6	0.2	0.3	0.4	0.4

序号 16 侧面送风口

$$\zeta = 2.04$$

序　号	名　称	图形和断面	局部阻力系数 ζ（ζ 值以图内所示速度 v 计算）											
17	墙孔	l/h	0.0	0.2	0.4	0.6	0.8	1.0	1.2	1.4	1.6	1.8	2.0	4.0
		ζ	2.83	2.72	2.60	2.34	1.95	1.76	1.67	1.62	1.6	1.6	1.55	1.55

序　号	名　称	图形和断面	α ＼ n	1	2	3	4	5	
18	风量调节阀		0	0.4	0.35	0.25	—	—	—
			15	0.6	1.1	0.7	0.5	0.4	
			20	3.5	3.3	2.8	2	1.8	
			45	17	10	6.5	6	5.2	
			60	95	30	20	15	13	
			75	800	90	60	—	—	

序　号	名　称	图形和断面	v	开孔率					
				0.2	0.3	0.4	0.5	0.6	
19	孔板送风口		0.5	30	12	6.0	3.6	2.3	$\Delta H = \zeta \dfrac{v^2 \rho}{2}$,
			1.0	33	13	6.8	4.1	2.7	v 为面风速
			1.5	35	14.5	7.4	4.6	3.0	
			2.0	39	15.5	7.8	4.9	3.2	
			2.5	40	16.5	8.3	5.2	3.4	
			3.0	41	17.5	8.0	5.5	3.7	

附录 E　通风管道统一规格

附录 F　湿空气的密度、水蒸气分压力、含湿量和焓

（B＝101 325 Pa）

空气温度 $t/℃$	干空气密度 $\rho/(kg \cdot m^{-3})$	饱和空气密度 $\rho_b/(kg \cdot m^{-3})$	饱和空气的 水蒸气分压力 $P_{q,b}/(\times 10^2 Pa)$	饱和空气焓湿量 $d_b/(g/kg_{干空气})$	饱和空气焓 $i_b/(kJ/kg_{干空气})$
−20	1.396	1.395	1.02	0.63	−18.55
−19	1.394	1.393	1.13	0.70	−17.39
−18	1.385	1.384	1.25	0.77	−16.20
−17	1.379	1.378	1.37	0.85	−14.99
−16	1.374	1.373	1.50	0.93	−13.77
−15	1.368	1.367	1.65	1.01	−12.60
−14	1.363	1.362	1.81	1.11	−11.35
−13	1.358	1.357	1.98	1.22	−10.05
−12	1.353	1.352	2.17	1.34	−8.75
−11	1.348	1.347	2.37	1.46	−7.45
−10	1.342	1.341	2.59	1.60	−6.07
−9	1.337	1.336	2.83	1.75	−4.73
−8	1.332	1.331	3.09	1.91	−3.31
−7	1.327	1.325	3.36	2.08	−1.88
−6	1.322	1.320	3.67	2.27	−0.42
−5	1.317	1.315	4.00	2.47	1.09
−4	1.312	1.310	4.36	2.69	2.68
−3	1.308	1.306	4.75	2.94	4.31
−2	1.303	1.301	5.16	3.19	5.90
−1	1.298	1.295	5.61	3.47	7.62
0	1.293	1.290	6.09	2.78	9.42
1	1.288	1.285	6.56	4.07	11.14
2	1.284	1.281	7.04	4.37	12.89
3	1.279	1.275	7.57	4.70	14.74
4	1.275	1.271	8.11	5.03	16.58
5	1.270	1.266	8.70	5.40	18.51
6	1.265	1.261	9.32	5.79	20.51
7	1.261	1.256	9.99	6.21	22.61
8	1.256	1.251	10.70	6.65	24.70
9	1.252	1.247	11.46	7.13	26.92
10	1.248	1.242	12.25	7.63	29.18
11	1.243	1.237	13.09	8.15	31.52
12	1.239	1.232	13.99	8.75	34.08

空气温度 $t/℃$	干空气密度 $\rho/(kg \cdot m^{-3})$	饱和空气密度 $\rho_b/(kg \cdot m^{-3})$	饱和空气的 水蒸气分压力 $P_{q,b}/(\times 10^2 Pa)$	饱和空气焓湿量 $d_b/(g/kg_{干空气})$	饱和空气焓 $i_b/(kJ/kg_{干空气})$
13	1.235	1.228	14.94	9.35	36.59
14	1.230	1.223	15.95	9.97	39.19
15	1.226	1.218	17.01	10.6	41.78
16	1.222	1.214	18.13	11.4	44.80
17	1.217	1.208	19.32	12.1	47.73
18	1.213	1.204	20.59	12.9	50.66
19	1.209	1.200	21.92	14.7	54.01
20	1.205	1.195	23.31	14.7	57.78
21	1.201	1.190	24.80	15.6	61.13
22	1.197	1.185	26.37	16.6	64.06
23	1.193	1.181	28.02	17.7	67.83
24	1.189	1.176	29.77	18.8	72.01
25	1.185	1.171	31.60	20.0	75.78
26	1.181	1.166	33.53	21.4	80.39
27	1.177	1.161	35.56	22.6	84.57
28	1.173	1.156	37.71	24.0	89.18
29	1.169	1.151	39.95	25.6	94.20
30	1.165	1.146	42.32	27.2	99.65
31	1.161	1.141	44.82	28.8	104.67
32	1.157	1.136	47.43	30.6	110.11
33	1.154	1.131	50.18	32.5	115.97
34	1.150	1.126	53.07	34.4	122.25
35	1.146	1.121	56.10	36.6	128.95
36	1.142	1.116	59.26	38.8	135.65
37	1.139	1.111	62.60	41.1	142.35
38	1.135	1.107	66.09	43.5	149.47
39	1.132	1.102	69.75	46.0	157.42
40	1.128	1.097	73.58	48.8	165.80
41	1.124	1.091	77.59	51.7	174.17
42	1.121	1.086	81.80	54.8	182.96
43	1.117	1.081	86.18	58.0	192.17
44	1.114	1.076	90.79	61.3	202.22
45	1.110	1.070	95.60	65.0	212.69
46	1.107	1.065	100.61	68.9	223.57

空气温度 $t/℃$	干空气密度 $\rho/(\text{kg} \cdot \text{m}^{-3})$	饱和空气密度 $\rho_b/(\text{kg} \cdot \text{m}^{-3})$	饱和空气的 水蒸气分压力 $P_{q,b}/(\times 10^2 \text{Pa})$	饱和空气焓湿量 $d_b/(\text{g/kg}_{干空气})$	饱和空气焓 $i_b/(\text{kJ/kg}_{干空气})$
47	1.103	1.059	105.87	72.8	235.30
48	1.100	1.054	111.33	77.0	247.02
49	1.096	1.048	117.07	81.5	260.00
50	1.093	1.043	123.04	86.2	273.40
55	1.076	1.013	156.94	114	352.11
60	7.060	0.981	198.70	152	456.36
65	1.044	0.946	249.38	204	598.71
70	1.029	0.909	310.82	276	795.50
75	1.014	0.868	384.50	382	1 080.19
80	1.000	0.823	472.28	545	1 519.81
85	0.986	0.773	576.69	828	2 281.81
90	0.973	0.718	699.31	1 400	3 818.36
95	0.959	0.656	843.09	3 120	8 436.40
100	0.947	0.589	1 013.00	—	—

附录G 焓湿图

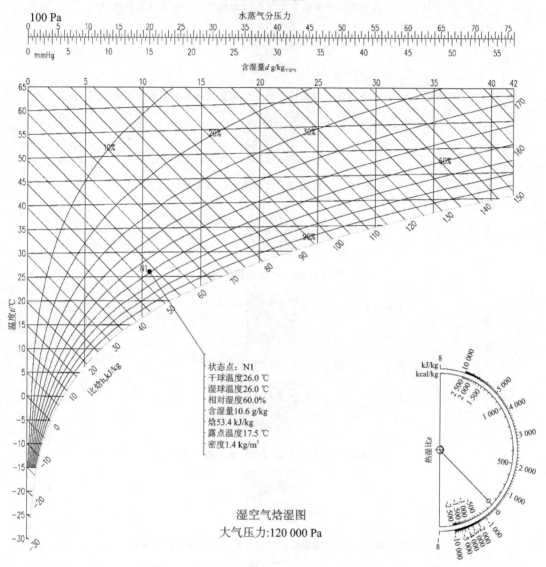

状态点：N1
干球温度26.0 ℃
湿球温度26.0 ℃
相对湿度60.0%
含湿量10.6 g/kg
焓53.4 kJ/kg
露点温度17.5 ℃
密度1.4 kg/m³

湿空气焓湿图
大气压力:120 000 Pa

附录 H-1　我国部分城市的室外设计计算参数

附录 H-2　以北京地区气象条件为依据的外墙逐时冷负荷计算温度(℃)

附录 H-3　以北京地区气象条件为依据的屋顶逐时冷负荷计算温度(℃)

附录 H-4　玻璃窗逐时冷负荷计算温度(℃)

附录 H-5　外墙的构造类型

附录 H-6　屋顶的构造类型

附录 H-7　Ⅰ~Ⅳ型构造的地点修正值(℃)

附录 H-8　单层玻璃窗的传热系数 K 值$[W/(m^2 \cdot K)]$

附录 H-9　双层窗玻璃的传热系数 K 值$[W/(m^2 \cdot K)]$

附录 H‑10　玻璃窗的地点修正值(℃)

附录 H‑11　北区(北纬 27°30′以北)无内遮阳窗玻璃冷负荷系数

附录 H‑12　北区(北纬 27°30′以北)有内遮阳窗玻璃冷负荷系数

附录 H‑13　南区(北纬 27°30′以南)无内遮阳窗玻璃冷负荷系数

附录 H‑14　南区(北纬 27°30′以南)有内遮阳窗玻璃冷负荷系数

附录 H‑15　照明散热冷负荷系数

附录 H‑16　有罩设备和用具显热散热冷负荷系数

附录 H‑17　无罩设备和用具显热散热冷负荷系数

附录 H‑18　人体显热散热冷负荷系数

参考文献

[1] 赵荣义,范存养,薛殿华,等. 空气调节[M]. 4 版. 北京:中国建筑工业出版社,2017.

[2] 杜芳莉. 空调工程理论与应用[M]. 西安:西北工业大学出版社,2020.

[3] 黄翔. 空调工程[M]. 北京:机械工业出版社,2017.

[4] 李锐. 通风与空气调节[M]. 北京:机械工业出版社,2022.

[5] 国家卫生健康委员会. 室内空气质量标准:GB/T 18883—2022[S]. 北京:国家市场监督管理总局(国家标准化管理委员会),2022.

[6] 樊越胜. 工业通风[M]. 北京:机械工业出版社,2020.

[7] 徐勇. 通风与空气调节工程[M]. 北京:机械工业出版社,2015.

[8] 王汉青. 通风工程[M]. 北京:机械工业出版社,2018.

[9] 戴路玲. 空调系统及设计实例[M]. 北京:化学工业出版社,2013.

[10] 中华人民共和国住房和城乡建设部. 公共建筑节能设计标准:GB 50189—2015[S]. 北京:中国建筑工业出版社,2015.

[11] 中国有色金属工业协会. 工业建筑供暖通风与空气调节设计规范:GB 50019—2015[S]. 北京:中国计划出版社,2015.

[12] 龚光彩. 流体输配管网[M]. 北京:机械工业出版社,2013.

[13] 朱颖心. 建筑环境学[M]. 4 版. 北京:中国建筑工业出版社,2016.

[14] 中华人民共和国住房和城乡建设部. 民用建筑供暖通风与空气调节设计规范:GB 50736—2012[S]. 北京:中国建筑工业出版社,2012.

[15] 中华人民共和国卫生部. 工业企业设计卫生标准 GB Z1—2010[S]. 北京:中国标准出版社,2010.

[16] 彦启森,石文星. 空气调节用制冷技术[M]. 北京:中国建筑工业出版社,2010.

[17] 孙一坚,沈恒根. 工业通风[M]. 4 版. 北京:中国建筑工业出版社,2010.

[18] 唐中华. 通风除尘与净化[M]. 北京:中国建筑工业出版社. 2009.

[19] 陆耀庆. 实用供热空调设计手册[M]. 北京:中国建筑工业出版社,2008.

[20] 金文. 空气调节技术[M]. 北京:电子工业出版社,2007.

[21] 中国气象局气象信息中心气象资料室. 中国建筑热环境分析专用气象数据集[M]. 北京:中国建筑工业出版社,2005.